Per-Erik Danielsson Len

Digital teknik

Studentlitteratur

Inlagan är tryckt på MultiFine Offset, licens nr 304 054

Art.nr 547
ISBN 91-44-00110–X

Fjärde upplagan

Printed in Sweden
Studentlitteratur, Lund

Tryckning/år 2 3 4 5 6 7 8 9 10 | 2000 1999 98 97

Innehåll

Förord

Denna bok utkom första gången 1971. Den introducerade då ett radikalt nytt tänkande, att på ett strukturerat sätt angripa digitaltekniska konstruktionsproblem. Grundstommen i denna fjärde upplaga är i mycket densamma som för 25 år sedan. Trots att digitaltekniken genomgått en enorm utveckling de senaste decennierna, är de logiska grundelementen desamma nu som då och de principiella frihetsgraderna att använda dem har inte nämnvärt ändrats. Förändringen ligger mestadels i att det nu är ekonomiskt och praktiskt möjligt att använda fler logiska funktioner och i viss mån snabbare komponenter.

Bokens huvudmoment är kombinatoriska nät, sekvensnät, binär aritmetik och A/D-, D/A-omvandling. I föreliggande upplaga har en fullständigt revidering gjorts av det gamla materialet, vilket moderniserats och anpassats till dagens digitalteknik. De största förändringarna återfinns i kapitel 4, 5, 6, 9 och 14.

Numera används oftast datoriserade konstruktionshjälpmedel. Dessa kan aldrig göra en dålig konstruktör skickligare men tar i stor utsträckning över mödosamt rutinarbete. Av denna anledning är framställningen mera inriktad på principer för konstruktion än på minimeringsmetoder o.dyl. Viktigare än metoder är att kunna göra en rimlighetsbedömning av genererade utdata.

De svåraste problem en digitaltekniker ställs inför är sällan av logisk art utan har snarare sin grund i fördröjningar, störningar, överskridna belastningstoleranser etc. Boken innehåller därför även en genomgång av olika konstruktionsbestämmande parametrar med diverse tillämpningsexempel.

Boken saknar övningsexempel. En övningsbok med företrädesvis lösta exempel ges ut separat.

Linköping i juni 1996

Per-Erik Danielsson   *Lennart Bengtsson*

1 Inledning

Enkelt uttryckt är digitalteknik den disciplin som sysslar med diskret information. Informationen representeras med en eller flera signaler, där varje signal bara kan anta ett bestämt antal värden. I alla praktiska fall är dessa två och en signal i ett digitalt system ligger därför alltid i något av två spänningsintervall, se figur 1.1a). Signaler i det övre området sägs representera värdet logiskt ett och signaler i det nedre området logiskt noll. Lägg märke till att signalnivåerna ligger väl åtskilda med ett mellanliggande område, där signalen inte är definierad (förbjudet område). Detta skiljer sig från ett analogt system, ty i ett sådant kan spänningsnivån variera kontinuerligt över hela området, se figur 1.1b).

En tvåvärd, binär, storhet kallas en bit.

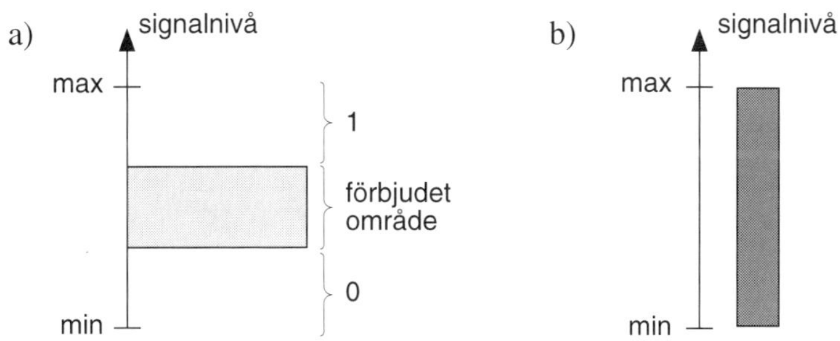

Figur 1.1 Spänningsintervall för ett a) digitalt system b) analogt system

Ett digitalt system är alltid deterministiskt. Med detta menas att systemet utför en avbildning av inkommande variabler på utgående på ett sådant sätt, att ett visst argument alltid genererar ett och samma funktionsvärde. Funktionsvärdet kan vara samma för olika argument – alltså liktydigt med det vanliga funktionsbegreppet. En deterministiskt behandling av information är informationsreducerande eller i vissa fall informationsbevarande. Ett deterministiskt system kan aldrig öka informationen. Orsaken till detta är att antalet möjliga argumentvärden alltid är större eller lika med antalet funktionsvärden.

Exempel 1.1

Ett system utför addition av två ensiffriga decimala tal U = X + Y. Antalet argument är 100 st medan antalet möjliga funktionsvärden endast är 19 st (talen 0–18). Används binär kodning måste talen X och Y vart och ett representeras med 4 bitar och summan med 5 bitar, se figur 1.2. Informationen reduceras alltså från 8 bitar till 5. (En formell matematisk beräkning av antalet informationsbitar ger ett lägre antal, men närmast högre heltal måste givetvis användas).

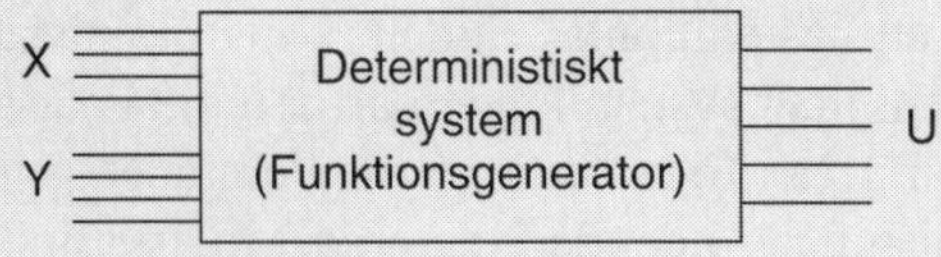

Figur 1.2 Deterministiskt system

Digitaltekniken har under de senaste decennierna genomgått en enorm utveckling. Inte bara datorer och miniräknare utan snart sagt varje elektronisk apparat innehåller digitala komponenter. Det må vara klockor, miniräknare, spisar, kylskåp, symaskiner, satellitmottagare eller CD-spelare. Varför vinner då det digitala systemet ständigt terräng gentemot det analoga? De grundläggande orsakerna torde vara:

Pris
Snabbhet
Flexibilitet
Enkelhet
Tillförlitlighet

De tre första punkterna gäller elektronik överhuvud taget och förklarar inte varför just ett digitalt system är att föredra (i de fall uppgiften är möjlig att lösa digitalt). Att priset i många fall är lägre på digitala komponenter beror på att dessa tillverkas i större serier.

Enkelheten i ett digitalt system hänger samman med att en signal bara kan anta två diskreta värden och att en transistor därför alltid är antingen bottnad eller strypt. Funktionen förenklas dessutom av att tiden, när den ingår som en parameter, också den är diskretiserad.

Den viktigaste orsaken till den ökande användningen av digitala system är dessas högre tillförlitlighet och noggrannhet jämfört med de analoga. Eftersom intervallen för logiskt noll och logiskt ett ligger väl åtskilda kan man tolerera mätfel och störningar (upp till en viss gräns) och ända bevara informationen, d.v.s. undvika förväxling mellan noll och ett. Ett digital system kan i många fall konstrueras så, att det för ett givet argument ger ett exakt korrekt funktionsvärde. T.ex. ger en multiplikation av två stycken 4 siffrors tal en 8 siffrig produkt korrekt i alla siffror. Ett analogt system skulle, beroende på komponenter, ge en onoggrannhet på kanske 0,1 %. En utökning av det digitala systemet till en 16 siffrors produkt möter inga som helst hinder, medan en liknande utökning av det analoga skulle ge så stort absolut fel att apparaten vore oanvändbar.

Den gängse diskretiseringen till två nivåer är den mest optimala såväl i fråga om enkelhet som i tillförlitlighet, eftersom man kan arbeta med uteslutande strypta och bottnade transistorer. Ett system med t.ex. 10 diskreta nivåer skulle vara mycket mera känsligt för störningar.

2 Talsystem

2.1 Talrepresentation

Vårt vanliga decimala talsystem är ett s.k. positionssystem. I ett sådant representeras tal med en följd av symboler (siffror), där vikten av varje siffra bestäms dels av siffrans position i talet och dels av talsystemets bas. Basen anger också det antal siffersymboler som kommer till användning. 671,34 med basen 10 är sålunda ett symboliskt skrivsätt enligt

$$671{,}34 = 6 \cdot 10^2 + 7 \cdot 10^1 + 1 \cdot 10^0 + 3 \cdot 10^{-1} + 4 \cdot 10^{-2}$$

Varje stegs förskjutning åt vänster av en siffra innebär en multiplikation med 10.

På samma sätt kan ett tal N i ett talsystem med basen b skrivas

$$\begin{aligned} N &= x_p x_{p-1} \ldots x_1 x_0 x_{-1} \ldots x_{-k} = \\ &= x_p \cdot b^p + x_{p-1} \cdot b^{p-1} + \ldots + x_1 \cdot b^1 + x_0 \cdot b^0 + \ldots + x_{-k} \cdot b^{-k} = \\ &= \sum_{i=-k}^{p} x_i b^i \end{aligned} \qquad (2.1)$$

och där koefficienterna (siffrorna) x_i kan anta b st olika värden.

Figur 2.1 anger heltalen 0 till och med 15 i olika talsystem.

bas	2	8	10	16
	0000	00	00	0
	0001	01	01	1
	0010	02	02	2
	0011	03	03	3
	0100	04	04	4
	0101	05	05	5
	0110	06	06	6
	0111	07	07	7
	1000	10	08	8
	1001	11	09	9
	1010	12	10	A
	1011	13	11	B
	1100	14	12	C
	1101	15	13	D
	1110	16	14	E
	1111	17	15	F

Figur 2.1 Heltalen 0–15 i olika talsystem

Som bekant är basen 2 den totalt dominerande i digitaltekniken. Det tal som binärt skrivs 1100100 betyder enligt det förut sagda

$$(1100100)_2 = 1 \cdot 2^6 + 1 \cdot 2^5 + 1 \cdot 2^2 = (100)_{10}$$

där index utanför parentes anger basen för talrepresentationen. För binärbråk används punkt i stället för komma

$$(101.11)_2 = (5{,}75)_{10}$$

Det råder ett enkelt samband mellan ett talsystems bas och antalet erforderliga siffror för att representera ett visst talområde. Antag att en storhet ska kvantiseras till N stycken intervall (till noggrannheten 1/N). Dessa intervall kan då anges med heltalen 0, 1, 2, …, N–1 och ska ges en talrepresentation med basen b. Antalet erforderliga siffror bestäms av att N–1 måste vara mindre än eller lika med det största tal som kan anges med dessa siffror.

$$N-1 \le (b-1)b^{n-1} + (b-1)b^{n-2} + \ldots + (b-1)b^0 = b^n - 1 \qquad (2.2)$$

d.v.s

$${}^{b}\log N \le n \qquad (2.3)$$

Exempel 2.1

För att kunna ange 16 st olika tal krävs

i basen 2: $^{2}\log 16 = 4$ bitar

i basen 10: $^{10}\log 16 \approx 1{,}2 \leq 2$ siffror.

Jämför med figur 2.1.

Vid kommunikation mellan människa och maskin använd i regel omvandling till och från kompakta tal, vanligen oktala (basen 8), decimala (basen 10) eller hexadecimala tal (basen 16). Omvandlingar mellan det binära systemet och talsystem med basen 8 eller 16 blir speciellt enkel, eftersom både 8 och 16 är hettalspotenser av 2. Således motsvarar 3 binära siffror en oktal siffra och 4 binära siffror en hexadecimal siffra. Utöver de tio vanliga siffersymbolerna behövs i det hexadecimala systemet ytterligare 6 symboler. Vanligen används härvid bokstäverna A, B, C, D, E och F (se figur 2.1).

2.2 Talomvandlingar

Omvandling mellan binära, oktala och hexadecimala tal är som nyss nämnts alldeles uppenbar. Omvandlingen mellan binärtal och decimaltal är mera omständlig. Man kan här tillgripa följande generella metod för omvandling mellan två positionssystem med olika bas. Det givna talet antas vara N och ska omvandlas till ett talsystem med basen b. Problemet är liktydigt med att finna koefficienterna $x_p, x_{p-1}, \ldots x_1, x_0, x_{-1}, \ldots, x_{-k}$ i ekvation (2.1). Vi gör först en uppdelning av N i heltalsdel och bråkdel enligt

$$N = N_0 + N_{-1} \qquad (2.4)$$

där

$$N_0 = x_0 + b(x_1 + b(x_2 + \ldots + bx_p) \ldots)) \qquad (2.5)$$

$$N_{-1} = b_{-1}(x_{-1} + b_{-1}(x_2 + \ldots + b_{-1}x_{-k}) \ldots)) \qquad (2.6)$$

Av (2.5) och (2.6) framgår att koefficienterna (siffrorna) kan erhållas ur N_0 och N_{-1} genom att N_0 divideras rekursivt med b medan N_{-1} multipliceras rekursivt med b enligt nedan

$$
\begin{array}{ll}
N_0 : b = N_1 + x_0/b & N_{-1} \cdot b = N_{-2} + x_{-1} \\
N_1 : b = N_2 + x_1/b & N_{-2} \cdot b = N_{-3} + x_{-2} \\
\vdots & \vdots \\
N_p : b = 0 + x_p/b & N_{-k} \cdot b = N_{-k-1} + x_{-k} \\
 & \text{(oavslutat)}
\end{array}
$$

Observera att framtagandet av bråkdelen i det allmänna fallet är en oavslutad process. En avkortning får i regel tillgripas varvid hänsyn tas till önskad noggrannhet.

Exempel 2.2

Omvandla $(163{,}306)_{10}$ till binärtal. Eftersom det givna talet N är representerat i decimalsystemet genomför vi beräkningarna i detta system.

$$
\begin{array}{ll}
N_0 = (163)_{10} & N_{-1} = (0{,}306)_{10} \\
163 : 2 = 81 + 1/2 & 0{,}306 \cdot 2 = 0{,}612 + 0 \\
81 : 2 = 40 + 1/2 & 0{,}612 \cdot 2 = 0{,}224 + 1 \\
40 : 2 = 20 + 0/2 & 0{,}224 \cdot 2 = 0{,}448 + 0 \\
20 : 2 = 10 + 0/2 & 0{,}448 \cdot 2 = 0{,}896 + 0 \\
10 : 2 = 5 + 0/2 & 0{,}896 \cdot 2 = 0{,}792 + 1 \\
5 : 2 = 2 + 1/2 & 0{,}792 \cdot 2 = 0{,}584 + 1 \\
2 : 2 = 1 + 0/2 & 0{,}584 \cdot 2 = 0{,}168 + 1 \\
1 : 2 = 0 + 1/2 & ---
\end{array}
$$

Resultat:

$$
\begin{aligned}
(163{,}306)_{10} &= (10100011.010011\ldots)_2 = \\
&= (243.23\ \ldots)_8 = \\
&= (A3.4\ \ldots)_{16}
\end{aligned}
$$

Exempel 2.3

Omvandla $(110111101.1101011)_2$ till ett decimalt tal. Eftersom det givna talet nu är binärt måste divisioner och multiplikationer utföras i det binära talsystemet. Vid omvandling från binärt till decimalt tal ter det sig dock naturligare att helt enkelt summera vikterna av de postioner som ingår i det binära talet.

Resultatet blir

$$2^8 + 2^7 + 2^5 + 2^4 + 2^3 + 2^2 + 2^0 + 2^{-1} + 2^{-2} + 2^{-4} + 2^{-6} + 2^{-7} =$$
$$= 256 + 128 + 32 + 16 + 8 + 4 + 1 + 0{,}5 + 0{,}25 + 0{,}0625 +$$
$$+ 0{,}015625 + 0{,}0078125 = 445{,}8359375$$

Aritmetiska operationer kan utföras på binära tal på samma sätt som på decimala tal. Fallen addition och subtraktion behandlas i kapitel 5.

2.3 Binära koder för decimala tal

Vissa koder är endast definierade i talområdet 0–9. Figur 2.2 visar tre viktade samt en oviktad kod.

Z	X			
	Positionsvikter $\langle a_1, a_2, a_3, a_4 \rangle$			
Decimalt	NBCD 8421	5421	4221	Excess-3
0	0000	0000	0000	0011
1	0001	0001	0001	0100
2	0010	0010	0010	0101
3	0011	0011	0011	0110
4	0100	0100	1000	0111
5	0101	1000	0111	1000
6	0110	1001	1100	1001
7	0111	1010	1101	1010
8	1000	1011	1110	1011
9	1001	1100	1111	1100

Figur 2.2 Exempel på oviktad och viktade koder

För de tre viktade koderna kan vi definiera:

$$Z = a_1 \cdot x_1 + a_2 \cdot x_2 + a_3 \cdot x_3 + a_4 \cdot x_4$$

där a_1, a_2, a_3, a_4 är positionsvikterna. 8421-koden kallas NBCD-kod (Natural Binary Coded Decimal) eftersom den följer det vanliga binära talsystemet.

För Excess-3 -koden gäller

$$Z = 8 \cdot x_1 + 4 \cdot x_2 + 2 \cdot x_3 + x_4 - 3$$

vilket motiverar denna kods beteckning.

Varje decimal siffra kodas separat. Exempelvis skrivs $(86)_{10} = (10000110)_{NBCD} = (10111001)_{Excess-3}$.

2.4 Alfanumeriska koder

Binära koder som inkluderar såväl de decimala siffrorna som alfabetets bokstäver och diverse specialtecken brukar kallas alfanumeriska koder. De symboler som ska kodas kallas gemensamt för tecken och denna beteckning har sedan överförts till att ange den variabel $X = <x_1, x_2, \ldots, x_n>$ av 5, 6, 7 eller 8 bitar som representerar tecknet. Med 6 bitar kan man representera $2^6 = 64$ stycken olika tecken. Vissa koder använder 7 eller t.o.m. 8 bitar och kan då representera 128 respektive 256 olika tecken. Den vanligaste alfanumeriska koden är ASCII-koden. Denna återfinns i Appendix 4.

2.5 Gray-kod

Figur 2.3 visar två st s.k. kodade skivor där kodorden {0000, 0001, ..., 1111} kan avläsas i radiell led med 4 st ”borstar” eller fotoceller. Svart = 0, Vitt = 1.

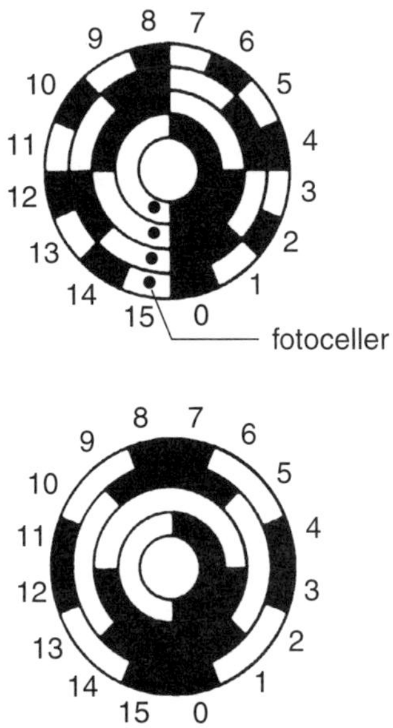

Kod	Sektor	
0 0 0 0	0	
0 0 0 1	1	
0 0 1 1	2	
0 0 1 0	3	
0 1 1 0	4	
0 1 1 1	5	
0 1 0 1	6	
0 1 0 0	7	spegel-
1 1 0 0	8	snitt
1 1 0 1	9	
1 1 1 1	10	
1 1 1 0	11	
1 0 1 0	12	
1 0 1 1	13	
1 0 0 1	14	
1 0 0 0	15	

Figur 2.3 Vinkelskiva i binär- respektive Gray-kod

Den övre skivan har getts naturlig binärkod. Vid övergångarna mellan de kvantiserade vinkellägena kan stora fel uppträda. Detta beror på svårigheten att exakt centrera skivan och att få givarna exakt radiellt placerade men också på den variation i omslagstid som alltid finns mellan olika givarexemplar. Antag att avkänningen ligger i gränszonen mellan sektor 7 och 8. I ett ogynnsamt fall kan detta vinkelläge resultera i kodorden 1111 eller 0000, vilka båda är grovt felaktiga vinkelangivelser.

Den nedre skivan har getts en sådan kod att endast en binär position ändrar sitt värde, då man passerar mellan två näraliggande sektorer. En avkänning i gränszonen mellan 7 och 8 kan därmed resultera endast i just svaret 0100 = 7 eller 1100 = 8. Längst till höger visas koden i tabellform. Denna kod kallas Gray-kod eller reflekterad binärkod. Detta senare namn har använts på grund av att kodordens sista positioner uppträder som spegelbilder omkring ett snitt, där den vänstra positionen byter värde.

2.6 Felupptäckande och felrättande koder

Felupptäckande och felrättande koder har sin största betydelse i samband med överföring av information och mindre betydelse för behandling av information, vilket är huvudämnet för denna bok. Emellertid kan man vid behandlingen – informationsreduceringen – inte undgå att också överföra information. I vissa sammanhang kan denna överföring vara kritisk – felkänslig – t.ex. vid lagring i och utläsning från olika typer av minnen.

Antag, att 4-bits binär kod ska överföras mellan två system, se figur 2.4. Totalt finns 16 st kodord, representerade som {0000, 0001, ..., 1111}. Om fel uppstår i någon bit vid överföringen, kommer det mottagna kodordet att övergå i ett annat av de 16. Det finns alltså ingen möjlighet för mottagaren att upptäcka, om kodordet blivit förvanskat.

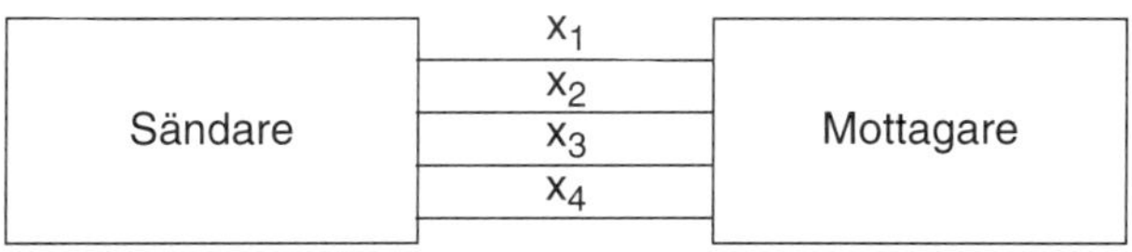

Figur 2.4 Dataöverföring med vanlig binär kod

Felet kan dock upptäckas och t.o.m. rättas genom införande av felupptäckande respektive felrättande koder. Sådana används vid de flesta dataöverföringar och är också vanliga vid skrivning och läsning i olika typer av minnen.

Felupptäckt och felrättning baseras på begreppet redundans (= överflöd). Ur given information skapar man ny, med vars hjälp man kan avgöra om något, och även vad, som blivit fel. (jfr personnumrets kontrollsiffra). Den extra informationen kallas paritet och bildas som modulo-2-summan av valda informationsbitar d.v.s.

$$p = (x_1 + x_2 + ... + x_n) \text{ modulo-2} \qquad \text{(jämn paritet)}$$

m.a.o. $p = 0$ om antalet ettor är jämnt
$p = 1$ om antalet ettor är udda

Hur pariteten utnyttjas för att skapa en enkelfelsupptäckande kod (eng: SED = single error detection) visas i figur 2.5. Till de fyra informationsbärande bitarna, $<x_1, x_2, x_3, x_4>$, har en paritetsbit tillfogats som $p = (x_1 + x_2 + x_3 + x_4)$ modulo-2. Det översända meddelandet $<x_1, x_2, x_3, x_4, p>$ kommer därför alltid att innehålla ett jämnt antal ettor.

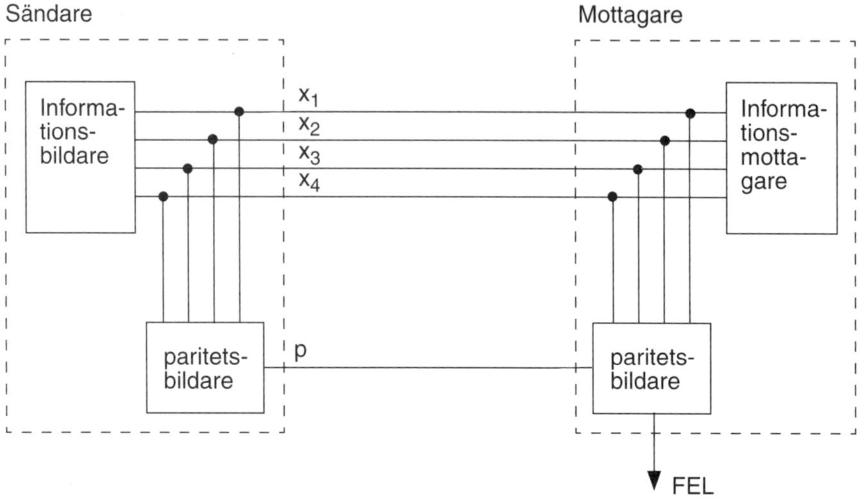

Figur 2.5 Dataöverföring med enkelfelsupptäckande kod

På mottagarsidan bildas på motsvarande sätt pariteten av översänt meddelande. Om fel i överföringen uppstått på en enstaka bitledning, innehåller det mottagna kodordet ett udda antal ettor och FEL indikeras. Oberoende av antalet informationsbitar är det alltid tillräckligt med bara en paritetsbit.

För att analysera hur den felupptäckande koden fungerar och för att kunna gå vidare och betrakta även felrättning, definierar vi nu begreppet kodavstånd.

Två kodord $U = <u_1, u_2, \ldots, u_n>$ och $V = <v_1, v_2, \ldots v_n>$ i en binär kod sägs ha ett kodavstånd d(U, V) definierat av

$$d = \sum_{i=1}^{n} |u_i - v_i|$$

Avståndet d anger alltså i hur många positioner två kodord skiljer sig åt.

För den binära koden är avståndet $d \geq 1$. Detta förhållande illustreras av figur 2.6. Fel i någon bit förvanskar kodordet så att det flyttar sig ett steg längs axeln. Eftersom det finns kodavstånd $d = 1$, motsvaras det förvanskade kodordet av ett annat giltigt kodord.

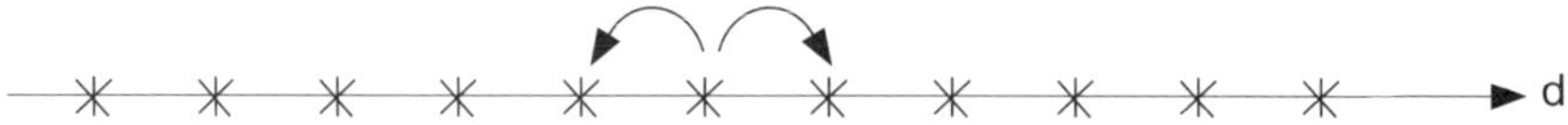

Figur 2.6 Kodavstånd för vanlig binär kod

Den enkelfelsupptäckande koden <x_1, x_2, x_3, x_4, p> representeras med 32 st kodord. Av dessa är 16 st giltiga och 16 st felaktiga. Kodavståndet mellan giltiga kodord har ökat till d ≥ 2, se figur 2.7. Fel i en enstaka bit förvanskar ett giltigt kodord till ett felaktigt. Vilket kodord som förvanskats går dock inte att avgöra.

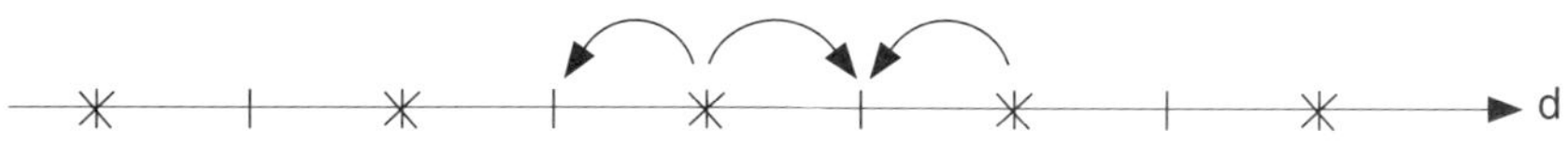

Figur 2.7 Kodavstånd för enkelfelsupptäckande kod

Det är nu inte vara svårt att inse, att för att skapa en enkelfelsrättande kod (eng: SEC = single error correction) måste kodavståndet ökas till d ≥ 3, se figur 2.8. Som synes är det nu möjligt, att utgående från ett förvanskat otillåtet kodord, avgöra vilket det ursprungliga kodordet var.

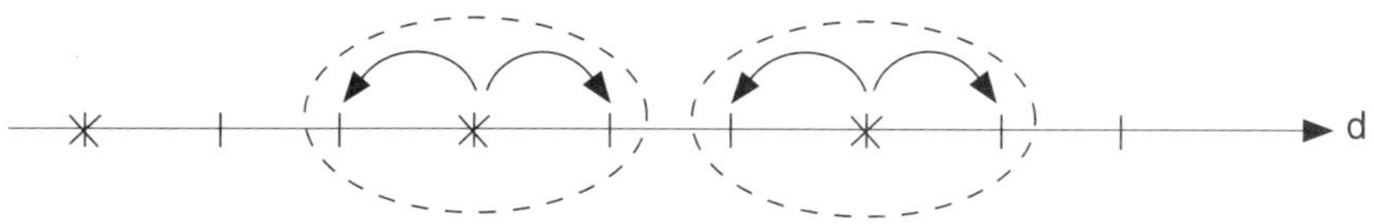

Figur 2.8 Kodavstånd för enkelfelsrättande alt. dubbelfelsupptäckande kod

Om alla giltiga kodord ska skilja sig åt i tre bitpositioner, krävs det för fyra informationsbitar minst tre paritetsbitar. Hur dessa ska väljas framgår av figur 2.9.

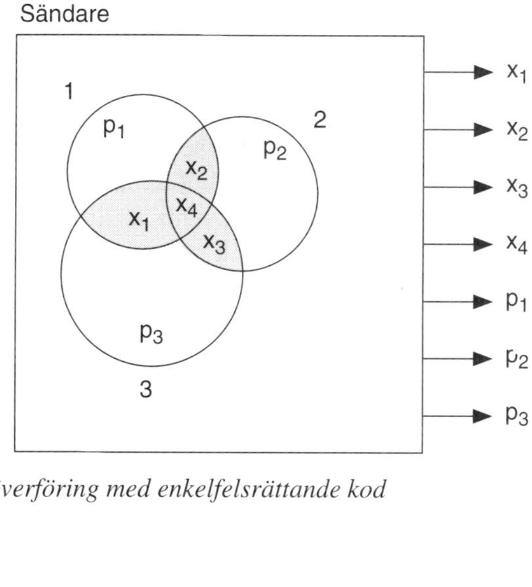

Figur 2.9 Dataöverföring med enkelfelsrättande kod

Vart och ett av de sju områdena är bärare av en informations- respektive en paritetsbit, alltså $<x_1, x_2, x_3, x_4>$ och $<p_1, p_2, p_3>$ [1]. Paritetsbitarna ska väljas så att var och en av de tre cirklarna innehåller ett jämnt antal ettor, följaktligen

$$p_1 = (x_1 + x_2 + x_4) \text{ modulo-2}$$
$$p_2 = (x_2 + x_3 + x_4) \text{ modulo-2}$$
$$p_3 = (x_1 + x_3 + x_4) \text{ modulo-2}$$

På mottagarsidan bildas på motsvarande sätt pariteten för respektive cirkel. Om alla pariteter fortfarande är noll har inget fel inträffat. $p = 1$ för någon/några cirklar talar om i vilken bitposition felet inträffat. Exempelvis betyder $p = 1$ för cirkel 1 och 3 att bit x_1 ändrats. $p = 1$ för bara en cirkel innebär fel i en paritetsbit.

Tre paritetsbitar ger $2^3 = 8$ olika kombinationer. Mot dessa kombinationer svarar den felfria överföringen samt felet för var och en av de sju bitarna. Tillfogas en fjärde paritetsbit (en fjärde cirkel i figur 2.9) ger detta $2^4 = 16$ kombinationer och 11 informationsbitar kan då rättas. Det generella sambandet mellan antalet paritetsbitar (p) och antalet informationsbitar (x) för enkelfelsrättande kod ges av Hammings relation

$$2^p \geq x + p + 1.$$

Ju fler bitar desto större risk att något blir fel samtidigt som det proportionellt sett krävs färre paritetsbitar att utföra rättningen.

2.7 Statistiska koder. Huffmankodning

Det gängse sättet att koda fyra tecken(symboler) med två bitar (t.ex. som {00, 01, 10, 11}) är det optimala enbart om tecknen förekommer med samma sannolikhet. Uppträder tecken med olika sannolikhet kan den genomsnittliga kodlängden minimeras, om de mera frekventa tecknen kodas med ett färre antal bitar än övriga. Detta är grunden i s.k. statistisk kodning. Ett exempel på en statistisk kod är Morsealfabetet, där de mest använda bokstäverna getts korta koder och de mindre använda längre. E är den vanligaste bokstaven i engelska språket och kodas därför med en kort signal.

[1] Koden går under namnet Hamming (7, 4)-kod. Den består av 7 bitar av vilka 4 är informationsbärare.

För att visa hur statistiska kodningsmetoder kan användas för minska eventuell överskottsinformation, behöver man känna till några grundläggande informationsteoretiska begrepp.

Ur en mängd av N st meddelanden med sannolikheterna p_1, p_2, ... p_N ges informationsinnehållet, I, för meddelandet P_i av

$$I(P_i) = {}^2\log 1/p_i \text{ bitar}$$

Ju sällsyntare en händelse är, desto mer information kan man följaktligen tillgodoräkna sig när den verkligen inträffar.

Medelvärdet H av informationen kallas entropi och definieras

$$H = (p_i \cdot {}^2\log 1/p_i) \text{ bitar}$$

Formeln används inom informationsteorin för att beräkna det antal bitar som i medeltal behövs för att överföra en symbol i ett alfabet.

Exempel 2.4

Symbolerna {A, B, C, D} förekommer alla med samma sannolikhet. Entropin eller antal bitar i medeltal per symbol blir:

$$H = (0{,}25 \cdot {}^2\log 1/0{,}25) = 2 \text{ bitar}$$

och symbolerna kan därför kodas t.ex. A = 00, B = 01, C = 10, D= 11.

Om sannolikheterna i stället är $P_A = 0{,}5$, $P_B = 0{,}25$, $P_C = 0{,}125$ och $P_D = 0{,}125$ blir entropin

$$H = 0{,}5 \cdot {}^2\log 1/0{,}5 + 0{,}25 \cdot {}^2\log 1/0{,}25 + 0{,}125 \cdot {}^2\log 1/0{,}125 + 0{,}125 \cdot {}^2\log 1/0{,}125 = 1{,}75 \text{ bitar}$$

Antalet bitar som i medeltal behövs för att representera en symbol har minskat från 2 till 1,75 och den tidigare kodningen, {00, 01, 10, 11}, innehåller nu c:a 14 % överskottsinformation. Denna kan avlägsnas om man i stället väljer ett statistiskt kodningsschema.

Med Huffmankodning erhålls den kortaste av alla statistiska koder. Detta beror bl.a. på att koden är självbegränsande, genom att en kortare kodgrupp aldrig upprepas i början av en längre grupp. Härigenom behövs inget mellanrum mellan koderna som i t.ex. Morsealfabetet.

Huffmankoderna bestäms med ett kodträd. För det visade exemplet får man kodningen ur trädet i figur 2.10.

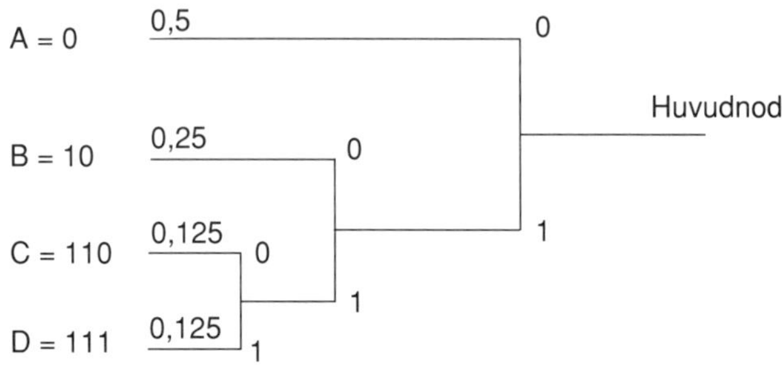

Figur 2.10 Kodningsträd

Först skrivs symbolerna i fallande frekvens. Därefter kombineras de två nedersta symbolerna till en nod med den sammanlagda sannolikheten 0,25. Denna nod sammanförs sedan med symbolen B till en ny nod med sannolikheten 0,5 , vilken i sin tur kombineras med toppnoden till en huvudnod med sannolikheten 1. Huffmankoden erhålls sedan genom att fördela nollor och ettor på de olika grenarna i trädet.

Medellängden av de kodade symbolerna beräknas som produkten mellan Huffmankodernas längd och deras respektive frekvens:

$$L = \sum_{i=1}^{n} (p_i \cdot L_i)$$

För det valda exemplet erhålls L = 1,75 bitar/symbol, alltså exakt lika med den teoretiska entropin.

Huffmankoden blir betydligt mer komplicerad, när den tillämpas på ett verkligt alfabet. Ovanstående exempel torde dock ge en grundläggande förståelse för hur den byggs upp. Koden bygger på att man känner den statistiska fördelningen mellan de olika symbolerna och är därför inte optimal när sannolikheterna växlar, vilken ofta är fallet i praktiska tillämpningar.

2.8 Formell definition av kod

En kod C definieras generellt av tre storheter, en trippel,

$$C = <S_X, S_Z, \lambda>$$

där S_X är en mängd av n st kodord

$$S_X = \{X_1, X_2, \ldots, X_n\}$$

S_Z är en mängd av n st meddelanden

$$S_Z = \{Z_1, Z_2, \ldots, Z_n\}$$

λ är en enentydig avbildning

$$\lambda : S_X \Leftrightarrow S_Z$$

S_X och S_Z är oftast ändliga mängder. Mängden S_Z kan sägas utgöra tolkningen, ett facit, av S_X. Hur detta facit ser ut bestäms av λ-funktionen.

Ett godtyckligt element ur S_X och S_Z betecknar vi X respektive Z. För det fall att varje kodord är en ordnad mängd av binära signaler

$$X = <x_1, x_2, \ldots, x_k>$$

säger vi att koden är binär och att X är en binär kodad variabel. I mindre stringent språkbruk talar man ibland om ”den binära koden”, då man egentligen menar den binärkodade variabeln X eller t.o.m. ett speciellt värde X_i av den binärkodade variabeln.

De talrepresentationer som ovan behandlats kan uppenbarligen betraktas som koder. De binära talen {00000, 00001, …, 11111} motsvarar då mängden S_X som kan avbildas (tolkas) på mängden positiva heltal $S_Z = \{0, 1, 2, \ldots, 31\}$ med hjälp av en funktion λ. I detta speciella fall kan λ definieras med en enkel regel som säger att Z erhålls ur X genom att vikta och addera ettorna i X enligt ekvation (2.1). I det allmänna fallet existerar ingen sådan regel utan λ får definieras med en tabell som specificerar Z för varje X-värde.

3 Boolesk algebra och modulo-2-algebra

3.1 Boolesk algebra

Den (tvåvärda)[1] Booleska algebran använder

Konstanter (variabelvärden, operandvärden) ur mängden $\{0, 1\}$

Operationerna ICKE (logisk invers) med operatorn $'$ ($x' =$ icke x)
OCH (logisk produkt) med operatorn $\cdot$
ELLER (logisk summa) med operatorn $+$

Operatorerna är skrivna i fallande prioritetsföljd.

För operationerna gäller följande postulat:

$0 + 0 = 0$	(P1)	$1 \cdot 1 = 1$	(P2)
$1 + 1 = 1$	(P3)	$0 \cdot 0 = 0$	(P4)
$0 + 1 = 1 + 0 = 1$	(P5)	$1 \cdot 0 = 0 \cdot 1 = 0$	(P6)
$0' = 1$	(P7)	$1' = 0$	(P8)

De sex första postulaten kan sammanfattas i nedanstående tabeller

+	0	1
0	0	1
1	1	1

·	0	1
0	0	0
1	0	1

Den Booleska algebran är en ändlig sluten struktur. En operation på två operander resulterar i ett värde som fortfarande ligger inom det givna värdeförrådet $\{0, 1\}$.

Liksom i vanlig heltalsalgebra kan vi nu införa variabler. Ett antal räknelagar för dessa följer nedan. De är en direkt följd av postulaten (P1)–(P8).

[1] Strängt matematiskt existerar det flervärda Booleska algebror. Dock är endast den tvåvärda av tekniskt intresse.

OCH-operatorn sätts ut endast då missförstånd kan uppstå. För en Boolesk variabel x gäller:

$x + x = x$	(R1)	$x \cdot x = x$	(R2)
$x + x' = 1$	(R3)	$x \cdot x' = 0$	(R4)
$x + 1 = 1$	(R5)	$x \cdot 0 = 0$	(R6)
$x + 0 = x$	(R7)	$x \cdot 1 = x$	(R8)

$$(x')' = x \qquad \text{(R9)}$$

(R1)–(R9) kan visas med hjälp av perfekt induktion, d.v.s. genom att i tur och ordning låta variablerna genomlöpa hela värdeförrådet och verifiera varje fall med ett tillämpligt postulat.

Exempel 3.1

Bevisa (R3).

Sätt $x = 0$ i (R3). Vi får $0 + 1 = 1$ enligt (P7) och (P5).

Sätt $x = 1$ i (R3). Vi får $1 + 0 = 1$ enligt (P8) och (P5).

Därmed är (R3) visad.

För två eller flera Booleska variabler gäller bl.a.

$x + (y + z) = (x + y) + z$	(R10)	$x\,(yz) = (xy)\,z$	(R11)
	(associativitet)		
$x + y = y + x$	(R12)	$xy = yx$	(R13)
	(kommutativitet)		
$x\,(y + z) = xy + xz$	(R14)	$x + yz = (x + y)\,(x + z)$	(R15)
	(distributivitet)		
$x + xy = x$	(R16)	$x\,(x + y) = x$	(R17)
	(absorption)		
$xy + x'z + yz = xy + x'z$	(R18)	$(x+y)(x'+z)(y+z)=(x+y)(x'+z)$	(R19)
	(consensus)		

Räknelagarna (R10)–(R14) motsvarar räknelagarna i vanlig heltalsalgebra om OCH byts mot multiplikation och ELLER mot addition. Samtliga räknelagar (R10)–(R18) kan liksom tidigare visas med perfekt induktion. Som exempel på detta väljer vi att visa (R15). De tre ingående variablerna gör att $2^3 = 8$ fall behöver undersökas, vilket lämpligen görs i tabellform enligt figur 3.1.

			V.L	H.L
x	y	z	x + yz	(x + y)(x + z)
0	0	0	0	0
0	0	1	0	0
0	1	0	0	0
0	1	1	1	1
1	0	0	1	1
1	0	1	1	1
1	1	0	1	1
1	1	1	1	1

Figur 3.1 Verifiering av (R15) med perfekt induktion

För samtliga åtta fall ger postulaten (P1)–(P6) samma värde för vänster- och högerled,varmed (R15) är visad.

Emellertid kan (R15) också visas med hjälp av algebraisk manipulation och användning av övriga räknelagar.

$$\begin{aligned} HL &= (x + y)(x + z) = \\ &= x(x + z) + y(x + z) = && (R14) \\ &= xx + xz + yx + yz = && (R14) \\ &= x + xz + xy + yz = && (R2) \\ &= x + yz = VL && (R16) \end{aligned}$$

Strykningslagen gäller inte:

$(x + y = x + z) \not\Rightarrow (y = z)$ ty antag $x = 1, y = 1, z = 0$

$(xy = xz) \not\Rightarrow (y = z)$ ty antag $x = 0, y = 0, z = 1$

Sats 3.1 (Inverslagen)

För varje Boolesk uttryck g existerar ett inverst uttyck g′, sådant att om

$$g = f(x_1, x_2, ..., x_n, +, \cdot)$$

så är

$$g' = f(x_1', x_2', ..., x_n', \cdot, +).$$

Den inversa formen erhålls genom att byta

$$0 \leftrightarrow 1$$
$$+ \leftrightarrow \cdot$$
$$x, y \leftrightarrow x', y'$$

Bevis: Oavsett komplexitet av det givna uttrycket har det inversa uttrycket en direkt korresponderande struktur. Antalet parenteser (utsatta eller underförstådda) är alltid detsamma. Antag nu att variablerna $x_1, x_2 \ldots x_n$ tilldelas vissa värden (0 eller 1). Med hjälp av postulaten (P1)–(P8) kan vi steg för steg räkna ut värdet av de två uttrycken. När vi i det ena uttrycket använder (P1), (P3), (P5) eller (P7) får vi i det andra uttrycket anv ända (P2), (P4), (P6) eller (P8). Härav följer att de två beräkningarna måste utmynna i motsatta slutresultat. VSB.

de Morgans lag

Vissa specialfall av den visade satsen går under namnet de Morgans lag

$$\left.\begin{array}{l} x + y = (x' y')' \\ (x + y)' = x' y' \end{array}\right\} \text{(R20)} \qquad \left.\begin{array}{l} xy = (x' + y')' \\ (xy)' = x' + y' \end{array}\right\} \text{(R21)}$$

$$(x_1 + x_2 + \ldots + x_n)' = x_1' \, x_2' \ldots . \, x_n' \quad \text{(R22)}$$
$$(x_1 \, x_2 \, \ldots \, x_n)' = x_1' + x_2' + \ldots + x_n' \quad \text{(R23)}$$

De Morgans lag och den mera generella inverslagen är mycket viktiga hjälpmedel vid algebraisk förenkling av Booleska uttryck.

Exempel 3.2

Omforma $(x'(yz)' + xy)'$ till ett uttryck utan parenteser.

$$(x'(yz)' + xy)' = (x'(yz)')'(xy)' = \quad \text{(R20)}$$
$$= (x + yz)\,(x' + y') = \quad \text{(R21)}$$
$$= xy' + x'yz$$

Används sats 3.1 direkt blir beräkningarna

$$(x'\,(yz)' + xy)' = (x + yz)\,(x' + y') = xy' + x'\,yz$$

Observera att vi härvid betraktar yz som en variabel för sig.

Operationerna ELLER och OCH ingår i själva definitionen på Boolesk algebra. Emellertid kan vi också betrakta dem som två av flera möjliga funktioner av binära variabler. Booleska funktioner kommer att behandlas mera fullständigt i kap 4.

Nedan följer emellertid en uppställning av de 16 möjliga funktionerna av två variabler

x	y	f_0	f_1	f_2	f_3	f_4	f_5	f_6	f_7	f_8	f_9	f_{10}	f_{11}	f_{12}	f_{13}	f_{14}	f_{15}
0	0	0	0	0	0	0	0	0	0	1	1	1	1	1	1	1	1
0	1	0	0	0	0	1	1	1	1	0	0	0	0	1	1	1	1
1	0	0	0	1	1	0	0	1	1	0	0	1	1	0	0	1	1
1	1	0	1	0	1	0	1	0	1	0	1	0	1	0	1	0	1

Figur 3.2 De 16 möjliga funktionerna av två variabler

Följande algebraiska uttryck gäller för de 16 funktionerna $f_0, f_1, \ldots, f_{15}$

$f_0(x, y) = 0$	$f_8(x, y) = (x + y)' = x' y'$
$f_1(x, y) = x y$ (OCH)	$f_9(x, y) = x y + x' y'$
$f_2(x, y) = x y'$	$f_{10}(x, y) = y'$
$f_3(x, y) = x$	$f_{11}(x, y) = x + y'$
$f_4(x, y) = x' y$	$f_{12}(x, y) = x'$
$f_5(x, y) = y$	$f_{13}(x, y) = x' + y$
$f_6(x, y) = x y' + x' y$	$f_{14}(x, y) = (x y)' = x' + y'$
$f_7(x, y) = x + y$ (ELLER)	$f_{15}(x, y) = 1$

Samtliga funktioner kan som synes uttryckas algebraiskt med operationerna OCH, ELLER, ICKE. I speciella sammanhang kan man emellertid föredra andra. Sålunda ger modulo-2-operationen $\oplus$,

$$f_6(x, y) = x y' + x' y$$

i vissa fall en tilltalande enkelhet i det algebraiska uttryckssättet. Till detta kommer att en hel algebraisk struktur, modulo-2-algebran, uppvisar flera intressanta egenskaper. Denna behandlas i avsnitt 3.2 av detta kapitel.

Operationerna $f_8(x, y) = (x + y)' = x' y'$ och $f_{14}(x, y) = (x y)' = x' + y'$ kan primärt betraktas som sammansatta funktioner och utläsas ELLER-ICKE respektive OCH-ICKE. Vanligen används även i svenskt språkbruk de engelska beteckningarna NOR respektive NAND. Generaliserade till n st variabler får de utseendet

$$(x_1 + x_2 + \ldots + x_n)' \qquad \text{NOR}$$
$$(x_1 \cdot x_2 \ldots x_n)' \qquad \text{NAND}$$

Vanligen betraktar man även specialfallet n = 1, d.v.s. den enkla inverteringen x′, som en NOR- eller en NAND-operation.

I konsekvensens namn kommer vi i de efterföljande kapitlen att även för funktionerna OCH och ELLER att använda de engelska beteckningarna AND respektive OR.

Vi ska avsluta beskrivningen av den Booleska algebran med några enkla men viktiga satser.

Sats 3.2

Operationerna ELLER (+), ICKE (′) är tillräckliga i den Booleska algebran.

Bevis: Enligt de Morgans lag (R 21) gäller att $x \cdot y = (x' + y')'$ varav följer att operationen OCH (·) kan erhållas med hjälp av ELLER- och ICKE-operationerna.

Sats 3.3

Operationerna OCH (·), ICKE (′) är tillräckliga i den Booleska algebran.

Bevis: Enligt de Morgans lag (R 20) gäller $x + y = (x' \, y')'$ varav följer att operationen ELLER (+) kan erhållas med hjälp av OCH- och ICKE-operationerna.

Sats 3.4

Operationen NOR är tillräcklig i den Booleska algebran.

Bevis: Operationerna ELLER (+), OCH (·), ICKE (′) kan bildas med hjälp av NOR-operationen enligt nedanstående.

$$x + y = ((x + y)')'$$
$$x \cdot y = (x' + y')'$$
$$x' = x'$$

Sats 3.5

Operationen NAND är tillräcklig i den Booleska algebran.

Bevis: Operationerna ELLER (+), OCH (·), ICKE (′) kan bildas med hjälp av NAND-operationen enligt nedanstående.

$$x + y=(x' \cdot y')'$$
$$x \cdot y=((x \cdot y)')'$$
$$x'=x'$$

I digitala utrustningar utgör ofta NOR- eller NAND-element de enda funktionsenheterna. Den teoretiska grunden för detta är att NAND och NOR var för sig är tillräckliga som operatorer i den Booleska algebran.

3.2 Modulo-2-algebra

Modulo-2-algebran har ett visst intresse för digitalteknikern. I vissa sammanhang, som t.ex. inom kodningsteorin, erbjuder den en bekvämare beskrivning än den vanliga Booleska algebran.

I modulo-2-algebran används

Konstanter (variabelvärden) ur mängden $\{0, 1\}$

Operatorerna	addition modulo-2	$\oplus$
	multiplikation modulo-2	$\cdot$

Operatorn $\oplus$ har lägst prioritet.

Postulaten i modulo-2-algebran är:

$0 \oplus 0 = 0$	(P1)	$0 \cdot 0 = 0$	(P4)
$0 \oplus 1 = 1 \oplus 0 = 1$	(P2)	$0 \cdot 1 = 1 \cdot 0 = 0$	(P5)
$1 \oplus 1 = 0$	(P3)	$1 \cdot 1 = 1$	(P4)

I tabellform kan postulaten skrivas

$\oplus$	0	1
0	0	1
1	1	0

$\cdot$	0	1
0	0	0
1	0	1

Operationen $\oplus$ har sitt namn efter (P1), (P2), (P3) som säger att $\oplus$ är liktydigt med vanlig addition modulo-2, d.v.s. addition sker på vanligt sätt upp till 2 som sätts = 0. Produkten i modulo-2-algebran skiljer sig som synes inte från produkten i den Booleska algebran. För modulo-2-additionen applicerad på tvåvärda variabler x, y, z ger postulaten följande räknelagar.

$$x \oplus 0 = x \qquad (R1)$$
$$x \oplus 1 = x' \qquad (R2)$$
$$x \oplus x' = 1 \qquad (R3)$$
$$x \oplus x = 0 \qquad (R4)$$

där x′ betecknar vanlig Boolesk invers.

$$x \oplus y = y \oplus x \qquad (R5)$$
(kommutativitet)

$$x \oplus (y \oplus z) = (x \oplus y) \oplus z \qquad (R6)$$
(associativiet)

$$x\,(y \oplus z) = x\,y \oplus x\,z \qquad (R7)$$
(· distributivitet över $\oplus$)

Operationen modulo-2-addition kallas också exklusivt eller. Av postulaten (P1), (P2) och (P3) får vi följande tabell:

x y	$x \oplus y$
0 0	0
0 1	1
1 0	1
1 1	0

Uttrycket $x \oplus y$ antar värdet 1 omm x eller y men inte båda har värdet 1.

Tabellen ger också direkt översättningen från modulo-2-addition till Booleska operatorer:

$$x \oplus y = x'\,y + x\,y' \qquad (R8)$$
$$(x \oplus y)' = (x'\,y + x\,y')' = x\,y + x'\,y'$$

Sats 3.6 (Strykningslagen)

$$(x \oplus y = x \oplus z) \Leftrightarrow (y = z)$$

Bevis: Vi visar först $(y = z) \Rightarrow (x \oplus y = x \oplus z)$. För det fall att x=0 förändras inte värdet av vänster- och högerled då x modulo-2-adderas enligt (R 1). För x=1 bildas enligt (R 2) inversen till såväl höger- som vänsterled, d.v.s. likheten kvarstår. Att $(x \oplus y = x \oplus z) \Rightarrow (y = z)$ inses av att vi nu enligt bevisets första del kan addera x modulo-2 till $x \oplus y$ och $x \oplus z$.

$(x \oplus y = x \oplus z) \Rightarrow (x \oplus x \oplus y = x \oplus x \oplus z) \Rightarrow$

(R 4) $\quad (0 \oplus y = 0 \oplus z) \Rightarrow$

(R 1) $\quad y = z \quad$ VSB

Exempel 3.3

Visa att $(x \oplus y = z) \Rightarrow (x \oplus z = y)$.

Bevis 1: Vi skriver om $\oplus$ operationen till Booleska operatorer enligt (R 8), (R 9). $z = x \oplus y$ övergår då till

$$z = x y' + x' y \qquad z' = xy + x'y'$$

vilket kan sättas in i vänsterledet i den senare likheten:

$$x \oplus z = xz' + x'z = x(xy + x'y') + x'(xy' + x'y) = xy + x'y = y$$

V S B

Bevis 2: Enligt sats 3.6 kan vi addera x modulo-2 till ekvationen $x \oplus y = z$.

$(x \oplus y = z) \Rightarrow (x \oplus x \oplus y = x \oplus z) \Rightarrow (y = x \oplus z)$ VSB

4 Booelska funktioner. Minimeringsmetoder

4.1 Definition av kombinatoriskt nät. Grindar

Ett kombinatoriskt nät är en digital anordning vars allmänna utseende visas av figur 4.1.

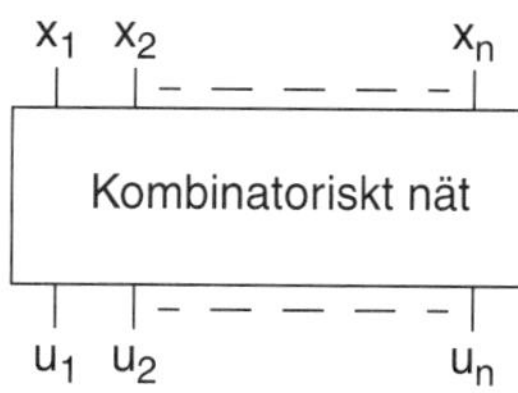

Figur 4.1 Kombinatoriskt nät

Varje in- och utsignal kan bara anta de logiska värdena noll eller ett. De verkliga fysiska värdena kan därför ignoreras och beteendet beskrivas i en funktionstabell, där man för var och en av de 2^n möjliga insignalkombinationerna anger utsignalernas logiska värden. Figur 4.2 exemplifierar en funktionstabell för en funktion av tre variabler.

x_1	x_2	x_3	u_1	u_2
0	0	0	1	0
0	0	1	1	0
0	1	0	0	0
0	1	1	0	1
1	0	0	0	1
1	0	1	0	1
1	1	0	1	1
1	1	1	1	1

Figur 4.2 Exempel på funktionstabell

Hos ett kombinatoriskt nät beror utsignalerna endast av insignalernas ögonblicksvärden. I en verklig realisering kan utsignalerna inte etableras utan fördröjning, men vi kan tills vidare bortse från detta och förutsätta att statiska tillstånd råder på såväl in- som utgångar.

Sambandet mellan insignaler och utsignaler kan också beskrivas med Booleska ekvationer, en för varje utsignal. Sålunda kan utsignalerna i funktionstabellen i figur 4.2 definieras av uttrycken:

$$u_1 = x_1'x_2' + x_1\,x_2$$
$$u_2 = x_1 + x_2\,x_3$$

Kombinatoriska nät kan konstrueras med bl.a. grindar. En grind är i sig ett kombinatoriskt nät som realiserar en enkel Boolesk funktion. Det finns dock inte grindar för varje Boolesk funktion utan bara för vissa primitiver. För att konstruera större nät måste grindar kombineras.

Primitiverna och deras isomorfi (likastruktur) med den Booleska algebran framgår av figur 4.3. Samtliga grindar har här ritats med två ingångar. Vi kan dock tillåta oss, om inget annat sägs, att använda grindar med ett godtyckligt antal ingångar. Undantaget är EXOR-grinden, vilken bara finns för två ingångar.

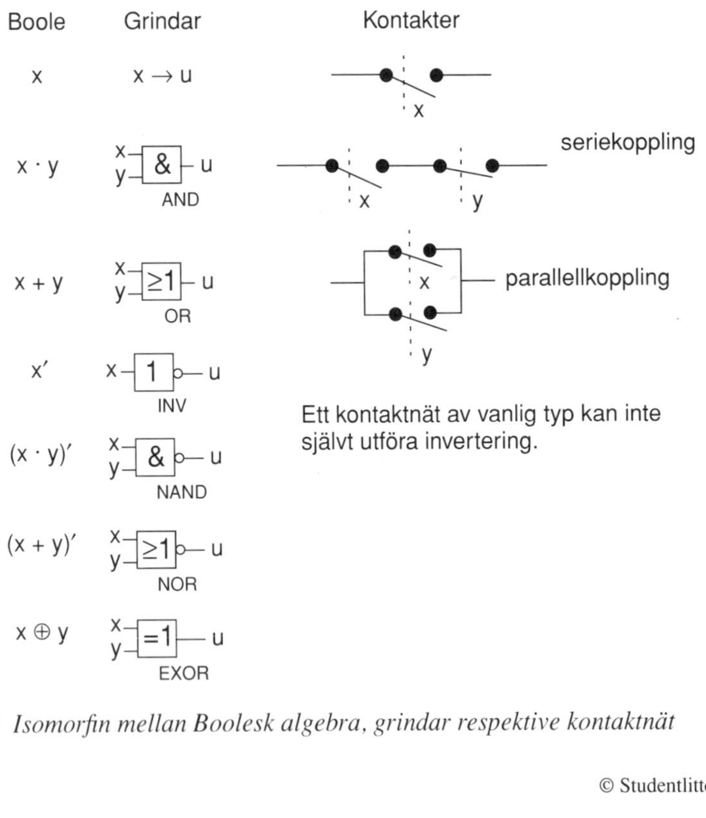

Figur 4.3 Isomorfin mellan Boolesk algebra, grindar respektive kontaktnät

Exempel 4.1

Det kombinatoriska nätet beskrivet av $u_1 = x_1' \, x_2' + x_1 \, x_2$ och $u_2 = x_1 + x_2 \, x_3$ kan med grindar realiseras enligt:

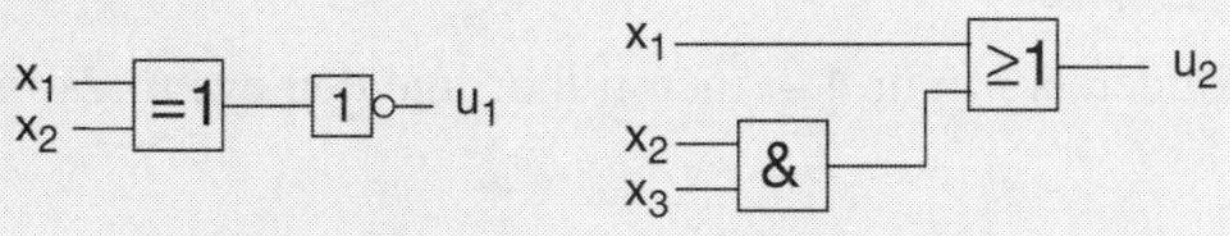

Speciellt intressanta är NOR- och NAND-grinden, eftersom dessa grindtyper ensamma realiserar varje kombinatoriskt nät (se sats 3.4 och sats 3.5).

Kombinatoriska nät kan också konstrueras medelst kontakter. Hur detta går till tangeras i avsnitt 6.7, men behandlas ingående först i kapitel 8. Redan i figur 4.3 angavs dock isomorfin mellan kontakter och Boolesk algebra.

Resten av detta kapitel kommer att behandla Booleska funktioner, minimeringsmetoder och kombinatoriska grindnät.

4.2 Disjunktiv och konjunktiv form. Normalformer

En Boolesk funktion kan, som redan nämnts, beskrivas med en funktionstabell där man för var och en av insignalkombinationerna anger funktionens värde. Funktionen f i figur 4.4 är ett godtyckligt exempel.

i	x_1	x_2	x_3	f	p_1	$s_1 = p_1'$
0	0	0	0	0	$x_1'x_2'x_3'$	$x_1 + x_2 + x_3$
1	0	0	1	1	$x_1'x_2'x_3$	$x_1 + x_2 + x_3'$
2	0	1	0	0	$x_1'x_2x_3'$	$x_1 + x_2' + x_3$
3	0	1	1	0	$x_1'x_2x_3$	$x_1 + x_2' + x_3'$
4	1	0	0	1	$x_1x_2'x_3'$	$x_1' + x_2 + x_3$
5	1	0	1	1	$x_1x_2'x_3$	$x_1' + x_2 + x_3'$
6	1	1	0	1	$x_1x_2x_3'$	$x_1' + x_2' + x_3$
7	1	1	1	0	$x_1x_2x_3$	$x_1' + x_2' + x_3'$

funktionstabell — minimalpolynom — maximalpolynom

Figur 4.4 Exempel på funktionstabell för en funktion av tre variabler

Mot varje insignalkombination svarar dessutom

heltalet "i"
minimalpolynomet, mintermen eller elementarprodukten p_i
maximalpolynomet, maxtermen eller elementarsumman $s_i = p_i'$

Dessa har inkluderats i figur 4.4, men tillhör inte den egentliga funktionstabellen.

För varje Boolesk funktion finns två grundformer:

Disjunktiv form eller summa av produkter

Exempel: $f(x_1, x_2, x_3) = x_1 x_2' + x_2' x_3 + x_1 x_2 x_3'$ (4.1)

Konjunktiv form eller produkt av summor

Exempel: $f(x_1, x_2, x_3) = (x_1 + x_3)(x_2' + x_3')(x_1 + x_2')$ (4.2)

Avvikelse från ren disjunktiv eller ren konjunktiv form benämns blandade former. Dessa har dock mindre praktisk betydelse än de rena formerna. Exempel på en blandad form är

$$f(x_1, x_2, x_3) = (x_1 + x_3)(x_2' + x_2 x_3') \tag{4.3}$$

Disjunktiv normalform

För varje Boolesk funktion existerar dessutom ett uttryck kallat den disjunktiva normalformen. Denna består av den Booleska summan av de minimalpolynom för vilka f = 1. Formen är intuitivt fattbar och lätt att ställa upp direkt från funktionstabellen.

För den funktion som ovan specificerades i figur 4.4 får vi den disjunktiva normalformen

$$f(x_1, x_2, x_3) = 0 \cdot p_0 + 1 \cdot p_1 + 0 \cdot p_2 + 0 \cdot p_3 + 1 \cdot p_4 + 1 \cdot p_5 + 1 \cdot p_6 + 0 \cdot p_7 =$$
$$= p_1 + p_4 + p_5 + p_6 = x_1'x_2'x_3 + x_1x_2'x_3' + x_1x_2'x_3 + x_1x_2x_3' \tag{4.4}$$

Ett ännu enklare sätt att beskriva funktionen är att helt enkelt ange indexnumret för de minimalpolynom för vilka f = 1.

$$f(x_1, x_2, x_3) = \Sigma\,(1, 4, 5, 6) \tag{4.5}$$

Minimalpolynomen och den disjunktiva normalformen kan illustreras med hjälp av en n-dimensionell kub. Det tredimensionella fallet med $f = p_1 + p_4 + p_5 + p_6$ visas av figur 4.5. De svärtade hörnpunkterna i kuben markerar de minimalpolynom som ingår i funktionen.

Två hörnpunkter sammanbundna av en kant skiljer sig i endast en position. Kanten kan då ges samma beteckning som hörnen frånsett denna position som markeras med (–). Medan varje hörn motsvarar ett minimalpolynom motsvarar en kant en kortare term, nämligen summan av ändpunkternas minimalpolynom. Sålunda motsvarar

$$-\,0\,0 \quad x_2' x_3' = x_1' x_2' x_3' + x_1 x_2' x_3'$$
$$0 - 1 \quad x_1' x_3 = x_1' x_2' x_3 + x_1' x_2 x_3$$

Vilka termer motsvaras av kubens sex ytor?

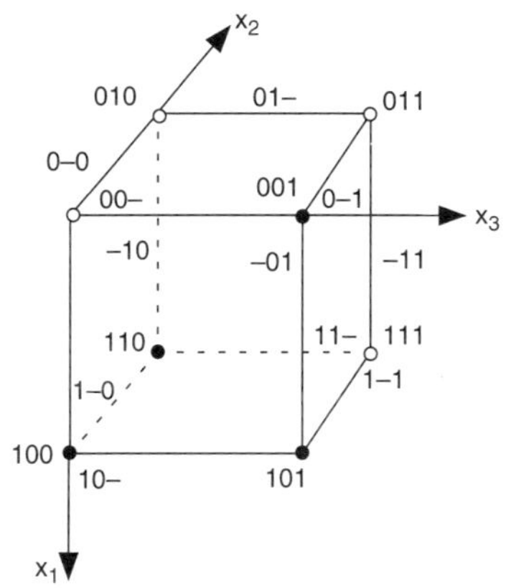

Figur 4.5 Minimalpolynom och disjunktiv normalform illustrerat med kub

Den disjunktiva normalformen kan emellertid även tas fram utan hjälp av funktionstabellen utgående från en godtycklig disjunktiv form för den Booleska funktionen. Uttrycket ska nu alltså omformas till en summa av produkter, där samtliga variabler ingår i varje produkt. Saknas en variabel, t.ex. x_i, i någon produkt multipliceras denna med $(x_i+x_i') = 1$. Distributiva lagen tillämpas (R14) och förfarandet upprepas tills den disjunktiva normalformen erhålls.

Metoden tillämpad på uttryck (4.1) ger:

$$
\begin{aligned}
f(x_1, x_2, x_3) &= x_1x_2' + x_2'x_3 + x_1x_2x_3' = \\
&= x_1x_2'(x_3 + x_3') + (x_1 + x_1')x_2'x_3 + x_1x_2x_3' = \\
&= x_1x_2'x_3 + x_1x_2'x_3' + x_1x_2'x_3 + x_1'x_2'x_3 + x_1x_2x_3' = \\
&= x_1x_2'x_3 + x_1x_2'x_3' + x_1'x_2'x_3 + x_1x_2x_3'
\end{aligned} \qquad (4.6)
$$

Konjunktiv normalform

En Boolesk funktion kan också anges på sin konjunktiva normalform, d.v.s. som en produkt av maximalpolynomen. Direkt ur funktionstabellen hämtar vi och bildar produkten av de maximalpolynom för vilka $f = 0$.

För den i figur 4.5 specificerade funktionen blir den konjunktiva normalformen

$$
\begin{aligned}
f(x_1, x_2, x_3) &= s_0 + s_2 + s_3 + s_7 = \\
&= (x_1 + x_2 + x_3)(x_1 + x_2' + x_3)(x_1 + x_2' + x_3')(x_1' + x_2' + x_3')
\end{aligned} \qquad (4.7)
$$

Ett enkelt sätt att definiera en funktion med den konjunktiva normalformen är att ange indexnumret för de maximalpolynom som behöver tas med.

$$f(x_1, x_2, x_3) = \prod (0, 2, 3, 7) \qquad (4.8)$$

Observera att de indexnummer som uppträder i (4.8) är just de som saknas i (4.5), vilket gäller generellt.

Den konjunktiva normalformen kan precis som den disjunktiva härledas ur ett godtyckligt uttryck för den Booleska funktionen. Dock utgår vi nu från en konjunktiv form och söker alltså en produkt av summor där samtliga variabler ingår i varje summa. Saknas en variabel, t.ex. x_i, i någon summa adderas $x_ix_i' = 0$ till denna. Distributiva lagen (R15) tillämpas och förfarandet upprepas tills den konjunktiva normalformen erhållits. Tillämpat på uttryck (4.3) (omskrivet till ren konjunktiv form) ger detta

$$
\begin{aligned}
f(x_1, x_2, x_3) &= (x_1 + x_3)(x_2' + x_3') = (x_1 + x_2x_2' + x_3)(x_1x_1' + x_2' + x_3') = \\
&= (x_1 + x_2 + x_3)(x_1 + x_2' + x_3)(x_1 + x_2' + x_3')(x_1' + x_2' + x_3')
\end{aligned}
$$

Konjunktiv normalform kan också bildas genom att ta fram den disjunktiva normalformen till den Booleska funktionens invers och sedan invertera denna.

Den konjunktiva normalformen får sägas ha något mindre betydelse än den disjunktiva, främst beroende på att den inte är lika intuitivt gripbar.

Existensen av disjunktiva och konjunktiva algebraiska normaluttryck för varje Boolesk funktion visar att den Booleska algebran är funktionellt fullständig. Varje tänkbar funktion kan ges ett algebraiskt uttryck.

Funktionen f i figur 4.4 är en av 256 möjliga funktioner av 3 variabler. Allmänt gäller att, antalet olika funktioner av n variabler är

$$2^{2^n}$$

eftersom funktionsvärdet för de 2^n minimalpolynomen oberoende av varandra kan ges värdet 1 eller 0. Uttryckt på annat sätt: funktionstabellen har 2^n rader och för varje rad har man att specificera funktionsvärdet 1 eller 0. Antalet funktioner växer mycket snabbt med antalet variabler n som framgår av figur 4.6. De 16 möjliga funktionerna av två variabler återgavs redan i figur 3.2.

n	2^{2^n}
0	2
1	4
2	16
3	256
4	65 536
5	4 294 967 296

Figur 4.6 Antalet möjliga funktioner av n variabler

4.3 Karnaughdiagram för 2, 3 och 4 variabler

Såsom redan visats kan en Boolesk funktion av n variabler illustreras med hjälp av en n-dimensionell kub där varje hörnpunkt svarar mot ett minimalpolynom. Fallet n = 3 visades i figur 4.5, där vi med ledning av funktionstabellen (figur 4.2) svärtat de hörnpunkter som motsvarar de i funktionen ingående minimalpolynomen. För t.ex. variabelkombinationen 001 har funktionen värdet 1, för 111 värdet 0.

Ett Karnaughdiagram specificerar på ett liknande sätt funktionens värde för samtliga kombinationer av variabelvärden. För fallet n = 2 degenererar kuben till en kvadrat (se figur 4.7a)) varvid det lätt inses att Karnaughdiagrammet för två variabler får det utseende som visas i figur 4.7b).

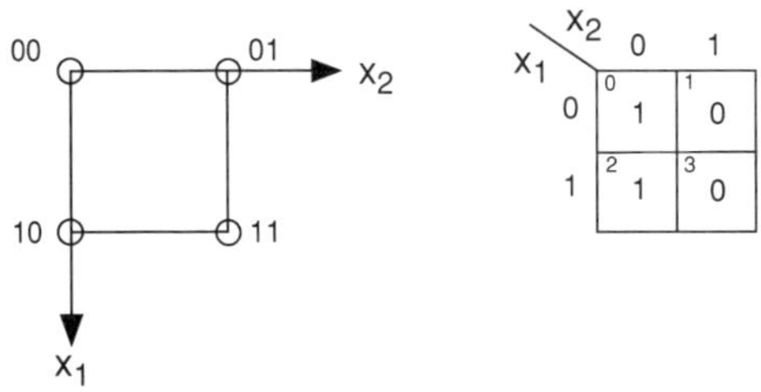

$$f(x_1, x_2) = p_0 + p_2 = x_1'x_2' + x_1x_2' = x_2'$$

Figur 4.7 a) Minimalpolynom för funktion av 2 variabler illustrerat med kvadrat
b) Karnaughdiagram för 2 variabler, illustrerande $f = x_2'$

Varje ruta i ett Karnaughdiagram svarar mot ett minimalpolynom och de i funktionen ingående polynomen markeras med ettor. (Index för respektive minimalpolynom har här angetts, men sätts normalt inte ut). Rutorna arrangeras på ett sådant sätt att minimalpolynom som går att slå samman till kortare termer (produkter) ligger i angränsande rutor. Angränsande rutor är sådana vars minimalpolynom skiljer sig åt endast i en variabel – alltså horisontellt och vertikalt men inte diagonalt belägna grannrutor. En kortare term erhålls om en etta kan slås samman med angränsande ettor till en grupp där ettornas antal är en jämn tvåpotens. En sammanslagning markeras med en inringning.

För två variabler finns sammanslagningsmöjligheterna:

1 ruta $\rightarrow$ term av 2 variabler
2 rutor $\rightarrow$ term av 1 variabel
4 rutor $\rightarrow$ f = 1

I figur 4.7 är funktionens två ettor angränsande och kan slås samman till $f = x_1'x_2' + x_1x_2' = x_2'$.

Karnaughdiagrammet för tre variabler kan härledas ur kuben i figur 4.5 genom att denna snittas upp och vecklas ut. Figur 4.8 visar hur detta går till.

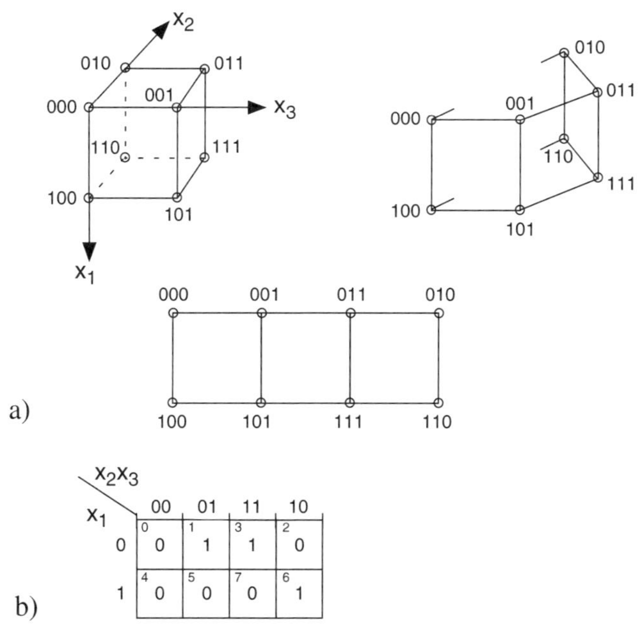

Figur 4.8 a) Härledning av Karnaughdiagram för 3 variabler
b) Funktionsexempel

Varje hörn i kuben svarar mot ett minimalpolynom och hörn sammanbundna av en kant mot en kortare term. I Karnaughdiagrammet måste samma minimalpolynom vara angränsande, vilket förklarar varför man i tabellhuvudet för x_2x_3 använder följden 00 01 11 10 och inte 00 01 10 11. Observera även att radernas ändrutor gränsar till varandra.

Varje ruta har nu tre grannar, vilket ger sammanslagningsmöjligheterna:

1 ruta → term av 3 variabler
2 rutor → term av 2 variabel
4 rutor → term av 1 variabel
8 rutor → f = 1

Sammanslagning av 2 respektive 4 rutor illustreras av figur 4.9.

Figur 4.9 Sammanslagning av 2 respektive 4 rutor

Ett Karnaughdiagram möjliggör förenkling av funktionsutttryck genom direkt inspektion och kan därmed ersätta dryga algebraiska manipulationer.

Exempel 4.2

En funktion given som ett algebraiskt uttryck konverteras först lämpligen till disjunktiv form. Antag att denna är $f = x_1' + x_1x_2'x_3 + x_1x_2x_3'$. Varje produktterm kan då prickas in i ett Karnaughdiagram som en grupp av ettor enligt figur 4.10a). Hur minimalpolynomen slås samman framgår av figur 4.10b). Det förenklade funktionsuttrycket avläses som $f = x_1' + x_2'x_3 + x_2x_3'$.

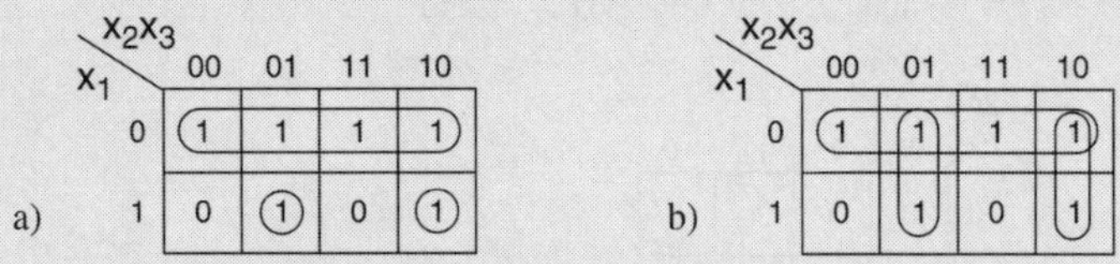

Figur 4.10 a) Den icke-minimerade funktionen ($f = x_1' + x_1x_2'x_3 + x_1x_2x_3'$)
b) Den minimerade funktionen ($f = x_1' + x_2'x_3 + x_2x_3'$)

Även för fyra variabler måste följden 00, 01, 11, 10 användas i tabellhuvudet både horisontellt och vertikalt för att minimalpolynom som går att slå samman till kortare termer ska hamna i angränsande rutor, se figur 4.11. I begreppet angränsande måste vi även innefatta fallet att två eller flera ettor upptar ändrutorna i en rad såväl som i en kolumn. Karnaughdiagrammet skulle egentligen slutas både vertikalt och horisontellt, vilket är möjligt endast om det placeras på ytan av en toroid.

x_1x_2 \ x_3x_4	00	01	11	10
00	(0) 0	(1) 1	(3) 1	(2) 0
01	(4) 0	(5) 1	(7) 1	(6) 0
11	(12) 0	(13) 0	(15) 0	(14) 1
10	(8) 0	(9) 0	(11) 0	(10) 0

$$f = p_1 + p_3 + p_5 + p_7 + p_{14} = x_1'x_4 + x_1x_2x_3x_4'$$

Figur 4.11 Karnaughdiagram för funktion av fyra variabler

Varje ruta i ett fyravariablers Karnaughdiagram har fyra angränsande rutor, vilket ger sammanslagningsmöjligheterna:

1 ruta $\rightarrow$ term av 4 variabler
2 rutor $\rightarrow$ term av 3 variabel
4 rutor $\rightarrow$ term av 2 variabel
8 rutor $\rightarrow$ term av 1 variabel
16 rutor $\rightarrow$ f = 1

Figur 4.12 visar exempel på sammanslagning av minimalpolynom i 2, 4 och 8 angränsande rutor.

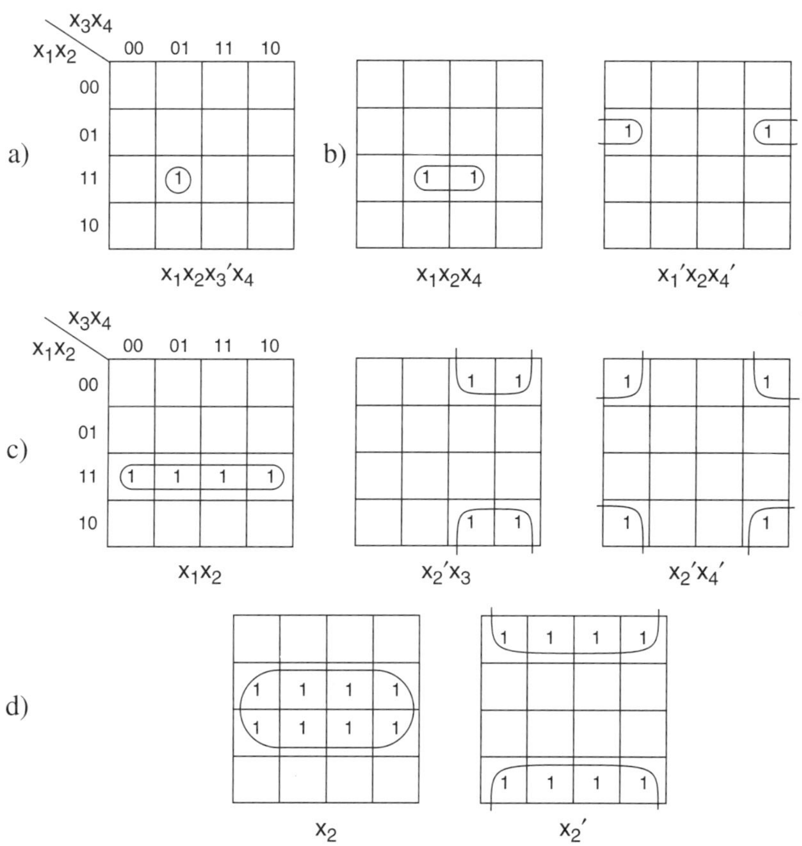

Figur 4.12 För ett Karnaughdiagram av fyra variabler finns fyra typer av termer.
a) termer av 4 variabler
b) termer av 3 variabler
c) termer av 2 variabler
d) termer av 1 variabel

4.4 Primimplikatorer. Minimala former

En primimplikator för en funktion $f(x_1, x_2, ..., x_n)$ är en term i funktionens disjunktiva uttryck som inte kan absorberas av en kortare term.

Exempel 4.3

$$f(x_1, x_2, x_3, x_4) = x_1'x_2x_4' + x_2'x_3x_4' + x_1'x_3x_4$$

har primimplikatorerna

$$\Pi_1 = x_1'x_2x_4',\ \Pi_2 = x_2'x_3x_4',\ \Pi_3 = x_1'x_3$$

Inringningen $x_1'x_3x_4$ är ingen primimplikator, eftersom den täcks av en större nämligen $x_1'x_3$. Att så är fallet kan snabbt konstateras i ett Karnaughdiagram. Se figur 4.13.

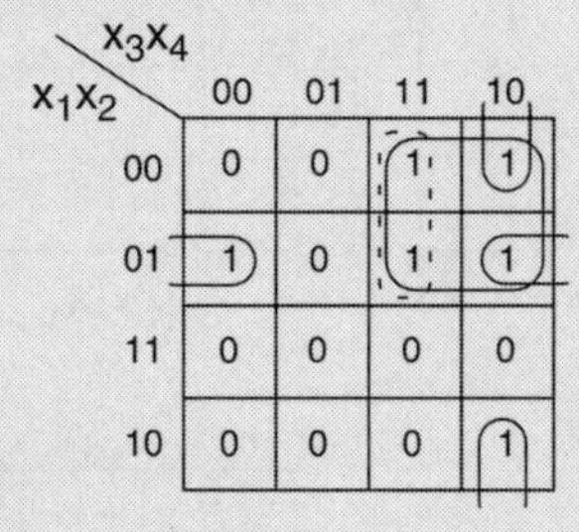

Figur 4.13 Primimplikatorerna framtagande

Varje Boolesk funktion kan uttryckas som primimplikatorernas summa. Denna primimplikatorform representerar vanligtvis en förenkling jämfört med den disjunktiva normalformen. Dock är det inte alltid säkert att samtliga primimplikatorer behöver tas med. Med det minsta antal som täcker samtliga minimalpolynom erhålls den minimala disjunktiva formen.

Det finns således tre disjunktiva former av intresse:

Normalformen, bildad som summan av samtliga minimalpolynom.
Detta är den form som realiseras av ett permanentminne, se kapitel 7.

Primimplikatorformen, alltså summan av samtliga primimplikatorer.
Formen används när man vill skapa ett hasardfritt grindnät.

Minimalformen, bildad som summan av det minimala antal primimplikatorer som täcker samtliga minimalpolynom. Denna form används vid realisering av minimala grindnät.

I nedanstående exempel tas de tre formerna fram.

Exempel 4.4

Figur 4.14a) visar en funktion med samtliga primimplikatorer inringade. Som framgår av figur 4.14b) behöver endast tre av de sex primimplikatorerna tas med för att täcka samtliga minimalpolynom.

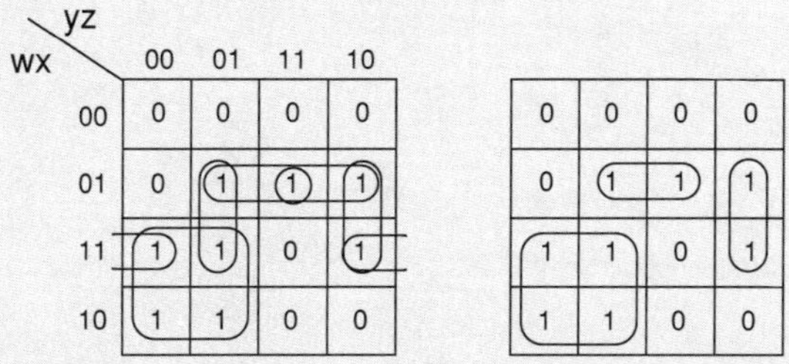

Figur 4.14 Funktion där samliga primimplikatorer inte behöver medtagas

De tre disjunktiva formerna blir:

a) Normalformen

$$f = w'xy'z + w'xyz + w'xyz' + wxy'z' + wxy'z + \\ + wxyz' + wx'y'z' + wx'y'z$$

b) Primimplikatorformen

$$f = w'xz + w'xy + wxz' + xy'z + wy' + xyz'$$

c) Minimalformen

$$f = w'xz + xyz' + wy'$$

vars realiseringar visas i tur och ordning i figur 4.15

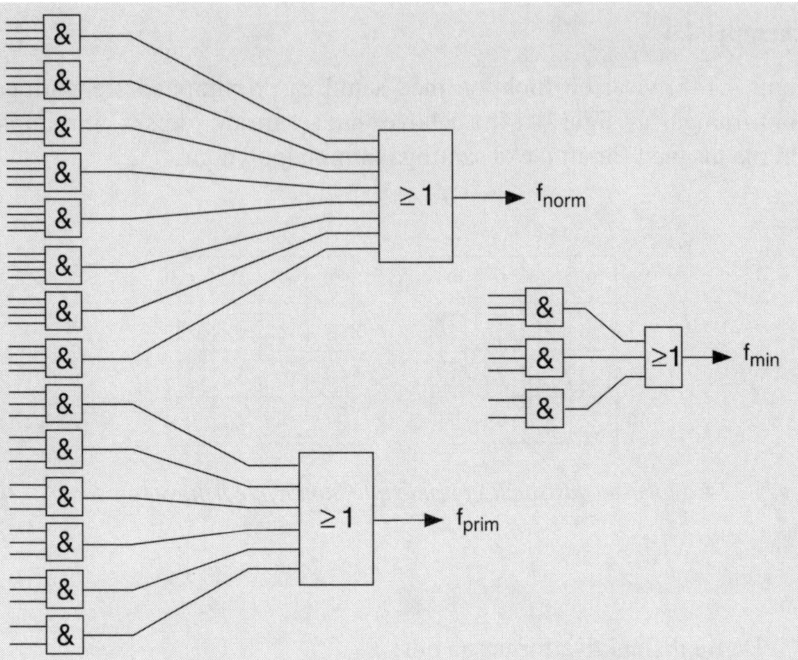

Figur 4.15 Realisering av funktionens normalform, primimplikatorform och minimalform

Uttryck som förenkling och minimering förekommer ofta i samband med kombinatoriska nät. För att de ska bli meningsfulla bör rätteligen kostnaden för det kombinatoriska nätet definieras. När inget annat sägs antar vi att kostnaden för ett kombinatoriskt nät är proportionell mot antalet grindingångar (alternativt mot antalet erforderliga dioder vid realisering med diodgrindar). Eftersom antalet grindingångar överensstämmer med antalet kontaktpunkter och eftersom dessa normalt är källan till de vanligaste felen, har det minimala nätet också den högsta tillförlitligheten.

Kostnadsminimering i vidare mening är ofta något helt annat som måste ta hänsyn till komponentval, uppbyggnadsteknik, snabbhetskrav m.m.

Den minimala formen består alltså av ett urval av primimplikatorer. Att göra detta urval med hjälp av Karnaughdiagrammet är i de flesta fall mycket enkelt och uppenbart. Om ett minimalpolynom täcks av bara en primimplikator sägs primimplikatorn vara väsentlig och måste ingå i varje minimalform. Grundprincipen blir därför att börja med isolerade ettor och sedan fortsätta med sådana som bara kan slås ihop med sina grannar på ett enda sätt. När vi väl hittat alla väsentliga primimplikatorer ringas resterande ettor på ett optimalt sätt. Alternativa urval kan då finnas. I det allmänna fallet existerar ingen unik minimalform, vilket framgår av följande exempel.

Exempel 4.5

Ange en minimalform till den funktion som anges i figur 4.16a).

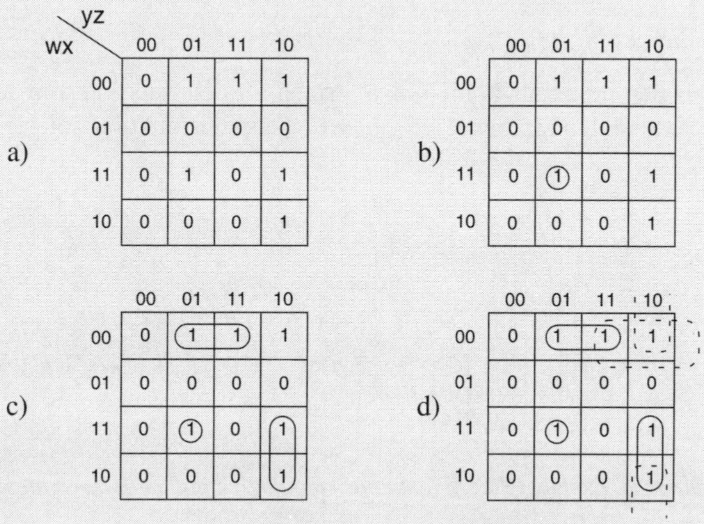

Figur 4.16 Exempel på funktion som saknar unik minimalform

Karnaughdiagrammet uppvisar en isolerad etta, vilken ringas in i figur 4.16b). I nästa steg ringas resterande väsentliga primimplikatorer enligt figur 4.16c). Den återsående ettan kan ringas på två alternativa och i detta fall likvärdiga sätt, se figur 4.16d). För att erhålla den minimala formen ska alltså endera av de båda streckade primimplikatorerna väljas.

De två minimala formerna blir:

$$f_1 = wxy'z + w'x'z + wyz' + w'x'y$$

$$f_2 = wxy'z + w'x'z + wyz' + x'yz'$$

Konjunktiv form

Karnaughdiagrammet har hittills använts enbart för att ta fram olika disjunktiva former. Emellertid är det lika användbart för framtagande av konjunktiva former. Det lämpligaste förfarandet är att först bilda det disjunktiva uttrycket för funktionens invers genom hoptagning av nollor i funktionens Karnaughdiagram. Den konjunktiva formen erhålls sedan genom invertering och användning av de Morgans lag.

Exempel 4.6

Bilda den minimala konjunktiva formen för den funktion som definieras av Karnaughdiagrammet i figur 4.17 (samma funktion som i exempel 4.5).

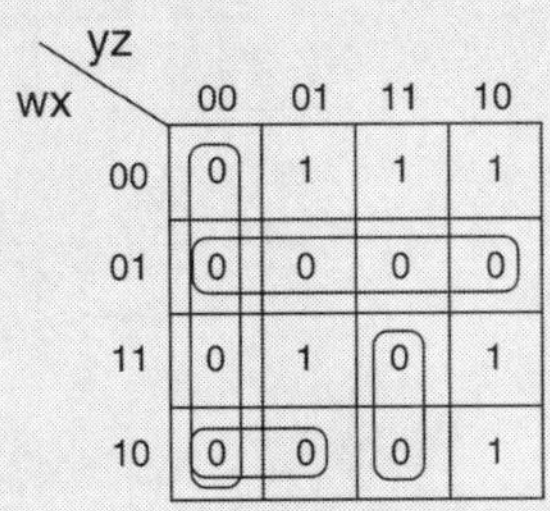

$$f' = w'x + y'z' + wyz + wx'z$$

$$f = (w + x')(y + z)(w' + y' + z')(w' + x + z')$$

Figur 4.17 Exempel där en funktions konjunktiva minimalform bildas

Kostnaden för ett grindnät blir i detta exempel lägre för den konjunktiva formen (OR-AND-struktur) än för den disjunktiva formen (AND-OR-struktur), 14 respektive 17 ingångar (18 respektive 21 om insignalernas inverser inte finns tillgängliga).

Kostnaden för den disjunktiva minimalformen och för den konjunktiva minimalformen kan som synes vara olika. Dock existerar ingen känd metod med vars hjälp man på förhand kan säga om en given funktion att den ena eller den andra formen är billigast.

Vid minimering med Karnaughdiagram erhålls alltid rena disjunktiva eller rena konjunktiva former, vilka realiseras med tvånivåers grindnät av typen

AND-OR för disjunktiv form

OR-AND för konjunktiv form.

Det är fullt möjligt att ett nät i fler nivåer skulle ge ett enklare nät. Dock finns det inga metoder som med säkerhet ger ett minimalt nät vid minimering i fler nivåer än två. För övrigt vill man vanligtvis ha kortast möjliga signalväg mellan in- och utgångar och för ett generellt nät är denna två nivåer.

4.5 Karnaughdiagram för 5 och 6 variabler

Användningen av Karnaughdiagram är i första hand begränsad till funktioner av 2, 3 och 4 variabler. Med lite vana kan det emellertid användas meningsfullt även för funktioner av 5 och 6 variabler.

För en funktion av 5 variabler måste Karnaughdiagrammet bestå av 32 rutor och varje ruta ha 5 angränsande rutor. Detta är möjligt endast om Karnaughdiagrammet ritas i två plan med ett 4-variablers Karnaughdiagram i varje, se figur 4.18a). En etta (nolla för konjunktiv form) kan nu slås samman med angränsande ettor, dels i samma plan dels i planet ovanför/nedanför. En vertikal inringning gäller både där $x_1 = 0$ och där $x_1 = 1$ och en sådan primimplikator blir oberoende av denna variabel.

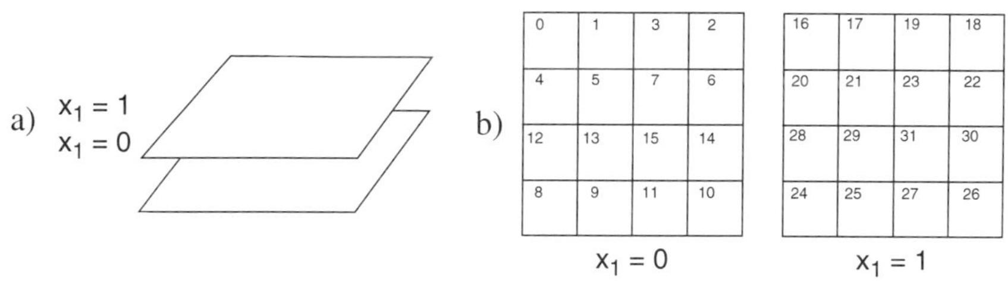

Figur 4.18 Femvariablers Karnaughdiagram
a) i 3 dimensioner
b) i 2 dimensioner

För att praktiskt kunna hantera diagrammet placeras de två planen bredvid varandra enligt figur 4.18b). Det vänstra planet innehåller minimalpolynomen 0–15 (där $x_1 = 0$) och det högra polynomen 16–31 (där $x_1 = 1$).

Exempel 4.7

Betrakta funktionen med Karnaughdiagram enligt figur 4.19, där också ett minimalt urval av primimplikatorer tagits fram. De vertikala primimplikatorerna har markerats med koppling mellan de två halvorna.

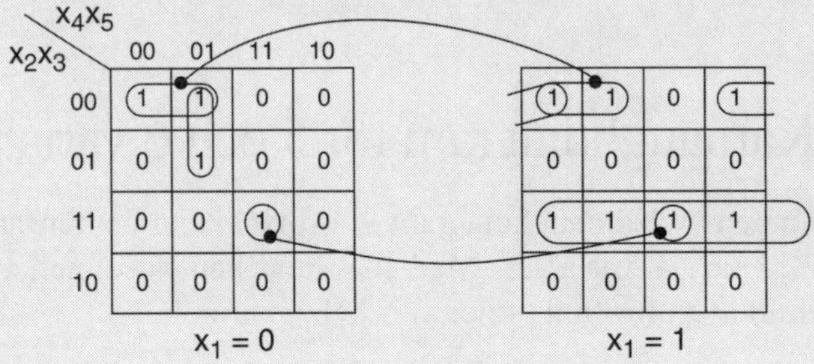

Figur 4.19 Karnaughdiagram för funktion av 5 variabler

Den minimala disjunktiva formen blir

$$f = x_2'x_3'x_4' + x_1'x_2'x_4'x_5 + x_1x_2'x_3'x_5' + x_2x_3x_4x_5 + x_1x_2x_3$$

I ett 6-variablers Karnaughdiagram ska varje ruta ha 6 angränsande rutor. De 64 rutorna måste nu läggas ut i 4 st plan med ett 4-variablers Karnaughdiagram i varje, placerade över varandra som i figur 4.20a). Planen graderas nerifrån och upp som $x_1x_2 = 00, 01, 11, 10$. Termer i angränsande plan skiljer sig åt i x_1x_2 bara i en variabel. (Nedersta och översta lagret är i denna betydelse angränsande.) Sammanslagning kan göras med angränsande ettor (nollor) i samma plan men också i angränsande plan. I figur 4.20b) har planen lagts ut i två dimensioner för att göra Karnaughdiagrammet praktiskt användbart.

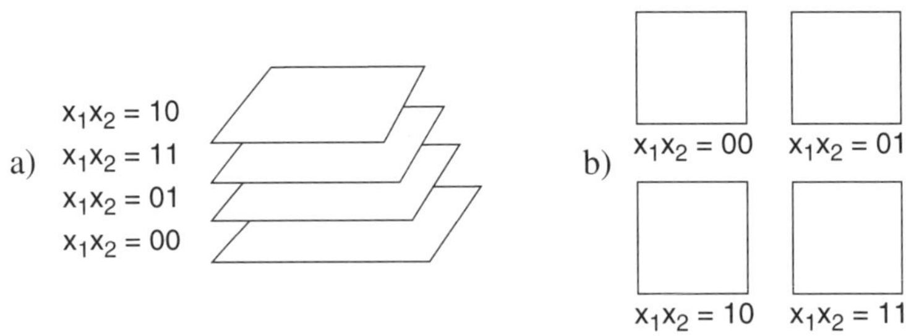

Figur 4.20 Sexvariablers Karnaughdiagram a) i 3 dimensioner b) i 2 dimensioner

Exempel 4.8

En funktion är given med Karnaughdiagram i figur 4.21. De termer som är gemensamma för flera av diagrammen är: x_5x_6 för alla fyra, $x_3'x_4'x_5$ för $x_1x_2 = 01$ och $x_1x_2 = 11$ samt $x_3x_4'x_5$ för $x_1x_2 = 10$ och $x_1x_2 = 11$. Detta ger primimplikatorerna x_5x_6, $x_2x_3'x_4'x_5$ samt $x_1x_3x_4'x_5$.

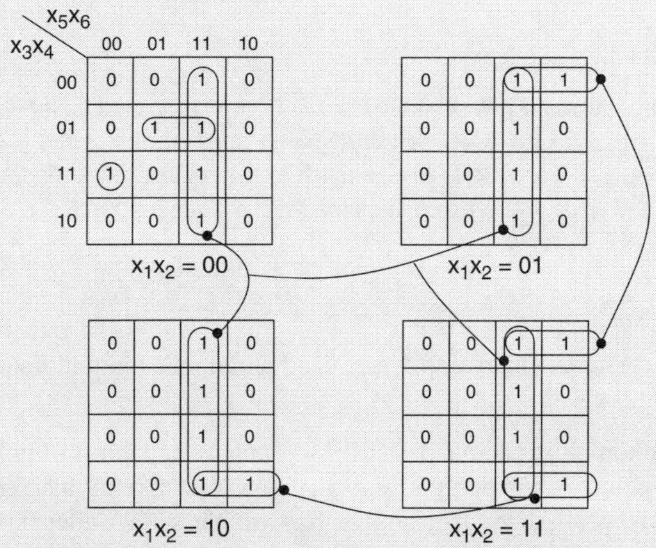

Figur 4.21 Karnaughdiagram för en funktion av 6 variabler

Den minimala disjunktiva formen blir

$$f=x_5x_6+x_2x_3'x_4'x_5+x_1x_3x_4'x_5+x_1'x_2'x_3x_4x_5'x_6' + x_1'x_2'x_3'x_4x_6$$

Avslutningsvis ska nämnas att det finns andra minimeringsmetoder än Karnaughdiagram t.ex. Quine-McCluskeys metod och Espresso. Dessa är mer algoritmiska än Karnaughdiagram och låter sig utvidgas till ett godtyckligt antal variabler. Dock är de inte praktiska att hantera manuellt och behandlas därför inte i denna framställning. För nät av större komplexitet använder man alltid något datoriserat hjälpmedel alternativt realiserar nätet med ett permanentminne, se kapitel 7.

4.6 Ofullständigt specificerade funktioner

De hittills studerade exemplen på Booleska funktioner har varit fullständigt specificerade. I praktiken uppträder dock ofta ofullständigt specificerade funktioner, d.v.s. vissa insignalkombinationer kan inte förekomma och för dessa kan funktionen ges ett godtyckligt värde – don't care. Dessa kombinationer kan oftast utnyttjas för att förenkla realiseringen.

Exempel 4.9

Ett kombinatoriskt nät ska konstrueras i två nivåer med AND–OR-grindar (alternativt OR–AND-grindar). Nätet har fyra insignaler x_1, x_2, x_3, x_4 som utgör ett NBCD-kodat tal X=<x_1, x_2, x_3, x_4>. Nätet har en utgång f (x_1, x_2, x_3, x_4) som ska anta värdet 1 för $3 \leq X \leq 6$.

Lösning:

Vi skriver omedelbart upp Karnaughdiagrammet för funktionen f. Se figur 4.22a).

Insignalkombinationerna $10 \leq X \leq 15$ uppträder aldrig. Funktionens värde sätts här till don′t care och motsvarande rutor markeras med streck. Uppenbarligen kan vi efter fritt val här sätta 1 eller 0 och ändå uppfylla specifikationen för funktionen f enligt ovan.

a)

x_1x_2 \ x_3x_4	00	01	11	10
00	0	0	1	0
01	1	1	0	1
11	–	–	–	–
10	0	0	–	–

b)

0	0	1	0
1	1	0	1
–	–	–	–
0	0	–	–

c)

0	0	1	0
1	1	0	1
1	1	0	1
0	0	1	0

Figur 4.22 Exempel på funktion med ospecificerade insignalkombinationer och framtagning av funktionens disjunktiva minimalform

Ett bekvämt skrivsätt för funktionen f är

$$f(x_1, x_2, x_3, x_4) = \Sigma(3, 4, 5, 6) + d\,(10, 11, 12, 13, 14, 15)$$

där d står för ”don't care”.

För att få enkel realisering bildar vi nu så stora areor som möjligt i diagrammet "runt" alla de specificerade 1:orna. Se figur 4.22b). Detta är liktydigt med att vi tilldelar funktionen värden enligt figur 4.22c) i de tidigare ospecificerade rutorna. Realiseringen ger alltså ett entydigt svar för varje variabelkombination, även för de kombinationer som inte från början specificerats. Grindnätet får utseendet enligt figur 4.23.

$$f = x_2x_3' + x_2x_4' + x_2'x_3x_4$$

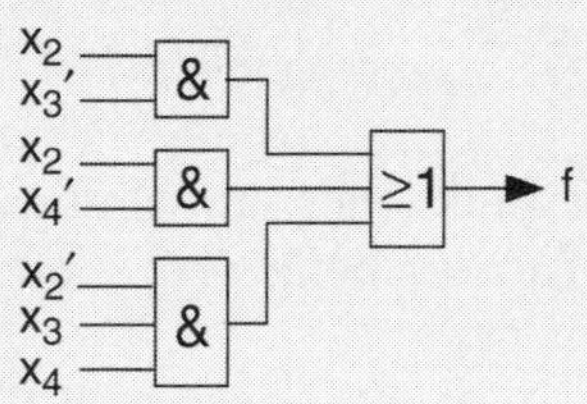

Figur 4.23 Realisering av den disjunktiva minimalformen

Den minimala konjunktiva formen tas fram på samma sätt genom att bilda så stora areor som möjligt runt alla specificerade 0:or. Se figur 4.24a).

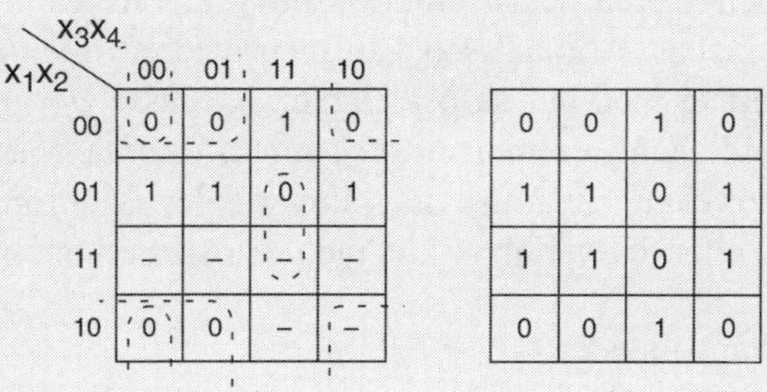

a) b)

Figur 4.24 Framtagning av den konjunktiva minimalformen

$$f' = x_2'x_3' + x_2'x_4' + x_2x_3x_4$$
$$f = (x_2 + x_3)(x_2 + x_4)(x_2' + x_3' + x_4')$$

Som framgår av figur 4.24b) får vi i detta fall i exakt samma tilldelning av funktionsvärden i de ospecificerade rutorna som i figur 4.22c). Det resulterande grindnätet av OR–AND-typ visas av figur 4.25 och har samma antal ingångar som nätet i figur 4.23.

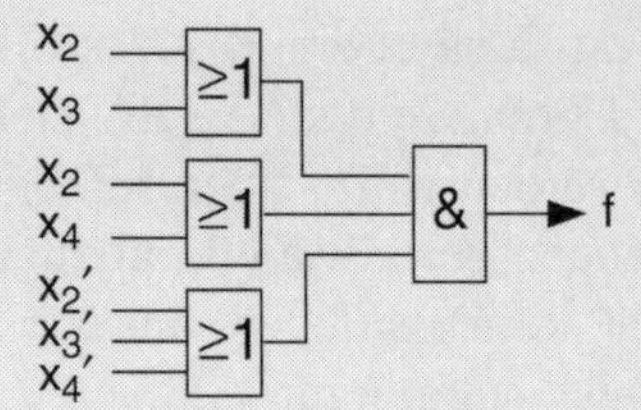

Figur 4.25 Realisering av den konjunktiva minimalformen

Precis som för fullständigt specificerade funktioner ska samtliga ettor (alt. nollor) täckas. Don't care ska ringas in bara om detta medför en förenkling av uttrycket.

4.7 Diagramvariabler

En alternativ metod till det vanliga Karnaughdiagrammet är att i rutorna tillåta inte bara 0 och 1 utan också funktionsuttryck, varigenom diagrammets storlek kan minskas. Allmänt sett kan man med ett n-variablers diagram hantera funktioner med fler än n variabler. Av dessa återfinns n st på axlarna och resterande som funktionsuttryck inne i rutorna. Variabler som ingår i funktionsuttrycken benämns diagramvariabler. Vid förenkling av funktioner med fem eller fler variabler kan metoden vara ett bra hjälpmedel.

Tillvägagångssättet är följande:

- Variablerna delas upp i axel- respektive diagramvariabler.
- För var och en av axlarnas variabelkombinationer bildas ett uttryck med diagramvariablerna.
- Karnaughdiagrammet ritas.
- Rutor som innehåller samma funktionsuttryck slås samman p.s.s. som i ett vanligt Karnaughdiagram. Lämpligt är att börja med de uttryck som innehåller de längsta produkttermerna. Om ett funktionsuttryck ingår som en delmängd av uttrycket i en annan ruta kan inringningen omfatta också denna.
- Primimplikatorerna identifieras och funktionsuttrycket tas fram.

Exempel 4.10

Betrakta funktionen definierad av tabellen i figur 4.26.

w	x	y	z	u
0	0	0	0	0
0	0	0	1	0

w	x	y	z	u
0	0	1	0	0
0	0	1	1	0

w	x	y	z	u
0	1	0	0	1
0	1	0	1	0

w	x	y	z	u
0	1	1	0	1
0	1	1	1	1

w	x	y	z	u
1	0	0	0	0
1	0	0	1	1

w	x	y	z	u
1	0	1	0	0
1	0	1	1	0

w	x	y	z	u
1	1	0	0	0
1	1	0	1	1

w	x	y	z	u
1	1	1	0	0
1	1	1	1	0

Figur 4.26 Tillämpningsexempel för metoden med diagramvariabler

Denna Booleska funktion tas givetvis enklast fram med ett 4-variablers Karnaughdiagram, men för att exemplifiera metoden med diagramvariabler ska vi nu göra det med ett 3-variablers. Vi väljer godtyckligt z som diagramvariabel och tar m.h.a. funktionstabellen fram uttryck för respektive ruta och ritar upp Karnaughdiagrammet, se figur 4.27.

w	x	y	u = f(z)
0	0	0	0
0	0	1	0
0	1	0	z′
0	1	1	1
1	0	0	z
1	0	1	0
1	1	0	z
1	1	1	0

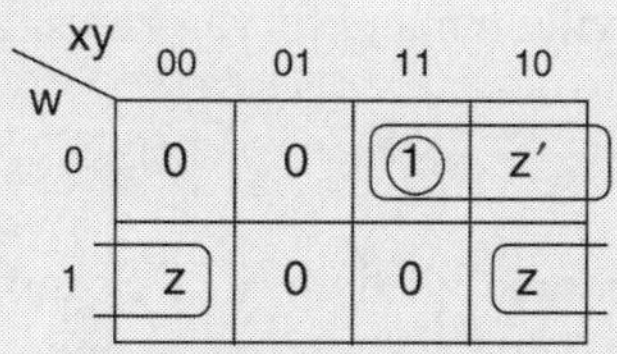

Figur 4.27 Funktionstabell och Karnaughdiagram med diagramvariabel

De två rutorna som innehåller z är angränsande och kan därför slås samman varvid de bildar primimplikatorn $wy'z$. Rutan med z' kan ringas tillsammans med rutan innehållande 1, eftersom z' är en delmängd av 1. Vi erhåller primimplikatorn $w'xz'$. En delmängd av 1:an har nu tagits med, men för att få med hela ringas 1:an nu separat vilket ger primimplikatorn $w'xy$. Den minimala disjunktiva formen blir

$$u = wy'z + w'xz' + w'xy.$$

Ibland kan vissa termer komma med som summan av sina delmängder och ska då inte ringas separat.

Exempel 4.11

Betrakta diagrammet i figur 4.28.

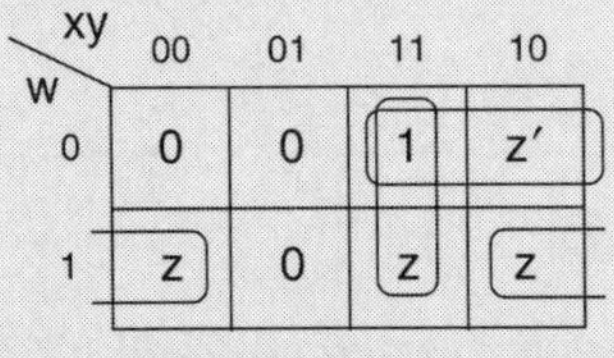

Figur 4.28 Funktion där termer tas med som summan av sina delmängder

Rutan innehållande 1 ringas dels som z′ och dels som z. Summan av de två delmängderna täcker 1:an (z′ + z = 1) och denna ska inte ringas separat. Det minimerade funktionsuttrycket blir

$$u = wyz + w'xz' + xyz.$$

Den lätthet-svårighet med vilken metoden tillämpas kan variera avsevärt beroende på vilka variabler som väljs till diagramvariabler. Det finns dock ingen metod, med vilken man i förväg kan säga vilket val som är lämpligast.

Exempel 4.12

Betrakta funktionen enligt figur 4.21 i exempel 4.8. Om axlarna liksom där graderas x_3x_4 och x_5x_6 och om x_1 och x_2 används som diagramvariabler erhålls figur 4.29a). Om i stället x_5 och x_6 är diagramvariabler får vi det mer komplicerade diagrammet i figur 4.29b).

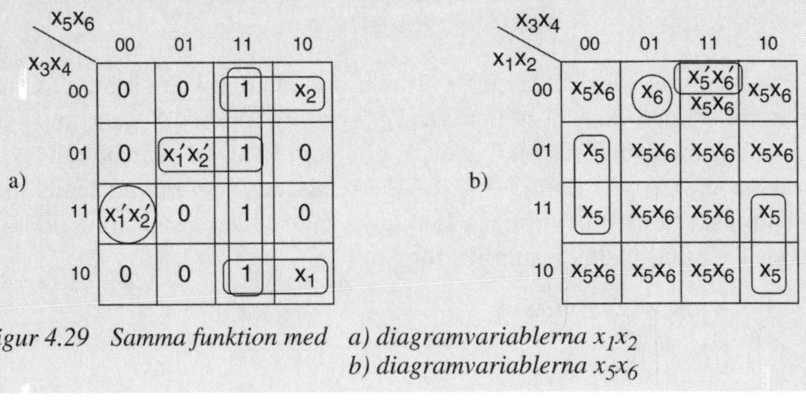

Figur 4.29 Samma funktion med a) diagramvariablerna x_1x_2 b) diagramvariablerna x_5x_6

I figur 4.29a) kan $x_1'x_2'$, x_1 respektive x_2 ringas in med närbelägen etta, eftersom de utgör delmängder av 1.

I figur 4.29b) börjar vi med $x_5'x_6'$, som bara finns i en enda ruta och som resulterar i primimplikatorn $x_1'x_2'x_3x_4x_5'x_6'$. Termen x_5x_6 finns i ett flertal rutor. Där den inte finns förekommer den som delmängd och alla 16 rutorna kan alltså grupperas samman och ge primimplikatorn x_5x_6. Rutan med x_6 bildar primimplikatorn $x_1'x_2'x_3'x_4x_6$ och rutorna med x_5 slås samman till $x_2x_3'x_4'x_5$ samt $x_1x_3x_4'x_5$.

Minimalformen blir således

$$u = x_1'x_2'x_3x_4x_5'x_6' + x_1'x_2'x_3'x_4x_6 + x_2x_3'x_4'x_5 + x_1x_3x_4'x_5 + x_5x_6.$$ (Jfr exempel 4.6).

Även ofullständigt specificerade funktioner kan hanteras med diagramvariabler. I varje ruta skrivs då dels det minimala uttrycket när don't care inte utnyttjas (summan av de minimalpolynom som ingår i funktionen) dels minimalt uttryck med don't care (den optimala medtagningen). Det senare uttrycket ska omges av parenteser. Vid minimering av den totala funktionen ska parentesuttrycken utnyttjas endast där detta medför en förenkling.

Exempel 4.13

Sök den disjunktiva minimalformen för funktionen

$$u = \sum (10,12,13,14,15,18,19,28,29,30,31,40,42,44,45,46,47,54, 55,58,59,60,61,62,63) + d(8,20,21,22,23,50,51)$$

Inprickning i Karnaughdiagram med de minst signifikanta bitarna y och z som diagramvariabler ger figur 4.30a), där också don't care-termer angetts. I figur 4.30b) har vi genom att utnyttja don't care tagit fram de minimerade uttrycken för respektive ruta och angett dessa inom parentes. Notera förändringen i ruta <0010>. Minimering kan nu börja. Vi lägger märke till att i ruta <1100> utnyttjas don't care-termen y och i ruta <0010> termen z'. Termen yz' är en delmängd av z', så minimalpolynomet u'v'wx'yz' inkluderas när z' ringas in.

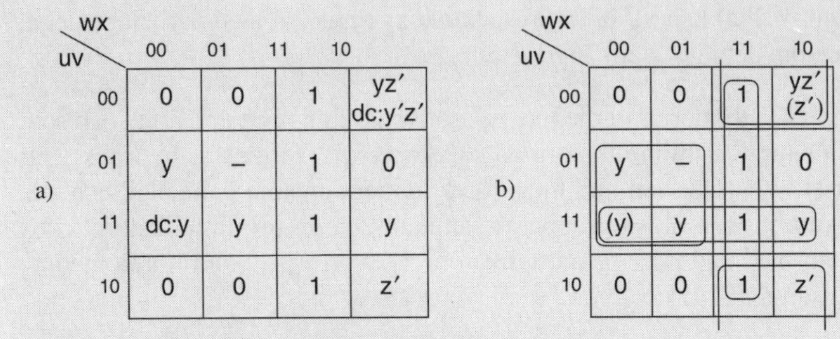

Figur 4.30 Karnaughdiagram med diagramvariabler och don't care

Minimerad funktion blir

$$u = wx + v'wz' + vw'y + uvy.$$

Metoden med diagramvariabler kan användas också för konjunktiv form. Hela Karnaughdiagrammet inverteras då och inversens disjunktiva form bildas. Denna inverteras varvid konjunktiv form erhålls.

4.8 Nät med flera utgångar

Det allmänna kombinatoriska nätet såsom det definierades i avsnitt 4.1 har flera utgångar. Till varje utgång hör en Boolesk funktion. Nätet med flera utgångar kan alltså syntetiseras och minimeras på så sätt att varje utgångsfunktion behandlas var för sig. Emellertid kan man ofta uppnå en besparing genom att låta vissa delar av näten vara gemensamma.

Exempel 4.14

Undersök realiseringsmöjligheterna för den funktion som definieras i figur 4.31a).

x	y	z	u_1	u_2
0	0	0	1	1
0	0	1	1	1
0	1	0	0	0
0	1	1	0	0
1	0	0	0	0
1	0	1	1	0
1	1	0	1	1
1	1	1	1	0

a)

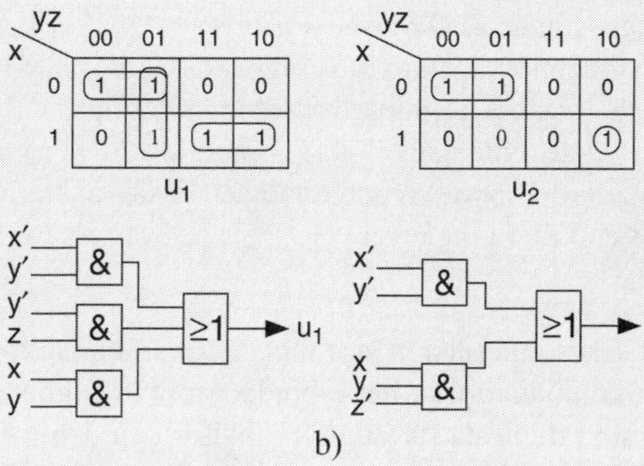

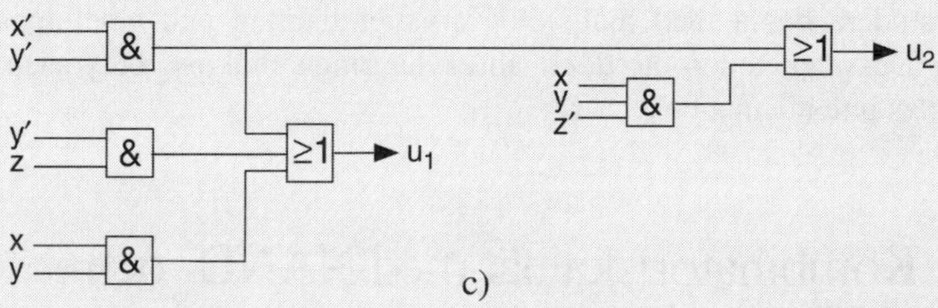

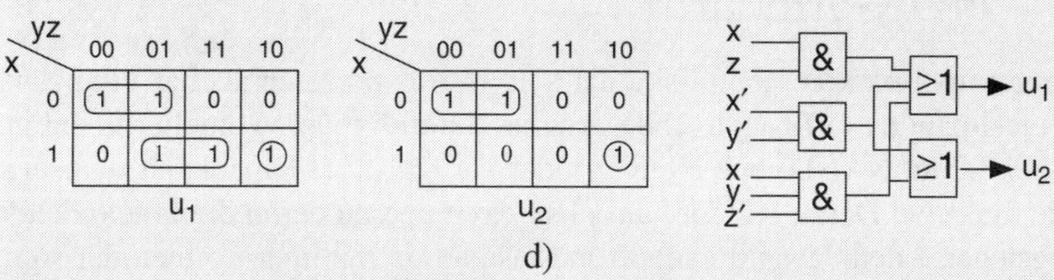

Figur 4.31 a) Funktionstabellen
b) Realisering utan grinddelning
c) Realisering med grinddelning
d) Realisering med grinddelning framtagen ur produktfunktionerna

Tre lösningar visas i figur 4.31b), 4.31c) och 4.31d).

I nätet enligt figur 4.31b) har varje funktion minimerats var för sig, vilket drar en kostnad av 16 ingångar (exklusive inverteringar). Emellertid observerar vi här att u_1 och u_2 innehåller en primimplikator som är lika, nämligen $x'y'$. Självklart räcker det att bilda denna produkt en gång och motsvarande AND-grind i nätets första nivå kan göras gemensam, s.k. grinddelning. Detta visas i figur 4.31c). Antalet ingångar blir här 14. Det tredje och bästa alternativet redovisas i figur 4.31d). Observera att funktionen u_1 inte längre har minimalform. Två av AND-grindarna kan emellertid här delas och totalt sett är detta alternativ billigare och kostar oss endast 12 ingångar.

Det krävs inte särskilt stor fantasi för att kunna föreställa sig att redan måttliga kombinatoriska nät erbjuder stora svårigheter att minimera. De metoder som de flesta författare redovisar och den metod som tillämpats i figur 4.31d) är utvidningar av metoderna för minimering av en enstaka funktion. Principen är att bilda produkterna av de funktioner som ska genereras och sedan studera dessa med hjälp av Karnaughdiagram och tabelluppställningar. Dessa metoder får dock anses ha ringa praktisk betydelse och behandlas inte i denna bok.

4.9 Kombinatoriska nät med NAND- och NOR-grindar

I de exempel på kombinatoriska nät som hittills presenterats har vi använt oss uteslutande av OR- och AND-grindar. Samtidigt vet vi emellertid enligt kapitel 3.2 att NAND- och NOR-grindar var för sig är kapabla att realisera varje funktion. Dessa grindar har också blivit den moderna digitalteknikens byggstenar. I detta avsnitt ska vi först visa att de minimeringsmetoder som presenterats i föregående avsnitt är direkt applicerbara på nät uppbyggda av NAND- och NOR-grindar.

Figur 4.32a) och b) visar två realiseringar av funktionen

$$f(x, y, z) = xy + y'z = (x + y')(y + z)$$

Genom att tillämpa de Morgans lag (R20, R21) på den disjunktiva formen får vi (se figur 4.32a):

$$f = xy + y'z = [(xy)' \cdot (y'z)']'$$

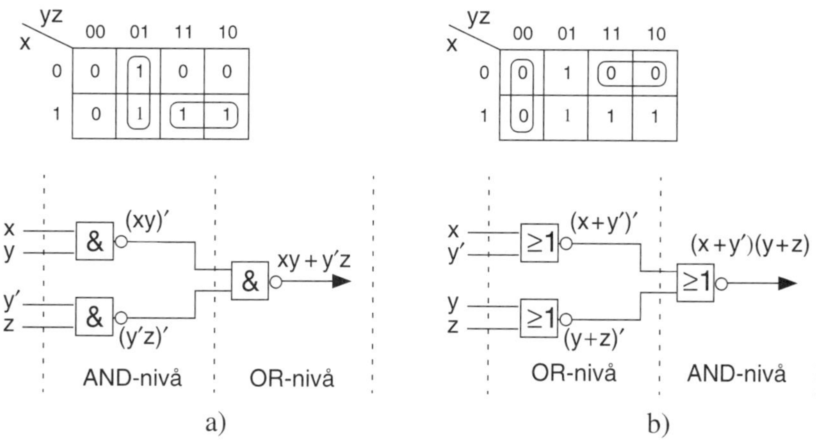

Figur 4.32 Realisering av en funktion på a) dess disjunktiva form b) dess konjunktiva form

Två nivåer NAND-grindar realiserar tydligen en Boolesk funktion i disjunktiv form. Den första nivån kan direkt identifieras som en AND-nivå, den andra som en OR-nivå.

Tillämpar vi på motsvarande sätt de Morgans lag på den konjunktiva formen och får vi (se figur 4.32b)):

$$f = (x + y')(y + z) = [(x + y')' + (y + z)']'$$

Två nivåer NOR-grindar realiserar tydligen en Boolesk funktion i konjunktiv form. Den första nivån kan identifieras som en OR-nivå, den andra som en AND-nivå. Figur 5.25 visar alltså att syntes av kombinatoriska nät med NAND-grindar respektive NOR-grindar i två nivåer kan göras på exakt samma sätt som om AND- och OR-grindar stod till förfogande.

Förhållandet kan också visas genom att tillämpa de Morgans lag s.a.s. grafiskt. Detta utförs så att en inverteringsring på en grinds utgång får flyttas till samtliga ingångar om också grindens funktion ändras (från AND till OR eller från OR till AND). Ringar kan naturligtvis i stället "tryckas igenom" grinden från ingång till utgång. Observera dock att inverteringsringar då måste finnas på samtliga ingångar.

Tillämpat på AND–OR nätet i figur 4.33 att strukturerna AND–OR och NAND–NAND är ekvivalenta.

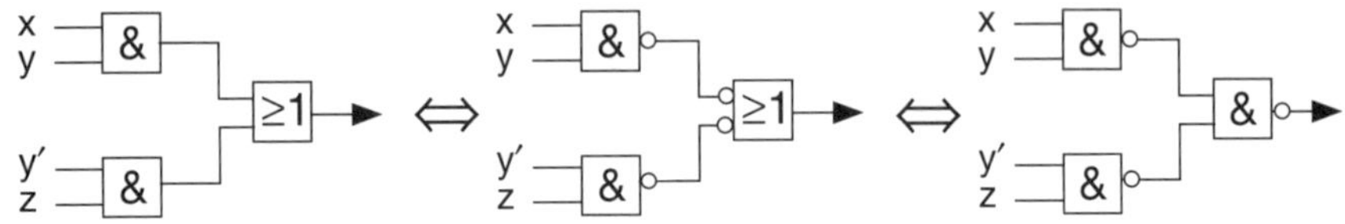

Figur 4.33 "Grafisk tillämpning" av de Morgans lag

Nät av NAND-grindar eller NOR-grindar i flera nivåer kan ibland vara arbetssamma att analysera. Se figur 4.34a). Naturligtvis existerar inga principiella svårigheter att gå från ingång till utgång och direkt skriva upp funktionen och algebraiskt förenkla den.

$$f = [\{[(a\,b)'(c\,d)']'[(e\,f)'g]'\}'h\{i\,j\}']' =$$
$$= [\{[a\,b + c\,d][e\,f + g']\}'\,h\{i\,j\}']' = [a\,b + c\,d][e\,f + g'] + h' + i\,j$$

De många inverteringarna erbjuder emellertid många felkällor. Genom att tillämpa det ovan beskrivna förfarandet med grafiskt utnyttjande av de Morgans lag kan nätet ritas om enligt figur 4.34b). Resultatet framgår av figur 4.34c) vars funktion med lätthet identifieras med det funktionsuttryck som tidigare togs fram algebraiskt.

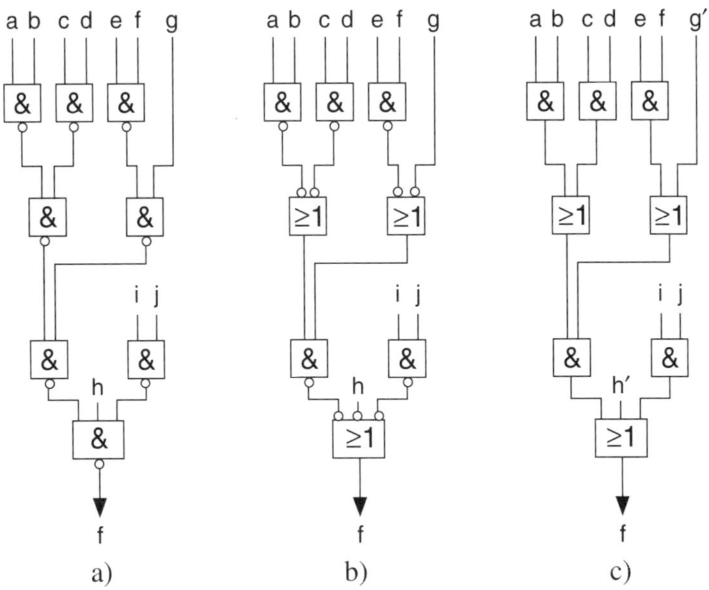

Figur 4.34 Analys av flernivåers nät genom grafiskt utnyttjande av de Morgans lag

I praktiken, då en grind har ett begränsat antal ingångar, erbjuder det grafiska utnyttjandet av de Morgans lag också stor hjälp. Antag att en funktion f av fyra variabler har bestämts till

$$f = wz + wy + xyz$$

och att denna ska realiseras med 2-ingångars NAND-grindar. Funktionens AND–OR nät visas i figur 4.35a).

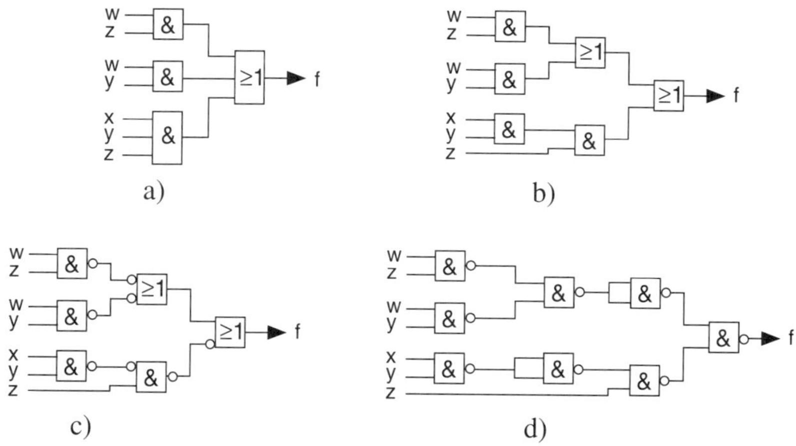

Figur 4.35 Omstrukturering av ett nät givet på AND–OR form till ett nät bestående av enbart två ingångars NAND-grindar

I figur 4.35b) har detta ritats om så att alla grindar har 2 ingångar. Omformningen till ett nät med enbart NAND-grindar visas i figurerna 4.35c) och 4.35d).

Om minimering till NAND–NAND respektive NOR–NOR struktur ska drivas till sin spets bör för båda fallen såväl den disjunktiva som den konjunktiva formen undersökas. För fallet NAND-grindar illustreras detta av figur 4.36.

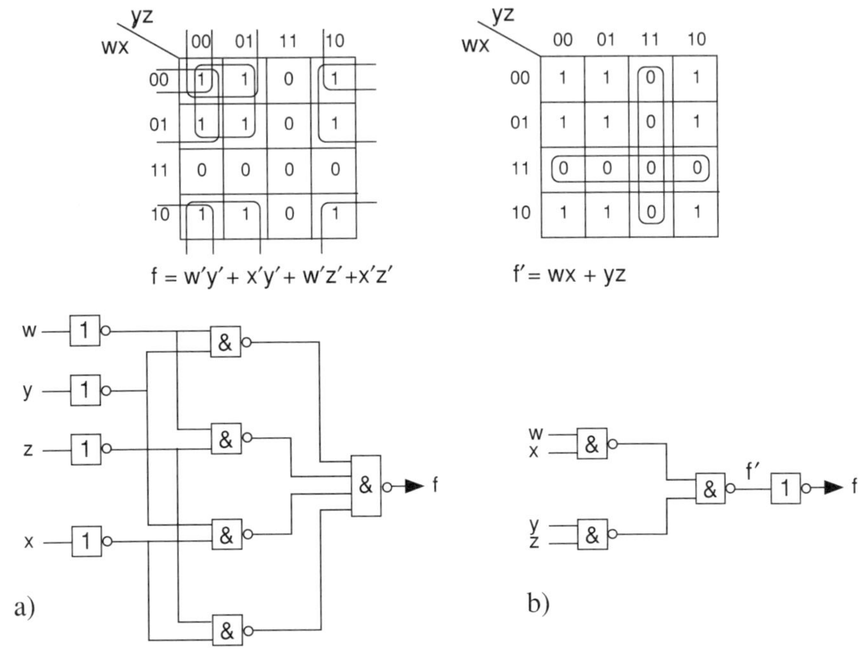

Figur 4.36 *a) Realisering av en funktion på dess disjunktiva form*
b) Realisering av den disjunktiva formen av funktionens invers. Den rättvända funktionen erhålls genom avslutande invertering

I figur 4.36a) har vi direkt realiserat funktionens disjunktiva form. Vi kan emellertid också välja att bilda den disjunktiva formen av funktionens invers och sedan utföra en avslutande invertering. Det senare visas i figur 4.36b). Fall a kostar oss 16 ingångar och fall b endast 7. (Vi har här förutsatt att insignalernas inverser inte finns tillgängliga).

En berättigad fråga är om inte kombinatoriska nät med både NAND- och NOR-grindar kan vara av intresse. Svaret är nej av följande orsaker. En av fördelarna med NAND- och NOR-grindar är att de var för sig är funktionellt fullständiga, d.v.s. var för sig är tillräckliga att realisera varje Boolesk funktion. Att blanda dessa två typer skulle vara att delvis missa den ingenjörstekniska poängen. Dessutom skulle de ur minimeringssynpunkt angripbara disjunktiva och konjunktiva formerna upplösas och ersättas av blandade former av olika slag. Läsaren uppmanas att själv undersöka vilka funktioner som genereras av näten i figur 4.37.

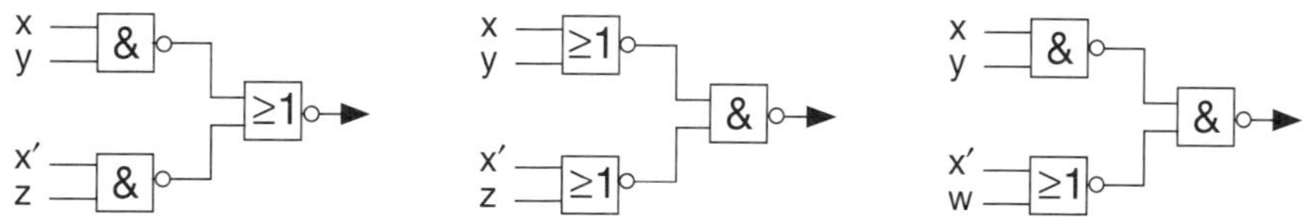

Figur 4.37 Exempel på meningslösa blandningar av olika grindtyper

4.10 Trådade grindar

Ur ingenjörsteknisk synpunkt är trådning av grindar intressant. Trådning innebär en förbindning av utgångarna från två transistorgrindar. Se figur 4.38a). Blocket AND genererar en logiskt hög signal om grindens ingångar båda är höga. Transistorn T1 respektive T2 utför en förstärkning av signalen samt en avslutande invertering. Den övre NAND-grinden ger således $u_1 = (xy)'$, den nedre $u_2 = (zw)'$. Hur blocket AND kan konstrueras redovisas i avsnitt 6.4.

Antag nu att de två kollektorerna på T1 och T2 sammankopplas. Den på så sätt erhållna utgången f är hög (f = 1) när både T1 och T2 är strypta. Detta inträffar när yx = 0 OCH zw = 0.

Vi får därför

$$f = (xy)' \cdot (zw)' = (xy + zw)'$$

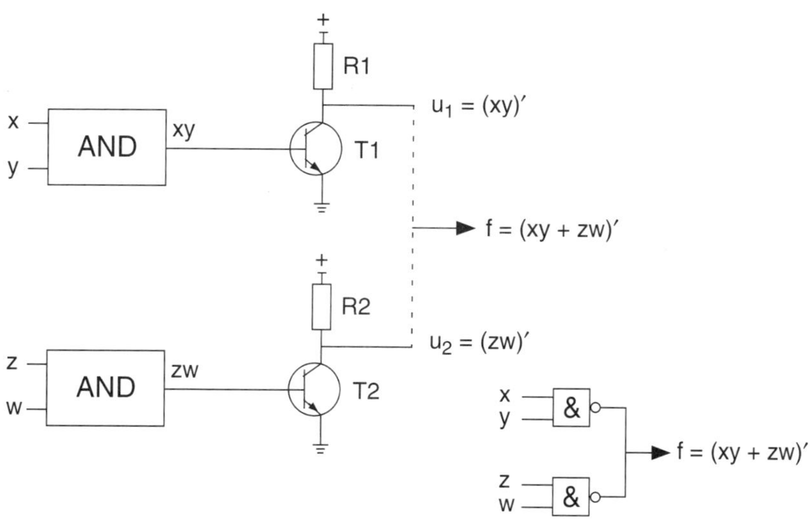

Figur 4.38 Trådning av NAND-grindar

Observera att varken funktionen u_1 eller u_2 återfinns i nätet efter trådningen. Trådningen ger alltså en AND-funktion (på engelska benämnd wired-AND) och det kombinatoriska nätet kan sägas ha fått strukturen NAND-AND eller ekvivalent AND-NOR.

För att underlätta trådning saluförs transistorgrindar i s.k. öppen kollektor utförande. Inuti den integrerade kretsen finns då inget kollektormotstånd utan detta placeras utanför kapseln så att i princip hur många kollektorutgångar som helst kan trådas samman utan att belastningsmotståndet därför, genom parallellkopplingen, minskar som i figur 4.38.

Det kan här vara på sin plats att varna för ett alltför lättsinnigt bruk av trådningsförfarandet. En fälla illustreras av figur 4.39.

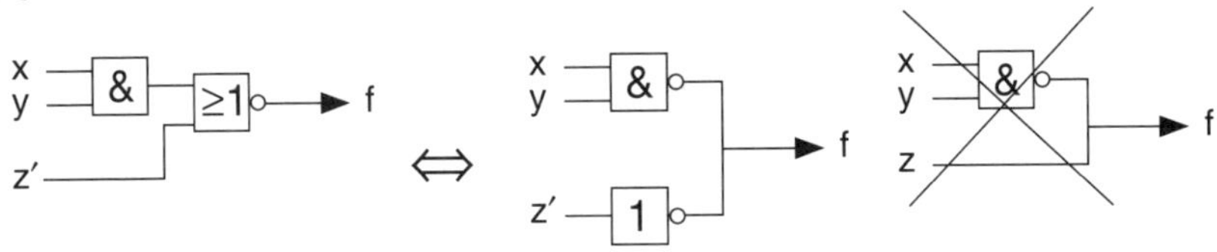

Figur 4.39 Korrekt och felaktigt bruk av trådning

Funktionen $f = (xy + z')'$ kan realiseras med trådade NAND-grindar enligt figuren. Man kan eventuellt frestas att slopa inverteraren för z' och direkt införa z till trådningen. Härigenom försvinner ju dock isoleringen utgång → ingång som måste krävas i varje grindnät. Utsignalen kan ju inte gärna återfinnas på en av ingångarna.

Exempel 4.15

Ett binärt tal $X=<x_1, x_2>$ ska jämföras med ett annat tal $Y=<y_1, y_2>$ i ett kombinatoriskt nät vars utgång $f(x_1, x_2, y_1, y_2)$ ska anta värdet 1 för $X \leq Y$. Trådbara NAND-grindar ska användas.

Lösning

Karnaughdiagrammet för f får utseendet enligt figur 4.40a). Den minimala disjunktiva formen för denna funktion fås enligt figur 4.40b), den konjunktiva enligt figur 4.40c).

En rättfram realisering med två lager NAND-grindar i en AND- och en OR-nivå visas överst i figur 4.40d). En eventuell trådning av första nivåns grindar ger en NAND-AND-funktion som måste inverteras för att ge funktionen i rättvänd form. Med förenklat ritsätt erhålls nätet enligt figur 4.40d) nederst. Observera att förutom att trådningen smälter ner 5-ingångsgrinden i sista nivån till en enkel inverterare får vi s.a.s. gratis även funktionens invers.

I figur 4.40e) utgår vi från den disjunktiva formen av funktionens invers. Andra nivåns NAND-grind och inverteraren kan ersättas med en AND-grind. Strukturen är nu NAND-AND d.v.s. de trådade NAND-grindarna längst ner.

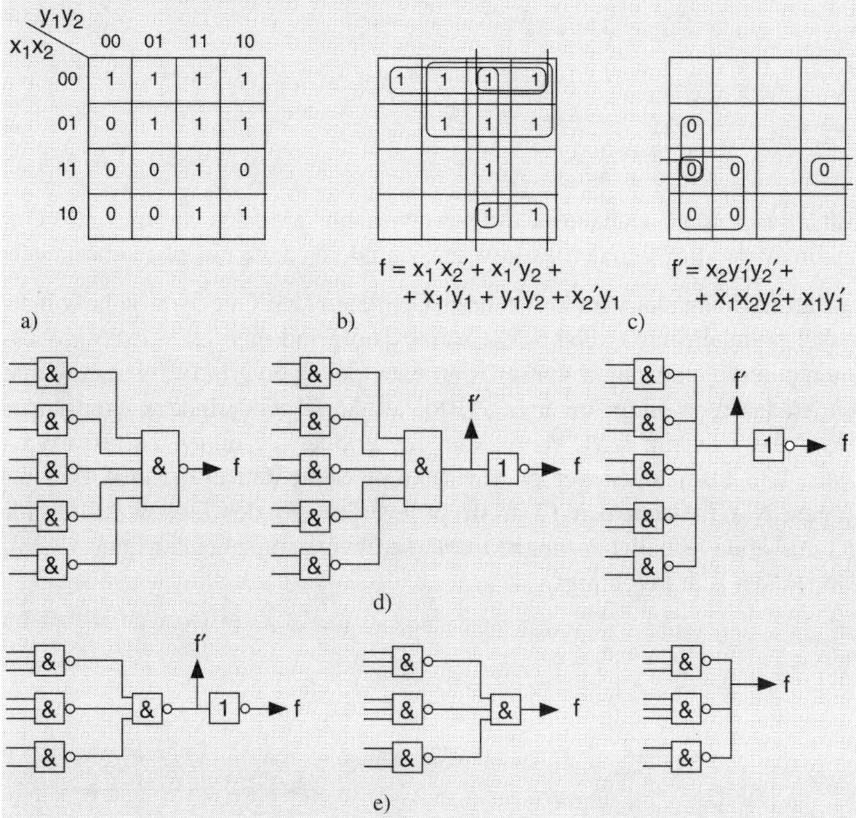

Figur 4.40 *a) Karnaughdiagram för f*
b) Disjunktiv minimalform
c) Konjunktiv minimalform
d) Realiseringar som utnyttjat den disjunktiva minimalformen
e) Realiseringar som utnyttjat den konjunktiva minimalformen

Sammanfattningsvis kan vi säga om detta exempel att den disjunktiva normalformen av funktionens invers gav det enklaste nätet

Trots att exempel 4.15 visar hur man realiserar ett kombinatoriskt nät med trådbara grindar är detta förfarande inte särskilt vanligt. Öppen kollektor koppling används däremot i datorsystem vid s.k. avbrottshantering, där flera enheter via en gemensam ledning ska påkalla datorns uppmärksamhet, se figur 4.41.

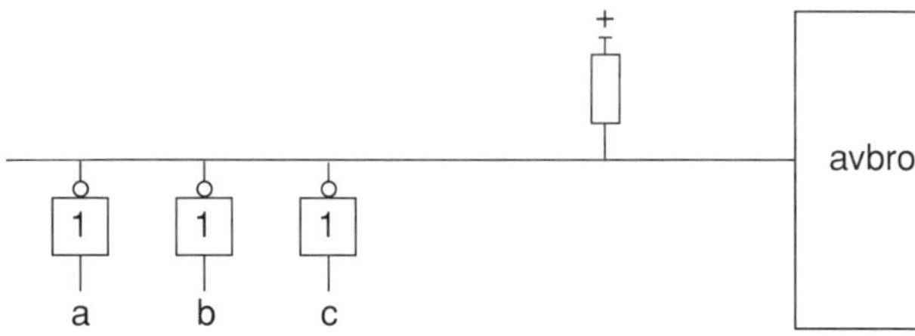

Figur 4.41 Avbrottshantering

När alla de yttre signalerna a = b = c = 0, blir signalen avbrott = 1. Om någon av de yttre signalerna aktiveras, signaleras detta medelst avbrott = 0.

För att trådning ska vara kretstekniskt tillåten krävs att den totala kollektorbelastningen inte överskrids. En transistorgrind med ett slutsteg av s.k. totempoletyp enligt figur 4.42a) är ett exempel på en grind vars utgång inte kan trådas med andra utgångar. (Blocket AND och grindens egenskaper avhandlas i avsnitt 6.5). Precis som för grinden av öppen kollektortyp i figur 4.38 utför slutsteget en förstärkning samt den avslutande inverteringen. När T1 leder och T2 är strypt levererar grinden logiskt ett och för det omvända förhållandet logiskt noll, se ekvivalent schema i figur 4.42b). Motståndet R är lågohmigt.

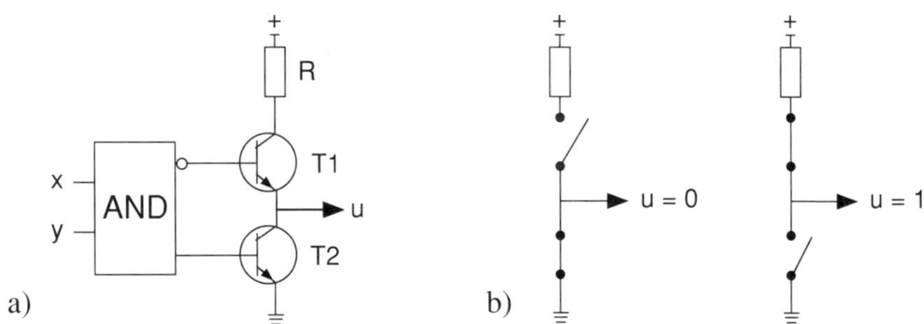

Figur 4.42 a) Totempole-koppling b) ekvivalenta scheman

Utgångar av detta slag kan alltså inte trådas. Skulle två utgångar styras ut med olika logiska nivåer, uppstår nämligen en permanent strömrusning från spänningspotentialen till jord via T1 i ena grinden och T2 i den andra.

4.11 Bussystem

Om flera olika enheter ska kommunicera med varandra med separata förbindelser kräver detta en mängd kommunikationskanaler och en komplicerad styrning. En renare och enklare struktur erhålls med ett s.k. bussystem, där kommunikation sker via gemensamma ledare. Nätet får då för en två bitars buss ett utseende enligt figur 4.43.

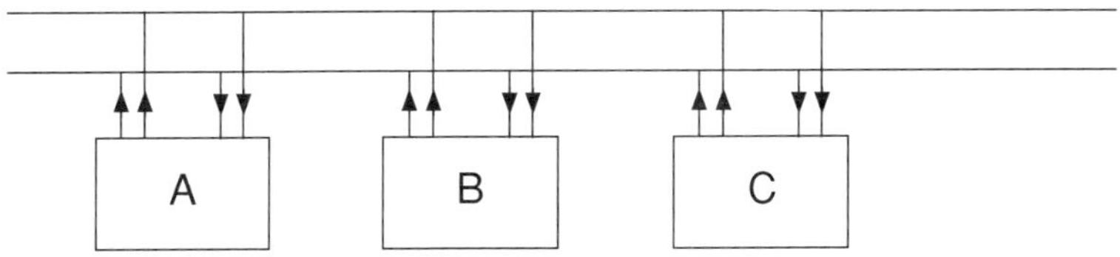

Figur 4.43 Bussystem

Utgångar från flera enheter har som synes trådats samman. Om utgångarna är av öppen kollektortyp är detta legalt, men inte om de är av totempoletyp. I det senare fallet får endast en enhet i taget påverka bussen. Resterande enheter måste vara frikopplade. Detta kan åstadkommas med grindar av tri-state typ, se figur 4.44a).

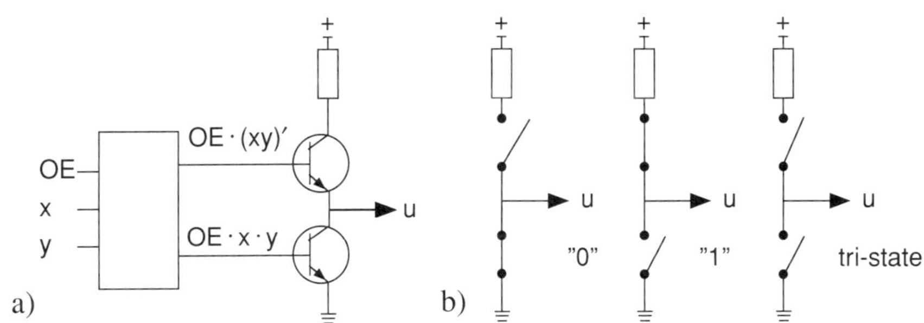

Figur 4.44 a) Grindutgång av tri-state typ
b) Ekvivalenta schemor för de olika funktionerna

Med signalen OE = 1 (output enable) fungerar NAND-grinden på normalt sätt. Antingen levererar grinden logiskt ett genom att T1 leder och T2 är strypt eller logiskt noll för det motsatta förhållandet. När OE = 0 är båda sluttransistorerna strypta. Utgången befinner sig då i sitt tredje tillstånd (därav namnet tri-state), där den är högimpediv och opåverkad av x och y. Jfr det ekvivalenta schemat i figur 4.44b). (Hur den "svarta lådan" utformas redovisas i avsnitt 6.5).

De olika enheterna kan följaktligen anslutas till bussen via tri-state grindar, se figur 4.45.

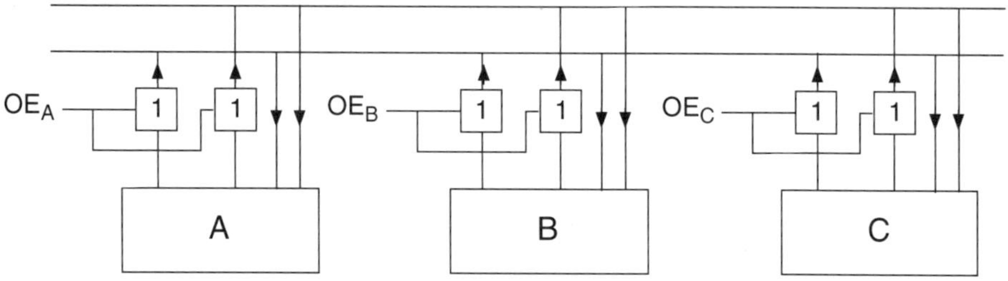

Figur 4.45 Bussanslutning via tri-state-grindar

Med OE = 1 kommer en av enheterna att driva bussen. Resterande enheters utgångar ska då vara högimpediva (OE = 0). Eftersom alla enheter hänger på samma ledningar ges varje enhet en unik adress. En sändning inleds med den mottagande enhetens adress. Endast adresserad enhet kommer sedan att ta emot data.

Det krävs ett överordnat, icke utritat, nät för att styra av kommunikationen.

Användningen av bussledningar i stället för separata förbindelser är dock inte utan nackdelar. Sålunda kan endast en överföring ske åt gången. Vidare tenderar bussledningar tack vare sin utsträckning i rummet att bli kapacitivt och induktivt kopplade till varandra med överhörning som resultat. Kapacitanser till jord gör dessutom att bussledningen reagerar långsamt vid utstyrning. Alla dessa fenomen tillsammantagna resulterar i begränsad bandbredd för signalöverföringen.

4.12 Sammanfattning

Vi ska avsluta kapitel 4 med en sammanställning över hur kombinatoriska nät konstrueras med de olika grindtyper som presenterats i kapitlet.

Vi betraktar funktionen given av Karnaughdiagrammet nedan och undersöker vilka Booleska uttryck som svarar mot de olika strukturerna.

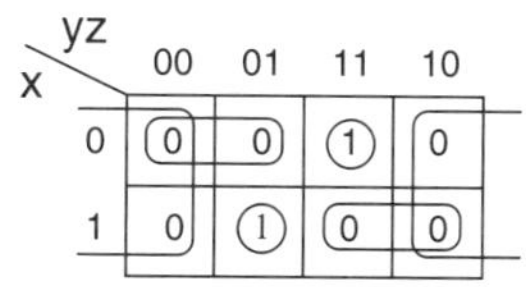

AND-OR:

I Karnaughdiagrammet ringas ettorna och den disjunktiva formen tas fram.

$f = xy'z + x'yz$

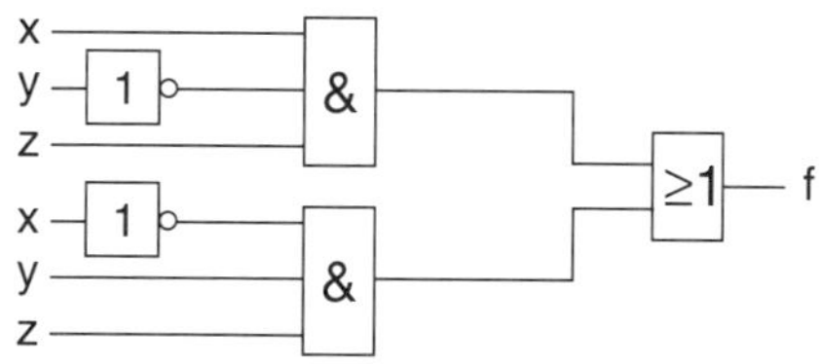

OR-AND:

Nollorna ringas. Inversen tas fram på disjunktiv form. Båda leden inverteras och funktionen erhålls på konjunktiv form.

$f' = z' + x'y' + xy$

$f = z(x + y)(x' + y')$

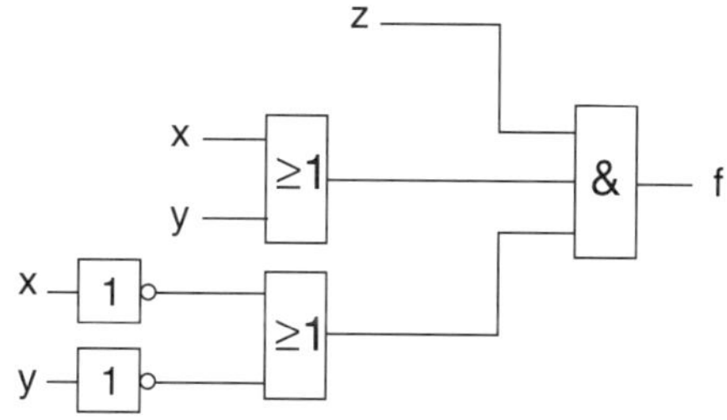

NAND-NAND:

Strukturen är ekvivalent med AND-OR och realiserar alltså disjunktiv form. (Jfr med AND-OR).

$f = xy'z + x'yz = ((xy'z)' (x'yz)')'$

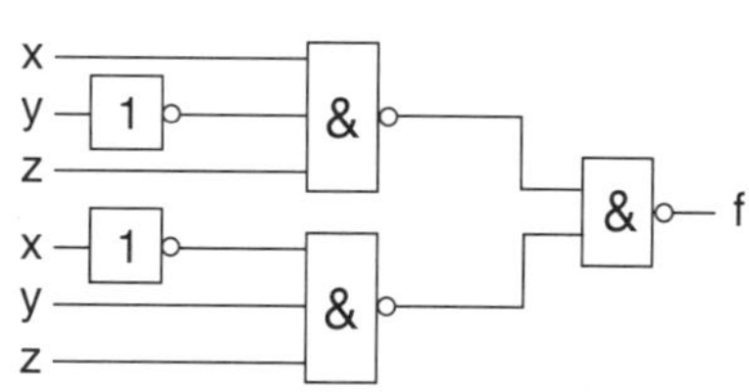

NOR-NOR:

Strukturen är ekvivalent med OR-AND. Den konjunktiva formen realiseras. (Jfr med OR-AND)

$$f = z(x + y)(x' + y') =$$
$$= (z' + (x + y)' + (x' + y'))'$$

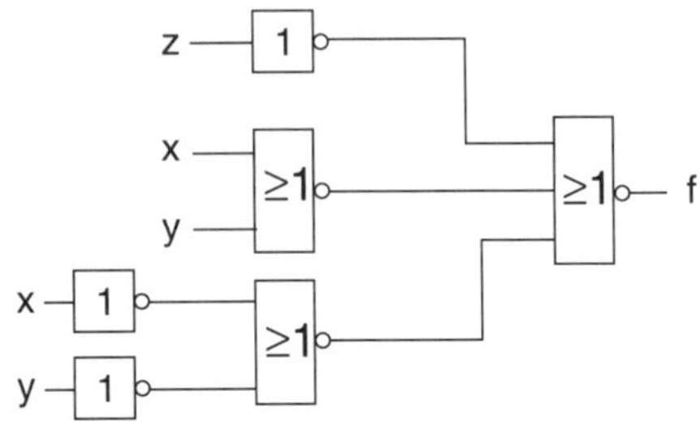

Lägg märke till inverteringen av z. Invertering tillkommer där grind saknas i första nivån. Detta gäller i förekommande fall också för NAND-NAND.

Trådad NAND(öppen kollektor):

Trådningen ger en AND-funktion. Nätets struktur blir NAND-AND alternativt AND-NOR, vilket innebär konjunktiv form. Formen måste dock överensstämma med nätets struktur.

$$f' = z' + x'y' + xy$$
$$f = (z' + x'y' + xy)' = (z')' (xy)' (x'y')'$$

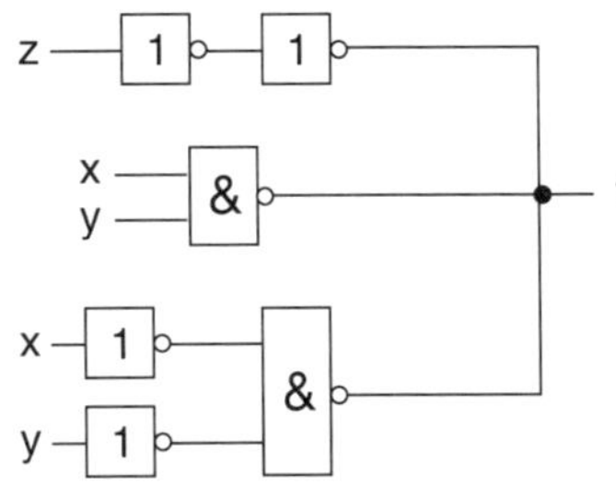

Lägg märke till den dubbla inverteringen av z. De två inverterarna kan tas bort endast om z självt genereras från en utgång av öppen kollektortyp.

4.13 Formell definition av kombinatoriskt nät

Ett kombinatoriskt nät K realiserar, utför, en kombinatorisk funktion. Båda begreppen definieras av en tretupel

$$K = <S_{in}, S_{ut}, \lambda>$$

där

S_{in} är en ändlig mängd av ingångsvärden (ingångsalfabetet)
S_{ut} är en ändlig mängd av utgångsvärden (utgångsalfabetet)
λ är en avbildning
$\lambda: S_{in} \rightarrow S_{ut}$

Mängdernas element kan allmänt betecknas

$S_{in} = \{X_1, X_2, \ldots, X_N\}$
$S_{ut} = \{U_1, U_2, \ldots, U_M\}$

Elementen i dessa mängder definieras, kodas, i sin tur av två variabler (vektorer) enligt följande

$X = \{x_1, x_2, \ldots, x_n\}$ och X_i är ett speciellt värde av X
$U = \{u_1, u_2, \ldots, u_m\}$ och U_i är ett speciellt värde av U

x_i, u_i är vanligen tvåvärda signaler men i princip kan begreppet kombinatoriskt nät användas för vilken typ av signaler som helst, så länge antalet signaler är ändligt.

Den matematiska definitionen av ett kombinatoriskt nät skiljer sig från definitionen av en kod (kapitel 2) endast genom att λ-funktionen inte längre behöver vara entydig. Men medan meddelandemängden S_z och avbildningen λ i fallet kod inte nödvändigtvis behöver motsvaras av fysikaliskt påtagliga storheter, menar vi med ett kombinatoriskt nät en teknisk anordning vars allmänna utseende visas av figur 6.46, vilken är identisk med figur 4.1. Denna figur avser inte att åskådliggöra något annat än en deterministisk orsak-verkan mellan insignaler och utsignaler.

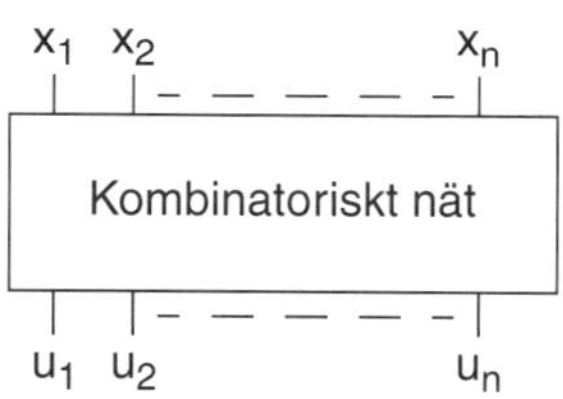

Figur 4.46 Det allmänna kombinatoriska nätet

5 Speciella kombinatoriska nät

5.1 Adderare

Addition av binära tal tangerades redan i kapitel 2. Vi ska här beskriva kombinatoriska nät som utför addition av positiva binära heltal. För negativa tal krävs mera vidlyftiga resonemang angående talrepresentation och detta kommer att behandlas först i kapitel 12ff.

Addition av två tal $X = <x_1, x_2, \ldots, x_n>$ och $Y = <y_1, y_2, \ldots, y_n>$ visas av figur 5.1.

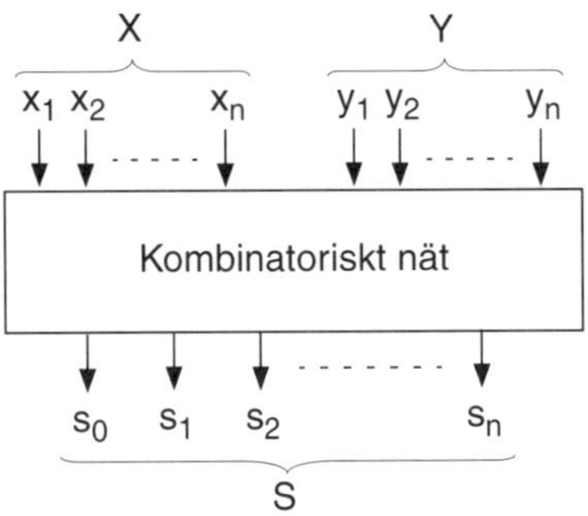

Figur 5.1 Ett additionsnäts allmänna utseende

Summan $X + Y = S = <s_0, s_1, s_2, \ldots, s_n>$ har en position mer än de två operanderna X och Y och det kombinatoriska nätet får därmed 2n ingångar och n + 1 utgångar. Naturligtvis kan detta nät i princip beskrivas med Booleska uttryck i vanlig disjunktiv form. Emellertid får dessa uttryck redan för ett måttligt antal positioner en sådan komplexitet att minimeringsmetoderna i föregående kapitel knappast kan tillämpas. I stället utnyttjar man additionsprocessens iterativa struktur, vilken direkt framträder av ett enkelt exempel:

$$
\begin{array}{lrcl}
 & \underline{111} & & \underline{1} \\
X = & 100101 & = & 37 \\
Y = & \underline{110111} & = & \underline{55} \\
S = & 1011100 & = & 92
\end{array}
$$

Ett kombinatoriskt nät som hanterar additionen för en enda bitposition benämns heladderare (eng: full adder, förkortat FA) och har en symbol enligt figur 5.2a). Det fullständiga additionsnätet erhålls genom att kaskadkoppla lika många heladderare som det finns bitar i talen. Nätet får då en form som framgår av figur 5.2b).

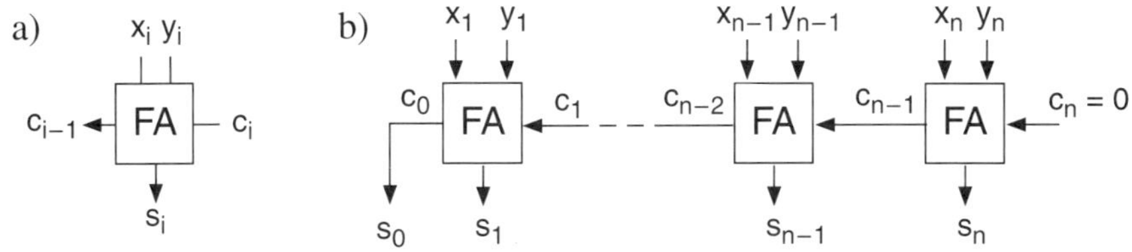

Figur 5.2 a) Heladderare b) Additionsnät

En heladderare har insignalerna x_i, y_i och c_i, vilka adderas aritmetiskt och bildar s_i samt c_{i-1}. Utsignalen s_i är summan och c_{i-1} är minnessiffra till närmast högre position. Funktionstabell och Karnaughdiagram presenteras i figur 5.3.

x_i	y_i	c_i	s_i	c_{i-1}
0	0	0	0	0
0	0	1	1	0
0	1	0	1	0
0	1	1	0	1
1	0	0	1	0
1	0	1	0	1
1	1	0	0	1
1	1	1	1	1

c_i \ x_iy_i	00	01	11	10
0	0	1	0	1
1	1	0	1	0

s_i

c_i \ x_iy_i	00	01	11	10
0	0	0	1	0
1	0	1	1	1

c_{i-1}

Figur 5.3 Heladderarens funktionstabell och Karnaughdiagram

För heladderarens utsignaler kan vi nu ange ett antal olika funktionsuttryck.

$$s_i = x_iy_i'c_i' + x_i'y_ic_i' + x_i'y_i'c_i + x_iy_ic_i \tag{5.1a}$$

$$s_i = x_i \oplus y_i \oplus c_i \tag{5.1b}$$

$$c_{i-1} = x_iy_i + x_ic_i + y_ic_i \tag{5.2a}$$

$$c_{i-1} = x_iy_i + c_i\,(x_i \oplus y_i) \tag{5.2b}$$

Inkommande carry c_n till minst signifikant position sätts till 0. Ekvationerna (5.1) och (5.2) utgör tillsammans en rekursiv beskrivning av additionen och vi kan fastslå följande: En rekursiv funktion kan realiseras med ett iterativt kombinatoriskt nät. Additionens kompletta rekursiva funktionsuttryck kan ges enligt (5.3)

$$\begin{aligned} &c_n = 0 \\ &s_i = x_i \oplus y_i \oplus c_i \\ &c_{i-1} = x_i y_i + c_i (x_i \oplus y_i) \\ &i = n, n-1, \ldots, 1, 0 \end{aligned} \tag{5.3}$$

Realisering enligt uttrycken (5.1b) och (5.2b) visas av figur 5.4. Observera att båda funktionerna är symmetriska. De tre ingångsstorheterna x_i, y_i och c_i är helt likvärdiga och inbördes permuterbara.

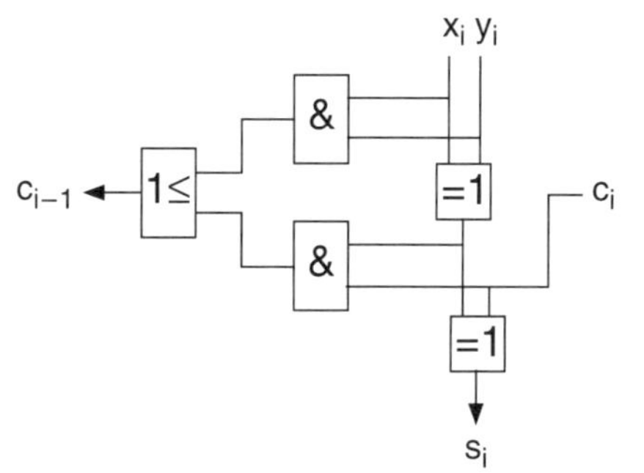

Figur 5.4 Heladderarens realisering

5.1.1 Carryacceleration

En adderare är en väsentlig del i den aritmetiska enheten i varje dator. När ett stort antal positioner ska adderas ger den ovan beskrivna realiseringen ett nät med avsevärt djup. Räknat från ingångarna x_n, y_n i figur 5.2b) fram till utgången s_0 har vi inte mindre än 2n grindnivåer via carrykedjan $c_{n-1} \rightarrow c_{n-2} \rightarrow \ldots \rightarrow c_1 \rightarrow c_0$. Antag att fördröjningen per steg $t_p \leq 15$ ns. För en adderare med 32 positioner tar det därmed c:a 1μs från att insignalerna definierats till dess att utgångsresultatet kan registreras. Denna tid är långt ifrån försumbar och kan utgöra en väsentlig snabbhetsbegränsning för en modern dator. Problemet att minska additionstiden i en adderare rönte tidigt stor uppmärksamhet och har kallats carryaccelerationsproblemet. Vi ska nedan redovisa två lösningar på detta problem. Lösningarna bygger på att man förhandsberäknar, alternativt på ett snabbare sätt beräknar, ett carryvärde längre fram i kedjan.

Figur 5.5 visar en 8-bits adder som snabbats upp med en grov metod som kräver ett kraftigt ökat komponentuppbåd, s.k. brute force.

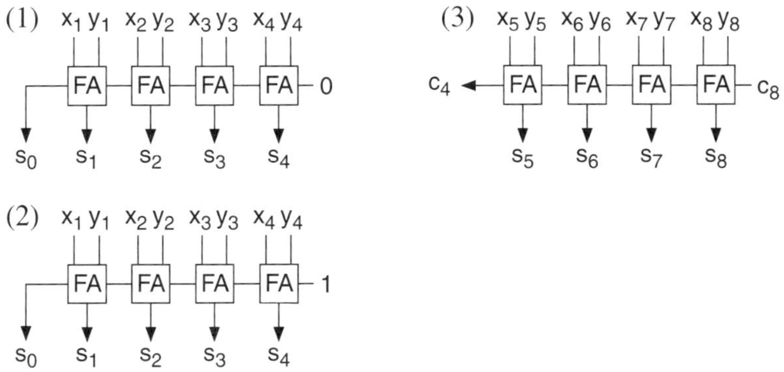

Figur 5.5 Carryacceleration med kraftig ökning av hårdvaran

Talen X och Y delas här upp i mest respektive minst signifikant hälft. De mest signifikanta bitarna kopplas till två olika kedjor av heladderare, varav den ena kedjan (1) har ingående carry lika med 0 den andra (2) ingående carry lika med 1. Den minst signifikanta halvan kopplas till en enkel kedja av heladderare (3). Alla tre heladderarkedjorna lämnar relevant data ut efter lika lång tid, d.v.s. efter en tid motsvarande fördröjningen i $2 \cdot 8/2 = 8$ grindnivåer. Som utdata väljer vi summan från adderarna 1 och 3 om $c_4 = 0$ och från adderarna 2 och 3 om $c_4 = 1$. På detta sätt har vi med en 50%-ig ökning av hårdvaran fått en dubbelt så snabb addition.

En annan och komponentsnålare metod med minst samma snabbhetsökning är den s.k. carry-skip (carry-look-ahead) metoden illustrerad av figur 5.6.

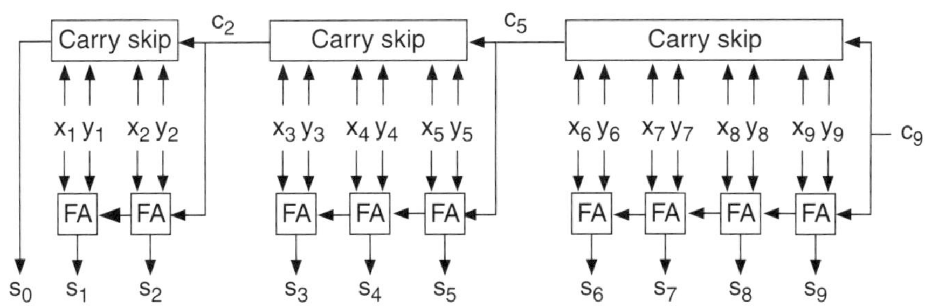

Figur 5.6 Addernät utnyttjande carry skip

En heladderkedja har här brutits ner i tre grupper och carry mellan grupperna genereras från s.k. carry-skip generatorer. En carry-skip generator kan konstrueras som ett grindnät i två nivåer och därmed kan carryvärden längre fram i kedjan genereras på ett snabbare sätt. Om vi antar att heladderarna realiseras enligt figur 5.4 kan vi direkt beräkna antalet nivåer från c_9 till de olika utgångarna med följande resultat:

Utgång	s_0	s_1	s_2	s_3	s_4	s_5	s_6	s_7	s_8	s_9
Antal grindnivåer	6	8	6	8	6	4	8	6	4	2

Heladderaren längst till vänster i varje grupp kan förenklas väsentligt, eftersom ingen carry ska genereras.

Den ökade snabbheten i kopplingen i figur 5.6 bygger bl.a. på att carry-skip generatorn kan konstrueras som ett två nivåers nät. Detta kan till förstone tyckas återinföra det problem som vi från början försökte lösa, eftersom generatorerna har 5, 7 respektive 9 ingångar. Genom att betrakta de olika carry-signalerna var för sig och sedan substituera, kan generatorernas utsignaler dock enkelt uttryckas på ren disjunktiv form. För den mittersta gruppen erhålls enligt (5.2a):

$$\begin{aligned}
c_2 &= x_3y_3 + x_3c_3 + y_3c_3 = x_3y_3 + (x_3 + y_3)c_3 \\
c_3 &= x_4y_4 + (x_4 + y_4)c_4 \\
c_4 &= x_5y_5 + (x_5 + y_5)c_5
\end{aligned}$$

Ur dessa ekvationer beräknas carry-skip generatorn utsignal som

$$\begin{aligned}
c_2 = {} & x_3y_3 + (x_3 + y_3)x_4y_4 + (x_3 + y_3)(x_4 + y_4)x_5y_5 + \\
& + (x_3 + y_3)(x_4 + y_4)(x_5 + y_5)c_5
\end{aligned}$$

vilket lätt kan omformas till ett tvånivåers nät

5.2 Subtraherare

Att addition och subtraktion är snarlika processer övertygar man sig lättats om med hjälp av ett exempel. Här liksom i fortsättningen antar vi att differensen $X - Y = D = \langle d_1, d_2, \ldots, d_n \rangle \geq 0$

$$\begin{array}{rccccccccccccr}
 & & \underline{2} & & & & \underline{2} & \underline{\not 2} & \underline{2} & \underline{\not 2} & \underline{2} & & & \\
X = & \not 1 & 0 & 1 & 0 & \not 1 & \not 1 & 0 & \not 1 & 0 & 0 & 1 & = & 1385 \\
Y = & \underline{0} & \underline{1} & \underline{1} & \underline{0} & \underline{0} & \underline{1} & \underline{1} & \underline{1} & \underline{1} & \underline{1} & \underline{0} & = & \underline{830} \\
D = & 0 & 1 & 0 & 0 & 0 & 1 & 0 & 1 & 0 & 1 & 1 & = & 555
\end{array}$$

I ovanstående uppställning har vi använt den klassiska metoden med "lån", vilket markeras genom ett streck över den siffra som är långivare. I de fall där närmast högre position i X är 0 fortplantar sig lånebehovet tills en 1:a påträffas som sedan genom successiva lån överbringar en 2:a till den behövande positionen.

Proceduren kan beskrivas på ett betydligt "renare" sätt varvid lånesiffrornas vandring blir enkelriktad från höger till vänster på samma sätt som carrysiffrorna vid addition. Vi inför en ny rad för lånesiffrorna b_i i uppställningen, där $b_i = 1$ betyder att lån från position i krävs av närmast lägre position i + 1. För varje position ska vi sedan generera dels differenssiffran dels eventuell borrow b_{i-1} (= lånekrav) till närmast högre position. Vid bildandet av differenssiffran gäller att x_i har vikten +1, y_i har vikten −1 och b_i har vikten −1. Skulle det inträffa att denna summering blir < 0 tar vi för givet att ett lån tas ut av närmast högre position, d.v.s. vi noterar $b_{i-1} = 1$ och underförstår samtidigt att aktuella positionen i får ett tillskott av +2.

+ X =	1 0 1 0 1 1 0 1 0 0 1
− Y =	0 1 1 0 0 1 1 1 1 1 0
− B (borrow) =	1 0 0 0 1 1 1 1 1 0 0
D =	0 1 0 0 0 1 0 1 0 1 1

Precis som för additionen skapas ett kombinatoriskt nät som utför subtraktion i en enda bitposition – en helsubtraherare (eng: full substractor, betecknad FS), figur 5.7a). Det totala subtraktionsnätet kan då ges en iterativ form som är nära nog identisk med adderarens, se figur 5.7b).

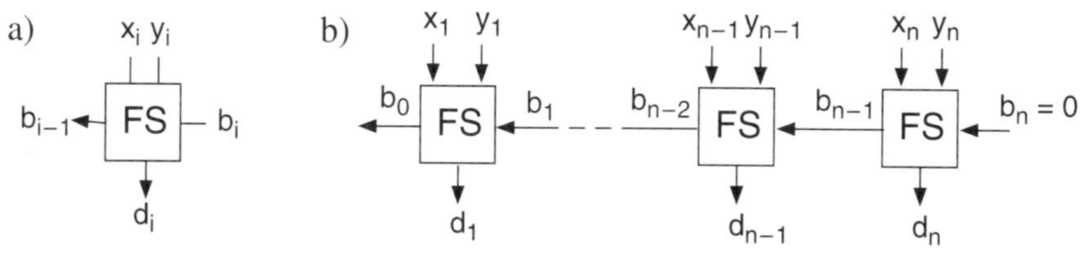

Figur 5.7 a) Helsubtraherare b) Subtraktionnätets struktur

Helsubtraherarens funktionstabell får utseendet enligt figur 5.8a), Karnaughdiagrammet för d_i och b_{i-1} enligt 5.8b). Funktionen d_i kan ges exakt samma form som summan s_i vid addition medan b_{i-1} överensstämmer med c_{i-1} om x_i byts mot x_i' (jfr figur 5.4). En subtraherare, figur 5.8c), kan därmed ges samma struktur som en heladderare.

a)

x_i	y_i	b_i	d_i	b_{i-1}
0	0	0	0	0
0	0	1	1	1
0	1	0	1	1
0	1	1	0	1
1	0	0	1	0
1	0	1	0	0
1	1	0	0	0
1	1	1	1	1

b)

b_i \ x_iy_i	00	01	11	10
0	0	1	0	1
1	1	0	1	0

d_i

b_i \ x_iy_i	00	01	11	10
0	0	1	0	0
1	1	1	1	0

b_{i-1}

c)

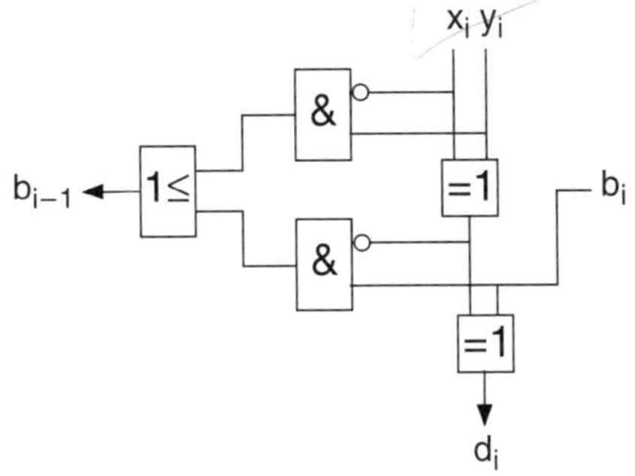

Figur 5.8 *a) Subtraherarens funktionstabell*
b) Karnaughdiagram
c) Realisering av subtraheraren

$$d_i = x_i \oplus y_i \oplus b_i$$

$$b_{i-1} = x_i' \, y_i + b_i \, (x_i \oplus y_i)'$$

En sak återstår: tolkningen av signalen b_0. Om $X \geq Y$ är uppenbarligen $b_0 = 0$. Omvänt indikerar $b_0 = 1$ att $X < Y$. Tyvärr är differensen $D = <d_1, d_2, \ldots, d_n>$ i detta fall inte en beloppsangivelse av $|X - Y|$ som kanske vore önskvärt utan det s.k. 2-komplementet av differensens belopp. Detta faktum kan sägas belysa subtraherarens begränsning. I de flesta datorer utförs också subtraktion inte med en speciell subtraherare utan med en adderare och kompletterande nät. Detta möjliggörs genom representation av negativa tal med komplement.

5.3 Komparatorer

Behovet att jämföra två tal eller två binärkodade storheter överhuvud taget är vanligt förekommande i all digitalteknik. Om vi antar $X = <x_1, x_2, \ldots, x_n>$ och $Y = <y_1, y_2, \ldots, y_n>$ givna kan önskemålet antingen vara att indikera fallet $X = Y$, d.v.s. att överensstämmelse föreligger i samtliga positioner, eller att indikera något av fallen $X \geq Y$, $X > Y$, $X \leq Y$ eller $X < Y$. De fyra sista alternativen kommer naturligtvis endast i fråga då X och Y representeras av tal. Vi kan notera att påståendet $X \geq Y$ är negationen till $X < Y$. Om vidare variablerna X och Y permuteras övergår $X \leq Y$ i påståendet $X \geq Y$ och $X > Y$ övergår i $X < Y$. Av detta resonemang framgår att man vid realisering av en komparator har att skilja på två fall:

1) $X = Y$
2) $X < Y$

där man efter negation och/eller variabelbyte kan använda fall 2) för $X > Y$, $X \leq Y$ och $X \geq Y$.

Komparatorer för $X = Y$ visas av figur 5.8. Utgången z ska vara = 1 om och endast om $x_1 = y_1$, $x_2 = y_2$, ... $x_n = y_n$ d.v.s.

$$z=(x_1 \oplus y_1)' \cdot (x_2 \oplus y_2)' \ldots (x_n \oplus y_n)' \tag{5.4}$$

$$z =[(x_1 \oplus y_1) + (x_2 \oplus y_2) + \ldots + (x_n \oplus y_n)]' \tag{5.5}$$

Ekvation (5.5) svarar mot realiseringen enligt figur 5.9.

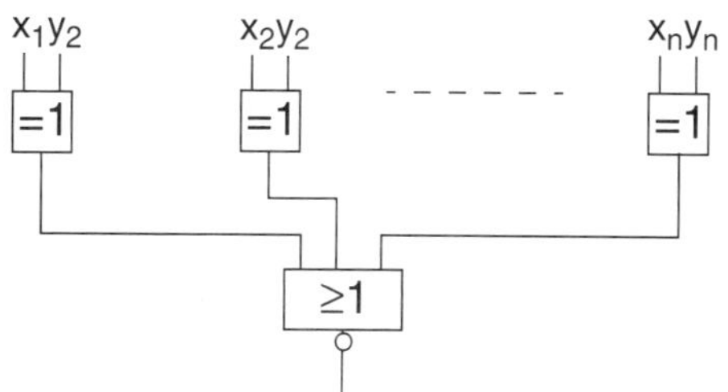

Figur 5.9 Komparatorer för X=Y

Komparatorer för $X < Y$ visas av figur 5.10. Figur 5.10a) är ingenting annat än borrow-kedjan i en subtraherare (jfr figur 5.8). Signalen $b_0 = 1$ erhålls just för fallet att $X < Y$.

Figur 5.10b) är uppbyggd efter en annan princip. Vi börjar här med den mest signifikanta positionen och konstaterar att om $x_1' y_1 = 1$ gäller omedelbart X < Y. Om $x_1 = y_1$, d.v.s. om $w_2 = x_1' \oplus y_1 = 1$, krävs att jämförelsen fortsätter i nästa bitposition där motsvarande jämförelse görs. På detta sätt kan vi ge nätet en iterativ struktur. Storheterna w_2, w_3, ..., w_n kommer in som villkor i de olika positionerna så att om $w_i = 1$, indikerar $x_i < y_i$ också att olikheten X < Y gäller.

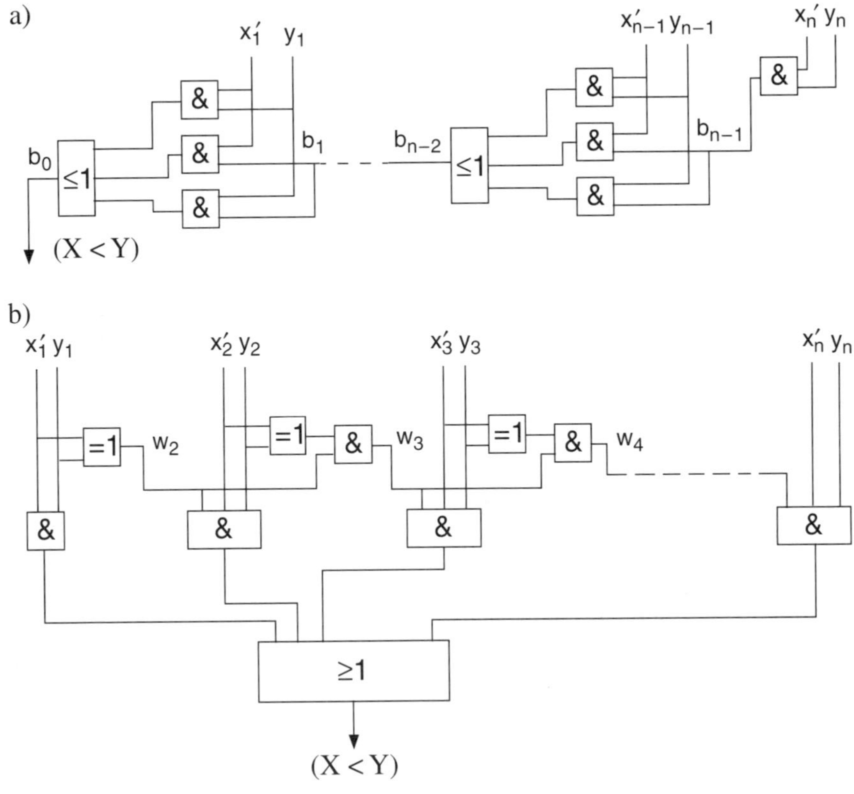

Figur 5.10 Komparatorer för X< Y

En komparator som särskiljer de tre fallen

X = Y
X > Y
X < Y

kräver uppenbarligen två utsignaler.

5.4 Kombinatoriska nät med EXOR-grindar

Vid konstruktion av adderare visade sig modulo-2-operationen (= EXKLUSIVT ELLER) vara till en viss hjälp för att bekvämt kunna beskriva heladderarens funktion. Vi ska i detta avsnitt ge exempel på några nät som uteslutande består av EXOR-grindar.

Figur 5.11 visar en checkbildare (kodare) för en enkelfelsupptäckande kod av paritetschecktyp. (En allmän introduktion av koder gavs i kapitel 2). På mottagarsidan avkänns informationen med ett komplementärt organ (avkodaren) som i detta enkla fall kan förses med en enda utgång, FEL, som ska indikera om ett fel ($0 \rightarrow 1$ eller $1 \rightarrow 0$) uppträtt i en av signalerna.

Realiseringen i figur 5.11 indikerar i själva verket alla fel av udda storleksordning, t.ex. trippelfel, men eftersom dessa kan förmodas vara sällsynta jämfört med dubbelfel är denna egenskap av ringa värde.

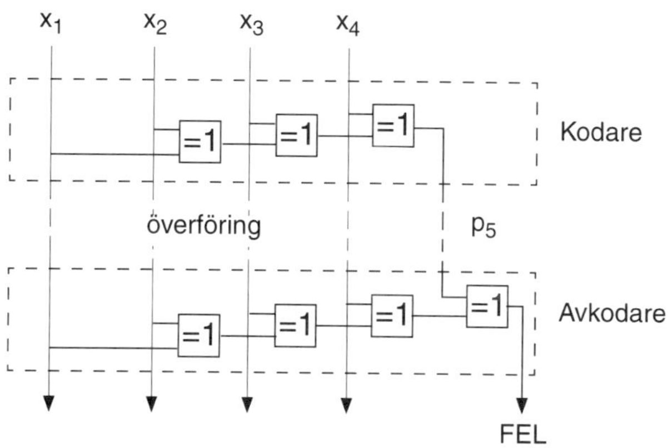

Figur 5.11 Checkbildare och avkodare för enkelfelsupptäckande kod

För checkbildaren – kodaren gäller

$$p_5 = (x_1 + x_2 + x_3 + x_4) \text{ modulo-2}$$

d.v.s.

$$p_5 = (x_1 \oplus x_2 \oplus x_3 \oplus x_4) \qquad (5.6)$$

Vid korrekt gjord överföring gäller på mottagarsidan

$$x_1 \oplus x_2 \oplus x_3 \oplus x_4 \oplus p_5 = 0 \qquad (5.7)$$

eftersom (5.7) endast är en omskrivning av (5.6) enligt de lagar som gäller för modulo-2-addition. Ekvation (5.7) ger direkt realiseringen av mottagarsidans nät.

Som ett andra exempel på kombinatoriska funktioner som bekvämt låter sig beskrivas med modulo-2-algebra ska vi visa omvandling från Graykodad till binärkodad information och omvänt. Som vi visade redan i kapitel 2 är Gray-koden regelbundet uppbyggd vilket gör det möjligt att med utgångspunkt från en kod med ett begränsat antal binära positioner härleda omvandlingsregler som gäller för ett godtyckligt antal. Se figur 5.12.

x_1	x_2	x_3	x_4
0	0	0	0
0	0	0	1
0	0	1	0
0	0	1	1
0	1	0	0
0	1	0	1
0	1	1	0
0	1	1	1
1	0	0	0
1	0	0	1
1	0	1	0
1	0	1	1
1	1	0	0
1	1	0	1
1	1	1	0
1	1	1	1

y_1	y_2	y_3	y_4
0	0	0	0
0	0	0	1
0	0	1	1
0	0	1	0
0	1	1	0
0	1	1	1
0	1	0	1
0	1	0	0
1	1	0	0
1	1	0	1
1	1	1	1
1	1	1	0
1	0	1	0
1	0	1	1
1	0	0	1
1	0	0	0

Figur 5.12 Binär- respektive Gray-kod

För omvandlingen Gray → binär kan vi först konstatera att den mest signifikanta positionen y_1 övergår i x_1 utan förändring. Vidare gäller att $x_2 = y_2'$. På samma sätt gäller att $x_3 = y_3'$ då $y_1 = 1$ eller $y_2 = 1$, men inte när både y_1 och $y_2 = 1$. Vi får alltså sambanden

$$x_1 = y_1$$
$$x_2 = y_1 \oplus y_2$$
$$x_3 = y \oplus y_2 \oplus y_3$$
$$x_4 = y_1 \oplus y_2 \oplus y_3 \oplus y_4$$

Omvandlingen binär → Gray fås nu enkelt ur ovanstående ekvationssystem

$$y_1 = x_1$$
$$y_2 = y_1 \oplus x_2 = x_1 \oplus x_2$$
$$y_3 = y_1 \oplus y_2 \oplus x_3 = x_2 \oplus x_3$$
$$y_4 = y_1 \oplus y_2 \oplus y_3 \oplus x_4 = x_3 \oplus x_4$$

Realiseringen av dessa omvandlingar visas av figur 5.13.

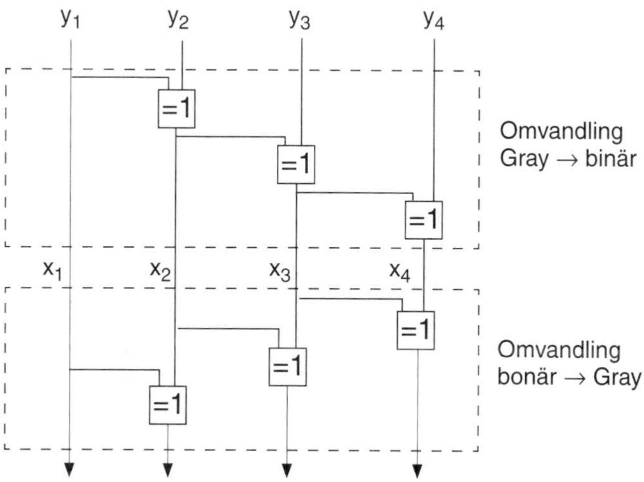

Figur 5.13 Nät för omvandling Gray → binär och binär → Gray

5.5 Avkodare

Begreppet avkodare har i tidigare avsnitt använts för att beteckna det organ som tolkar ett viss meddelande. Inom sådan digitalteknik som inte direkt utgör tillämpningar av kodningsteori används begreppet avkodare på ett närbesläktat men måhända något mera speciellt sätt. Man avser då ett kombinatoriskt nät, där man med insignalerna x_1, x_2, …, x_n väljer – pekar ut – en och endast en av utsignalerna. Denna utsignal sätts till logiskt ett och alla övriga till logiskt noll.

Det allmänna schemat för en avkodare visas av figur 5.14. För att få bekväma beteckningar kan vi anta att det inkommande kodordet, X, är ett n-bitars binärt heltal utan att resonemanget för den skull blir mindre allmängiltigt. Vi säger att avkodaren är fullständig om samtliga ingångskombinationer avkodas. För detta fall är uppenbarligen antalet utsignaler 2^n och vi betecknar avkodaren $n/2^n$.

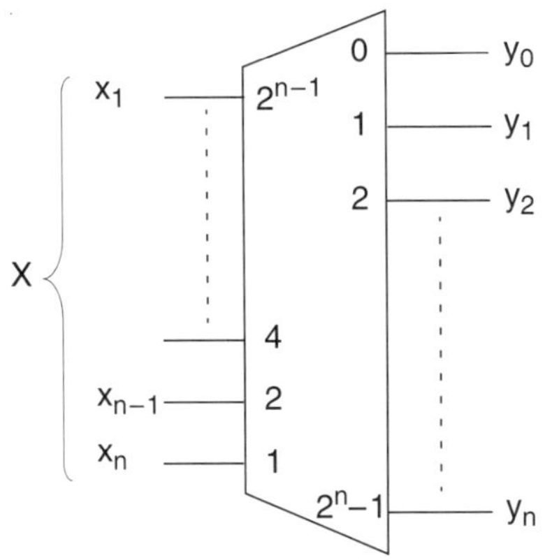

Figur 5.14 Avkodare

Om inte alla 2^n ingångskombinationerna behöver detekteras, t.ex. om X är ett NBCD-kodat tal, sägs avkodaren vara ofullständig. Vi antar forsättningsvis att fullständig avkodning önskas.

Det nära nog triviala sambandet mellan in- och utsignaler för det kombinatoriska nätet i figur 5.14 visas av figur 5.15. Varje utgångsfunktion består helt enkelt av ett minimalpolynom.

X	x_1	x_2		x_{n-1}	x_n	y_0	y_1	y_2	y_3		y_{2^n-2}	y_{2^n-1}
0	0	0		0	0	1	0	0	0		0	0
1	0	0		0	1	0	1	0	0		0	0
2	0	0		1	0	0	0	1	0		0	0
3	0	0		1	1	0	0	0	1		0	0
2^n-2	1	1		1	0	0	0	0	0		1	0
2^n-1	1	1		1	1	0	0	0	0		0	1

Figur 5.15 Avkodarens funktionstabell

En realisering som direkt använder denna form visas av figur 5.16, där vi också förutsatt att insignalernas inverser finns tillgängliga. För realiseringen åtgår 2^n st n-ingångars AND-grindar och nätet växer alltså mycket snabbt med n. För större avkodare brukar man som en metod att minska nätets storlek utföra avkodningen i flera steg (flerstegsavkodning). Detta kommer dock inte att beröras närmare

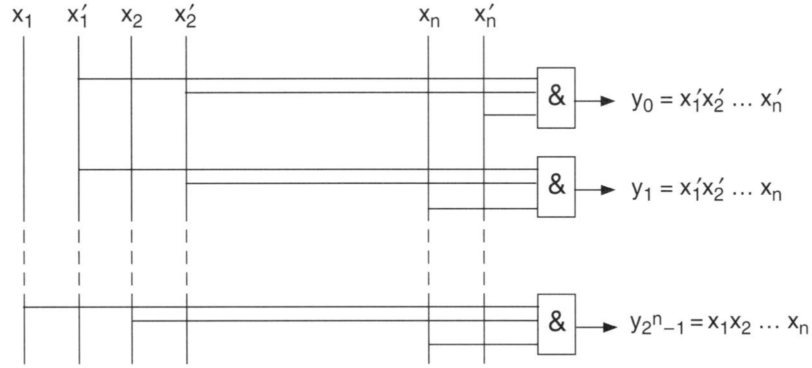

Figur 5.16 Avkodarens realisering

5.6 Demultiplexer

Avkodaren i figur 5.14 har i figur 5.17a) försetts med en extra ingång – en s.k. enable ingång, E. När E = 1 fungerar avkodaren som tidigare, d.v.s. med adressen X väljs utgången som ”en av alla”. När E = 0, däremot, är samtliga utsignaler = 0.

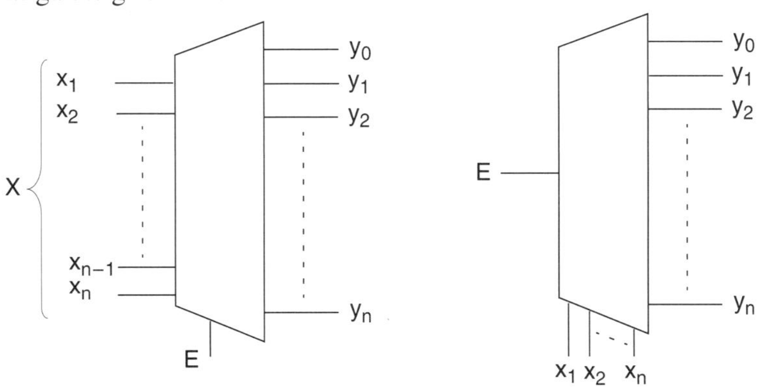

Figur 5.17 a) Avkodare med enable-ingång b) Demultiplexer

I Figur 5.17b) har vi låtit X och E byta plats. Vi kan nu betrakta funktionen på enligt följande: Den utgång som pekas ut av X antar logiskt ett om E = 1 och logiskt noll om E = 0, m.a.o. $u_X = E$. En ensam signal, E, kan följaktligen distribueras till någon av 2^n olika destinationer bestämda av X.

Komponenten i figur 5.17b) brukar benämnas demultiplexer.

5.7 Multiplexer

En multiplexer kan sägas vara demultiplexerns omvändning. Demultiplexern distribuerar en insignal till en av flera möjliga utsignaler, medan multiplexern levererar data från flera olika insignaler, i praktiken 2^n st, till en enda utsignal. Funktionsmässigt väljer man med n st styrsignaler en av de 2^n insignalerna, vilken distribueras till utgången. Multiplexern betecknas $2^n/1$.

En multiplexer med 8 dataingångar och en utgång visas i figur 5.18.

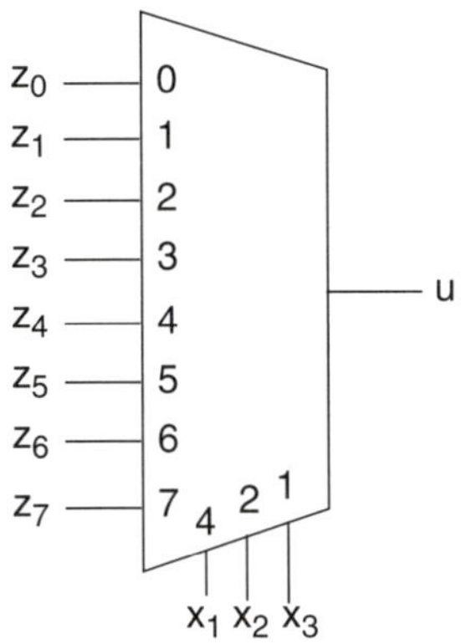

Figur 5.18 8/1-multiplexer

Styrinformationen X = <x_1, x_2, x_3> anger i binärkod (se viktning i figuren) numret på den dataingång vars insignal uppträder på utgången. För X = 0 blir $u = z_0$, för X = 1 blir $u = z_1$, o.s.v.

En realisering av multiplexern visas i figur 5.19. Med hjälp av x_1, x_2, x_3 väljer avkodaren en av $y_0, \ldots, y_7$. Dessa signaler bestämmer i sin tur vilken av insignalerna $z_0, \ldots, z_7$ som ska föras ut på utgången.

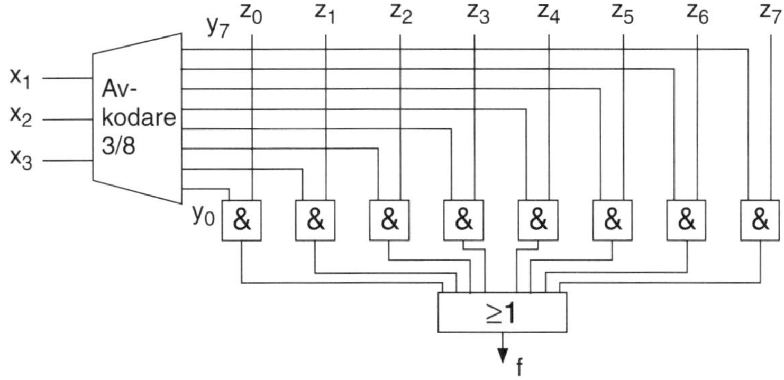

Figur 5.19 Realisering av 8/1-multiplexer

På samma sätt som man i fallet avkodare kunde utföra avkodningen – utgreningen – i flera steg kan man i fallet multiplexer utföra ingreningen i flera steg och därmed reducera nätet. Inte heller här ska vi fördjupa oss mera i detta.

Multiplexrar kan användas som generella komponenter för att realisera kombinatoriska nät. Det bästa sättet att se detta är med hjälp av exempel.

Exempel 5.1

I figur 5.20 har en funktion f av 6 variabler definierats med Karnaugh-diagram.

a = 0, b = 0

cd \ ef	00	01	11	10
00	1	0	0	1
01	1	0	1	0
11	0	1	0	0
10	1	1	0	1

a = 0, b = 1

cd \ ef	00	01	11	10
00	1	1	1	0
01	0	1	0	0
11	0	1	1	1
10	1	0	0	0

a = 1, b = 0

cd \ ef	00	01	11	10
00	1	0	1	1
01	1	1	1	1
11	0	0	1	0
10	0	1	0	0

a = 1, b = 1

cd \ ef	00	01	11	10
00	0	0	1	0
01	0	0	0	0
11	1	1	1	0
10	0	0	1	0

Figur 5.20 Karnaughdiagram för funktion av 6 varibler

De fyra Karnaugh-diagrammen kan betraktas som fyra åtskilda funktioner av de fyra variablerna c, d, e, f, och av variablerna a, b. En lämplig realisering för f är alltså att realisera de 4-variabliga funktionerna på normalt sätt, och sedan välja mellan dem med en multiplexer som styrs av a och b. Se figur 5.21.

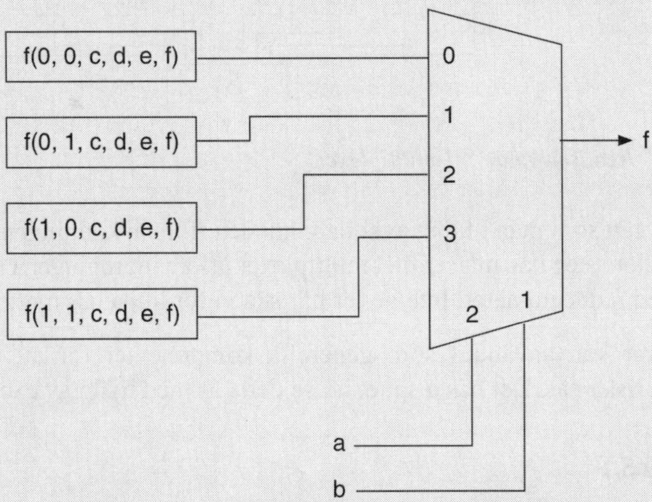

Figur 5.21 Funktionen realiserad med 4/1-multiplexer

Generellt gäller att man kan ersätta en funktion av N variabler med 2^k funktioner av (N – k) variabler. För detta exempel är N = 6, k = 2, $2^k = 4$.

Exempel 5.2

En multiplexer med 8 dataingångar ska användas för att realisera en funktion av 3 variabler. Eftersom multiplexern har 8 ingångar behövs 3 variabler att styra den, och k = 3. Nu är N – k = 0, varför delfunktionerna bara är konstantvärdena 0 och 1. Se figur 5.22.

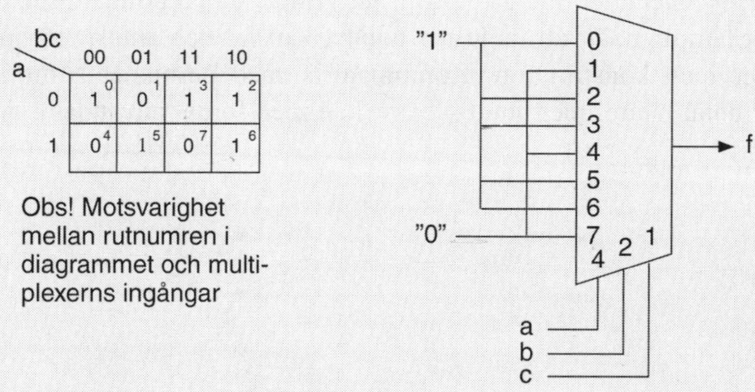

Figur 5.22 Funktion av 3 variabler realiserad med 8/1-multiplexer

Exempel 5.3

En multiplexer med 4 dataingångar ska användas för att förenkla en funktion av 4 variabler specificerad i Karnaugh-diagrammet i figur 5.23. Nu har delfunktionerna 2 variabler, och är lätta att realisera. I realiseringen har variablerna a och b valts ut för att styra multiplexern. Då motsvarar de fyra delfunktionerna Karnaugh-diagrammets rader. På liknande sätt är delfunktionerna Karnaugh-diagrammets kolumner när c och d styr multiplexern. Hur ser delfunktionerna ut om t.ex. a och c är styrvariablerna?

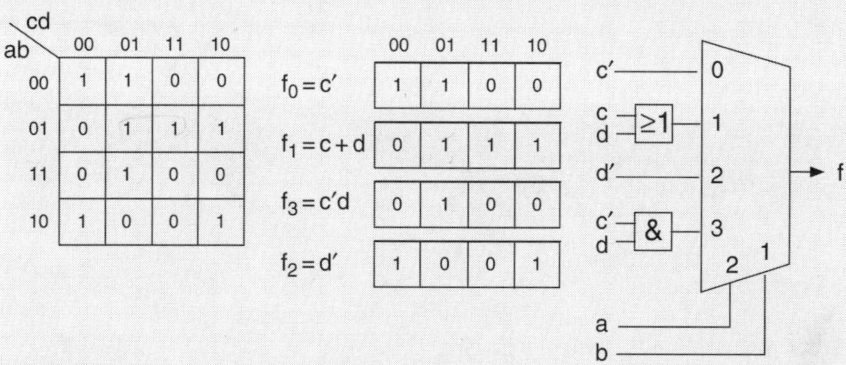

Figur 5.23 Funktion av 4 variabler realiserad med 4/1-multiplexer

En multiplexer innehåller många gånger fler grindar än en grindkapsel, och kan vara ett lämpligt sätt att hålla ner antalet kapslar och antalet förbindningspunkter i en konstruktion. Kombinatorik med permanenta minnen (ROM) blir ännu tätare, men multiplexrar kan med fördel användas i mindre nät.

6 Kretsteknologier

6.1 Inledning

Som vi sett i de tidigare kapitlen kan digitala konstruktioner funktionellt beskrivas med tabeller eller Booleska uttryck. Även den som inte vet något om kretselektronik kan mycket väl förstå funktionen hos en digital krets. Världen är dock analog och varje digital konstruktör kommer alltid någon gång att tvingas beakta analoga fenomen för att kunna förklara en konstruktions prestanda eller oönskade beteende. Avsikten med detta kapitel är att ge en grundläggande förståelse för de parametrar, som döljer sig under de olika kretsfamiljernas idealiserade logiska funktioner.

Några viktiga egenskaper som kommer att diskuteras för de olika kretsteknologierna är nedanstående. (Se även appendix 3).

Snabbheten,
lämpligen given som fördröjningen per grindsteg. Tiden anges vanligtvis från den punkt där insignalen ändrat sig 50 % till motsvarande punkt på utsignalen, se figur 6.1. Två olika tider brukar anges. t_{PLH} är den tid det tar för utsignalen att växla från låg till hög och t_{PHL} är tiden för växling hög till låg.

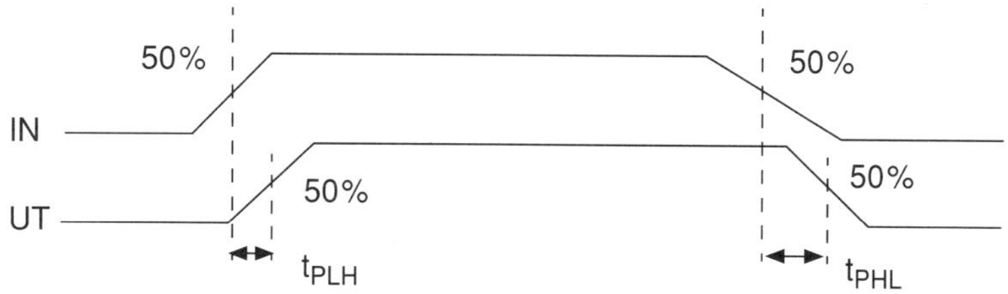

Figur 6.1 Definition av omslagtiden i en grind

Effektförbrukningen,
som vanligen ökar när man försöker öka snabbheten. Hög effektförbrukning minskar möjligheterna till långt driven miniatyrisering (integrering) p.g.a. värmeutveckling.

Strömdrivnings-/strömsänkningsförmåga,

d.v.s. hur mycket ström en grindutgång kan leverera respektive ta emot. Två parametrar anges. I_{OH}, som gäller för hög utgång och I_{OL}, som gäller för låg. (Output high respektive output low).

Fan-out (utgreningsfaktorn),

varmed menas det antal ingångar som en utgång kan driva. Betrakta figur 6.2. I_{IL} (input low) är den ström som flyter till/från en ingång, när denna påläggs logiskt noll och I_{IH} (input high) är motsvarande ström för logiskt ett. Fan-out för de båda fallen blir I_{OH}/I_{IH} och I_{OL}/I_{IL}.

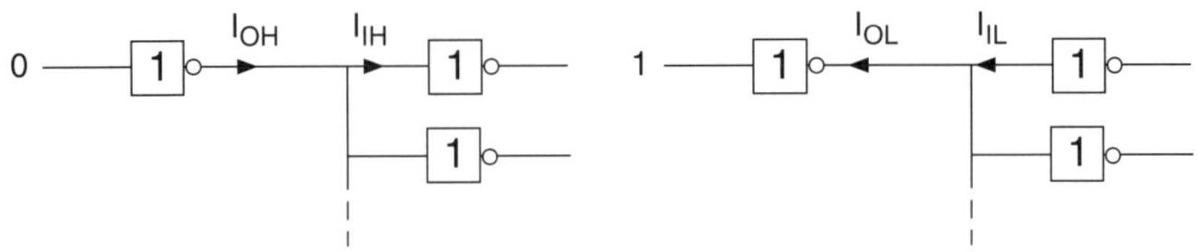

Figur 6.2 Fan-out

Fan-in,

ekvivalent med antalet grindingångar.

Störsignalnivån,

liktydigt med hur mycket en nominell utsignalnivå kan störas utan att nå det förbjudna signalområdet. Se figur 6.3.

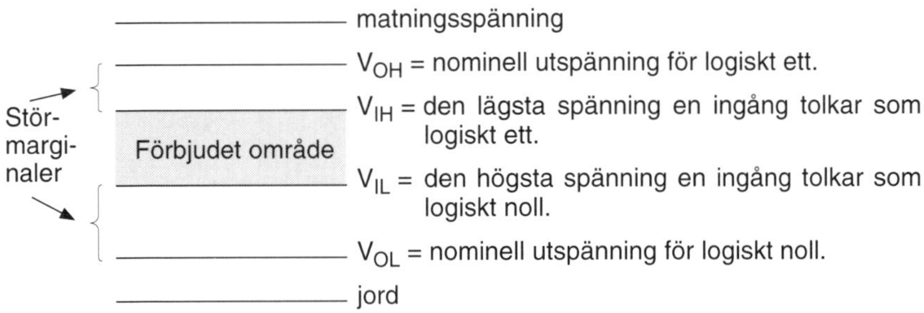

Figur 6.3 Definition av några viktiga spänningar

6.2 Diodgrindar

En diod är ett tvåpoligt olinjärt kretselement. Karakteristiken för en kiseldiod visas av figur 6.4. Observera att skalan är olika för både ström och spänning på ömse sidor om origo. I framriktningen krävs endast en liten spänning – c:a 0,5 V – för att driva en eller flera mA genom dioden. Om dioden är förspänd i backriktningen är däremot strömmens belopp försumbart så när som på den nära nog spänningsoberoende läckströmmen. Om mycket stor backspänning påtvingas dioden inträffar dock strömgenombrott. Detta är ett onormalt tillstånd och utnyttjas endast i speciella diodkonstruktioner t.ex. zenerdioder.

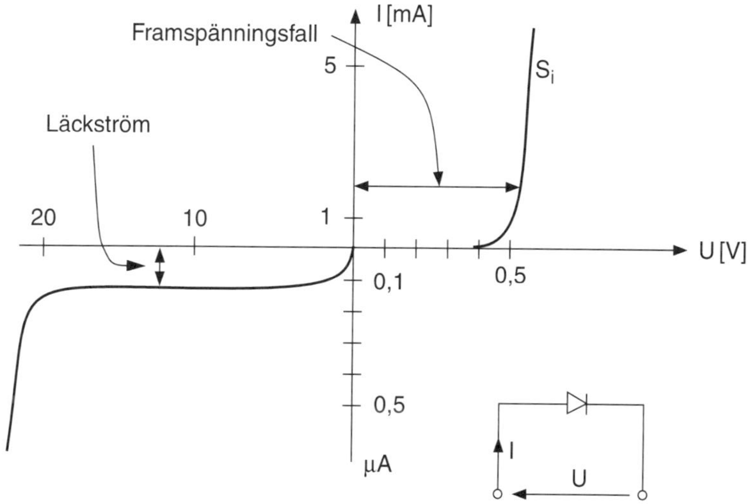

Figur 6.4 Kiseldiodens karakteristik

Med försummande av framspänningsfall och läckström kan diodens karakteristik idealiseras enligt figur 6.5. En backspänd diod motsvarar då ett avbrott och en framspänd en kortslutning.

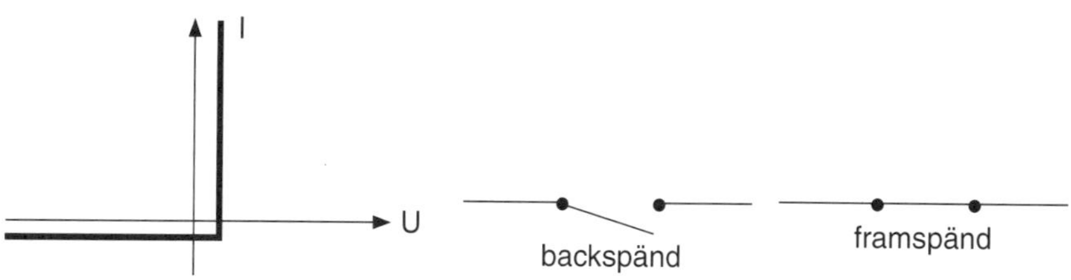

Figur 6.5 Ideal diodkarakteristik och ekvivalenta schemor

Betrakta nu nätet i figur 6.6. Insignalerna x och y har antingen potentialen +5 V eller 0 V. Under antagande att dioderna är ideala enligt figur 6.5 inses följande. Så snart x eller y ligger på 0-potential går ström genom motståndet R. För att u ska anta hög potential (u = 1) krävs att både x och y är höga (xy = 1). Av detta följer att diodgrinden i figur 6.6 realiserar AND-funktionen u = xy.

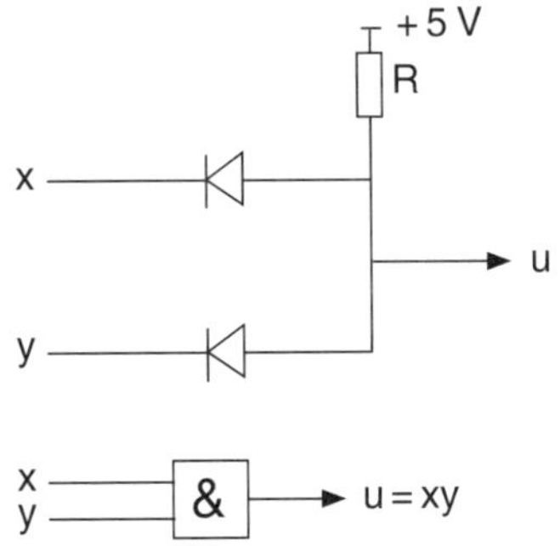

x	y	u
låg	låg	låg
låg	hög	låg
hög	låg	låg
hög	hög	hög

Figur 6.6 AND-grind i diodlogik

Figur 6.7 visar på samma sätt OR-funktionen realiserad med en diodgrind.

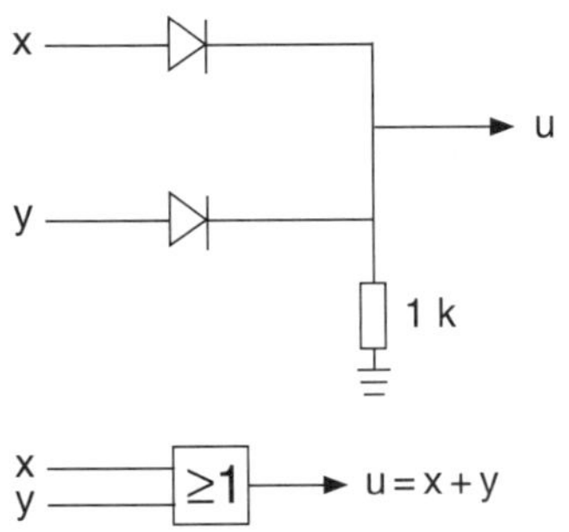

x	y	u
låg	låg	låg
låg	hög	hög
hög	låg	hög
hög	hög	hög

Figur 6.7 OR-grind i diodlogik

För att utgången u ska få hög potential krävs att x eller y (eller både x och y) har hög potential. Ty i så fall går ström från ingången genom motståndet R till jord.

AND-, OR-grindar kan helt naturligt konstrueras för fler ingångar än två. Likaså kan en grind användas för att styra en efterföljande. Se figur 6.8. I det första diodparet bildas signalen w = xy. När denna är hög går ström från +5 V via resistansen 1 k över dioden D3 och resistansen 5 k till jord. På utgången fås en potential som är approximativt +5 V, d.v.s. hög. Utgången u kan också tvingas till hög potential med signalen z via dioden D 4.

Figur 6.8 kan användas som illustration till en av diodgrindarnas allvarligaste begränsningar. Eftersom dioderna är passiva element kommer signalen att degenerera allteftersom fler diodgrindar kaskadkopplas. Låt oss göra en beräkning under antagandet att dioderna har ett framspänningsfall av 0,5 V. Ingångarna x, y och z antas vara ideala potentialkällor utan inre resistans.

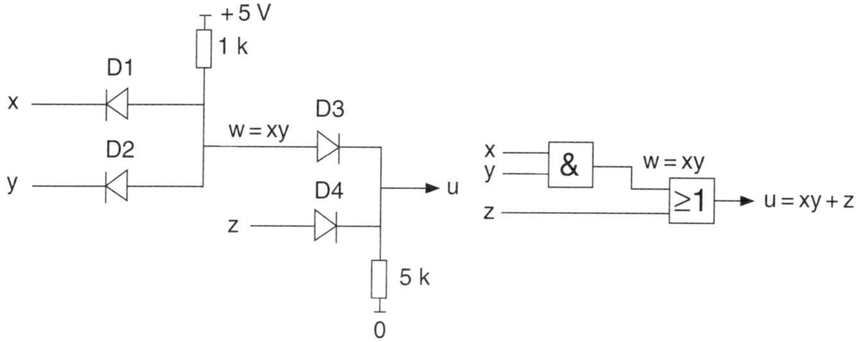

Figur 6.8 Exempel på AND-OR konfiguration av diodgrindar

I nedanstående tabell har potentialerna för w och u beräknats för tre olika ingångskombinationer.

x	y	z	w	u
0	0	0	+0,5	0
0	0	+5	+0,5	+4,5
+5	+5	0	+4,25	+3,75

Strömmarna över dioder och motstånd har alltså gjort att det s.k. svinget – skillnaden mellan hög och låg potential – har minskat från 5 V på ingångarna till 3,75 V på utgången u. Kombinatoriska nät med dioder måste alltså ha ett begränsat grinddjup.

Lika allvarligt som att signalnivån degenererar är att signalens effektinnehåll minskar ju fler grindar som kaskadkopplas. I figur 6.8 antog vi att x, y och z var signalkällor med inre resistansen = 0. Utsignalen u däremot har resistansen 5k till 0-potential.

Ett diodgrindnät kan inte utföra invertering. Till det fordras en aktiv förstärkarkomponent av typ transistor. Transistorgrindar utför också en regenerering av signalnivåerna efter varje steg, vilket gör att djupet i sådana grindnät inte behöver begränsas.

6.3 Den enkla transistorswitchen

Transistorn är ett trepoligt olinjärt kretselement. Dess karakteristik visas av figur 6.9. Transistorn belastas resistivt med ett kollektormotstånd vilket ger belastningslinjen i figuren. Strömmen I_B utgör styrvariabel. I digitaltekniken används endast två punkter på belastningslinjen motsvarande strypt transistor ($I_C \approx 0$) vilket ger hög potential på utgången samt ledande transistor ($U_{CE} \approx 0$) vilket ger låg potential på utgången. Dessa två tillstånd åstadkommes genom att göra $I_B = 0$ eller göra I_B tillräckligt stor; i figur 6.9 nedan, t.ex. $I_B > 0,1$ mA.

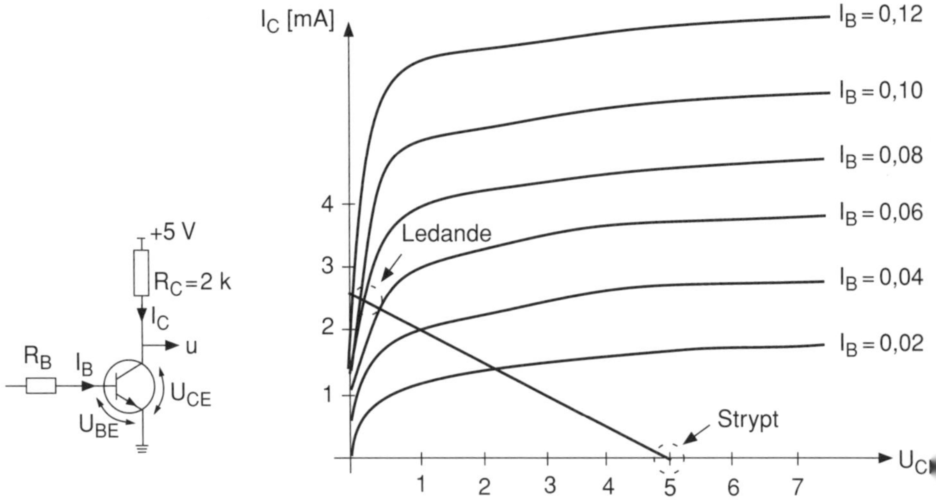

Figur 6.9 Transistorns karakteristik

Valet av ett kollektormotstånd på 2k är en kompromiss mellan låg effektutveckling när transistorn leder och en tillräckligt hög logisk etta när transistorn är strypt. Ju större resistans desto lägre ström, men samtidigt desto lägre potential för logiskt ett. En strypt transistor har nämligen inte oändlig impedans, utan denna kan vara låg som 20 k. Kollektorresistansen 2k ger därför $U_{CE} \approx 4,5$ V med obelastad utgång. Spänningen sjunker om utgången belastas så V_{OH} måste definieras lägre, t.ex. $V_{OH} = 3,0$ V. Kollektorströmmmen när transistorn leder blir $I_C \approx 2,5$ mA.

Transistorn är strypt när bas- emitterspänningen $U_{BE} < 0,6$ V. En säker nolla bör därför lämpligen definieras med en viss marginal, t.ex. med $V_{IL} = 0,5$ V.

Vi sätter nu den övre störmarginalen (tämligen godtyckligt) till 0,5 V varvid V_{IH} = 2,5 V, vilket dimensionerar R_B. Denna spänning ska alltså ge en så hög basström att transistorn bottnar. Det är i karakteristiken i figur 6.9 svårt att avgöra vilken basström som krävs och därför gör vi en skalförändring enligt figur 6.10. Därefter väljs en av de skärningspunkter mellan belastningslinjen och en baströmkurva som är belägna nära I_C-axeln, t.ex. I_B = 0,4 mA. R_B kan nu beräknas enligt $R_B = (V_{IH} - U_{BE}) / I_B = (2{,}5 - 0{,}6) / 0{,}4\ \text{k} = 4{,}75\ \text{k}$. Vi väljer 5k.

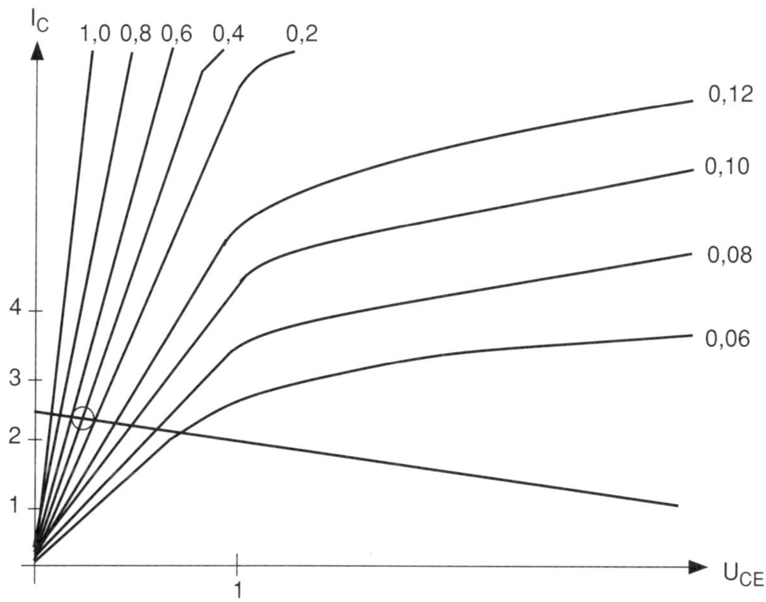

Figur 6.10 Uppförstorad del av transistorkarakteristiken

I figur 6.10 kan man avläsa restspänningen över transistorn när denna leder till ungefär 0,2 V, alltså V_{OL} = 0,2 V.

Strömförstärkningsfaktorn

$$\beta = I_C / I_B$$

för transistorn i figur 6.9 är i mitten på belastningslinjen c:a 50. När vi driver transistorn in i det bottnade området enligt figur 6.10 stöter vi emellertid på brant stupande basströmskurvor och med den givna kopplingen blir $\beta \approx 6$. Vi utnyttjar alltså endast en ringa del av transistorns maximala strömförstärkningskapacitet. Till priset av detta slöseri vinner vi säkerhet. Genom att bottna transistorn hårt kan vi bortse från den stora spridning som alltid existerar mellan olika transistorexemplar. Utsignalen U_{CE} blir ändå väl definierad.

Transistorn i figur 6.9 utför en invertering av den inkommande signalen $u = x'$ (ICKE-funktion). När x är hög bottnar transistorn och gör u låg. När x är låg är transistorn strypt och u är hög. Den ideala transistorswitchen illustreras av figur 6.11

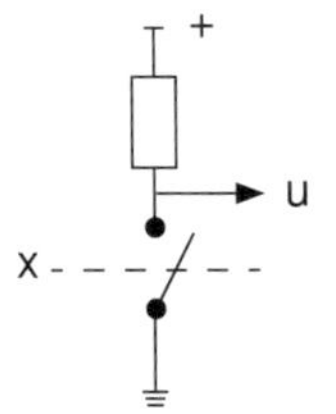

Figur 6.11 Den ideala transistorswitchen

Till sist ska vi göra en beräkning av transistorswitchens fan-out, se figur 6.12.

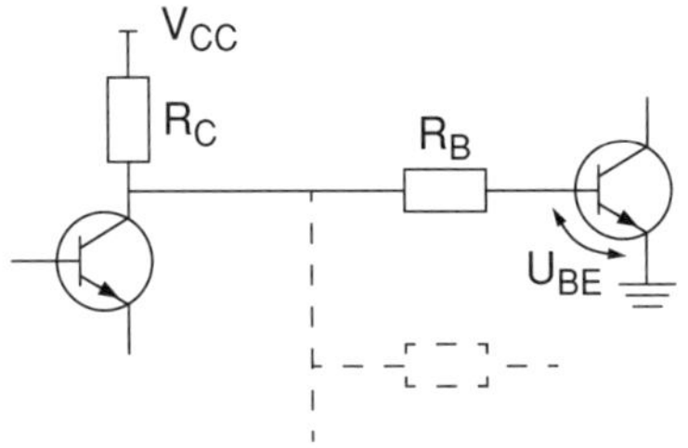

Figur 6.12 Beräkning av fan-out

Den drivande switchen styrs så att den levererar en logisk etta. Ju fler ingångar som belastar switchen, desto mer ström tas ut och desto lägre blir utspänningen. För att efterföljande switchar, som är parallellkopplade, ska uppfatta signalen som en etta måste denna, med bibehållen störmarginal, ha en potential $\geq V_{OH}$. Detta ger under antagande att den drivande switchen kopplas till n st ingångar:

$$V_{OH} \leq U_{BE} + \frac{(V_{CC} - U_{BE})R_B/n}{R_B/n + R_C}$$

$$3{,}0 \leq 0{,}6 + \frac{(5 - 0{,}6)5/n}{5/n + 2}$$

$$n \leq 2{,}08$$

Fan-out är således 2.

6.4 Transistorgrindar. Bipolär teknik

Vi har hittills endast studerat den enkla transistorswitchen med en enda insignal. Transistorgrindar med flera ingångar kan konstrueras på ett flertal sätt. Vi kommer nedan att beskriva typerna

DTL	Diod – Transistor – Logik
TTL	Transistor – Transistor – Logik
ECL	Emitter – Kopplad – Logik

Figur 6.13 visar en transistorgrind av DTL-typ med tre ingångar. Betrakta först signalen w. I obelastat läge är w utgång från en vanlig diodgrind, d.v.s.

$$w = x\ y\ z$$

Dioderna D1, D2 och resistansen R har speciella kretstekniska uppgifter. D1 och D2 ger ett nivåskift på c:a 1 V då de arbetar i framriktningen och R gör strypningen snabbare genom att tömma basladdningen då w är låg och D1, D2 är reverserade. Transistorn leder då w = x y z är hög. I motsatt fall d.v.s. för $(x\ y\ z)' = 1$ är u hög. DTL-grinden i figur 6.13 realiserar alltså funktionen NAND.

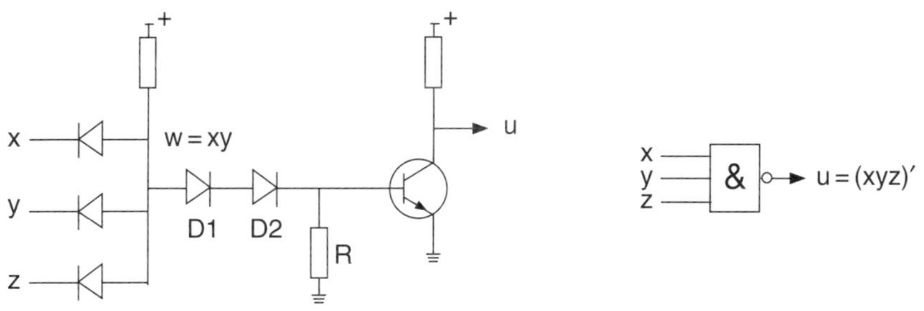

Figur 6.13 NAND-grind i DTL

En variant av DTL-grinden visas av figur 6.14. Dioden D1 i figur 6.13 har i figur 6.14 ersatts av en emitterföljare. Tack vare denna fås en extra strömförstärkning i grinden, vilket förbättrar utgreningsfaktorn.

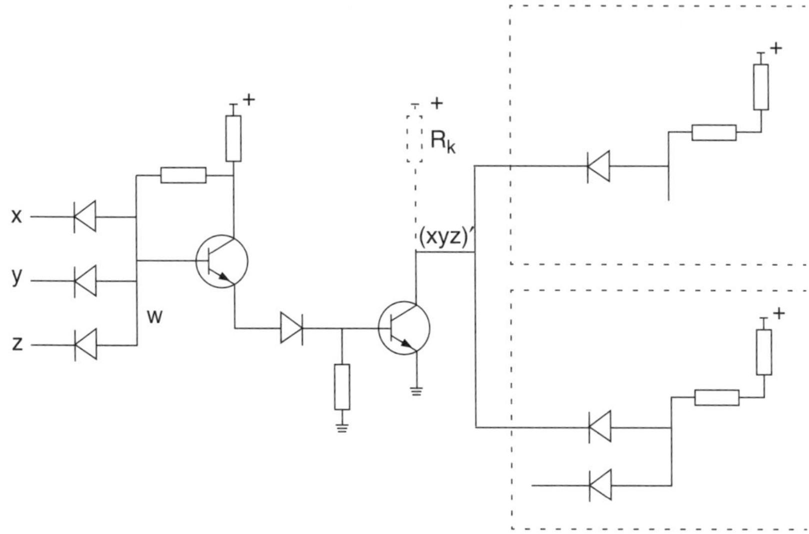

Figur 6.14 NAND-grind i DTL med förbättrad utgreningsfaktor

DTL och den nedan beskrivna TTL är vad som populärt kallas "strömsänkande logik". Med detta menas att en utgång fungerar som mottagare av ström från efterföljande stegs ingångar. Se figur 6.14. Kollektormotståndet R_k är alltså inte nödvändigt för funktionen. Grindar av denna typ kan ofta trådas, vilket i många fall kan förbilliga en konstruktion.

DTL-grindar lämpar sig väl för integrering. De utmärks av måttlig snabbhet, hög utgreningsfaktor samt relativt goda störmarginaler.

Figur 6.15 visar en transistorgrind av TTL-typ med tre ingångar. Transistor T1 har tre stycken emittrar. Signalen w på T1:s kollektor blir låg så snart en av emittrarna blir låg, d.v.s. w = x y z. Transistorn T1 utför alltså samma logiska funktion som ingångsdioderna i figur 6.13. Tack vare transistorverkan i T1 kan emellertid signalen x i figur 6.15 föra potentialen w mot noll snabbare än i figur 6.13. T2 fungerar enbart som emitterföljare och på utgången av T 3 får vi u = (xyz)′. TTL-grinden i figur 6.15 realiserar alltså funktionen NAND.

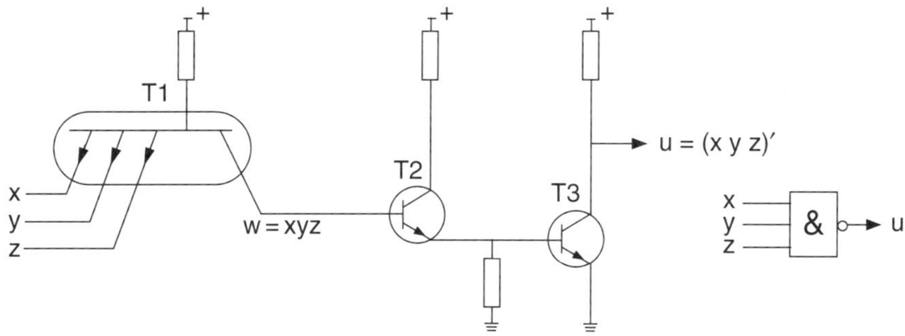

Figur 6.15 NAND-grind i TTL

TTL-grindar finns enbart i integrerat utförande. De utmärks av relativt stor snabbhet, hög utgreningsfaktor samt relativt goda störmarginaler.

Spänningsnivåerna för TTL framgår av figur 6.16.

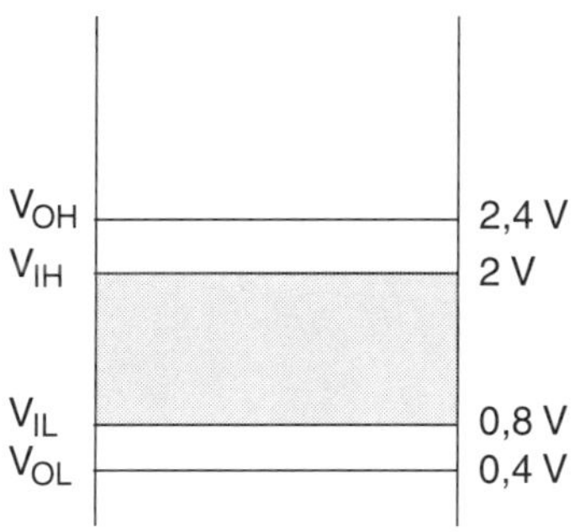

Figur 6.16 Spänningsnivåer för TTL

Mycket av fördröjningen i en TTL-grind utgörs av efterledningstid. Denna kan till stor del elimineras om transistorerna inte drivs alltför långt in i det bottnade området, något som förhindras medelst kopplingen i figur 6.17. En Schottky diod ansluts mellan basen och kollektorn. För en viss drivström I blir baspotentialen så hög och kollektorpotentialen så låg att dioden börjar leda en icke försumbar ström I_d. En Schottky diod har ett framspänningsfall på c:a 0,25 V, vilket ger $U_{CE} \approx 0{,}35$ V. En transistor integrerad med en Schottky diod på detta sätt kallas en Schottky transistor.

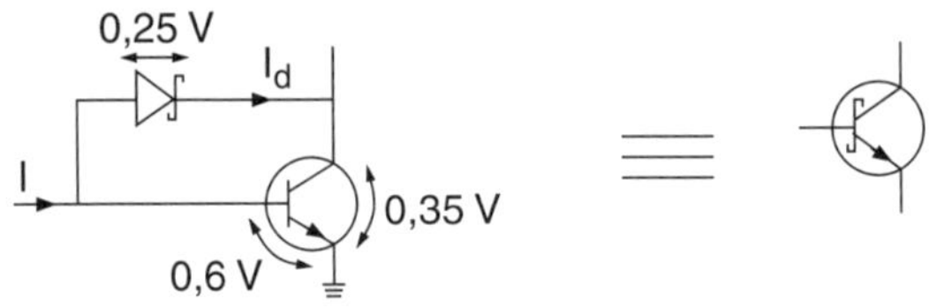

Figur 6.17 Schottky-transistor

TTL-grindar tillverkas i flera olika familjer, av vilka Low Power Schottky (LS-TTL) blivit den mest använda. I denna familj är alla transistorer av Schottky-typ. Härigenom minskar transistorernas efterledningstid och kretsarna blir snabbare. Däremot har de sämre störmarginal för logiskt noll, eftersom U_{CE} för ledande transistor är större än för standard-TTL. Kretsarna har dimensionerats för att minska effektförbrukningen, som är cirka 5 ggr lägre än för standard-TTL. I figur 6.18 syns det principiella utseendet av LS-varianten av grinden i figur 6.15. Lägg märke till återgången till DTL-struktur.

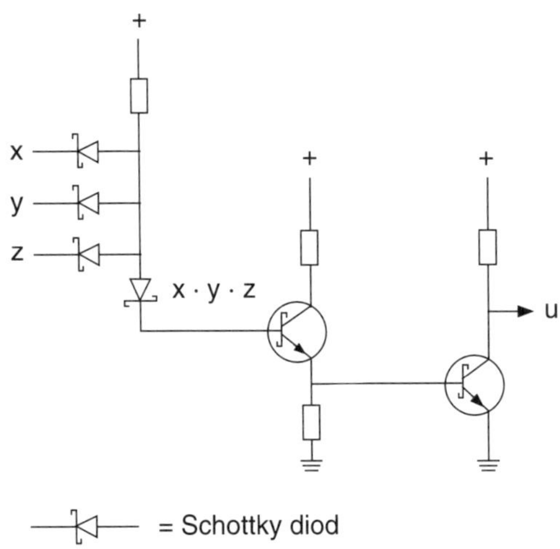

Figur 6.18 NAND-grind i LS-TTL

En annan familj som också använder sig av Schottky transistorer är Schottky-TTL (S-TTL). I jämförelse med LS-TTL är den snabbare med i gengäld inte så effektsnål.

Genom förbättrade tillverkningsprocesser har man lyckats minska komponenternas dimensioner och därmed minska strökapacitanserna. Resultatet har blivit de nya familjerna, Advanced Schottky (AS), Advanced Low Power Schottky (ALS) och ALS2 (andra generationens ALS), vilka karakteriseras av ännu högre snabbhet och ännu lägre effektförbrukning.

TTL-grindarnas utgångar är vanligen öppen kollektor-, totempole- eller tristatekopplade. Dessa begrepp behandlades i avsnitt 4.10, 4.11 och de kretstekniska lösningarna kommer att visas i avsnitt 6.5.

I avsikt att nå extremt korta omslagstider har den så kallade ECL-grinden utvecklats. ECL (emitter coupled transistor logic) kallas också CML (current mode logic) eller på svenska strömstyrd logik. Se figur 6.19.

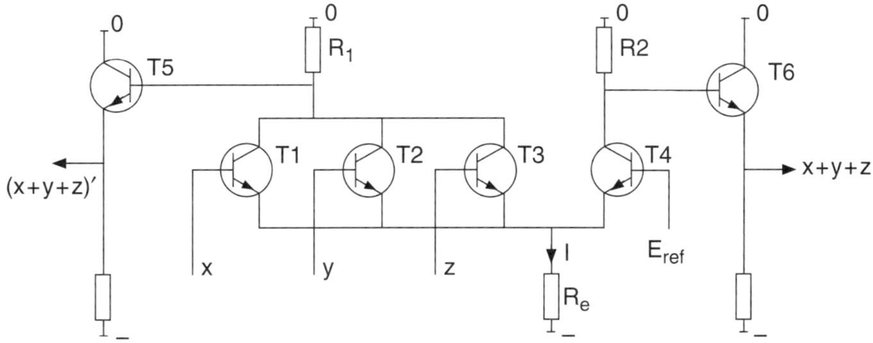

Figur 6.19 OR/NOR-grind i ECL

Transistorerna T1, T2 och T3 bildar tillsammans med T4 en koppling som påminner om en differentialförstärkare. Beroende på insignalernas nivåer, hög eller låg, kommer strömmen I att antingen gå genom R_1 eller R_2. Insignalerna räknas höga respektive låga relativt en fast potential E_{ref} på basen av T4. T5 och T6 är emitterföljare. Som synes av figuren kan både OR- och NOR-funktion erhållas. Extremt korta switchtider kan uppnås med denna grind bl.a. tack vare att inga transistorer behöver arbeta i det bottnade området.

Observera att ECL matas med en negativ spänning (vanligen –5,2 V). Detta förbättrar immuniteten mot störningar i matningsspänningen, eftersom en sådan får lika stor inverkan i differentialkopplingens båda grenar. ECL har små störmarginaler, men å andra sidan genereras mycket lite brus när grinden slår om. Strömmen är nämligen alltid konstant och vid ett omslag styrs den helt enkelt över till den andra av de båda grenarna.

6.5 Transistorslutsteg

Slutstegen på de visade grindarna har i det tidigare avsnittet varit av öppen kollektortyp. Det externa kollektormotståndet var då alltid utritat. Öppen kollektor slutsteg har aktiv pull down men passiv pull up. Kollektormotståndet är förhållandevis stort, vilket gör att grinden opererar långsamt vid växlingen låg till hög särskilt vid kapacitiv last. Kopplingen har emellertid också fördelar. Som vi såg redan i avsnitt 4.10 är utgångarna möjliga att tråda. En annan applikation är drivning av lysdioder (se figur 6.20) eller reläer.

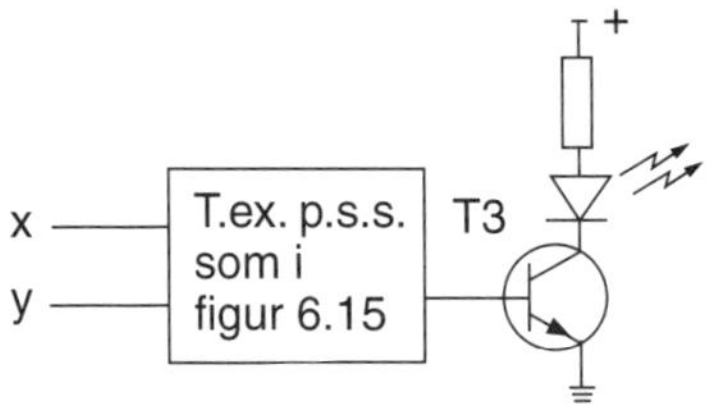

Figur 6.20 Drivning av lysdiod från grind med öppen kollektor utgång

Figur 6.21 visar en transistorgrind med totempole utgång. Utgången har både aktiv pull down och aktiv pull up. Detta gör att den opererar snabbare än öppen kollektor och att den genom sin lågohmighet bättre tål kapacitiv last. Motståndet R är på drygt 100 ohm och har som uppgift att begränsa strömmen i omslagsögonblicket, då både transistor T1 och T2 samtidigt kan vara ledande.

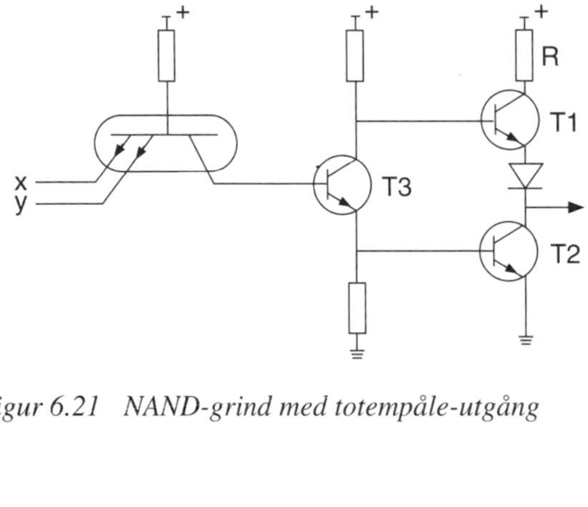

Figur 6.21 NAND-grind med totempåle-utgång

Multiemitterkopplingen på ingången fungerar p.s.s som i figur 6.15 och implementerar alltså en AND-funktion. Transistor T3 med resistanser utgör en emitterföljarkoppling. Med båda ingångarna höga flyter en hög ström in på basen på T3 och likaledes in på T2:s bas. Med ledande T3 och ledande T2 blir T1:s bas-emitterspänning så låg att denna stryps. Med någon ingång låg leder multiemitterkopplingen. Låg potential på T3 stryper denna och likaledes T2. T1 kan nu leda och dra utgången hög.

En nackdel med totempolekopplingen är att den inte är trådbar. Som vi såg i avsnitt 4.11 kunde dock grindar med totempoleutgång göras trådbara och användas i bussystem, om det med en extra insignal fanns möjlighet att samtidigt strypa båda sluttransistorerna. Utgången är då "frisvävande" och karakteriseras av den är högimpediv. Den extra insignalen kallas output enable (OE). Figur 6.22 visar hur den tidigare totempolegrinden modifierats och även getts tri-state funktion. När OE = 0 fungerar grinden som tidigare. När OE = 1 drar transistorerna T4 och T5 ner baserna på T3 och T1. När T3 stryps, stryps också T2.

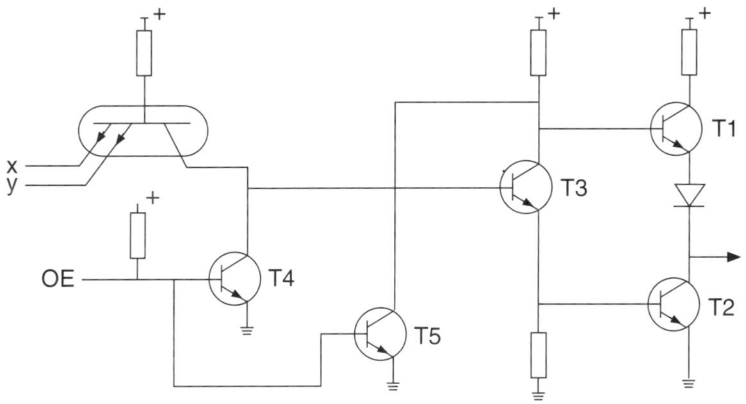

Figur 6.22 NAND-grind med tri-state utgång

6.6 Transistorgrindar. MOS-teknik

MOS-transistorer kan vara av två slag, NMOS (n-kanal) eller PMOS (p-kanal). Deras respektive symboler och benens benämningar framgår av figur 6.23. Den vänstra, där substratet kan identifieras, är den fullständiga symbolen. Normalt ansluts substratet till emittern och man kan då använda den förenklade symbolen till höger.

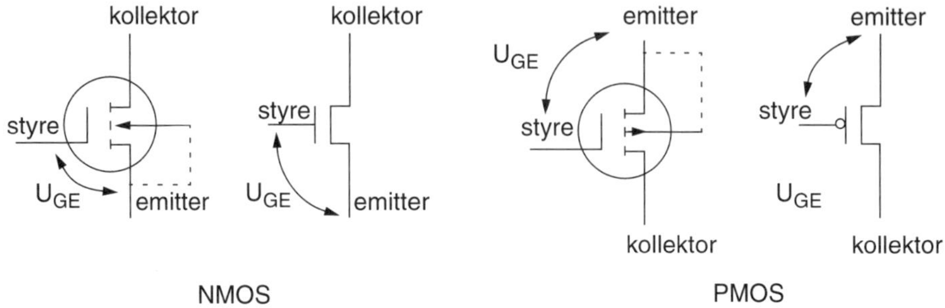

Figur 6.23 NMOS-transistor (vänster) och PMOS-transistor (höger)

MOS-transistorn är spänningsstyrd, till skillnad från den bipolära transistorn som är strömstyrd. Det elektriska fält styrepotentialen (U_{GE}) skapar, öppnar en ledande kanal för strömmen mellan kollektor och emitter. Kanalens djup regleras med styrepotentialen och transistorn kan betraktas som en spänningsstyrd resistans. I digitala sammanhang är alltid $U_{GE} \approx 0$ eller $|U_{GE}| \approx$ spänningspotential, vilket ger en resistans mellan kollektor och emitter i storleksordningen Mohm respektive storleksordningen några tiotals ohm. Inimpedansen är mycket hög. Därför flyter ingen ström in till styret och transistorn styrs helt effektlöst.

NMOS- och PMOS-transistorn kan sägas ha motsatt funktionssätt. NMOS-transistorn har hög resistans för låg styrepotential relativt jord och låg resistans för hög styrepotential relativt jord, medan det omvända gäller för PMOS-transistorn.

En enkel NMOS-switch återfinns i figur 6.24. Jfr denna med den bipolära switchen i figur 6.9. Eftersom MOS-transistorn är spänningsstyrd behövs inget strömbegränsande motstånd, R_b, utan utgången från en MOS-switch kan kopplas direkt in till styret på en efterföljande switch.

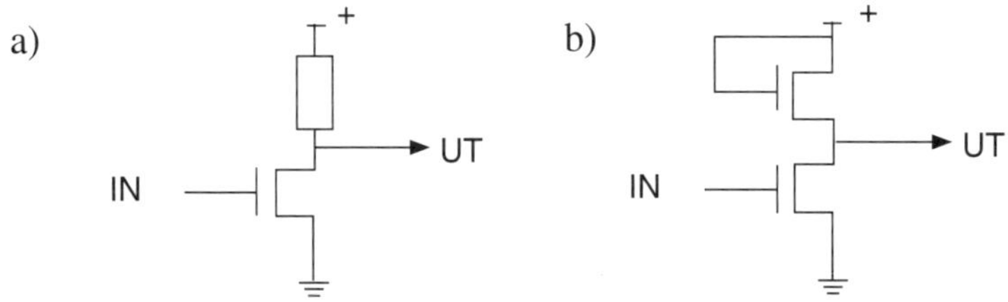

Figur 6.24 a) NMOS-switch med kollektormotstånd
b) NMOS-switch där kollektormotståndet ersatts med MOS-transistor

MOS-transistorn har en enkel fysikalisk uppbyggnad och lämpar sig utmärkt väl för integrerad kretsteknik. Den är så enkel, att man oftast utför kollektorresistansen i form av en MOS-transistor med styret fast till hög potential, såsom framgår av figur 6.24b). Transistorn T2 fungerar som en olinjär resistans, vilket ger bättre störmarginaler än om ett vanligt linjärt motstånd används. T2 har högre resistans än ledande T1.

Figur 6.25 visar en NOR- respektive en NAND-grind utförda i NMOS. NOR-grinden har parallellkopplade transistorer till jord, NAND-grinden seriekopplade. NAND-grinden får en högre resistans mellan utgång och jord, vilket gör den till den långsammare av de två. Ska resistansen sänkas krävs större kiselyta och i NMOS-teknik föredras därför NOR-grinden. Man kan som synes tillåta sig att stapla MOS-transistorer så länge de specificerade spänningsnivåerna inte påverkas.

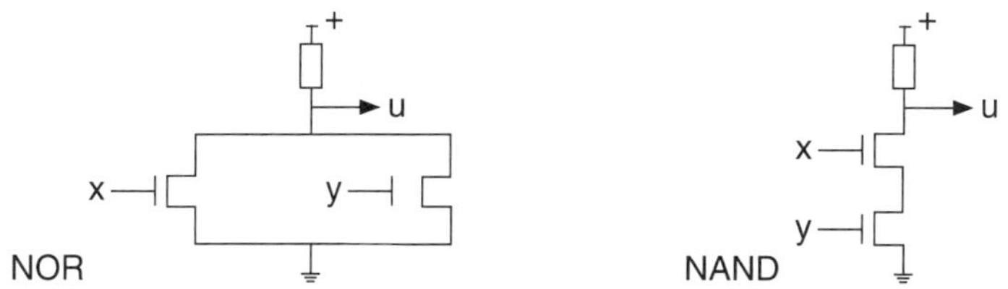

Figur 6.25 NOR- och NAND-grind i NMOS

En grind utförd i CMOS (complementary MOS) använder sig av både PMOS- och NMOS-transistorer, se inverteraren i figur 6.26.

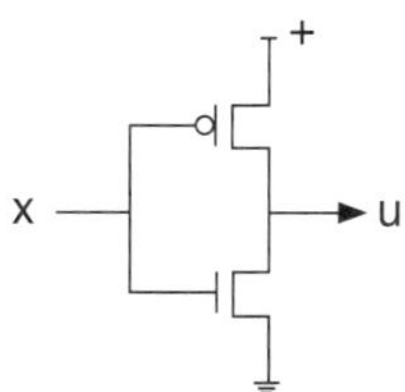

Figur 6.26 Inverterare utförd i CMOS

CMOS-switchen har extremt låg effektförbrukning, vilket förklaras av dess höga inimpedans samt att den i statiskt tillstånd alltid har en av sina transistorer strypt. Ingen ström flyter alltså och effektförbrukningen är idealt sett noll. När CMOS-switchen byter tillstånd åtgår dock en viss effekt, eftersom båda transistorerna för ett kort ögonblick blir ledande. Vid höga växlingsfrekvenser kan därför effektförbrukningen bli betydande. Vanligtvis orsakar dock utgångens kapacitiva last den största effekförbrukningen. Vid växling låg → hög flyter ström genom PMOS-transistorn för att ladda upp den kapacitiva lasten. P.s.s. flyter en ström genom NMOS-transistorn för att ladda ur kapacitansen vid växling hög → låg. Effekt konsumeras alltså bara när switchen slår om och benämns dynamisk effektförbrukning.

CMOS har aktiv koppling till såväl spänningspotential (pull-up) som till jord (pull-down) och kan därför operera snabbare än NMOS. I motsats till t.ex. TTL har CMOS symmetrisk driv- och sänkförmåga. Detta beror på att PMOS- och NMOS-transistorn getts lika stor resistans när de leder. CMOS har också symmetriska spänningsnivåer, se figur 6.27. Lägg märke till de stora störmarginalerna. V_{OL} och V_{OH} gäller obelastad utgång eller då CMOS driver CMOS. Belastas utgången kommer nivåerna att förändras, men detta möter inget hinder så länge störmarginalerna inte överskrids.

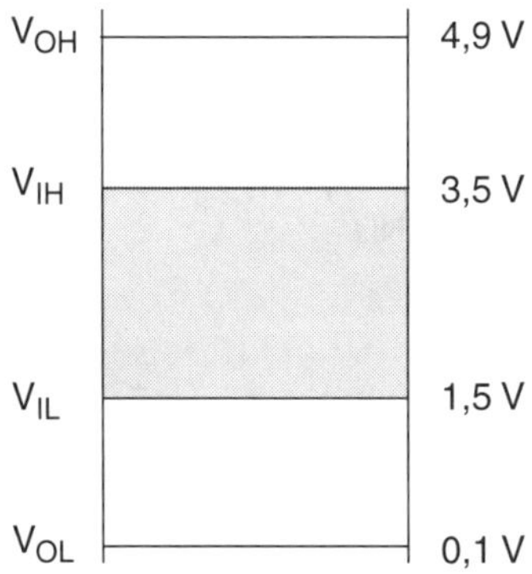

Figur 6.27 Spänningsnivåer för CMOS

Eftersom en CMOS-grind inte konsumerar någon ström på ingången har den en, teoretiskt sett, oändlig fan-out. Strökapacitanser gör dock att man får ett uppladdningsförlopp via den ledande transistorns resistans. Tidskonstanten ökar ju fler ingångar som ansluts, vilket gör utgången långsammare.

Den dubbla switchningen i en CMOS-koppling gör att NOR- och NAND-grindar måste utföras som i figur 6.28. Givet en viss kiselarea har en NMOS-transistor lägre resistans när den leder än en PMOS. Grinden med seriekopplade NMOS-transistorer, alltså NAND, är således att föredra. Staplingen begränsar fan-in till c:a 4 för NOR och c:a 6 för NAND, såvida inte speciella åtgärder vidtages.

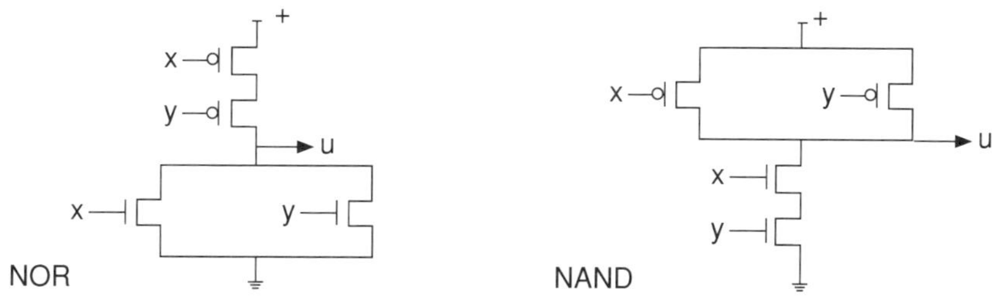

Figur 6.28 NOR- och NAND-grind i CMOS

CMOS finns även i HC-, AC- (high speed) samt HCT-, och ACT-versioner. De senare har gjorts TTL-kompatibla genom att switchen omslagspunkter lagts på TTL-nivåer.

6.7 Bipolärt eller CMOS

Integrerade kretsar i teknologierna TTL, CMOS och ECL är idag totalt dominerande inom digitaltekniken. Vi bör här påpeka att grindarna i praktiken oftast har en mera komplex uppbyggnad än den visade. Detta för att skydda kretsen, minimera störkänsligheten etc.

Konstruktörens val av teknologi består bl.a. i en avvägning mellan hastighet och effektförbrukning, eftersom en lågohmig koppling ger små RC-konstanter men hög strömförbrukning. Generellt kan sägas att CMOS- och den bipolära tekniken står i ett motsattsförhållande i detta avseende. CMOS-kretsar är förhållandevis långsamma och effektsnåla medan de bipolära är snabba och effektslukande.

CMOS är den teknik som genom åren vunnit allt mer terräng. En nackdel är dock, att dess resistiva utgångar i kombination med kapacitiv last skapar stora tidskonstanter och gör kretsen långsam. Alternativ teknologi har ofta varit ECL, som är mycket lasttålig och snabb men i gengäld effektslukande.

För att förena den bipolära och CMOS-teknikens positiva egenskaper har man skapat kretsfamijen BiCMOS, där båda teknologierna kombinerats. För de logiska funktionerna används MOS-teknik, medan den bipolära tekniken används i snittet mot omvärlden. Figur 6.29 visar en tvåingångars NAND-grind i BiCMOS.

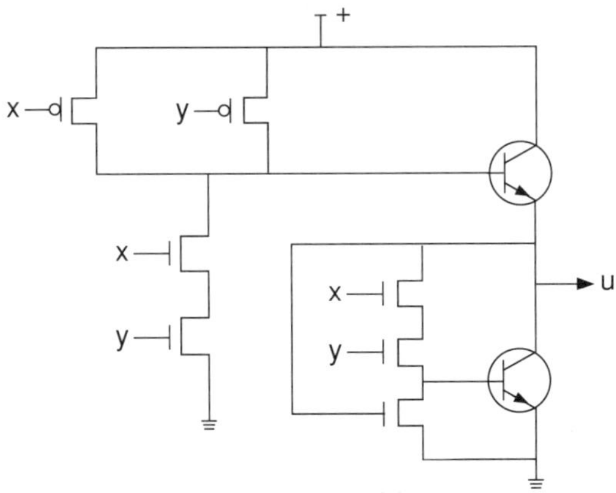

Figur 6.29 NAND-grind i BiCMOS

Genom att MOS-logiken inte behöver belastas med någon stor yttre kapacitans behåller den samma snabbhet som för obelastade transistorer. MOS-transistorerna kan dessutom göras mindre, eftersom kravet på drivförmåga är lågt. Obelastad är CMOS något snabbare än BiCMOS. Snabbheten sjunker dock om en grind ska driva flera ingångar, medan den för BiCMOS är i stort sett oförändrad.

Figur 6.30 visar grindfördröjning och effektförbrukning för CMOS-, BiCMOS- och bipolär teknik.

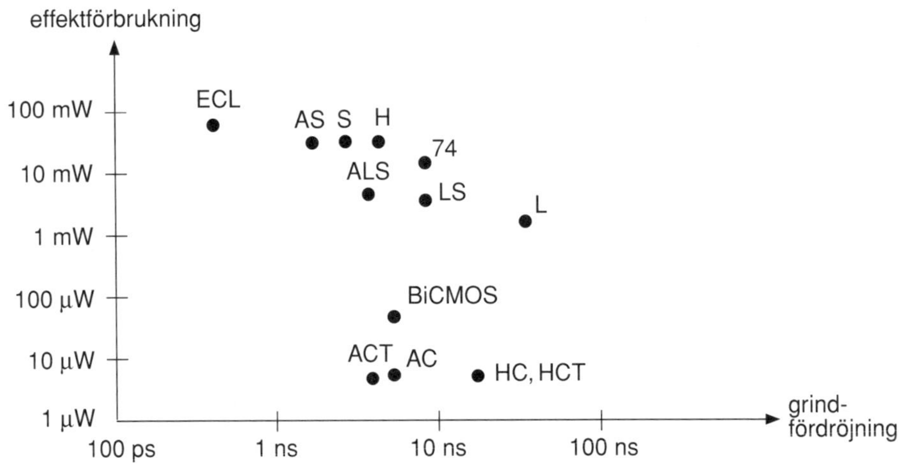

Figur 6.30 Effektförbrukning och grindfördröjning för CMOS-, BiCMOS och bipolär teknik

De snabbaste kretsarna tillverkas inte i kisel utan i galliumarsenid (GaAs). Fördröjningstiderna ligger här långt ner i pikosekund-området och effektförbrukningen är låg. Tillverkningsprocessen är ännu förenad med vissa svårigheter och kretsarnas pris är högt.

Med avseende på packningstäthet talar man om olika integrationsgrader:

Small Scale Integration (SSI) avser kretsar med upp till ca 50 transistorer per chip,

Medium Scale Integration (MSI) kretsar med upp till ca 1 000,

Large Scale Integration (LSI) kretsar med upp till ca 100 000 och

Very Large Scale Integration (VLSI) kretsar med över 100 000 transistorer per chip.

I framtiden skymtar också begreppen Ultra Large Scale Integration (ULSI) och Giga Scale Integration (GSI).

6.8 Elektromekaniska kontakter

Den mest kända formen av en kontaktswitch är den manuella strömställaren. Se figur 6.31. Den mekaniska rörelsen x styr transmission i kretsen så att lampan tänds då kontakten är sluten.

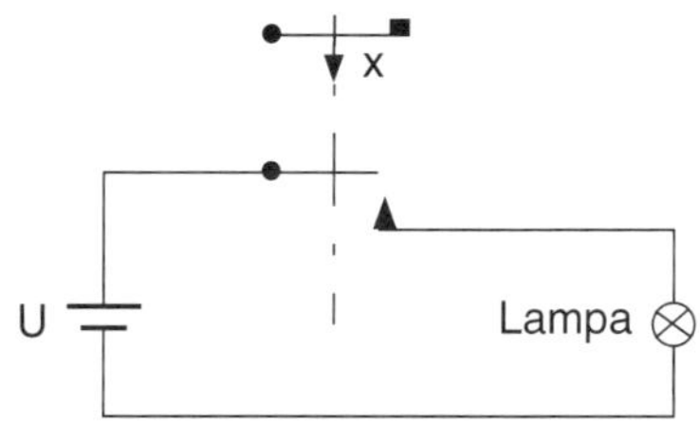

Figur 6.31 Den manuella strömställaren

Figur 6.31 visar en slutningskontakt – enklare: slutkontakt – varmed menas att så länge styrsignalen x inte är aktiverad (x = 0) är kontakten öppen. x = 1 ger tänd lampa (L = 1) dvs

$$L = x$$

En brytkontakt brukar i elektriska kopplingsscheman ritas enligt figur 6.32.

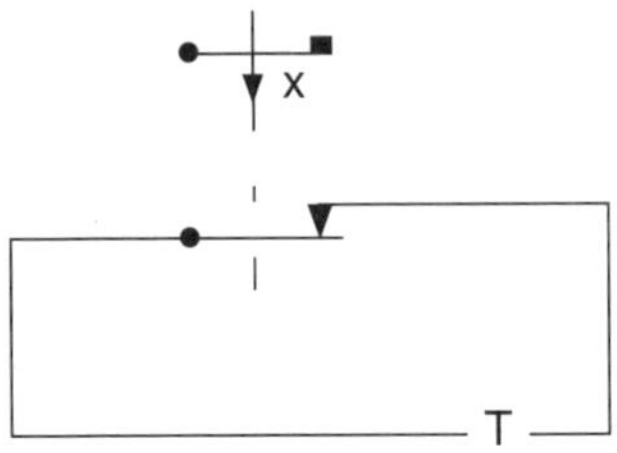

Figur 6.32 Brytkontakt

Vi har här ersatt spänningskällan och lampan med en allmän beteckning T (för transmission) i den yttre förbindelsen. T = 1 innebär sluten förbindelse, T = 0 öppen. I figur 6.32 gäller uppenbarligen

$$T = x'$$

eftersom T är sluten då x icke är aktiverad.

Slutningar och brytningar kan kombineras i växlingskontakter enligt figur 6.33. Figur 6.33a) utför brytning före slutning (break before make) och kallas diskontinuerlig växling. Figur 6.33b) utför slutning före brytning (make before break) och kallas kontinuerlig växling.

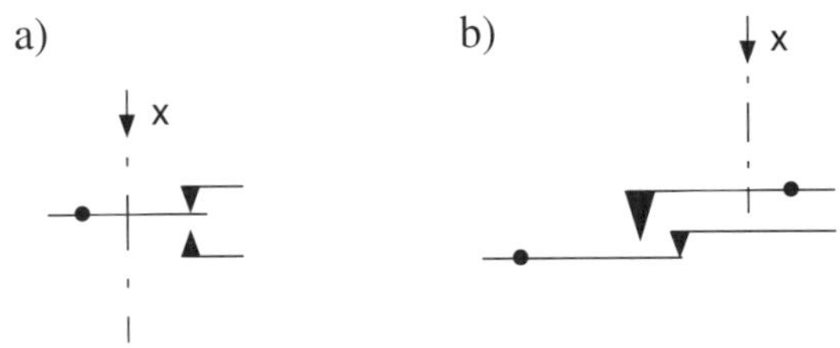

Figur 6.33 a) Diskontinuerlig växlingskontakt (break before make)
b) Kontinuerlig växlingskontakt (make before break)

Kontakter kan seriekopplas och parallellkopplas. Se figur 6.34.

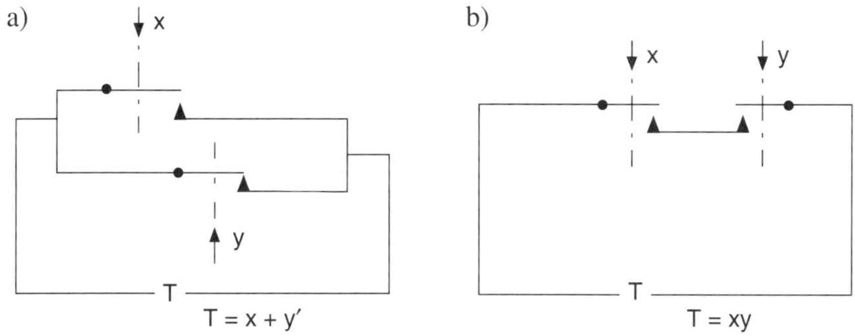

Figur 6.34 a) Parallellkoppling av kontakter b) Seriekoppling av kontakter

För figur 6.34a) gäller att T är sluten (T = 1) då x är aktiverad (x = 1) ELLER då y inte är aktiverad (y′ = 1). Med Boolesk algebra skriver vi detta

$$T = x + y'$$

För figur 6.34b) gäller att T är sluten (T = 1) då x OCH y båda är aktiverade. Med Boolesk algebra uttrycks detta

$$T = x\,y$$

En kontaktfunktion, en kontaktswitch, som beror av en styrvariabel bildar en branch i kontaktnätet. Varje kontaktnätnät består av en sammankoppling av sådana brancher. I stället för att rita de något omständliga symbolerna för slutkontakt och brytkontakt kan vi helt enkelt rita nätet med heldragna brancher och åsatta beteckningar. Figur 6.35 visar samma nät som figur 6.34 men med detta förenklade ritsätt.

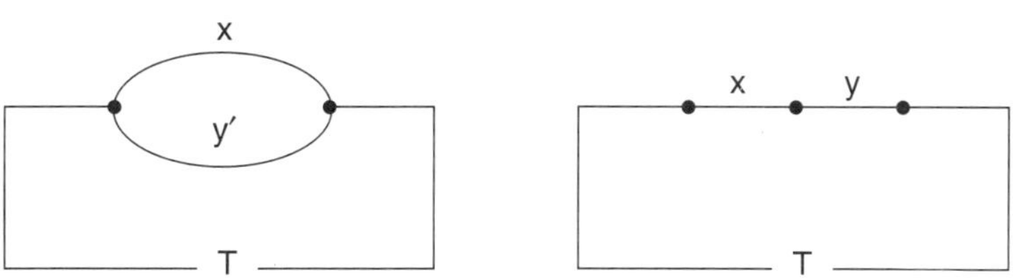

Figur 6.35 Kontaktnät som utför parallell- respektive seriekoppling ritade med brancher

Mellan Boolesk algebra och kontaktnät existerar uppenbarligen följande entydiga korrespondenser, vilka illustrerades redan i figur 4.3.

Boolesk algebra		Kontaktnät
1	$\longleftrightarrow$	sluten förbindelse
0	$\longleftrightarrow$	öppen förbindelse
+	$\longleftrightarrow$	parallellkoppling
·	$\longleftrightarrow$	seriekoppling
′	$\longleftrightarrow$	(saknas i egentlig mening)

Isomorfin är inte fullständig. Ett elektromagnetiskt kontaktnät kan inte utföra invertering annat än på de inkommande signalerna. Orsaken till detta är att det elektromagnetiska kontaktnätet inte är uniformt. Insignalen representeras av en mekanisk rörelse, utsignalen av en transmissionsväg för ström. Ett relä kan utföra den nödvändiga omvandlingen från ström tillbaka till mekanisk rörelse.

Reläets utgångar utgörs av kontaktfjädrarna. På de flesta relätyper kan man montera ett stort antal valfria kontaktgrupper i form av slutningar, brytningar och växlingar. Kontakterna uppvisar studseffekter. Se figur 6.36.

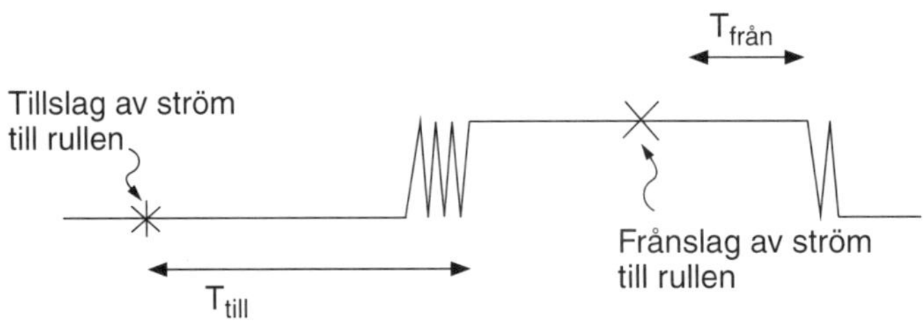

Figur 6.36 Studseffekt i kontakt

Speciellt vid slutning mellan två kontaktfjädrar studsar dessa mot varandra innan god kontakt erhålls. Effekten är mindre uttalad i brytögonblicket. Fastän inte tidigare påtalade är studseffekterna lika påtagliga i fallet manuellt styrda kontaktfunktioner.

6.9 Övergång från kontaktnät till grindnät och tvärtom

Vi har tidigare i detta kapitel påpekat den principiellt annorlunda strukturen hos grindnät och kontaktnät. Ibland måste man åstadkomma en signalöverföring från ett strukturslag till ett annat. Några enkla exempel nedan visar hur detta kan utföras i det elektriska fallet.

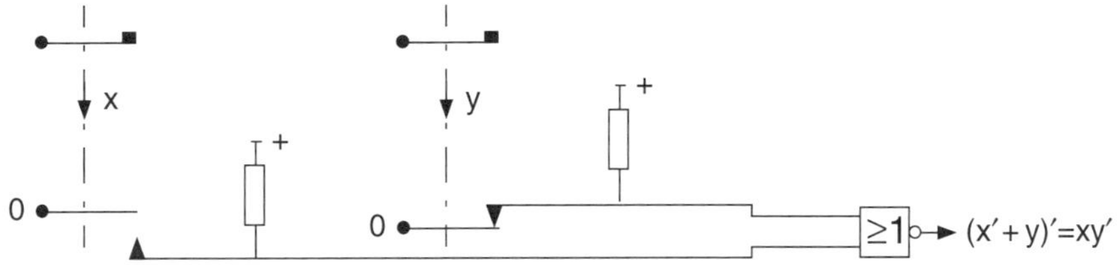

Figur 6.37 Anpassningskoppling kontaktnät – grindnät

Figur 6.37 visar två manuella kontakter som styr en NOR-grind och torde inte behöva närmare kommenteras. Under förutsättning att en diskontinuerlig växlingskontakt används, kan kontaktstudsar elimineras med en asynkron bistabil vippa enligt figur 6.38. Hur detta fungerar visas i detalj i kapitel 10.4.

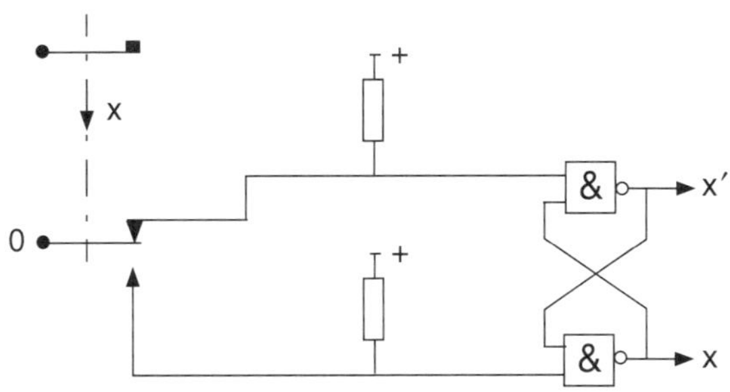

Figur 6.38 Nät för eliminering av kontaktstudsar

Övergång från grindnätssignaler till kontaktfunktioner är lika vanlig. Utsignalerna från varje elektroniskt digitalt organ måste ju till slut resultera i någon presentation eller verkställighet på dess utgångar. Ofta är detta liktydigt med att den elektroniska signalen ska ge en mekanisk rörelse via en solenoid eller ett relä. Den rättframma kretslösningen för detta visas av figur 6.39.

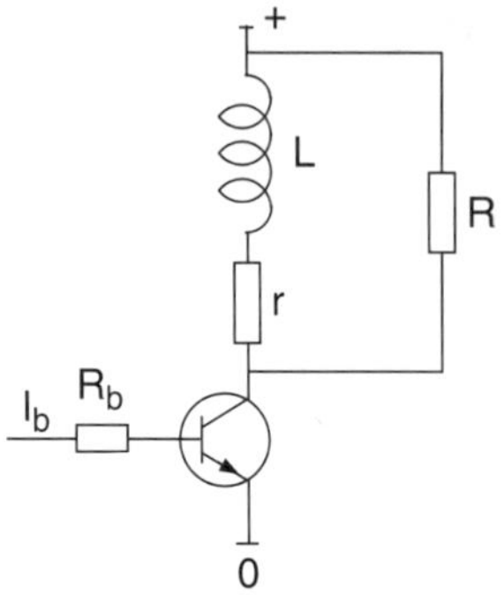

Figur 6.39 Anpassningskoppling grindnät–kontaktnät

Transistorn ska bottnas med tillräckligt stor basström I_b. Vid frånslag kommer överspänning att induceras mellan transistorns kollektor och emitter. Gnitsläckningsmotståndet R får dimensioneras så att maximalt tillåtet U_{CE} inte överskrids.

7 Minnen

7.1 Permanenta minnen

Permanentminnen brukar i de flesta framställningar behandlas i samband med egentliga minnen, d.v.s. sådana organ där man kan skriva in information och läsa ut information med ungefär samma lätthet. Permanentminnet, säger man, är en speciell variant av minnen där informationen inte kan ändras, d.v.s. inskrivning av ny information är inte möjlig. Däremot sker utläsning av befintlig information på samma sätt som för egentliga minnen. Permanenta minnen kallas därför också läsminnen eller ROM (Read Only Memory).

Den bästa definitionen av denna begränsade men viktiga klass av permanentminnen fås nu genom att kort och gott fastslå att ett permanentminne är ett kombinatoriskt nät med en struktur som innebär att varje utgångsfunktion realiseras på sin disjunktiva eller konjunktiva normalform.

Figur 7.1 visar ett permanentminne med tre ingångar och fem utgångar. I figur 7.1b) visas den aktuella funktionstabellen och i figur 7.1c) en möjlig realisering. Strukturen är AND-OR. AND-nivån utgörs av avkodaren, som genererar samtliga minimalpolynom på de 8 ordledningarna. I minnesmatrisen, som utgör OR-nivån, summeras de minimalpolynom som ska bilda respektive utsignal. Funktionerna levereras således på disjunktiv normalform. Ett minimalpolynom kommer att ingå i funktionen där det i motsvarande bit finns en koppling mellan ord- och bitledning. Detta representeras i funktionstabellen med en etta, i figur 7.1c) med ett diagonalt streck och realiseras fysiskt med exempelvis en diod. (Detta är alltså en OR-grind utförd i diodlogik och kräver precis som i figur 6.7 ett pull-down motstånd). Ett alternativt ritsätt för minnesmatrisen är det i figur 7.1d).

a)

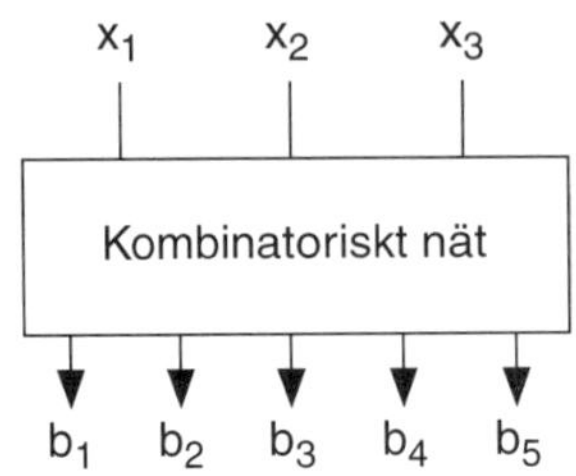

b)

x_1	x_2	x_3	b_1	b_2	b_3	b_4	b_5
0	0	0	1	0	1	0	1
0	0	1	0	0	1	1	1
0	1	0	1	1	0	1	1
0	1	1	1	1	1	1	1
1	0	0	1	0	0	0	0
1	0	1	0	0	0	1	1
1	1	0	0	0	0	0	0
1	1	1	1	0	1	0	1

c) d)

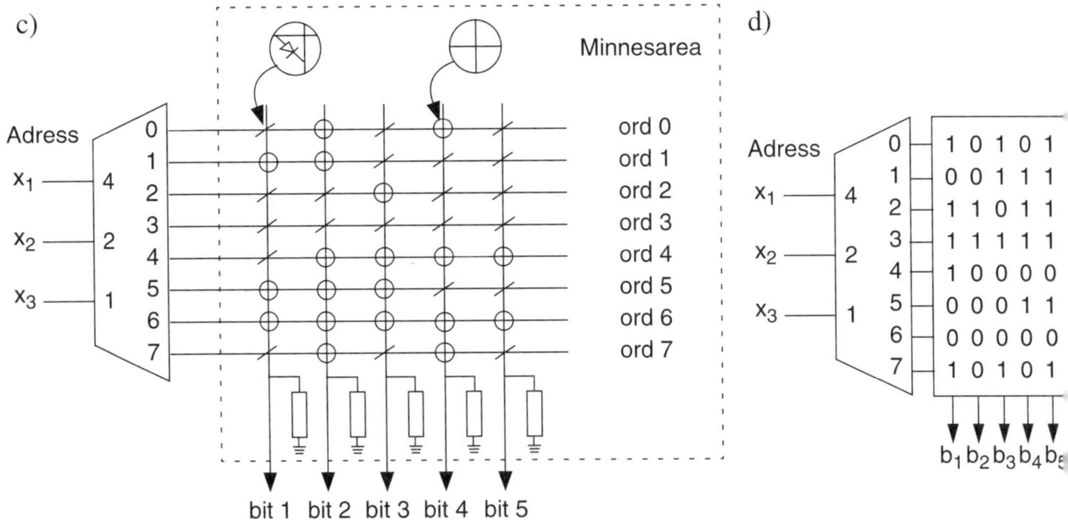

Figur 7.1 *a) Permanentminne med 3 ingångar och 5 utgångar*
b) Funktionstabellen
c) Permanentminnets realisering med avkodare och OR-area med dioder
d) Permanentminnets realisering med avkodare och OR-area med ettor och nollor

Ett permanentminne kan alltså på normalform realisera varje Boolesk funktion. Exempelvis realiseras b_2 som $b_2 = x_1'x_2x_3' + x_1'x_2x_3$

Sett som ett permanentminne, utan betrakta motsvarigheten i Booelska uttryck, pekar adressen ut ett av orden i minnet. Ordet består i detta fall av fem binära positioner och dessa uppträder parallellt på utgångarna.

Till priset av den underlåtna minimeringen har vi vunnit följande:

- Nätet kan direkt ritas upp med utgångspunkt från funktionstabellen.
- En ändring av ett enstaka funktionsvärde på en punkt i funktionstabellen kan enkelt införas i nätet utan att övriga funktioner påverkas.
- Nätets regelbundna struktur möjliggör integrerad kretstillverkning.

För att kunna använda ROM i bussystem är de vanligen försedda med tristate utgångar, något som också underlättar en utbyggnad av minneskapaciteten. Antag att en viss tillämpning kräver ett ROM med kapaciteten 16 ord à 5 bit, men att vi endast har tillgång till minnen av den typ som fanns i figur 7.1, dock nu försedda med tristate utgångar styrda av OE. Tillämpningen kräver en minneskapacitet motsvarande två sådana, vilka vi kopplar enligt figur 7.2.

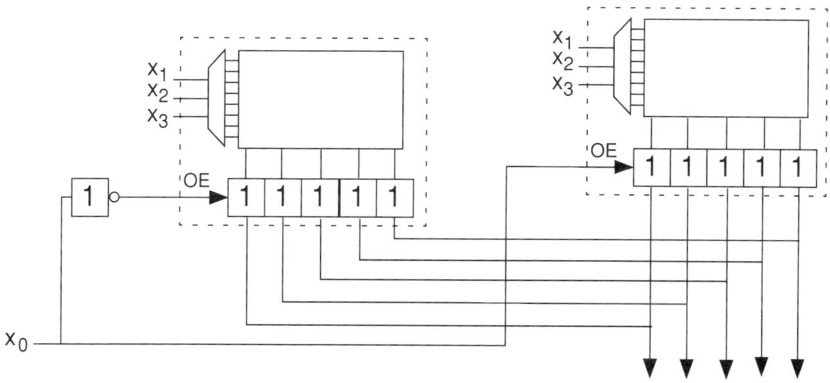

Figur 7.2 Expandering av minneskapacitet för minnen med tri-state utgångar

Permanentminnenas utgångar trådas samman och med adressbiten x_0 väljs vilken av de två kretsarna som ska kopplas till bussen – vänster kapsel innehåller adresserna 0–7 och höger adresserna 8–15.

ROM är dessutom ofta försedda med en s.k. chip select ingång (CS). Inaktiv CS lägger utgångarna i deras högimpediva läge och minskar dessutom kretsens effektförbrukning genom att deaktivera åtskilliga inre funktioner. Vid utbyggnad av minnessystem är det vanligtvis denna ingång man utnyttjar.

7.2 Realiseringar av permanentminnen

Konstruktionsproblemet för permanentminnen består bl a i att välja sättet att utföra kopplingen mellan ord- och bitledning i själva minnesarean. Annorlunda uttryckt: vilket är det bästa sättet att i integrerad kretsteknik utföra de OR-grindar som konstituerar minnesarean.

I föregående avsnitt illustrerade vi principen för permanentminnen med dioder som kopplingselement. I fallet bipolär teknik kan utförandet i stället vara som i figur 7.3. Dioderna är här ersatta av multiemittrar och varje utgång är alltså en emitterföljarutgång som kan OR-trådas med motsvarande utgång från en annan kapsel om man önskar expandera minnet till flera ord. Valet mellan 1 och 0 i varje bit åstadkommes genom ändring av det förångade aluminiummönster som förbinder varje emitter med utgångarna.

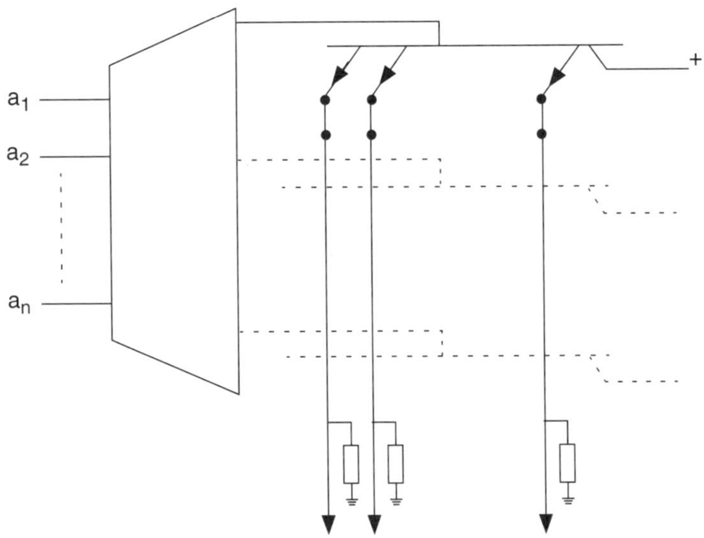

Figur 7.3 Permanentminne i bipolär multiemitterteknik

Minneselement för ett permanentminne i MOS-teknik visas av figur 7.4. Inskrivning av en etta respektive nolla görs i samband med framställningen av det oxidskikt som galvaniskt isolerar styret från de två andra elektroderna. Genom att ge detta skikt ”normal” tjocklek skrivs en etta in. Om en position ges extra tjockt skikt skrivs en nolla in, eftersom MOS-transistorn då aldrig kan leda ström.

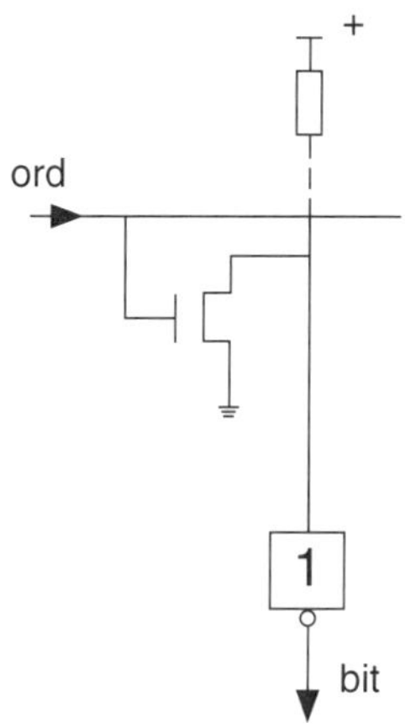

Figur 7.4 Minneselement för ett permanentminne i MOS-teknik

Halvledarfabrikanterna har möjlighet att efter kundönskemål modifiera den mask som används (mask-programmerade ROM, customized ROM).

Med programmerbara permanentminnen, PROM, menas att programmeringen – den slutliga bestämmningen av minnets innehåll – skjuts upp till efter kretsens inkapsling och kan därmed göras av kunden själv. I det bipolära fallet är varje emitter försedd med en midja av NiCr eller annat polykristallint material. Programmeringen sker sedan helt enkelt genom selektiv jordning och adressering samt tillförande av en puls på + ledningen av lämpligt energiinnehåll. Midjan smälter då medan resten av systemet förblir intakt.

Ett EPROM (Erasable PROM) kan precis som ett PROM programmeras av kunden själv. Minnesinnehållet kan dessutom raderas, eftersom ett EPROM använder en annan metod än brännbara swtichar för att lagra informationen. En minnesbit för ett EPROM visas i figur 7.5.

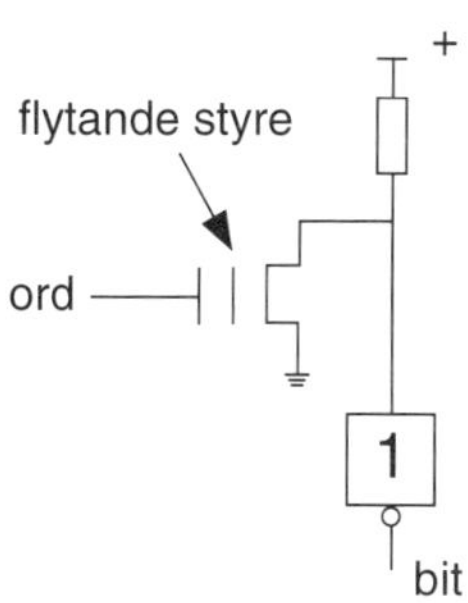

Figur 7.5 EPROM-cell

Minnesbiten är uppbyggd kring en MOS-transistor med två styren, ett anslutet och ett s.k. flytande styre omgivet av isolerande kiseldioxid. Med oladdat flytande styre leder transistorn när en viss styre-emitter potential överskrids och lagrar då logiskt ett. En nolla skrivs in genom att en negativ laddning placeras på det flytande styret. Transistorn är då alltid strypt för de spänningsnivåer som normalt används. Det flytande styret laddas genom att en överspänning läggs på det anslutna styret samtidigt med en förspänning mellan kollektor och emitter. Transistorn blir då så starkt ledande att det flytande styret via lavingenomslag av elektroner laddas negativt. För att ta bort laddningarna belyses EPROMet med UV-ljus. Därmed tillförs elektronerna på det flytande styret så hög energi att de kan läcka tillbaka till transistorns kollektor.

EEPROM (Electrically Eraseable PROM) använder en snarlik minnescell. Den viktigaste skillnaden ligger i att oxidskiktet är tunnare. I ett EEPROM kan minnesceller raderas selektivt på elektrisk väg. En hög spänning av motsatt polaritet som vid programmeringen läggs då över oxidskiktet. Detta blir nu svagt ledande varvid laddningarna läcker över till emittern.

7.3 Dimensioneringsproblem

Ett permanentminne med ett litet antal bitar, m, i ordet (liten ordlängd) men med ett stort antal ord, N, blir inte särskilt ekonomiskt. Se figur 7.6. De totalt $N \cdot m = 128 \cdot 2 = 256$ bitarna i detta minne kräver som synes en orimligt stor adressavkodare. Även om avkodningen sker gruppvis kan man inte undvika en avslutande AND-grind för varje ordledning.

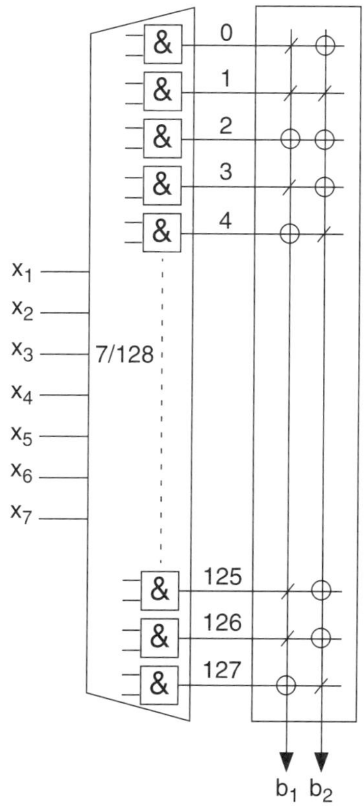

Figur 7.6 Permanentminne om 128 ord à 2 bitar

Situationen kan förbättras avsevärt genom att minska antalet ordledningar – förslagsvis till 16 – och öka antalet bitledningar från 2 till 16. Se figur 7.7. Härigenom blir minnesarean kvadratisk, vilket går att visa är den optimala dimensioneringen. Utefter varje ordledning återfinns nu inte ett men väl 8 st 2-bits ord. Valet av önskat 2-bits ord görs med multiplexrar placerade efter bitledningarna. Notera speciellt att de 16 informationspositioner som ritats ut i figur 7.6 uppträder regelbundet och på lätt identifierbara platser i figur 7.7.

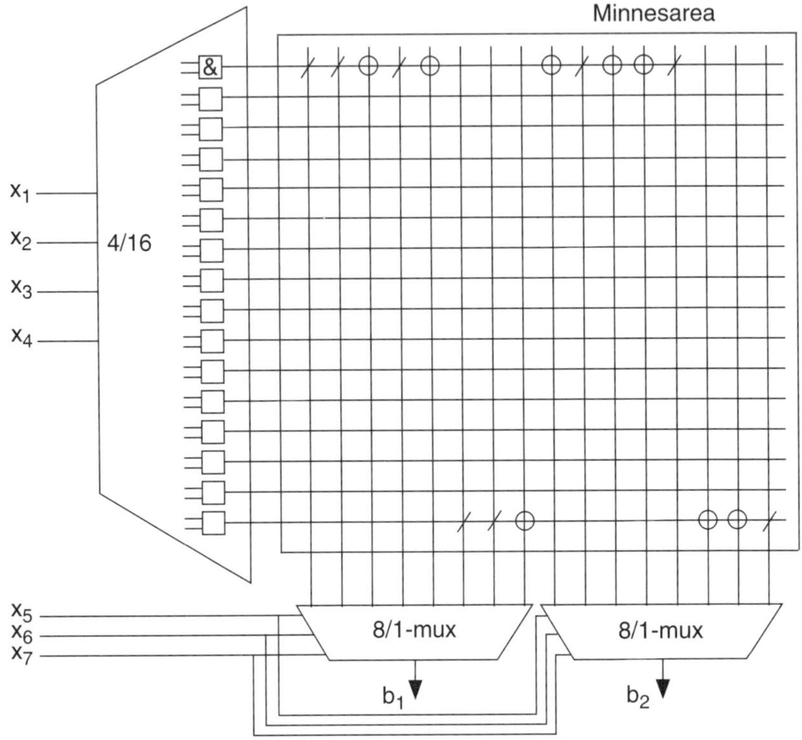

Figur 7.7 Permanentminne om 128 ord à 2 bitar utnyttjade kvadratisk minnesarea och multiplexrar

AND-grindarna i figur 7.6 och figur 7.7 representerar ganska väl komponentuppbådet utanför själva minnesarean, som ju har samma yta i båda fallen. I figur 7.6 noterar vi 128 AND-grindar, i figur 7.7 endast 48 st, om en multiplexer realiserats som i figur 5.19.

Ett permanentminne kan som tidigare påtalats realisera varje kombinatorisk funktion. På grund av minnenas sjunkande priser och ökande kapacitet har denna metod (tillsammans med programmerbar logik) blivit den dominerande för att realisera kombinatoriska funktioner. För mycket enkla funktioner används dock grindar. I praktiken har det blivit så att minimering blivit en fråga om att minimera antalet komponentplatser på kretskortet.

7.4 Programmerbar logik

För kombinatoriska nät med ett stort antal ingångar gäller ofta att många ingångskombinationer är ospecificerade. För andra kombinationer gäller att funktionen är specificerad, men då endast beroende av ett fåtal av variablerna, motsvarande stora primimplikatorer i ett potentiellt Karnaughdiagram. Att realisera ett sådant nät som ett permanentminne är ofta ett stort slöseri. Å andra sidan är en konstruktion med diskreta grindar både mödosam och inflexibel.

Användning av s.k. programmerbar logik (Programmable Logic Devices, PLD), är i många fall ett tilltalande alternativ. Denna är uppbyggd av en AND- och en OR-area i en regelbunden struktur. Beroende på vilken area som är programmerbar talar man om PLA (Programmable Logic Array) och PAL (Programmable Array Logic). I strikt mening är då också PROM en form av programmerbar logik, se nedanstående tabell.

	AND	OR
PROM	fast	prog
PLA	prog	prog
PAL	prog	fast

Ett PLA kan sägas bestå av ett permanentminne där både avkodningsnät och minnesarea har gjorts omkopplingsbara, se figur 7.8. I figur 7.8a) har såväl avkodaren (AND-nivån) som minnesarean (OR-nivån) utförts med diodgrindar. Figur 7.8b) visar ett alternativt ritsätt. Genom att man i avkodningsdelen har tre kopplingsalternativ för varje ordledning (x_i, x_i' eller don't care) så kan en godtycklig disjunktiv term realiseras. Att nätet i figur 7.8 uppvisar en likartad struktur för de två nivåerna är ingen tillfällighet. Varje realisering av PLA får denna uniformitet och de olika tekniker (MOS m.fl.) som utvecklats för permanentminnen kan direkt överföras för att realisera båda nivåerna i ett PLA.

a)

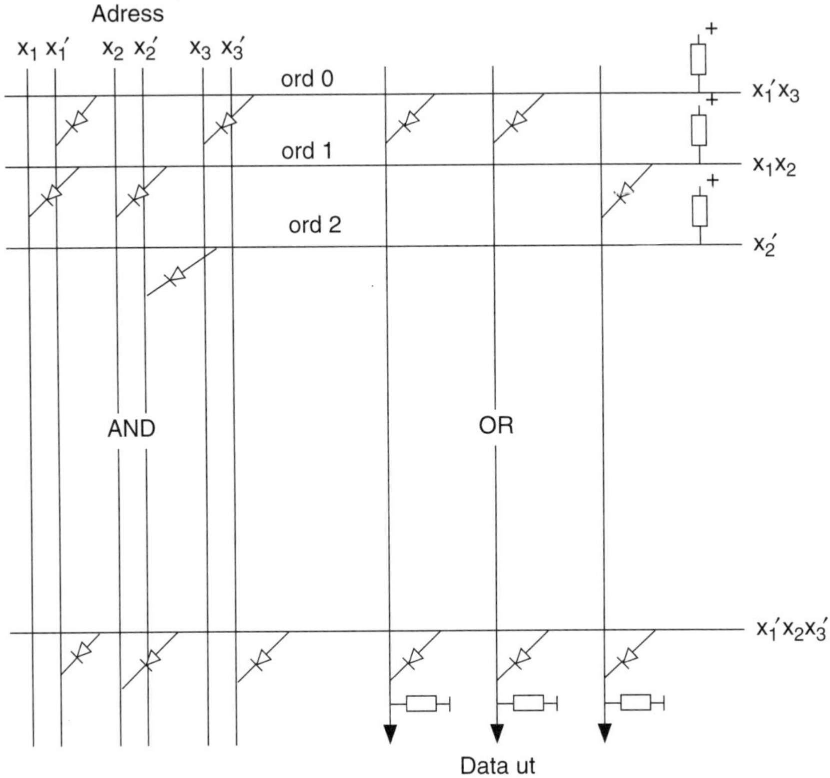

b)

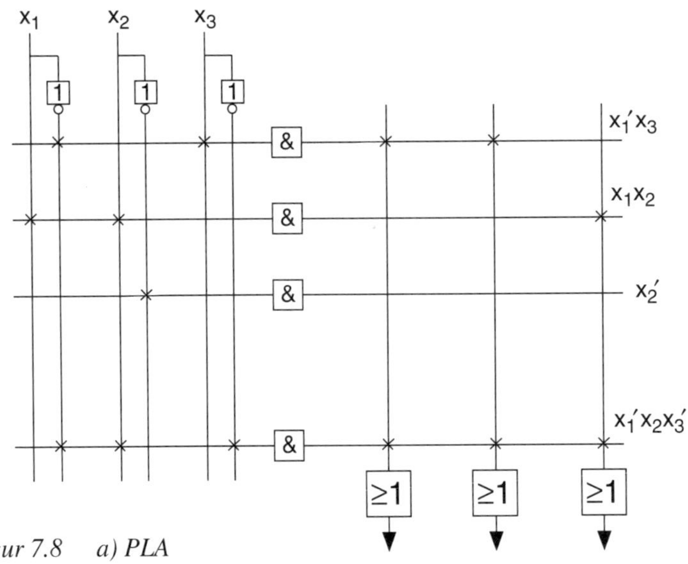

Figur 7.8 a) PLA
b) PLA anternaivt ritsätt

Ett PLA kan användas där det inte krävs någon fullständig avkodning. Antalet ordledningar kan då göras färre än 2^n, där n är antalet insignaler – m.a.o. kan antalet insignaler (för samma chipstorlek) utökas jämfört med ett PROM.

PAL har en fix OR-nivå och är bara programmerbara i AND-nivån. Deras begränsning jämfört med PLA är således antalet produkttermer, d.v.s. antalet ingångar på den avslutande OR-grinden. PLA är alltså mer flexibla men har längre signalfördröjning och är svårare att programmera.

Det finns även PLA och PAL innehållande programmerbara vippor (se kapitel 10) samt med raderingsmöjlighet (jfr EPROM).

7.5 Skrivbara minnen

Att redogöra för minnesteknik i vid mening faller egentligen utanför ramen för denna bok. Emellertid har framväxten av enkelt hanterbara halvledarminnen gjort att sådana kan användas i många andra sammanhang än i regelrätta datorer. Det begreppsmässiga steget från ett minne som endast kan läsas (ROM) till minne där man både kan lagra (= skriva) och läsa är inte heller stort. Skrivbara minnen av den typ som här ska behandlas har av en något olycklig tillfällighet kommit att betecknas RAM i motsats till permanentminnen (ROM). RAM står för Random Access Memory, vilket inte står i motsats till Read Only Memory utan betyder att åtkomsttiden är oberoende av adressen, d.v.s. oberoende av informationens placering i minnet. En bättre beteckning vore därför Read-Write Memories, RWM.

Lagringsenheten, minneselementet eller "biten", i minnet består i princip av en funktionsenhet enligt figur 7.9. Den innehåller en bistabil vippa som lagrar informationen (se avsnitt 10.1 Minnesfunktioner). Om ledningen $\overline{\text{läs}}$/skriv är 0 och ordledningen är 1 (vippan adresserad) så transporteras vippans information till utgången Data ut. Om ledningen $\overline{\text{läs}}$/skriv är 1 ger adressering av vippan i stället att informationen Data in (1 eller 0) skrivs in i vippan.

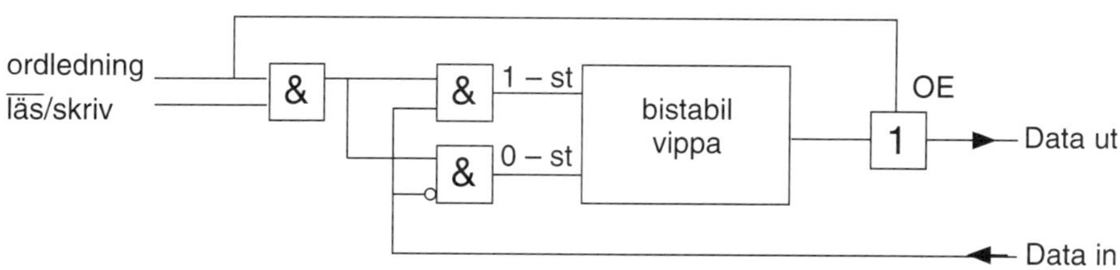

Figur 7.9 Minneselementet i ett RWM

Ett antal minneselement kan nu sammanställas till ett RAM enligt figur 7.10. Adressens p-bitar avkodas och pekar ut en rad av minneselement. Beroende på signalen $\overline{\text{läs}}$/skriv kommer antingen ett ord att läsas ut eller att skrivas in. Ledningarna Data är bussledningar. Eftersom läsning och skrivning inte utförs samtidigt kan minnet ha gemensamma in- och gångar. Vid skrivning är utgångsbufferten högohmig.

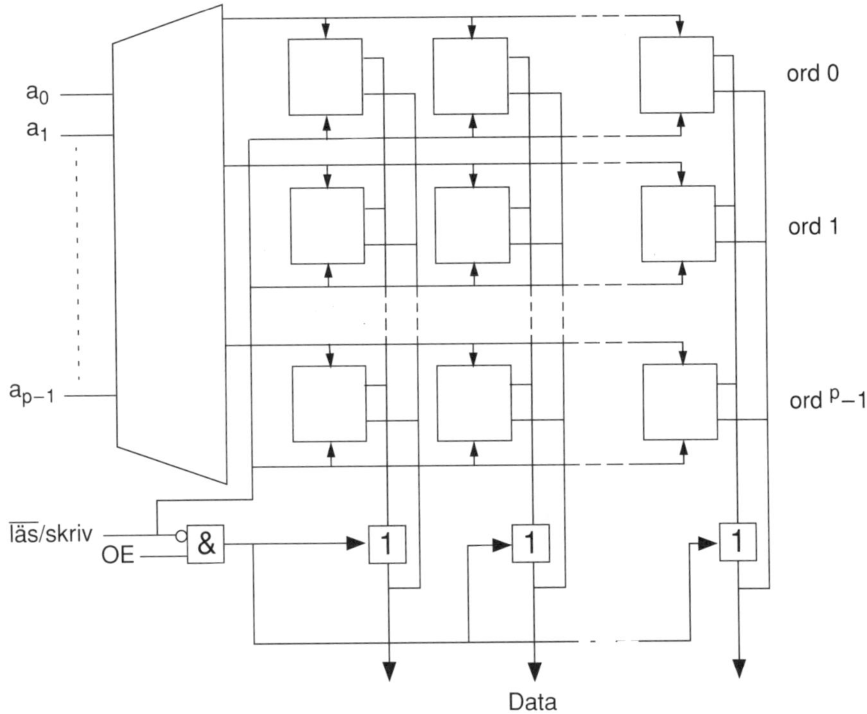

Figur 7.10 RWM

8 Kontaktnät

8.1 Allmänt

Elektromekaniska kontaktnät – med eller utan reläer – är den äldsta formen av kombinatoriska nät. Även om elektromekaniska kontaktnät idag har ett begränsat tekniskt intresse har teorierna fått förnyad aktualitet i LSI-design av MOS-kretsar, där varje MOS-transistor kan betraktas som en kontakt. Vi kommer i detta kapitel att använda MOS-transistorns symbol då vi speciellt avser denna typ av kontakt. I de fall den fysiska realiseringen är ointressant illustreras kontakterna med brancher.

Kontaktnät kan ur många synpunkter sägas vara mera påtagliga och konkreta än grindnät. Trots detta visar sig minimeringsproblemet få en ny dimension och bli mera komplext. Minimering av grindnät visade sig liktydigt med ett lämpligt urval av primimplikatorer. Mot detta urval svarade sedan en minimal algebraisk form som direkt kunde översättas till ett grindnät. Som vi ska visa nedan gäller inte alltid entydigheten mellan algebraisk form och ett tvåpoligt kontaktnät. Situationen blir ännu mera mångtydig för ett kombinatoriskt nät med flera utgångar, vilket svarar mot ett flerpoligt kontaktnät.

8.2 Tvåpoliga serie-parallellnät

Figur 8.1 visar ett godtyckligt valt exempel på ett tvåpoligt kontaktnät. Vi erinrar oss att seriekoppling motsvarar den Booleska operatorn AND, parallellkoppling operatorn OR. Funktionsuttrycket blir

$$T = \{t\,u[v'(w + x') + z + w'x] + [t'w + u]z'\}y \tag{8.1}$$

vilket direkt framtagits ur figur 8.1a). Utmärkande för nätets serie-parallellform är nu att nätet direkt låter sig dekomponeras i mindre tvåpoliga kontaktnät A, B, C, D o.s.v. ända ned till de enstaka switchfunktionerna och att denna dekomponering endast består i uppdelning av en bransch i ett antal parallella (A i figur 8.1b övergår i B + C) eller i ett antal seriekopplade brancher (B i figur 8.1c) övergår i t · u · D).

Förutom att klargöra innebörden av serie-parallellnät visar exemplet i figur 8.1 en måhända självklar men viktig egenskap hos tvåpoliga kontaktnät. Varje sådant nät kan oavsett komplexitet betraktas som en enstaka kontaktswitch och infogas i ett större nät tillsammans med andra switchar och tvåpoliga kontaktnät. Ett sådant förfarande motsvaras algebraiskt av att ett sammansatt funktionsuttryck åsätts en viss beteckning, t.ex. $v'(w + x') = v'I = F$ i exemplet ovan, vilket sedan behandlas på samma sätt som andra Booleska variabler.

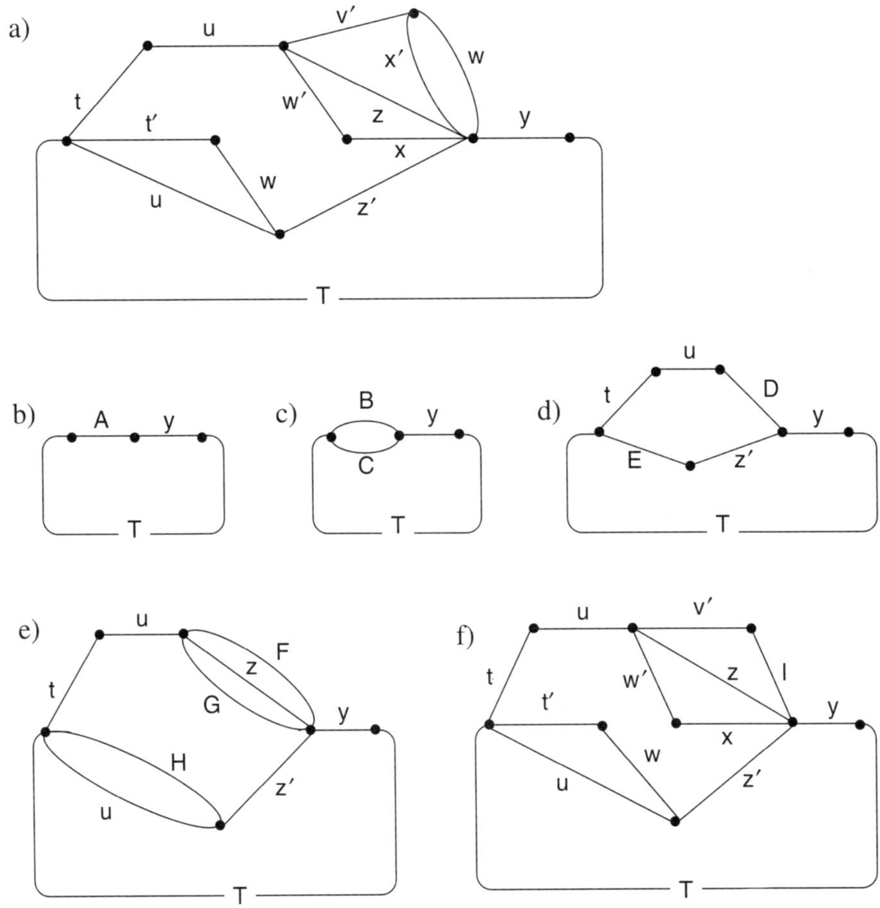

Figur 8.1 Dekomponering av kontaktnät

Minimering av grindnät i kapitel 4 utgick från att nätets djup inte skulle vara större än två grindnivåer vilket resulterade i AND–OR- och OR–AND-konfigurationer. De mot dessa nättyper svarande disjunktiva och konjunktiva formerna kan uppenbarligen också realiseras som kontaktnät av serie-parallell typ.

Exempel 8.1

Sök ett kontaktnät med minimalt antal kontakter för den funktion som beskrivs av Karnaughdiagrammen i figur 8.2. (Samma funktion som i exempel 4.4).

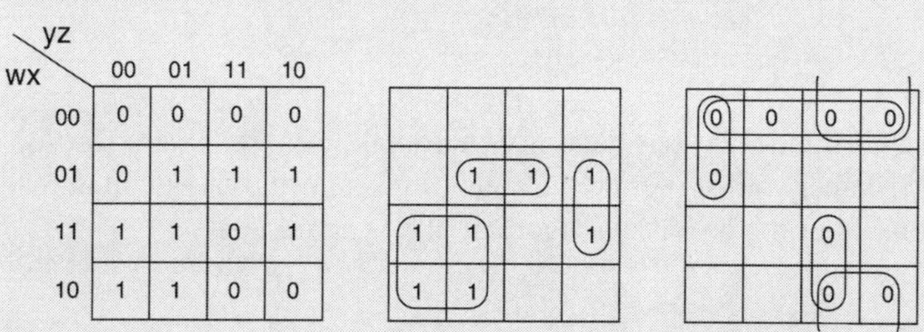

$$T = \sum(5, 6, 7, 8, 9, 12, 13, 14) = wy' + w'xz + xyz' =$$
$$= \pi(0, 1, 2, 3, 4, 10, 11, 15) = (w + x)(x + y')(w + y + z)(w' + y' + z')$$

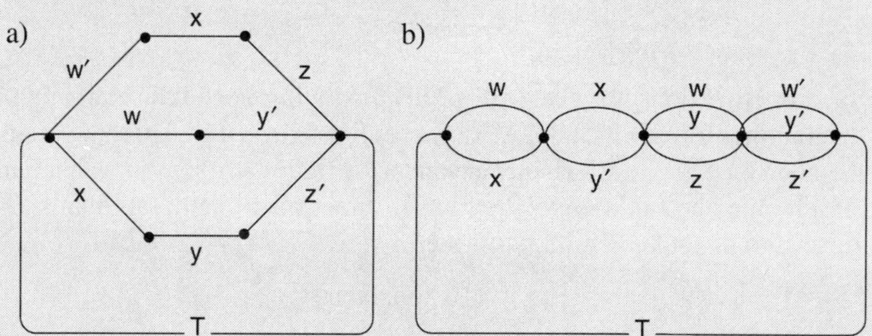

Figur 8.2 a) Kontaktnät på disjunktiv form
b) Kontaktnät på konjunktiv form

Lösning:

Minimeringsmetoderna från kapitel 4 ger direkt de två serieparallella näten i figur 8.2. Emellertid kan den disjunktiva formen faktoriseras till

$$T = wy' + x(w'z + yz')$$

I fallet grindnät får man åtminstone i detta fall ett nät som är dyrare än den minimala disjunktiva formen. Den faktoriserade formen ger dessutom ett större grinddjup med åtföljande större fördröjning. Realiserat med ett kontaktnät får emellertid nätet utseendet enligt figur 8.3.

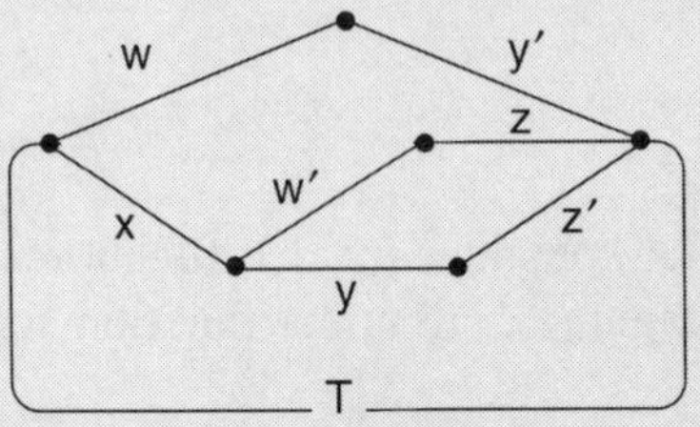

Figur 8.3 Kontaktnätet efter faktorisering

Jämfört med figur 8.2a) har detta nät en kontakt mindre. Några fördröjningsegenskaper som skiljer de två näten finns naturligtvis inte utan realiseringen i figur 8.3 är fördelaktigare ur alla synpunkter.

Exempel 8.2

Förenkla kontaktnätet i figur 8.1.

Lösning:

Skriv om funktionsuttrycket (8.1) på disjunktiv form och fyll i Karnaughdiagrammet för T = f(t, u, v, w, x, y, z) enligt figur 8.4a). Alternativt kan metoden med diagramvariabler användas, se figur 8.4b). Fastän vi här har att göra med en funktion av 7 variabler finner man i detta fall utan svårighet den disjunktiva minimalformen:

$$T = t'wyz' + tuy + uyz' \quad \text{(10 kontakter)}$$

Faktoriseringarna enligt figur 8.4c) och 8.4d) till 8 respektive 7 kontakter är helt uppenbara.

Till figur 8.4e) anländer man från figur 8.4d) på följande sätt. Addera termen $t'wt = 0$ till uttrycken innanför parentesen.

$$\begin{aligned} T &= [(t'w + u)z' + tu + t'wt]y = \\ &= [(t'w + u)z' + (t'w + u)t]y = \\ &= (t'w + u)(z' + t)y \end{aligned}$$

Nätet realiseras med 6 kontakter.

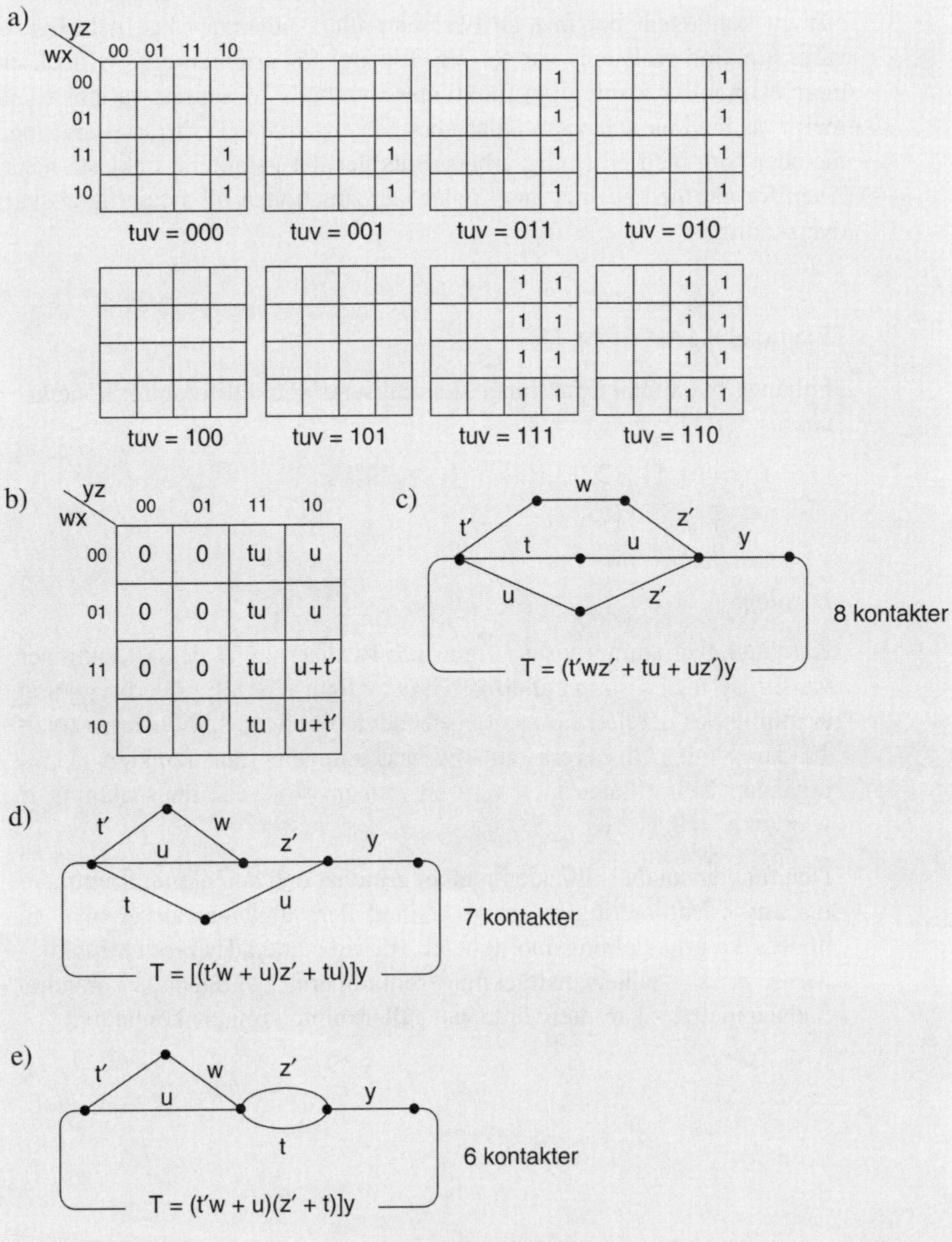

Figur 8.4 Faktorisering av kontaktnätet i figur 8.1

8.3 Flerpoliga kontaktnät

När ett kontaktnät har mer än två poler (flera utgångar) kan naturligtvis varje funktion realiseras var för sig. Liksom för grindnät erhålls dock en mera ekonomisk lösning om funktioner som beror av samma variabler kan realiseras med nät där vissa delar görs gemensamma. Tyvärr existerar inga metoder som med en rimlig arbetsinsats ger det garanterat enklaste nätet. Även för nät med ett litet antal poler kan situationen bli synnerligen svåröverskådlig.

Exempel 8.3

Följande två kontaktfunktioner ska realiseras som ett trepoligt kontaktnät

$$T_{01} = (9, 11, 12, 13, 15)$$
$$T_{02} = (6, 9, 11)$$

Lösning:

Karnaughdiagrammet visas i figur 8.5. Realisering av dessa funktioner var för sig med serie-parallellnät visas av figur 8.5a). En överbryggning är möjlig och därefter får nätet utseendet enligt figur 8.5b) och har totalt 10 kontakter. Observera att överbryggningen från punkten 3 till utgången 2 är tillåten tack vare att transmissionen i pilens riktning är $w'\,x\,y\,z\,x' = 0$.

Den fundamentala skillnaden mellan grindnät och kontaktnät framträder här ånyo. Minimering av grindnät med flera utgångar avsåg bl.a. att undersöka grinddelningsmöjligheter. Härvid studerades produktfunktionerna, d.v.s. i vilken utsträckning funktionerna överlappade varandra. Sådana metoder har intet värde vad gäller minimering av kontaktnät.

wx \ yz	00	01	11	10
00	0	0	0	0
01	0	0	0	0
11	1	1	1	0
10	0	1	1	0

$T_{01} = wxy' + wz = w(xy' + z)$

wx \ yz	00	01	11	10
00	0	0	0	0
01	0	0	0	1
11	0	0	0	0
10	0	1	1	0

$T_{02} = w'xyz' + wx'z$

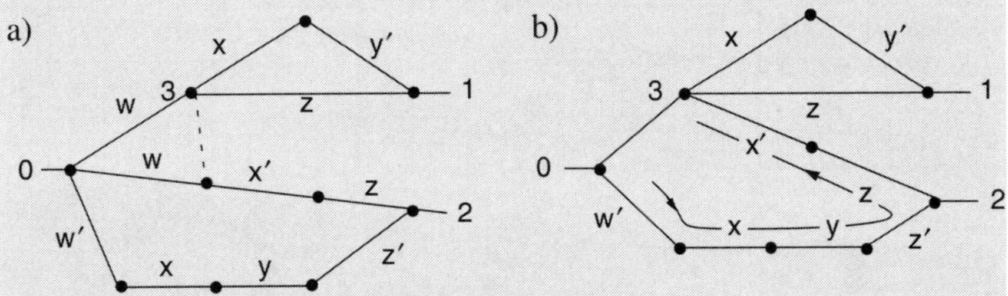

Figur 8.5 a) Två funktioner realiserade var för sig
b) Kontaktnätet när överbryggning utnyttjats

Antalet kontakter går emellertid att nedbringa ytterligare i det aktuella fallet enligt vad som brukar kallas metoden med antagen form. Se figur 8.6. Om vi antar att det trepoliga kontaktnätet kan ges en Y-form enligt 8.6c), gäller
uppenbarligen att

$$T_{01} = AB$$
$$T_{02} = AC$$

och problemet är nu att fastställa de tre tvåpoliga kontaktnäten

$$A = f_1(w, x, y, z) \quad B = f_2(w, x, y, z) \quad C = f_3(w, x, y, z)$$

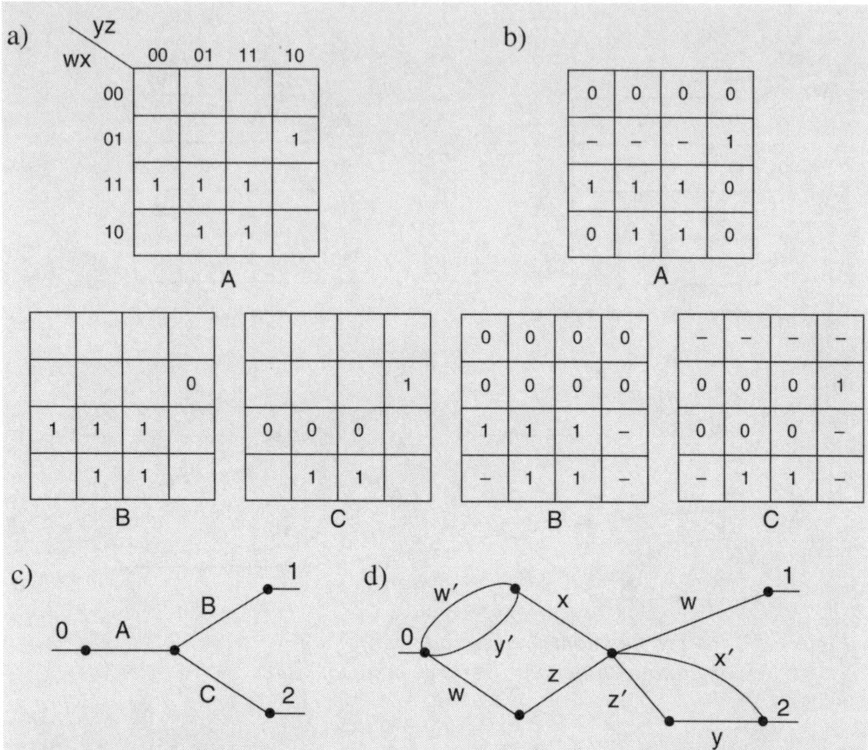

Figur 8.6 Metoden med antagen form

Man inser omedelbart att funktionen A måste täcka samtliga 1:or i både T_{01} och T_{02} samt att B och C måste täcka T_{01} resp T_{02}.

$$A = \Sigma(6, 9, 11, 12, 13, 15) + d(\quad)$$
$$B = \Sigma(9, 11, 12, 13, 15) + d(\quad)$$
$$C = \Sigma(6, 9, 11) + d(\quad)$$

där vi tillsvidare låter ett antal ingångskombinationer vara ospecificerade. Vidare måste B och C vara 0 där AT_{01}' respektive AT_{02}' är 1. A, B och C är därmed specificerade enligt 8.6a). I den fortsatta bestämningen har vi nu flera möjligheter. Låt oss välja att specificera B och C så enkla som möjligt. Se figur 8.6b). Överallt där vi förbehåller oss valfrihet för B eller C måste vi sätta A = 0 och tvärtom. Ur diagrammen får vi

$$A = w'x + xy' + wz = x(w' + y') + wz$$
$$B = w$$
$$C = x' + y\,z'$$

vilket ger nätet enligt figur 8.6d) med 9 kontakter.

8.4 MOS-kontaktnät

Den mekaniska switchens elektroniska motsvarighet är MOS-transistorn, vilken kan vara av NMOS- eller PMOS-typs, se figur 8.7.

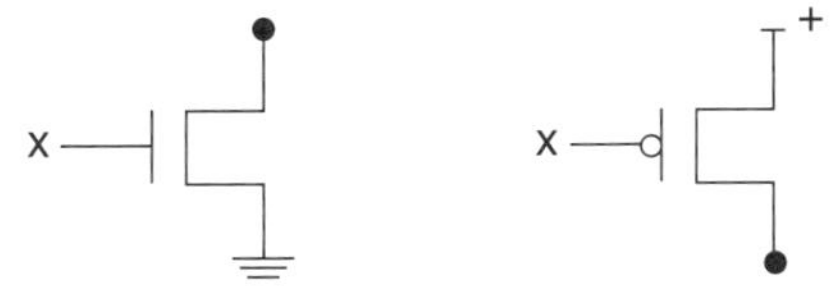

Figur 8.7 a) NMOS-transistor b) PMOS-transistor

För att en NMOS-transistor ska leda fordras en styre-emitterspänning överstigande ett visst tröskelvärde. Utför transistorn koppling till logiskt ett (spänningspotential) kan utsignalen således inte överstiga styrepotential minus tröskelspänning. Några sådana problem finns inte vid koppling till logiskt noll (jord). Följaktligen bör NMOS användas på det senare sättet. Omvänt resonemang för PMOS-transistorn ger vid handen att denna bör användas för kopplingar mot logiskt ett. Observera att PMOS-transistorn alltså leder när styre-emitter potentialen understiger ett visst värde.

I CMOS-teknologi kan en lågohmig signalväg för både logiskt noll och logiskt ett upprättas med en transmissionsgrind, vars uppbyggnad syns i figur 8.8.

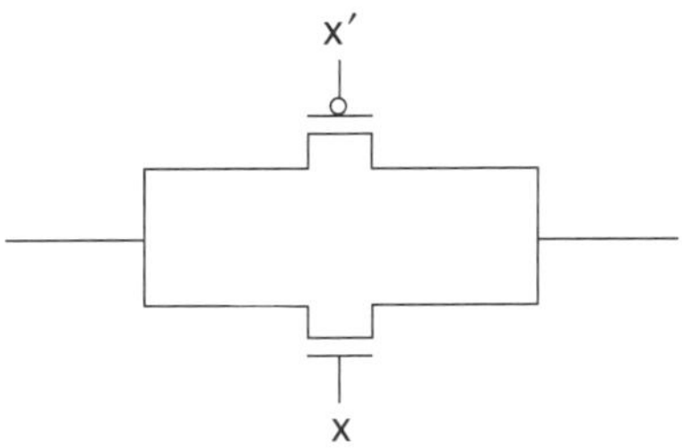

Figur 8.8 Transmissionsgrinden

Grinden, som styrs med omvända polariteter på n- och p-sida, öppnar för x = 1. ”Ettorna” tar vägen genom PMOS- och ”nollorna” vägen genom NMOS-transistorn. Observera att det inte finns någon entydig in- respektive utgång.

Transmissionsgrinden gör det bl.a. möjligt att switcha analoga signaler samt att skapa grindar med tristateutgångar. CMOS-inverteraren i figur 6.26 får med tristateutgång utseendet enligt figur 8.9. Utgången är frikopplad för OE=0.

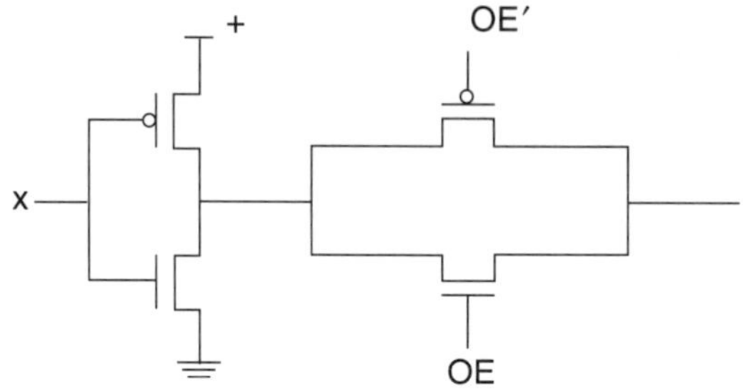

Figur 8.9 CMOS-inverterare med tristateutgång

I föregående avsnitt visades hur man tog fram den Booleska funktion, $T(x_1, x_2, \ldots, x_n)$ som realiserade transmissionen med ett minimalt antal kontakter. Utgående från denna transmissionsfunktion ska vi nu se hur ett kontaktnät realiseras i det fall kontakterna utgörs av MOS-transistorer.

NMOS-transistorn bör, som nämnts, användas för slutningar till logiskt noll. Därför ska ett kontaktnät i NMOS utföra transmission till jord och följaktligen realisera inversfunktionen $T'(x_1, x_2, \ldots, x_n)$. Nätets allmänna utseende illustreras av figur 8.10a).

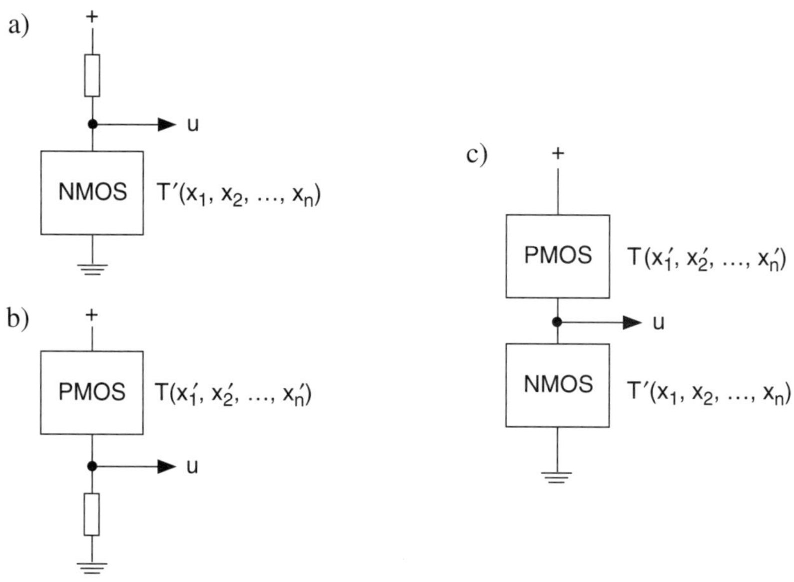

Figur 8.10 a) Principiellt utseende för NMOS-kontaktnät
b) Principiellt utseende för PMOS-kontaktnät
c) Principiellt utseende för CMOS-kontaktnät

Ett kontaktnät i PMOS ska med motsvarande resonemang utföra transmission till logiskt ett, d.v.s. realisera den rättvända funktionen. Dock leder PMOS-transistorn för låg signal på styret och nätet måste därför utföra funktionen $T(x_1', x_2', \ldots, x_n')$. Se figur 8.10b).

I CMOS får kontaktnätet det utseende som visas av figur 8.10c). Allmänt gäller att antalet MOS-switchar i ett CMOS-nät är 2 ggr antalet kontakter i motsvarande kontaktnät. Eftersom en direkt 1–1 korrespondens föreligger mellan MOS-näten och kontaktnäten så är minimeringsmöjligheter och minimeringsbehov identiska i de båda fallen.

Exempel 8.4

Konstruera en NAND-grind i CMOS.

Lösning:

En NAND-grind ska realisera $T(x, y) = (xy)'$

n-sida

Denna sida bildar $T'(x, y) = ((xy)')' = xy$

p-sida

Denna sida bildar $T(x', y') = (x'y')' = x + y$

Nätet får utseendet enligt figur 8.11, vilken är identisk med NAND-grinden i figur 6.28.

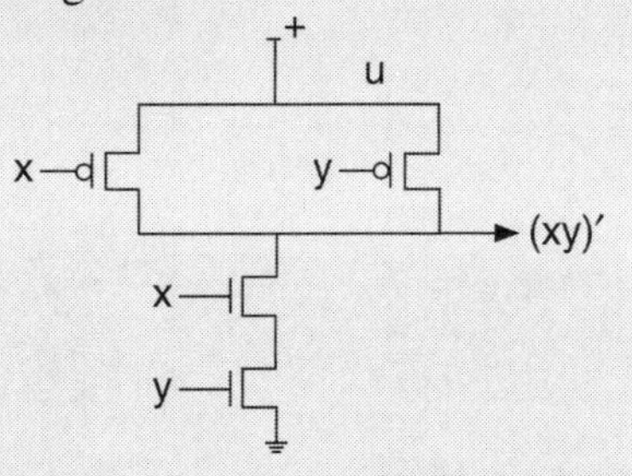

Figur 8.11 NAND-grind utförd i CMOS

I MOS-teknologi finns möjligheten att införa två variabler på samma transistor, något som kan reducera det erforderliga antalet transistorer. Figur 8.12a) visar en förenkling av n-sidan och figur 8.12b) en förenkling av p-sidan. Läsaren uppmanas förvissa sig om att punkt A i båda NMOS-kopplingarna erhåller jordpotential för a = 1, b = 0 och att punkt B i de båda PMOS-kopplingarna erhåller spänningspotential för c = 0, d = 1.

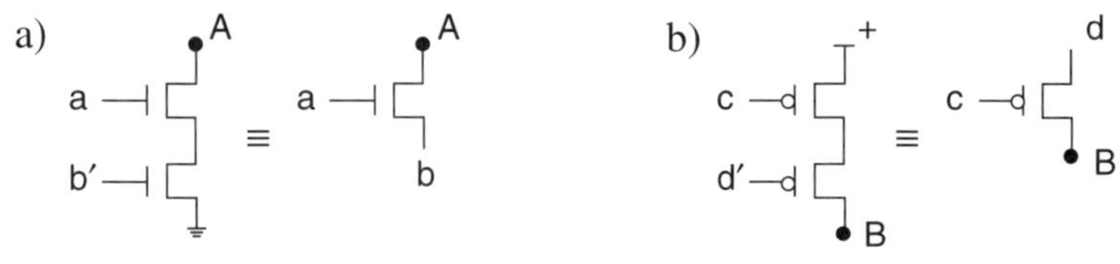

Figur 8.12 Ekvivalenta a) NMOS-kopplingar b) PMOS-kopplingar

I det kommande exemplet ska vi utnyttja denna möjlighet till reduktion.

Exempel 8.5

Konstruera en EXOR (modulo-2)-grind i CMOS med så få transistorer som möjligt.

Lösning:

Grinden ska utföra funktionen T(x, y) = x′y + xy′. Med rättframma metoder erhåller vi:

p-sida: T(x′, y′) = xy′ + x′y
n-sida: T′(x, y) = xy + x′y′

och nätet enligt figur 8.13a).

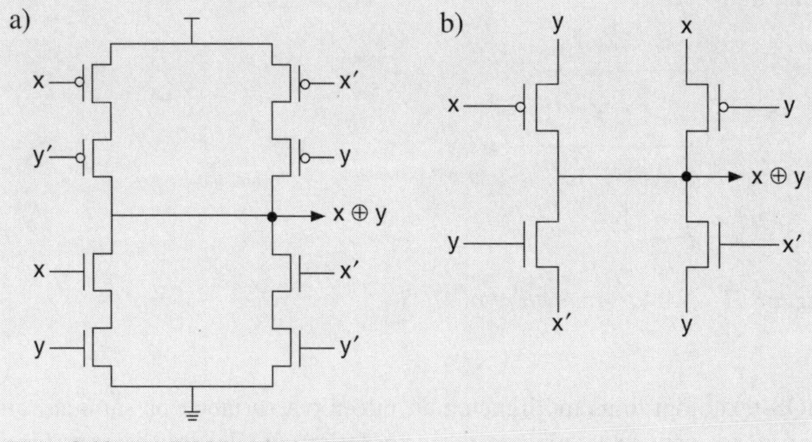

Figur 8.13 a) EXOR-grind i CMOS
b) EXOR-grind i CMOS med två variabler införda på varje transistor

En nackdel med detta nät är att insignalernas inverser måste finnas tillgängliga. En invertering kräver två transistorer och totalt kostar oss nätet 12 transistorer.

Utnyttjar vi möjligheten att införa två variabler på en transistor kan nätet i figur 8.13a) omformas enligt figur 8.13b). De två övre och de två undre transistorerna har eliminerats genom att respektive variabler i inverterad form införts till den kvarvarande MOS-transistorn. Inklusive inverteringen av x åtgår 6 transistorer.

9 Sekvensnätsmodellen

9.1 Om behovet av sekvensnät

De nät som behandlats i kapitel 4 t.o.m. 8 har varit kombinatoriska. De har till sin funktion (beteende) kunnat beskrivas utan att tiden behövt användas som variabel. Vid uppbyggnaden av näten (strukturen) har man kunnat använda switchar med in- och utsignaler utan att etablera slutna orsak-verkan kedjor. Annorlunda uttryckt: kombinatoriska funktioner kan realiseras med nät utan återkoppling.

Beteendet av ett sekvensnät kan däremot inte beskrivas utan att tidsbegreppet införs. Utsignalerna från ett sådant nät beror inte längre enbart på det aktuella värdet av ingångsvariabeln $X = \langle x_1, x_2, \ldots, x_n \rangle$ utan också på tidigare värden. Nätet reagerar för sekvenser av insignaler. För att kunna fungera på detta sätt måste sekvensnätet på något sätt kunna registrera, minnas, det tidigare händelseförloppet. En sådan minnesfunktion kan inte åstadkommas utan att interna återkopplingar införs i nätet.

Skillnaden mellan kombinatoriska nät och sekvensnät kan därmed sammanfattas i nedanstående tabell.

	Kombinatoriskt nät	*Sekvensnät*
Beteende	Utsignaler bestäms av insignalernas ögonblicksvärden	Utsignaler bestäms av insignalernas sekvenser
Struktur	Återkoppling är ej nödvändig	Återkoppling krävs

Kombinatoriska nät kan ses som ett specialfall av sekvensnät. Om vi gör en indelning av sekvensnät med avseende på hur långa ingångssekvenser som kan påverka beteendet så utgör de kombinatoriska näten den klass av sekvensnät, vars beteende beror av sekvenser med längden 1.

Sekvensnätet i figur 9.1a) har en insignal x och en utsignal u. I figur 9.1b) har de interna återkopplingarna och ett inre nät A synliggjorts. De (i detta fallet två) återkopplade signalerna benämns inre tillstånd och är de som konstituerar nätets minnesfunktion. Det inre tillståndet betecknas vanligen med $Q = \langle q_1, q_2, \ldots, q_n \rangle$, där antalet bitar är avhängigt av hur många händelser nätet måste kunna minnas.

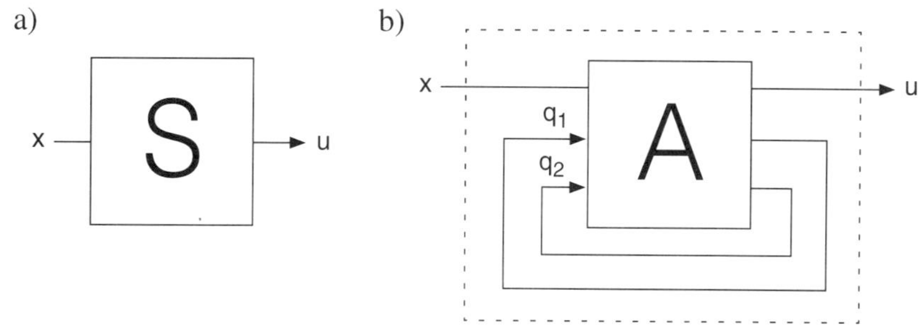

Figur 9.1 *a) Sekvensnät*
b) Sekvensnät med synliggjorda interna återkopplingar

Som exempel antar vi att nätet i figur 9.1 ska realisera funktionen:

> Utsignalen u ska följa insignalen x på ett sådant sätt att u = 1 varannan gång x antar värdet 1. I annat fall är u = 0.

Nätet startar i det inre tillståndet $\langle q_1, q_2 \rangle = 00$. När x = 1 måste nätet hålla reda på att det nu inkommit ett udda antal ettor. Detta görs genom att sätta $\langle q_1, q_2 \rangle = 01$. Så länge x = 1 behålls det inre tillståndet. När x = 0 memorerar nätet denna händelse genom att växla tillstånd till $\langle q_1, q_2 \rangle = 11$. Nästa gång x = 1 är antalet ettor jämnt. Utsignalen sätts då till u = 1 så länge x = 1. Att en jämn etta inkommit registreras genom att byta tillstånd, nu till $\langle q_1, q_2 \rangle = 10$. När sedan på nytt x = 0 kan nätet återgå till $\langle q_1, q_2 \rangle = 00$ och förloppet upprepas. Det inre tillståndet används alltså på följande sätt för att memorera händelser (varför tillstånden kodats som de gjort kan vi tills vidare lämna därhän):

$\langle q_1, q_2 \rangle = 00 \Leftrightarrow$ x = 0 men har ett jämnt antal gånger antagit värdet 1.

$\langle q_1, q_2 \rangle = 01 \Leftrightarrow$ x = 1 och med denna etta blir antalet inkomna ettor ett udda antal.

$\langle q_1, q_2 \rangle = 11 \Leftrightarrow$ x = 0 men har ett udda antal gånger antagit värdet 1.

$\langle q_1, q_2 \rangle = 10 \Leftrightarrow$ x =1 och med denna etta blir antalet inkomna ettor ett jämnt antal.

Låt oss nu betrakta nätet A, vilket kan vara uppbyggt på olika sätt beroende på om S är ett synkront eller ett asynkront sekvensnät.

Ett asynkront nät kan vara uppbyggt av enbart kombinatoriska komponenter och visas i figurerna 9.2a) och 9.2b). Återkopplingen utförs via speciella fördröjare. Dessa har emellertid ingen betydelse för nätets funktion utan tjänar här syftet att på ett naturligt sätt frilägga sekvensnätets rent kombinatoriska del från återkopplingen. Studerar vi näten tycks de båda fungera så att om $<q_1, q_2> = 00$ och $x = 0$ så förändras det inre tillståndet inte. Om $<q_1, q_2> = 00$ och $x = 1$ blir det nya inre tillståndet 01 o.s.v.

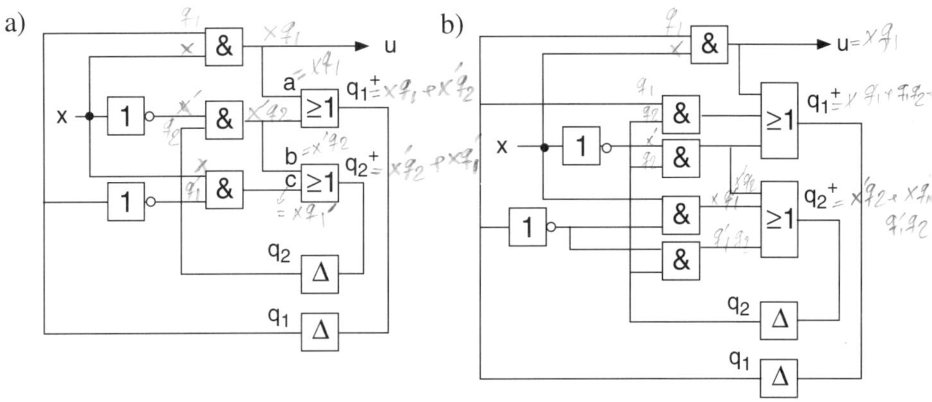

Figur 9.2 a) P.g.a. hasard icke fungerande asynkront sekvensnät
b) Fungerande asynkront sekvensnät

Dock kommer nätet i figur 9.2a) inte att fungera som det var tänkt. I varje kombinatoriskt nät föreligger nämligen en fördröjning räknat från insignal till utsignal. Denna ger ofta upphov till s.k. (statisk) hasard, vilken definieras som korta icke önskade värden på utgångarna från ett kombinatoriskt nät när någon insignal byter värde.

Antag att nätet befinner sig i tillstånd $<q_1, q_2> = 01$ med $x = 1$. Så länge $x = 1$ är $a = b = 0$ och $c = 1$, d.v.s alla signaler är stabila. När x byter värde från 1 till 0 kommer emellertid, p.g.a. fördröjningar i grindarna, ingång c till den OR-grind som bildar q_2^+ att anta värdet 0 innan ingång b antar värdet 1. Följaktligen kommer q_2^+ under ett kort ögonblick att anta det felaktiga värdet 0 – en s.k. hasardspik uppträder. Tidsförloppet (med idealiserade kurvformer) illustreras av figur 9.3.

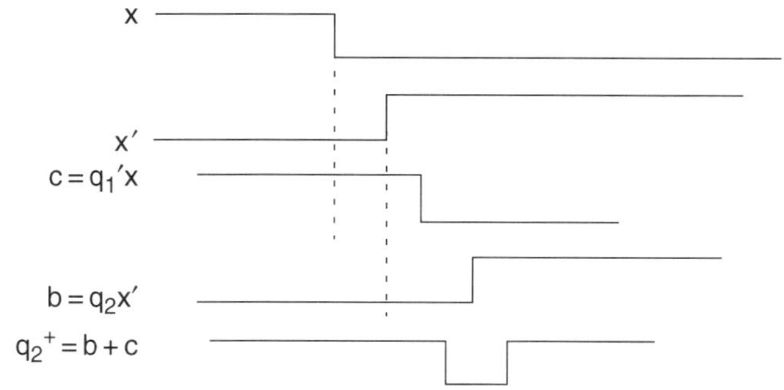

Figur 9.3 Hasard i kombinatoriskt nät

Effekten på nätet blir således det felaktiga $q_1^+ = q_2^+ = 0$ och nätet går till tillståndet $<q_1, q_2> = 00$. Ett nödvändigt (men inte tillräckligt) villkor för att nätet ska fungera korrekt är alltså att hasarden elimineras. Detta har gjorts på nätet i figur 9.2b). Tillståndskodningen måste för asynkrona nät dessutom väljas på ett sådant sätt att endast en tillståndsvariabel i taget kan byta värde. Detsamma gäller insignalerna i de fall det finns mer än en. I annat fall uppträder s.k. kapplöpningsfenomen, vilket medför att nätets olika fördröjningar kommer att bestämma den logiska funktionen. Näten i figur 9.2 har båda kodats kapplöpningsfritt och nätet i figur 9.2b) uppfyller alla krav på ett korrekt konstruerat asynkront sekvensnät.

Nätet i figur 9.4 är ett synkront sekvensnät. Ett sådant inkluderar förutom kombinatorik även D-vippor, en för varje tillståndsvariabel.

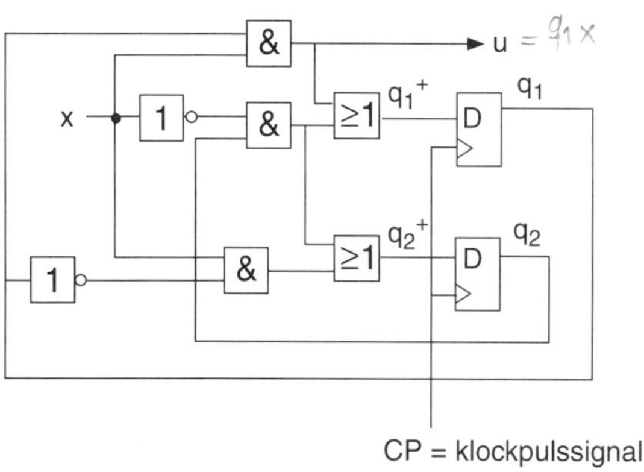

Figur 9.4 Synkront sekvensnät

D-vippans symbol och funktion framgår av figur 9.5. Vippan har dataingången q^+ och datautgången q. Dessutom har den en ingång för klockpulssignalen. Vid varje positiv klockflank kommer vippan att klocka igenom ingångens värde till utgången, där det kvarligger hela efterföljande klockintervall oberoende av vad som händer på D-ingången. Vippan utsignal levereras med en viss fördröjning räknat från klockpulsens aktiva flank.

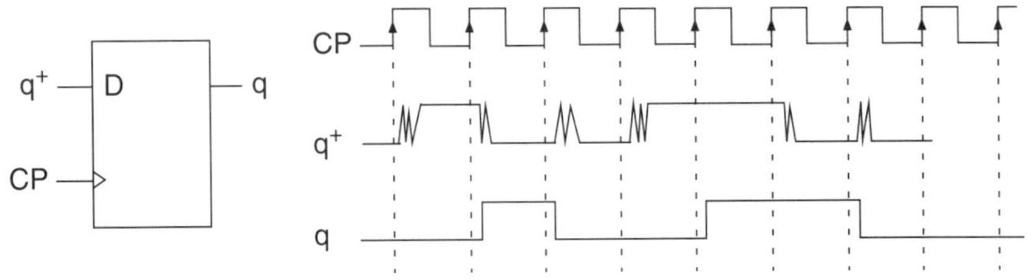

Figur 9.5 D-vippans symbol och ett funktionexempel

Fördelen med D-vippan är tvåfaldig. Dels utför vippan den nödvändiga minnesfunktionen, dels filtrerar den bort alla hasardspikar. Vid konstruktion av det kombinatoriska nätet kan vi således använda tidigare visade syntesmetoder, vilka inte tog någon hänsyn till eventuell uppkommen hasard. I figur 9.4 återkopplas q_1^+ och q_2^+ bara vid de diskreta tidpunkter då den positiva klockflanken kommer. De hasardspikar som uppträder i det kombinatoriska nätet hinner, om klockpulsintervallet är tillräckligt långt, att ”dö ut” innan nästa klockflank uppträder. På D-vippornas utgångar uppträder alltså inga hasardspikar. Också problemet med kapplöpning har med D-vippan i ett slag eliminerats. Tillståndskodningen kan därför väljas helt fritt.

Analysen av nätens funktion är som synes ganska besvärlig redan i detta enkla fall. Ett av målen för den fortsatta framställningen är att redovisa modeller som eliminerar alla tveksamheter beträffande funktionen.

Näten i figurerna 9.2a) och b) respektive 9.4 skiljer sig som vi tidigare påpekat på väsentliga punkter. De asynkrona näten kan vara uppbyggda av enbart kombinatoriska komponenter och kännetecknas av att alla omslag i nätet sker i takt med att insignalerna byter värde. Ett synkront sekvensnät förutsätter existensen av en klockpulssignal med vars hjälp tiden kvantiseras i ett antal intervall, vilka vanligen förutsätts vara lika stora. Vidare kan minnesfunktionen sägas vara koncentrerad till D-vippan. Nätet karakteriseras av att alla förändringar sker i takt med en särskild klockpulssignal.

Asynkrona sekvensnät är helt uppenbart svårare att syntetisera än synkrona. Deras största svaghet är dock att de inte med generella metoder låter sig sammankopplas till större system. Detta är möjligt med synkrona sekvensnät vilket lett till dessas nästan totala dominans i all digitalteknik. I den fortsatta framställningen kommer vi därför enbart att behandla synkrona sekvensnät.

9.2 Det synkrona sekvensnätet

Alla synkrona sekvensnät har samma uppbyggnad som nätet i figur 9.4, d.v.s. de består av kombinatorik och D-vippor (alternativt någon av de vipptyper som visas i kapitel 10). Det principiella utseendet illustreras av figur 9.6a).

a)

b)

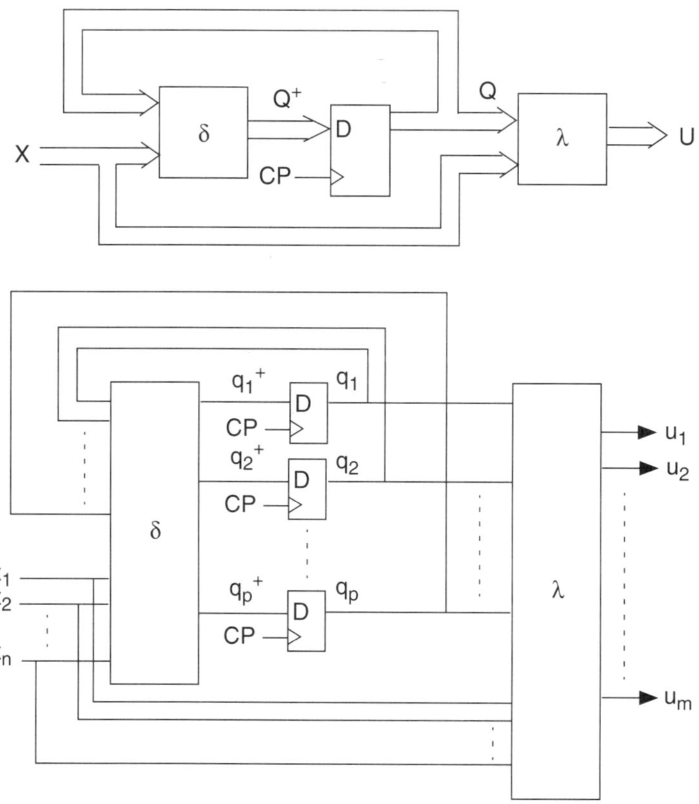

Figur 9.6 Det synkrona sekvensnätets principiella utseende (Mealy-typ)

X, U, Q och Q^+ varierar i tiden och kan var och en bestå av ett flertal binära storheter (se figur 9.6b)). X är insignalerna och Q benämns inre tillstånd. I de kombinatoriska näten δ och λ bildas Q^+ respektive utsignalerna, U. Q^+ återkopplas via D-vippor och kommer vid nästa positiva klockflank att bli det nya inre tillståndet. Q^+ benämns därför nästa inre tillstånd. Så länge inga nya händelser på X ska memoreras bildar δ-nätet $Q^+ = Q$. Vid varje ny klockning laddas tillståndsvipporna med samma värden och det inre tillståndet är således oförändrat. När en händelse ska memoreras ska δ-nätet bilda ett nytt unikt Q^+-värde. Detta klockas in i vipporna och blir i nästa klockpulsintervall det inre tillståndet.

I det följande kommer vi att beteckna den funktion som genererar Q^+ för δ-funktion och den som genererar U för λ-funktion, d.v.s. $Q^+ = \delta(Q, X)$ och $U = \lambda(Q, X)$.

Den beskrivna sekvensnätsmodellen sägs vara av Mealy-typ. Denna karakteriseras av att såväl Q^+ som U beror av både Q och X. En alternativ modell är den enligt Moore, där Q^+ som tidigare beror av Q och X medan U endast beror av Q, dvs $Q^+ = \delta(Q, X)$ och $U = \lambda(Q)$ (se figur 9.7).

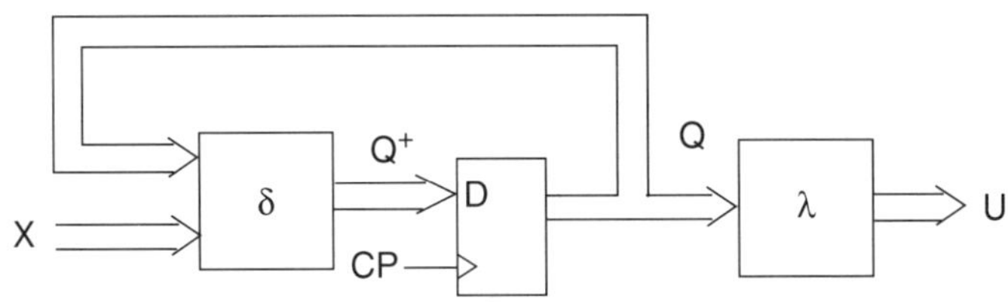

Figur 9.7 Sekvensnät enligt Moore

Mealy- och Moore-modellen är ungefär likvärdiga. Den funktionsmässiga skillnaden består i att utsignalerna i ett Moore-nät genereras med ett klockintervalls fördröjning. Mera om detta i avsnitt 9.4.

9.3 Analys av sekvensnät. Tillståndstabell. Tillståndsgraf

Avsikten med denna framställning är framför allt att påvisa generella metoder för konstruktion d.v.s. syntes av sekvensnät. Dessförinnan är det emellertid lämpligt att visa analys av sekvensnät. Analysen startar med ett givet nät och utmynnar i någon slags beskrivning av dess beteende. Syntesen är den omvända proceduren som utgår från ett önskat beteende och utmynnar i ett fungerande sekvensnät.

Exempel 9.1

Sekvensnätet i figur 9.8a) ska analyseras. Vi känner omedelbart igen det synkrona sekvensnätets struktur med D-vippor och kombinatorik. Med x, q_1 och q_2 som insignaler bildar kombinatoriken q_1^+, q_2^+ och u. Funktionen kan sammanfattas i en flödestabell enligt figur 9.8b). Flödestabellen har en rad för varje tillstånd och en kolumn för varje värde på ingångsvariabeln. I tabellen läser vi av nästa tillstånd samt utgångsvariabelns värde.

a)

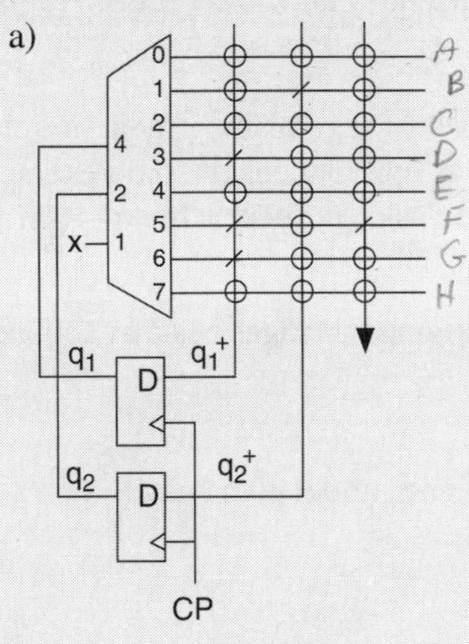

b)

	x	
$\delta(\lambda)$	0	1
00	00(0)	01(0)
01	00(0)	10(0)
10	00(0)	10(1)
11	10(0)	00(0)
q_1q_2	$q_1^+q_2^+(u)$	

Figur 9.8 a) Sekvensnät som ska analyseras b) Flödestabell

c)

δ(λ)	x = 0	x = 1
1	1(0)	2(0)
2	1(0)	3(0)
3	1(0)	3(1)
4	3(0)	1(0)
Q	$Q^+(u)$	

d)

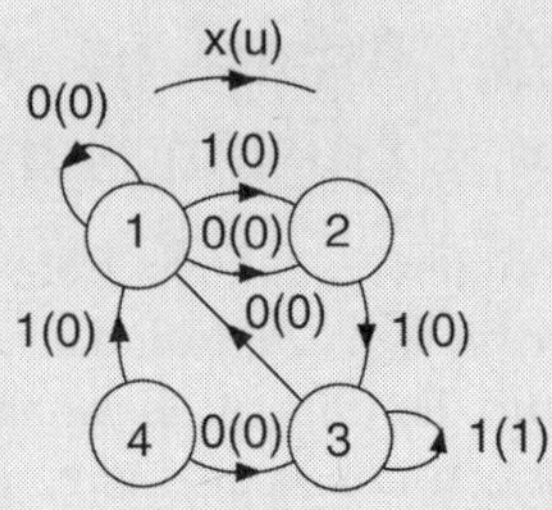

Figur 9.8 c) Tillståndstabell d) Tillståndsgraf

Flödestabellens binärkodade storheter kan nu ges symboliska beteckningar. Resultatet kallas tillståndstabell. Se figur 9.8c). Med hjälp av tillståndstabellen kan man relativt enkelt avläsa sekvensnätets beteende för olika sekvenser, förutsatt att nätets starttillstånd, Q_{start}, är känt.

I vissa sammanhang kan tillståndsgrafen ge en tydligare bild av sekvensnätets beteende. För exemplet i fråga får tillståndsgrafen utseendet enligt figur 9.8d). Varje tillstånd tilldelas en nod i tillståndsgrafen. Från varje nod går för varje x-värde en riktad branch (pil) till det nästa tillstånd som anges av tillståndstabellen. Branchen åsätts dels x-värdet dels, inom parentes, u-värdet.

Vi lägger märke till att byte av tillstånd inträffar då nätet måste "memorera" en viss händelse. T.ex. betyder tillstånd 3 att x = 1 i minst två på varandra följande klockintervall ($Q_{start} = 1$).

Självfallet kan kombinatoriken i ett sekvensnät utgöras av grindar, multiplexrar etc. Flödestabellen kan då inte ställas upp lika enkelt som i exempel 9.1. Lämpligen tar man vägen via de Booleska uttrycken för q^+- och u-funktionerna.

Analysen av ett sekvensnät kan sammanfattningsvis sägas bestå av följande moment:

Struktur

1. Framtagning av q^+- och u-funktioner ur det givna nätet.
2. Flödestabell.
3. Tillståndstabell.
4. Tillståndsgraf.
5. Beskrivning av sekvensnätets funktion antingen verbalt eller med hjälp av rekursivt funktionsuttryck.

Beteende

I ovanstående exempel är moment 1 inte relevant.

Analysen av ett sekvensnät består alltså i att gå från struktur till beteende. Proceduren är entydig så tillvida att ett givet nät inte kan bete sig på mer än ett sätt. Som vi nedan ska visa gäller inte denna entydighet för syntesproblemet. Ett visst beteende kan realiseras av flera nät av olika struktur.

9.4 Syntes av sekvensnät

I detta avsnitt ska vi visa den formella lösningsgången vid syntes av sekvensnät. Denna kommer att illustreras för såväl Mealy- som Moore-nät i form av ett exempel med variationer . I punktform kan processen från beteende till fungerade nät sammanfattas enligt nedan (Alla punkter är dock inte tillämpbara för alla realiseringar):

Beteende

1. Verbal beskrivning
2. Framtagning av tillståndsgraf (Mealy eller Moore)
3. Tillståndsminimering (beskrivs först i avsnitt 9.7)
4. Framtagning av tillståndstabell
5. Kodning av tillstånden
6. Uppställning av flödestabell (δ–λ)
7. Minimering med t.ex. Karnaughdiagram
8. Booleska uttryck
9. Realisering av nätet

Struktur

Syntes av sekvensnät är, till skillnad mot analys, en icke entydig process. Det finns alltså ett flertal olika nät med samma beteende.

9.4.1 Syntes av Mealy-nät

Exempel 9.2

Ett synkront sekvensnät med en insignal x och en utsignal u ska konstrueras som ett Mealy-nät enligt följande specifikation.

Utsignalen ska anta värdet u = 1 vart tredje klockpulsintervall som insignalen antar värdet x = 1. Sålunda gäller t.ex.
$\lambda(Q_{start}, 010110111111100\ldots) = 00001000100100\ldots$

Principen för att härleda en tillståndsgraf är den, att då något inträffar som behöver memoreras görs detta genom att byta tillstånd. För ointressanta händelser kan nätet stå kvar i sitt gamla tillstånd.

Se figur 9.9a). I exemplet avser vi att räkna antalet inkomna ettor. Utgående från starttillståndet 1 kan vi alltså stå kvar i detta tillstånd för den ointressanta händelsen x = 0. När x = 1 är detta den först inkomna ettan, vilken måste memoreras. Detta görs genom att uppsöka ett nytt tillstånd, vilket helt godtyckligt benämns 2. Här upprepas samma sak som i tillstånd 1. Vi är inte ute efter att räkna nollor, så för x = 0 står vi kvar i tillstånd 2. När x = 1 är detta den andra ettan, vilken vi registrerar genom att gå till tillstånd 3. Nästa gång x = 1 är detta den tredje ettan. Nu ska u = 1 och vi ska börja om med en ny räkning. Vi återgår därför till tillstånd 1.

Tillstånden används alltså på följande sätt:

Tillstånd 1 = 0, 3, 6 … ettor har inkommit.
Tillstånd 2 = 1, 4, 7 … ettor har inkommit.
Tillstånd 3 = 2, 5, 8 … ettor har inkommit.

Tillståndsgrafen definierar nu δ- λ-funktionen och dess information kan överföras till en tillståndstabell enligt figur 9.9b). De tre tillstånden ska kodas med binära signaler. Eftersom $2^1 < 3 < 2^2$ åtgår för detta minst två binära signaler q_1, q_2. Ingenting hindrar att vi använder 3 eller 4 signaler men vanligtvis erhålls det enklaste nätet om tillstånden kodas med minimalt antal signaler. Ett stort antal koder kan användas t.ex. den som visas i figur 9.9c).

Vi ska här inte gå in på problemet att välja en optimal kod, d.v.s. en kod som resulterar i den enklaste realiseringen, utan nöja oss med att efter genomgång av lösningen i figur 9.9 redovisa en lösning med en annan kod. Problemet att koda tillstånden optimalt kallas i engelskspråkig litteratur "the state assignment problem" och har visat sig kunna utgöra material för en hel bok.

Flödestabellen i figur 9.9d) fås nu som en direkt översättning av tillståndstabellen. Flödestabellen är en beskrivning av de tre funktionerna q_1^+, q_2^+ och u.

a)

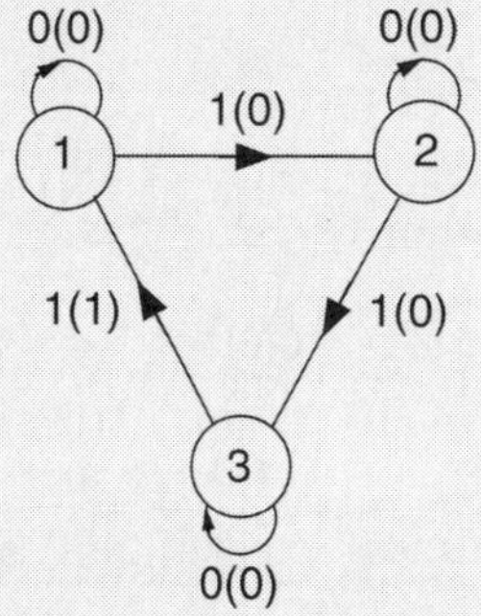

b)

δ(λ)	x = 0	x = 1
1	1(0)	2(0)
2	2(0)	3(0)
3	3(0)	1(1)

c)

Q	⟨q₁, q₂⟩
1	00
2	01
3	11

d)

δ(λ)	x = 0	x = 1
00	00(0)	01(0)
01	01(0)	11(0)
11	11(0)	00(1)

q_1, q_2

Figur 9.9 a) Tillståndsgraf b) Tillståndstabell c) Vald tillståndskodning d) Flödestabell

Grindlösning

Om det kombinatoriska nätet ska realiseras med grindar måste de Booleska uttrycken för de tre funktionerna nu tas fram. Detta gör medelst Karnaughdiagram enligt figur 9.9e). För att diagrammen ska bli kompletta har kombinationen $q_1q_2 = 10$ tillfogats. δ- och λ-funktionerna är naturligtvis ospecificerade för denna kombination.

Ur Karnughdiagrammen får vi funktionsuttrycken

$$q_1^+ = q_1x' + q_1'q_2x$$
$$q_2^+ = q_2x' + q_1'x$$
$$u = q_1x$$

Med AND-grindar, OR-grindar och D-vippor får sekvensnätet utseendet enligt figur 9.6 f).

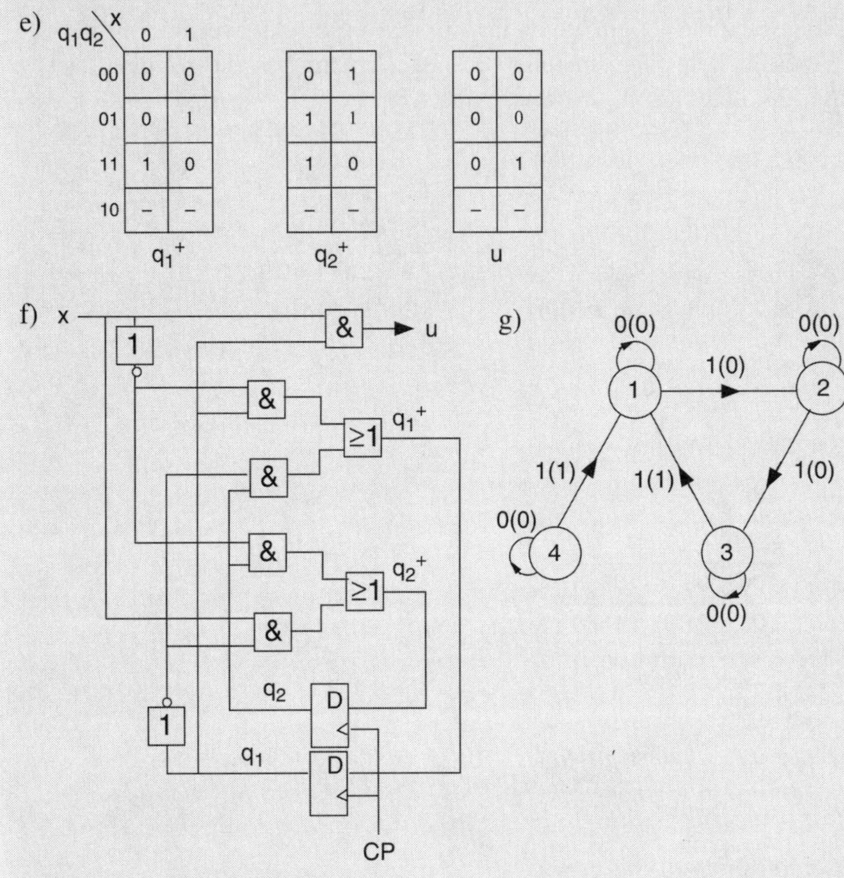

Figur 9.9 *e) Karnaughdiagram* *f) Nätets realisering*
g) Den kompletta tillståndsgrafen för grindlösningen

Efter denna lyckligt fullbordade syntes ska följande kommentarer göras.

Sekvensnätet uppfyller specifikationen endast under förutsättning att starttillståndet definieras. Om uppgiften består i att räkna antalet inkommande 1:or modulo 3 med början i tidpunkten t = 0 måste sekvensnätet fås att anta tillståndet Q = 1 vid denna tidpunkt. Hur detta ska ske i ett praktiskt fall beror i hög grad på de organ som omger sekvensnätet och kommenteras i kapitel 10.5.

Syntesen utmynnade i ett sekvensnät som på grund av binärkodningen har fyra tillstånd istället för tre. Den kompletta tillståndsgrafen för nätet visas av figur 9.6 g). Som synes kan grafen enligt a) erhållas ur g) genom att bortse från tillstånd 4 med tillhörande brancher.

Normalt används inte tillstånd 4 men vid exempelvis tillslag av spänningskällan kan nätet hamna i detta tillstånd. Det kan därför vara motiverat att för extra tillkommande tillstånd av denna typ kräva att de ska lämnas omedelbart.

ROMlösning

Den kombinatorik som ingår i ett sekvensnät kan naturligtvis realiseras med valfria kombinatoriska komponenter, så även med ett permanentminne (ROM). För ett sådant blir realiseringen särskilt enkel, eftersom minnesinnehållet direkt svarar mot flödestabellen. Lösningen med ett ROM på 8 ord à 3 bit framgår av figur 9.10.

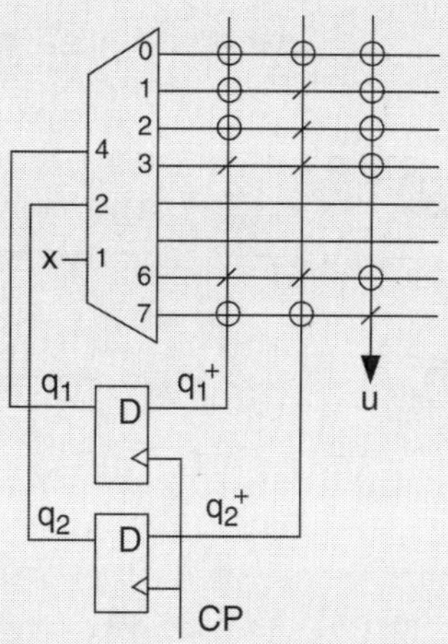

Figur 9.10 Sekvensnätet realiserat med ROM och D-vippor

Annan kodning

I figur 9.11a) visas nu en annan lösning på ”the state assignment problem” d.v.s. kodningen av de tre tillstånden. Ur Karnaughdiagrammen i figur 9.11b) får vi funktionerna

$$q_1^+ = q_1x' + q_1'q_2'x$$
$$q_2^+ = q_2x' + q_1x$$
$$u = q_2x$$

a)

	$\delta(\lambda)$	x = 0	x = 1
1	00	00(0)	10(0)
2	10	10(0)	01(0)
3	01	01(0)	00(1)

b)

q_1^+

q_1q_2 \ x	0	1
00	0	1
01	0	0
11	–	–
10	1	0

q_2^+

q_1q_2 \ x	0	1
00	0	0
01	1	0
11	–	–
10	0	1

u

q_1q_2 \ x	0	1
00	0	0
01	0	1
11	–	–
10	0	0

c) d)

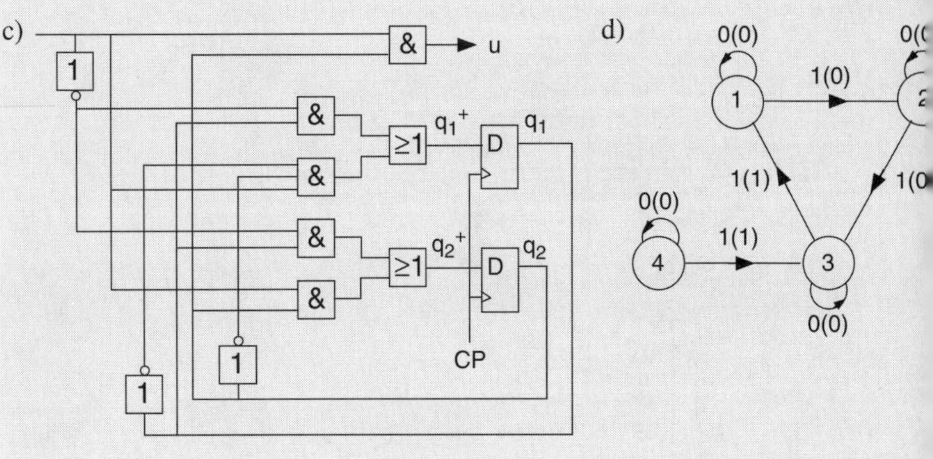

Figur 9.11 Syntes med annan tillståndskodning

vilket resulterar i nät och tillståndsgraf enligt figur 9.11c) och d). I detta speciella fall gav en ny kodning ett nät av aningen större komplexitet. I andra fall kan två olika koder för tillstånden resultera i väsentligt olika nätstrukturer. Observera dock att alla kodningsalternativ är likvärdiga när kombinatoriken realiseras med ROM.

9.4.2 Syntes av Moore-nät

De lösningar som presenterades i föregående avsnitt utgick från att utsignalen u kunde bildas som en funktion av både ingångsvariabeln och det inre tillståndet, vilket svarar mot ett sekvensnät av Mealy-typ. Vi ska ånyo realisera ett nät enligt specifikationen i exempel 9.2 men nu i form av ett Moore-nät. Utsignalen får således endast vara beroende av de inre tillståndet.

Exempel 9.2 (forts)

I detta exempel innebär Moore-nätets sätt att bilda utsignalen att ett speciellt tillstånd förknippat med utsignalen u = 1 måste införas, se tillståndsgrafen i figur 9.12. (I en Moore-graf anges utsignalen vanligtvis inne i noden.) Om vi jämför denna graf med Mealy-grafen i figur 9.9a) finner vi att Mealy-grafens tillstånd 1 splittrats upp på de två tillstånden 1 och 4. Tillstånden 2 och 3 korresponderar däremot direkt i de båda modellerna. Orsaken till att Mealy-grafens tillstånd 1 måste delas upp är att övergången till detta tillstånd förknippas med olika utgångsvärden.

Moore-grafen kan erhållas som en direkt tranformation av Mealy-grafen, något som beskrivs i nästa avsnitt. Emellertid kan grafen också härledas från den specifikation som gavs i inledningen av detta exempel. Läsaren uppmanas att övertyga sig om att också Moore-grafen i figur 9.12 överensstämmer med denna.

a)

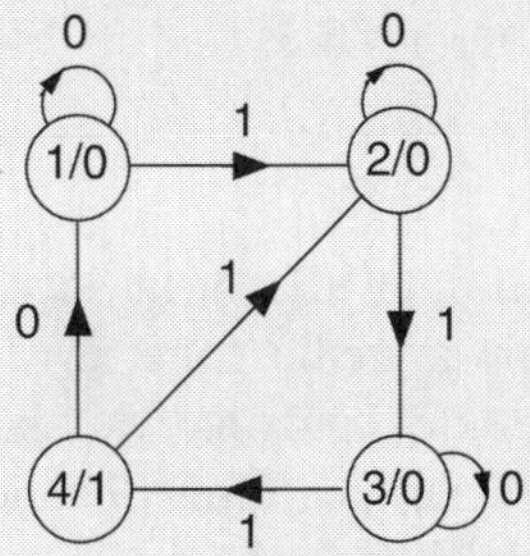

b)

	x: 0	1	u
1	1	2	0
2	2	3	0
3	3	4	0
4	1	2	1

c)

	δ−λ	x: 0	1	u
1	00	00	01	0
2	01	01	11	0
3	11	11	10	0
4	10	00	01	1
Q	q_1q_2			

Figur 9.12 Syntes med Moore-modell (fortsätter på nästa sida)

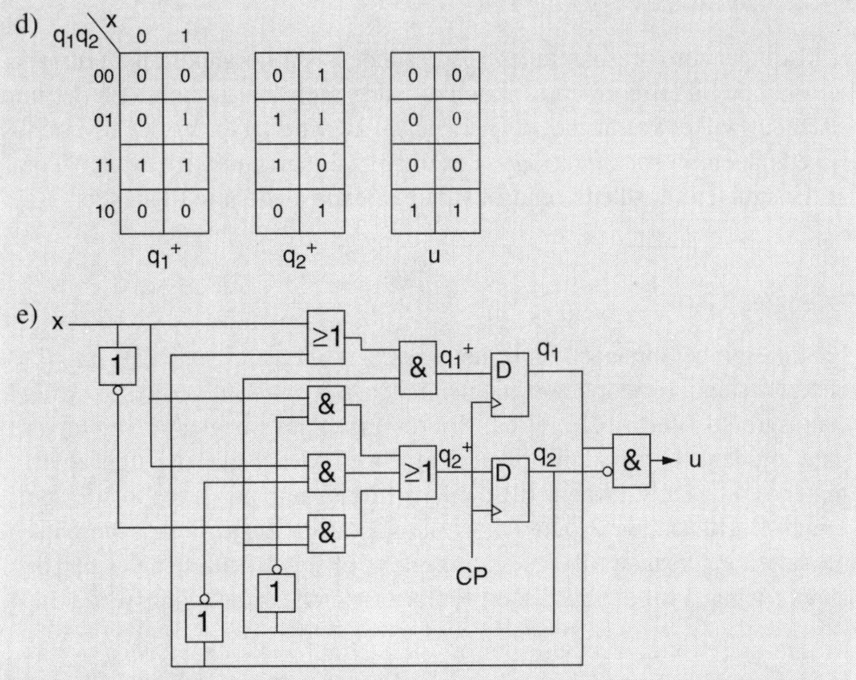

Figur 9.12 Syntes med Moore-modell

Syntesen fortsätter nu på samma sätt som i figur 9.9 med kodning av tillstånd och bestämning av det kombinatoriska nätets utseende.

$$q_1^+ = q_1q_2 + q_2x = q_2(q_1 + x)$$
$$q_2^+ = q_2'x + q_1'x + q_2x'$$
$$u = q_1q_2'$$

Beteendet för de två sekvensnäten i figur 9.9 och figur 9.12 är nu identiskt så tillvida att båda näten lämnar u = 1 för var tredje gång x = 1. Men medan Mealy-nätet genererar u = 1 i just det klockpulsintervall där x = 1 för tredje gången ger Moore-nätet u = 1 i närmast efterföljande klockpulsintervall. Huruvida detta spelar någon roll beror på det eventuella efterföljande nät, som ska använda sig av utsignalen.

Avslutningsvis visas i figur 9.13 Moore-nätet realiserat med två ROM och D-vippor.

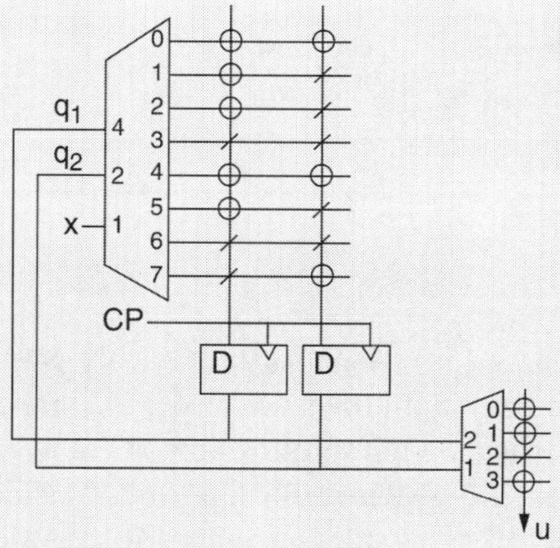

Figur 9.13 Moore-nätet realiserat med ROM och D-vippor.

9.5 Konverteringar mellan Mealy- och Moore-nät

Mealy- och Moore-nätens strukturer visades redan i avsnitt 9.2 i figurerna 9.6 och 9.7. Där påtalades den funktionella skillnaden, att utsignalen från ett Moore-nät är fördröjd ett klockpulsintervall i förhållande till motsvarande Mealy-näts. Orsaken framgår tydligt vid en jämförelse mellan figurerna. Insignalen i Mealy-nätet har en direkt koppling till utsignalen, medan det i Moore-nätet finns mellanliggande vippor.

I detta avsnitt ska vi studera hur man konverterar en graf i den ena modellen till motsvarande graf i den andra. Avslutningsvis ska vi också kort diskutera några faktorer, som kan vara avgörande för val av modell.

Mealy → Moore (se figur 9.14)

Utgående från en Mealy-graf ska utsignalen flyttas fram ett klockintervall, vilket innebär att den flyttas från branchen in i noden. Tillvägagångssättet blir:

- Varje nod åsätts utsignaler, som är lika med utsignalerna på den branch som leder in till noden.
- Om brancher med olika utsignalkombinationer leder till noden måste denna splittras upp på flera.

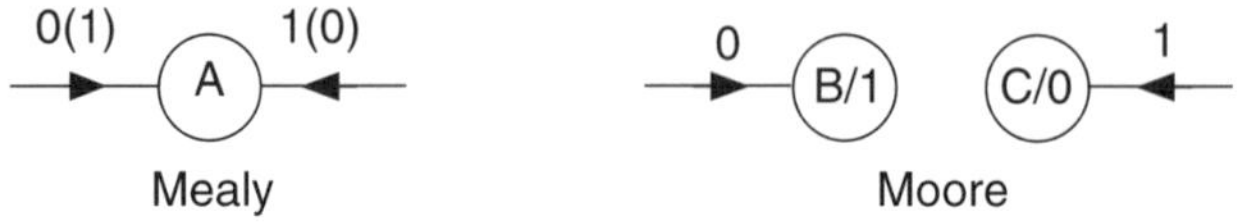

Figur 9.14 Mealy → Moore konvertering

Exempel 9.3

Vi utgår från Mealygrafen i figur 9.15a) (identisk med Mealy-grafen i figur 9.9 i exempel 9.2). Vi ser att det in till tillstånd 1 leder två brancher med olika utsignal. Tillståndet måste därför splittras upp på två nya, ett för vardera värdet på utsignalen. Efter denna uppsplittring erhåller vi grafen i figur 9.15b), vilken helt överensstämmer med Mooregrafen i figur 9.12.

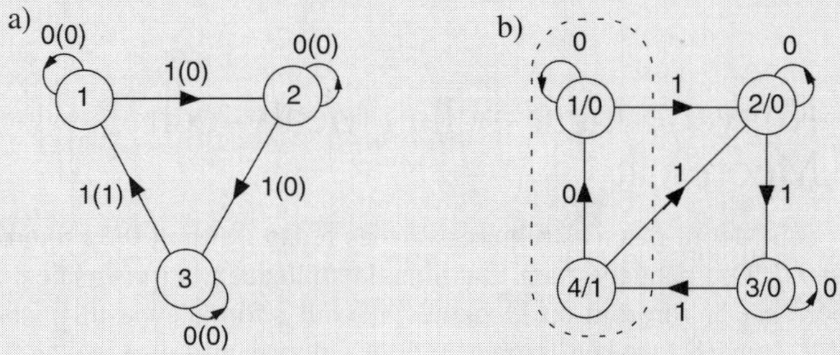

Figur 9.15 a) Ursprunglig Mealy-graf b) Resulterande Moore-graf

Moore → Mealy (se figur 9.16)

Utsignalen ska nu flyttas bakåt ett klockintervall, alltså från noden till branchen. Sammanfattningsvis alltså:

- Varje branch åsätts utsignaler, som är lika med utsignalerna i den nod dit branchen leder.
- Om ekvivalenta tillstånd uppkommer kan dessa elimineras med tillståndsminimering. (Definition av ekvivalenta tillstånd och metoder för tillståndsminimering redovisas i avsnitt 9.7).

Figur 9.16 Moore → Mealy konvertering

Exempel 9.4

Vi utgår från Mooregrafen i figur 9.17a) (grafen i figur 9.12). Utsignalen flyttas från noderna till brancherna och vi erhåller en Mealygraf med fyra tillstånd enligt figur 9.17b). Oberoende av om nätet startar i tillstånd 1 eller tillstånd 4 kommer det för en godtycklig insignalsekvens att uppvisa exakt samma utsignalsekvens. Dessa tillstånd sägs då vara ekvivalenta och kan ersättas av ett enda. Den minimerade grafen visas i figur 9.17c). Formella metoder för tillståndsminimering redovisas i avsnitt 9.7.

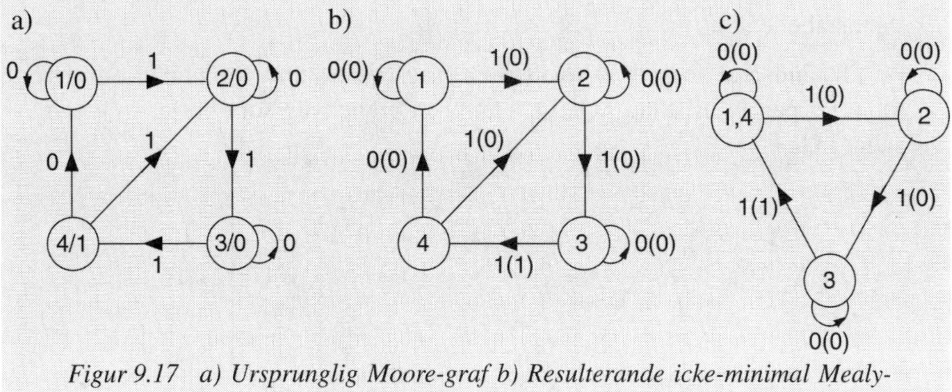

Figur 9.17 a) Ursprunglig Moore-graf b) Resulterande icke-minimal Mealy-graf c) Minimal Mealy-graf

Viktigast för val av sekvensnätsmodell är naturligtvis den funktionella skillnaden. Om tillämpningen inte tillåter en fördröjning av utsignalen, måste Mealy-modellen användas. Moore-modellen kan kräva fler tillstånd och därmed kanske fler vippor, men där så icke är fallet kan utsignalen realiseras på ett enklare sätt eftersom den är beroende av ett färre antal variabler. I det praktiska fallet kan dock val av modell styras av helt andra faktorer.

9.6 Några beteendeegenskaper hos sekvensnät

Vi ska i detta avsnitt peka på ett antal egenskaper hos sekvensnät, vilka inte hänför sig till den eventuella realiseringens speciella form där de tre variablerna X, U och Q kodats med binära signaler, utan endast baseras på själva tillståndsbegreppet. Av denna orsak nöjer vi oss här med att beskriva näten med tillståndsgraf och/eller tillståndstabell.

Ett förlusttillstånd är ett tillstånd till vilket sekvensnätet inte kan återvända sedan tillståndet lämnats.

Ett stopptillstånd är ett tillstånd vilket sekvensnätet inte kan lämna sedan det hamnat i detta tillstånd.

Ett isolerat tillstånd är ett tillstånd som inte kan nås från andra tillstånd och som inte kan lämnas.

Sekvensnätet i figur 9.18 har dessa tre typer av tillstånd representerade. I tillståndsgrafen har U-värdena utelämnats. Tillstånd 5 är ett förlusttillstånd, tillstånd 4 är ett stopptillstånd, tillstånd 3 är ett isolerat tillstånd. Som synes framträder egenskaperna tydligt i tillståndsgrafen, mindre tydligt i tillståndstabellen.

En tillståndsgraf (och dess sekvensnät) sägs vara starkt förbunden om det för varje par av tillstånd $<Q_i, Q_j>$ finns en branchväg som börjar i Q_i och slutar i Q_j.

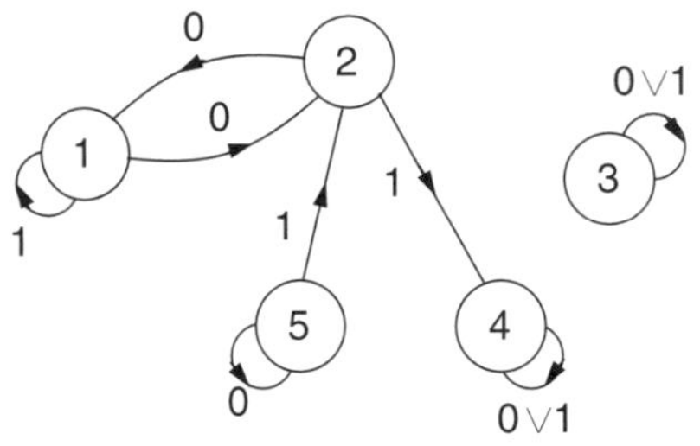

$\delta(\lambda)$	X = 0	X = 1
1	2(1)	1(1)
2	1(0)	4(0)
3	3(1)	3(1)
4	4(0)	4(1)
5	5(0)	2(1)

Figur 9.18 Förlusttillstånd (5), stopptillstånd (4) och isolerat tillstånd (3)

Figur 9.19a) visar en starkt förbunden tillståndsgraf. Ett nödvändigt villkor för att en tillståndsgraf ska vara starkt förbunden är att den inte ska innehålla förlust-, stopp- eller isolerade tillstånd. Att detta inte är tillräckligt visas av figur 9.19b). För detta nät saknas möjlighet att komma från tillstånd 3 och 4 till 1 och 2.

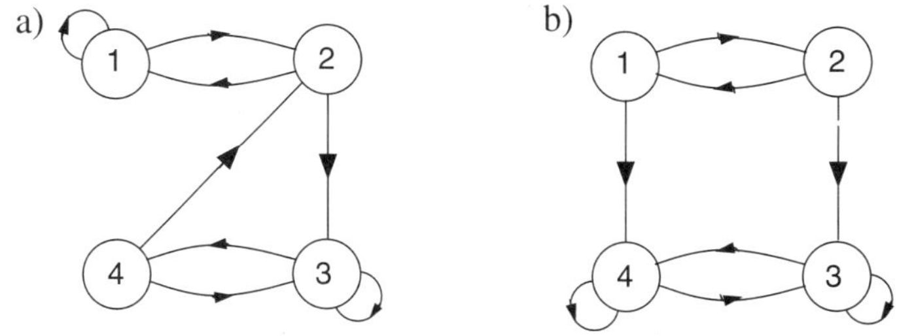

Figur 9.19 *a) Starkt förbunden tillståndsgraf*
b) Tillståndsgraf som ej är starkt förbunden

Ett autonomt sekvensnät saknar insignaler. Tillståndstabellen får därmed endast en kolumn vilken inte behöver åsättas någon beteckning. Figur 9.20 visar ett autonomt sekvensnät. I tillståndsgrafen utgår endast en branch från varje tillstånd. För omväxlings skull har vi valt utsignalerna ur mängden {00, 01, 11}.

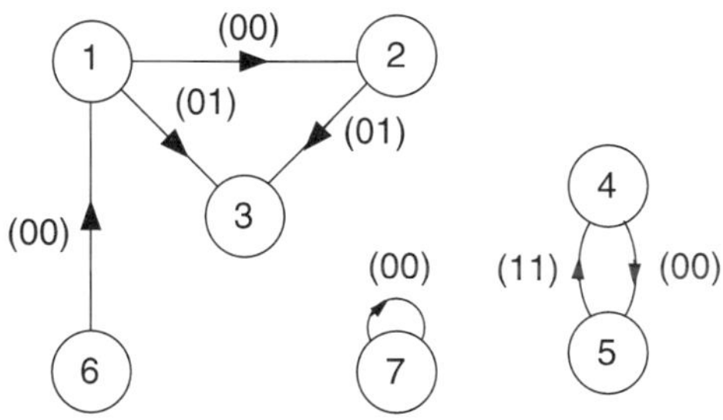

δ(λ)	0
1	2(00)
2	3(01)
3	1(01)
4	5(00)
5	4(11)
6	1(00)
7	7(00)

Figur 9.20 *Autonomt sekvensnät*

I fallet autonomt sekvensnät sammanfaller Mealy- och Moore-modellen. Huruvida man betraktar utgångsvärdena som genererade i samband med en viss passage från ett tillstånd till ett annat som i figur 9.20 (Mealymodellen) eller som genererade medan man befinner sig i ett visst tillstånd (Mooremodellen) är likgiltigt.

9.7 Ekvivalenta sekvensnät. Tillståndsminimering

Förutsatt att vipporna är mest resurskrävande måste ett sekvensnät för att vara minimalt utnyttja så få tillstånd som möjligt. Tillståndsminimering kan utföras om nätet innehåller ekvivalenta tillstånd, vilka definieras på följande sätt:

> Antag att två sekvensnät A och A^* har in- och utsignalerna definierade på samma sätt. Tillstånd Q_i i A är då ekvivalent med ett tillstånd Q_i^* i A^* omm med A i starttillståndet Q_i och A^* i starttillståndet Q_i^* de båda sekvensnäten lämnar samma utgångssekvens för varje ingångssekvens, d.v.s.
>
> $\lambda(Q_i, \lambda_x) \equiv \lambda^*(Q_i^*, \lambda_x)$

Definitionen illustreras av figur 9.21.

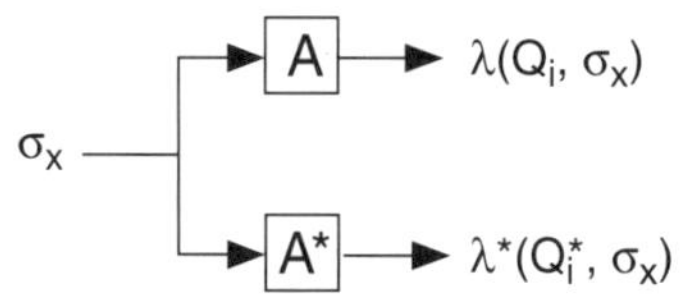

Figur 9.21 Ekvivalenta tillstånd

Två sekvensnät A och A* med samma in- och utsignaler sägs vara ekvivalenta enligt följande definition:

> A och A* är ekvivalenta omm det till varje tillstånd Q_i i A finns ett ekvivalent tillstånd Q_i^* i A* och det till varje tillstånd Q_i^* i A* finns ett ekvivalent tillstånd Q_i i A.

Om A har tillstånden $\{Q_1, Q_2, Q_3, Q_4, Q_5, Q_6\}$ och A* tillstånden $\{Q_1^*, Q_2^*, Q_3^*, Q_4^*, Q_5^*, Q_6^*\}$ är näten ekvivalenta om det exempelvis gäller att

$$Q_1 = Q_1^* \quad Q_3 = Q_2^* \quad Q_5 = Q_3^* \quad Q_6 = Q_5^*$$

$$Q_2 = Q_1^* \quad Q_4 = Q_3^* \quad Q_6 = Q_4^*$$

Definitionen för ekvivalenta tillstånd täcker utmärkt väl det fall A och A* är samma sekvensnät. Därmed kan man också tala om ekvivalenta tillstånd i ett och samma nät.

Tillståndsminimering av ett sekvensnät A är liktydigt med att undersöka förekomsten av ekvivalenta tillstånd och att därefter konstruera ett sekvensnät A* som är ekvivalent med A och där varje klass av ekvivalenta tillstånd i A motsvaras av ett enda tillstånd i A*.

En tillståndsminimering från sju till fyra tillstånd illustreras av figur 9.22.

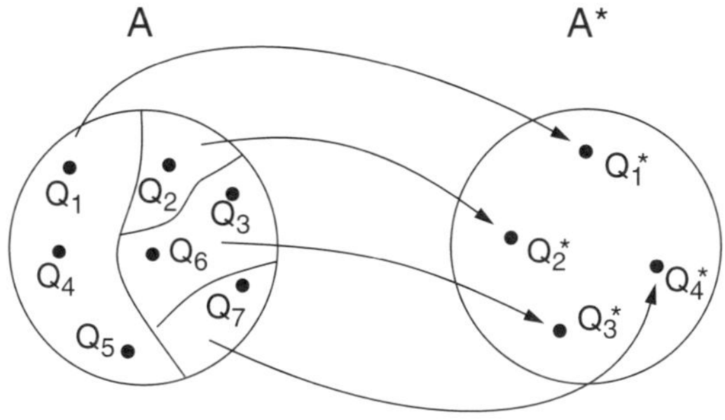

Figur 9.22 Tillståndsminimering från sju till fyra tillstånd

Vi ska nu redovisa en metod för ekvivalensuppdelning av tillstånden för ett godtyckligt sekvensnät. Metoden bygger på begreppet k-ekvivalens, vilken definieras på följande sätt:

> Två tillstånd Q_i och Q_j i ett sekvensnät A är k-ekvivalenta om starttillstånd Q_i och Q_j båda ger samma utgångssekvens för varje σ_x av godtyckligt utseende och längden k.

k-ekvivalens betecknas

$$Q_i \overset{k}{\equiv} Q_j$$

av definitionen följer omedelbart att

$$Q_i \overset{k}{\equiv} Q_j \Rightarrow Q_i \overset{k-1}{\equiv} Q_j$$

eftersom varje sekvens σ_x av längden k–1 måste ingå i en eller flera sekvenser av längden k. När k går mot oändligheten övergår k-ekvivalens i fullständig ekvivalens.

$$\underset{k \to \infty}{Q_i \overset{k}{\equiv} Q_j} \Rightarrow Q_i \equiv Q_j$$

k-ekvivalens är alltså ett villkor som skärps med ökande värde på k. Av detta följer att uppdelningen av tillstånden i ekvivalensklasser kan utföras som en stegvis process där man först gör en uppdelning med hänsyn till 1-ekvivalens, fortsätter med en uppdelning av de sålunda erhållna ekvivalensklasserna med hänsyn till 2-ekvivalens o.s.v.

Exempel 9.5

Tillståndsminimera det sekvensnät som definieras av följande $\delta(\lambda)$ tabell:

$\delta(\lambda)$	α	β	χ
1	2(1)	2(0)	5(0)
2	1(0)	4(1)	4(1)
3	2(1)	2(0)	5(0)
4	3(0)	2(1)	2(1)
5	6(1)	4(0)	3(0)
6	8(0)	9(1)	6(1)
7	6(1)	2(0)	8(0)
8	4(1)	4(0)	7(0)
9	7(0)	9(1)	7(1)

Lösning:

Vi undersöker först vilka av tillstånden som är 1-ekvivalenta. Detta kan direkt avläsas i tabellen; två 1-ekvivalenta tillstånd måste uppvisa samma U-värde i alla tre kolumnerna. Först då levereras ju samma utgångssekvens för varje σ_x av längden 1. Vi får då en uppdelning som vi kallar P_1.

$$P_1 : \Sigma_{11} = \{1, 3, 5, 7, 8\}$$
$$\Sigma_{12} = \{2, 4, 6, 9\}$$

Betrakta nu $\delta(\lambda)$-tabellen för rad 1 och rad 5 vilka båda ligger i Σ_{11}. För de tre tänkbara X-värdena α, β, χ blir nästa tillstånd

	α	β	χ
1	2	2	5
5	6	4	3

d.v.s. oavsett Q-värde hamnar vi i samma 1-ekvivalensklass. Tack vare detta vet vi att även det andra X-värdet i en insekvens σ_x kommer att ge samma U-värde oavsett om vi startar i 1 eller 5. De två tillstånden är därmed 2-ekvivalenta. Genom att på detta sätt undersöka i vilka 1-ekvivalensklasser nästa tillstånd ligger för samtliga tillstånd i Σ_{11} och Σ_{12} kan man konstatera om ytterligare uppdelning krävs för P_2. I detta exempel blir

$$
\begin{aligned}
P_2 : \Sigma_{21} &= \{1, 3, 5, 7, 8\} \\
\Sigma_{22} &= \{2, 4, 6\} \\
\Sigma_{23} &= \{9\}
\end{aligned}
$$

ty för $X = \chi$ och $Q = 2$ fås $Q^+ = 4$ vilket ligger i Σ_{12}

men för $X = \chi$ och $Q = 9$ fås $Q^+ = 7$ vilket ligger i Σ_{11}

På samma sätt krävs nu för 3-ekvivalens mellan två tillstånd, dels att de ligger i samma 2-ekvivalensklass, dels att för varje X-värde deras nästa tillstånd ligger i samma 2-ekvivalensklass. Vi får

$$
\begin{aligned}
P_3 : \Sigma_{31} &= \{1, 3, 5, 7, 8\} \\
\Sigma_{32} &= \{2, 4\} \\
\Sigma_{33} &= \{6\} \\
\Sigma_{34} &= \{9\}
\end{aligned}
$$

ty för $X = \chi$ och $Q = 2$ fås $Q^+ = 4$ vilket ligger i Σ_{22}

men för $X = \chi$ och $Q = 6$ fås $Q^+ = 9$ vilket ligger i Σ_{23}

Vi fortsätter uppdelningen och får

$$
\begin{aligned}
P_4 : \Sigma_{41} &= \{1, 3, 8\} = a \\
\Sigma_{42} &= \{2, 4\} \quad = b \\
\Sigma_{43} &= \{5, 7\} \quad = c \\
\Sigma_{44} &= \{6\} \quad = d \\
\Sigma_{45} &= \{9\} \quad = e
\end{aligned}
$$

Det visar sig nu att P_5 är identisk med P_4. Härav följer att $P_4 = P_5 = P_6 = \ldots = P_\infty$. Uppdelningen enligt P_4 visar därmed fullständigt ekvivalenta tillstånd. Den algoritmiska processen är avslutad och det är lämpligt att sätta bekväma beteckningar på de fem ekvivalensklasserna, exempelvis a, b, c, d, e. Med detta tillståndsalfabet kan vi nu ställa upp en $\delta(\lambda)$-tabell för ett nytt sekvensnät som är ekvivalent med det ursprungliga.

δ(λ)	α	β	χ
a	b(1)	b(0)	c(0)
b	a(0)	b(1)	b(1)
c	d(1)	b(0)	a(0)
d	a(0)	e(1)	d(1)
e	c(1)	e(1)	c(1)

9.8 Syntesexempel med tillståndsminimering

Exempel 9.6

Information i form av block om 4 bitar levereras i serieform av en informationskälla med signalen x. Ett synkront sekvensnät har x som insignal och en utsignal u. Sekvensnätet ska konstrueras så att u = 0 under det att de tre första x-värdena inkommer. När det fjärde x-värdet i blocket uppträder ska u anta värdet 1 omm antalet 1:or i blocket är udda. Om den inkommande informationen försetts med en checkposition för jämn paritet (det är likgiltigt vilken av de fyra bitarna som är checkbit) så fungerar tydligen det önskade sekvensnätet som paritetskontroll. u = 1 indikerar fel i överföringen. Se figur 9.23.

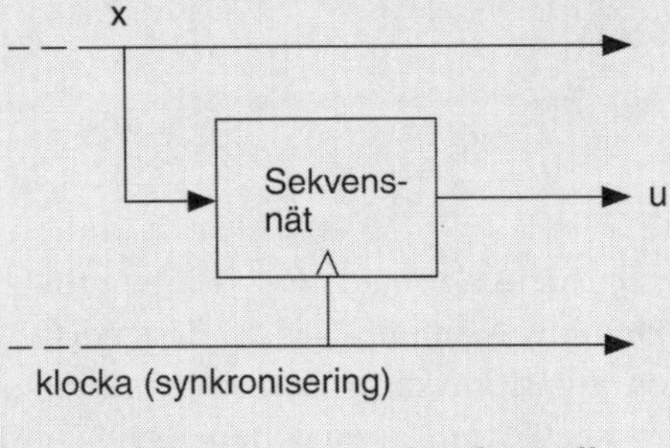

Figur 9.23 Sekvensnät för paritetskontroll

Lösning:

Vi börjar med att konstruera tillståndsgrafen och antar att sekvensnätet står i tillstånd 1 då första biten i ett block uppträder. Se figur 9.24a). Beroende på första x-värdet går vi därefter till antingen 2 eller 3. Från 2 går vi sedan till 4 eller 5 beroende på det andra x-värdet i blocket, osv.

Denna metod att konstruera tillståndsgrafen är tillämplig i många praktiska fall och resultatet brukar kallas tillståndsträd. För att inte trädet ska växa i oändlighet kan vi emellertid inte bara införa utgreningar utan måste förr eller senare också göra ingreningar och använda befintliga tillstånd. I det aktuella exemplet är det uppenbart att vi efter varje x-sekvens av längden 4 kan återgå till 1. Nästa block ska ju behandlas på samma sätt som det nyss avverkade.

Ur tillståndsgrafen får vi nu direkt tillståndstabellen enligt figur 9.24b). Denna tillståndstabell kan minimeras med den metod som presenterades i föregående avsnitt.

Vi får

$$P_1 : \Sigma_{11} = \{1, 2, 3, 4, 5, 6, 7\}$$
$$\Sigma_{12} = \{8, 11, 13, 14\}$$
$$\Sigma_{13} = \{9, 10, 12, 15\}$$
$$P_2 : \Sigma_{21} = \{1, 2, 3\}$$
$$\Sigma_{22} = \{4, 7\}$$
$$\Sigma_{23} = \{5, 6\}$$
$$\Sigma_{24} = \{8, 11, 13, 14\}$$
$$\Sigma_{25} = \{9, 10, 12, 15\}$$

$$P_3 : \Sigma_{31} = \{1\}$$
$$\Sigma_{32} = \{2\}$$
$$\Sigma_{33} = \{3\}$$
$$\Sigma_{34} = \{4, 7\}$$
$$\Sigma_{35} = \{5, 6\}$$
$$\Sigma_{36} = \{8, 11, 13, 14\}$$
$$\Sigma_{37} = \{9, 10, 12, 15\}$$
$$P_4 = P_3$$

a)

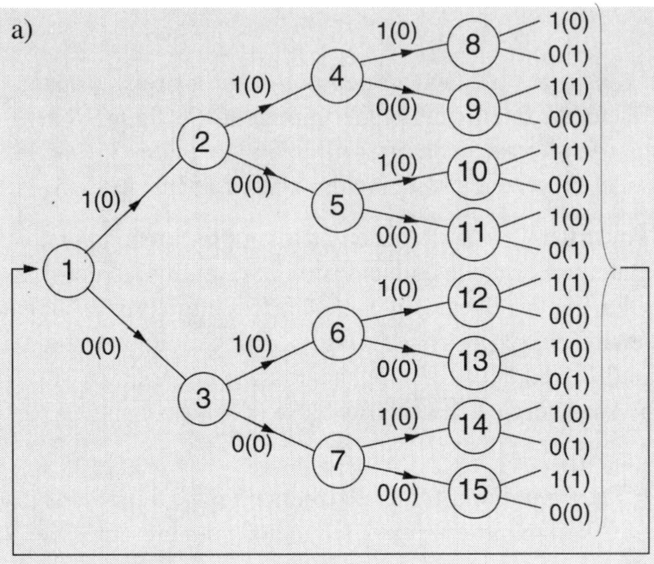

b)

δ(λ)	0	1
1	3(0)	2(0)
2	5(0)	4(0)
3	7(0)	6(0)
4	9(0)	8(0)
5	11(0)	10(0)
6	13(0)	12(0)
7	15(0)	14(0)
8	1(1)	1(0)
9	1(0)	1(1)
10	1(0)	1(1)
11	1(1)	1(0)
12	1(0)	1(1)
13	1(1)	1(0)
14	1(1)	1(0)
15	1(0)	1(1)

c)

	δ(λ)	x = 0	x = 1
{1} =	a	c(0)	b(0)
{2} =	b	e(0)	d(0)
{3} =	c	d(0)	e(0)
{4, 7} =	d	g(0)	f(0)
{5, 6} =	e	f(0)	g(0)
{8, 11, 13, 14} =	f	a(1)	a(0)
{9, 10, 12, 15} =	g	a(0)	a(1)

d)

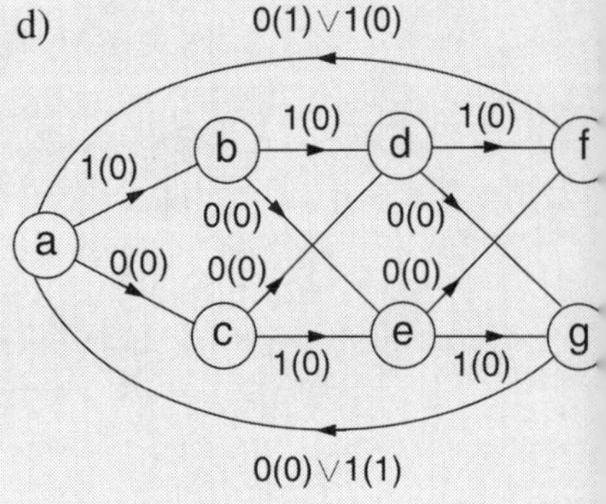

e)

	δ(λ)	x = 0	x = 1
a =	000	010(0)	001(0)
b =	001	110(0)	011(0)
c =	010	011(0)	110(0)
d =	011	100(0)	111(0)
e =	110	111(0)	100(0)
f =	111	000(1)	000(0)
g =	100	000(0)	000(1)

$q_1q_2q_3$

Figur 9.24 *a) Tillståndsgraf*
b) Tillståndstabell
c) Minimerad tillståndstabell
d) Tillståndsgraf för den minimerade tillståndstabellen
e) Flödestabell

De 15 tillstånden i figur 9.24b) bildar därmed sju ekvivalensklasser. Figur 9.24c) visar en ny tillståndstabell där varje tillstånd motsvaras av en av dessa ekvivalensklasser.

Det kan nu vara av intresse att studera den tillståndsgraf som motsvaras av den minimerade tillståndstabellen i figur 9.24c). Se figur 9.24d). Tillstånden 4 och 7 i figur 9.24a) har i figur 9.24c) slagits samman till d. Denna sammanslagning hade varit möjlig att upptäcka redan i den ursprungliga tillståndsgrafen. Utgångsvärdet beror ju endast av hur många 1:or, räknat modulo-2, som flyter in. Sekvensen $\sigma_x = 11$ är därför ekvivalent med $\sigma_x = 00$ och det finns ingen anledning att uppsöka tillståndet 4 för det ena fallet och 7 i det andra fallet. Av samma orsak kunde man kanske redan från början kombinerat 5 och 6 till ett enda tillstånd. Emellertid gör möjligheten att i efterhand kunna utföra tillståndsminimering att man vid uppritandet av den primära tillståndsgrafen och tillståndstabellen inte behöver bemöda sig om att nå det enklaste sekvensnätet i ett slag. I stället kan man här koncentrera sig på problemet att få en funktion som uppfyller de givna specifikationerna.

Syntesen fullföljs härefter på vanligt sätt. De sju tillstånden kodas med tre binära signaler q_1, q_2 och q_3 enligt flödestabellen i figur 9.24e). Därefter kan en lösning med ROM och D-vippor direkt ritas upp (figur 9.25).

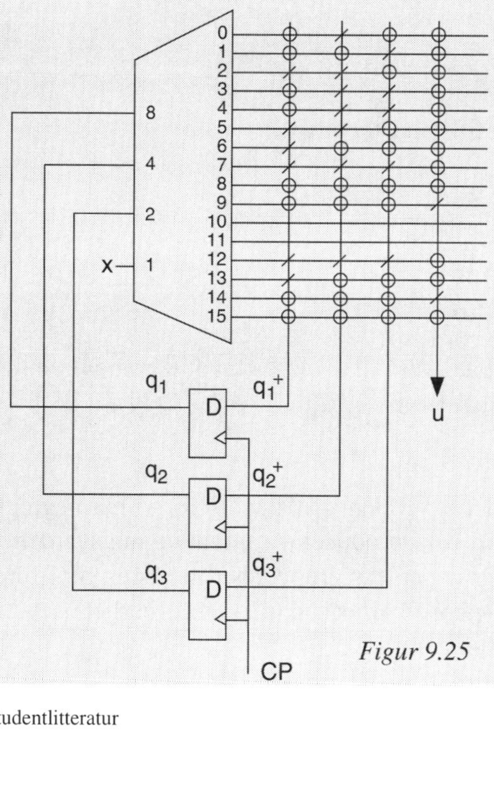

Figur 9.25 Det tillståndsminimerade nätet

9.9 Ofullständigt specificerade sekvensnät

De hittills presenterade sekvensnäten har alla varit fullständigt specificerade. Mot varje kombination av Q- och X-värden har ett Q^+- och ett U-värde kunnat avläsas. I många praktiska fall förekommer dock vissa kombinationer aldrig, i andra kan utsignalen vara likgiltig.

Liksom för kombinatoriska nät erbjuder de ospecificerade lägena ökade möjligheter till förenklingar – i första hand minskning av antalet tillstånd. Tillståndsminimering för en ofullständigt specificerad tillståndstabell är dock avsevärt mer komplicerad än motsvarande procedur för en fullständigt specificerad tabell. Det tidigare använda begreppet ekvivalenta tillstånd måste för ofullständigt specificerade sekvensnät bytas ut mot begreppet jämförbara tillstånd definierat som

> Två tillstånd Q_i och Q_j i ett sekvensnät är jämförbara (= förenliga) omm nätet för en insekvens av godtyckligt utseende och längd lämnar samma utsignaler i de positioner där både utsignaler och nästa inre tillstånd är specificerade, oavsett om nätet startar i tillstånd Q_i eller Q_j.

I stället för ekvivalensklasser talar man nu om förenlighetsmängder. Sådana är till skillnad mot ekvivalensklasser inte disjunkta mängder.

Exempel 9.7

I ett sekvensnät beskrivet av tillståndstabellen

	a	b
1	1(–)	2(1)
2	3(1)	–
3	3(0)	1(1)

är tillstånd 1 och 2 jämförbara, likaså tillstånd 1 och 3, däremot inte tillstånd 2 och 3. Förenlighetsmängderna blir {1, 2} och {1, 3}.

På motsvarande sätt som i fallet ekvivalenta tillstånd inför vi här begreppet k-jämförbarhet för två tillstånd som producerar samma utgångsvärden för alla σ_x av längden k. I en stegvis process grupperas tillstånden nu i förenlighetsmängder, först m.a.p. 1-jämförbarhet sedan 2-jämförbarhet o.s.v. tills ingen ytterligare uppdelning kan göras.

Exempel 9.8

Sekvensnätet givet av tillståndstabellen i figur 9.26a) ska minimeras med avseende på antalet tillstånd.

a)

	a	b	c	d
1	–	3(–)	3(1)	1(0)
2	4(–)	–	5(1)	5(–)
3	5(1)	1(1)	–	4(0)
4	–	4(1)	2(–)	1(0)
5	1(0)	5(–)	2(0)	–

b)

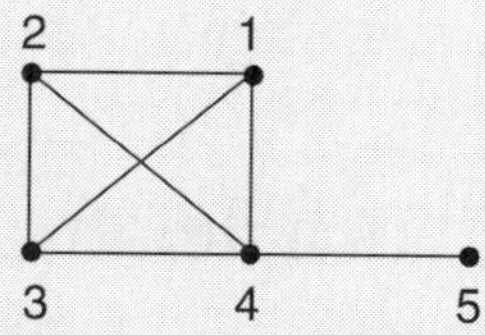

$J_1 : \Delta_{11} = \{1, 2, 3, 4\}$
$\Delta_{12} = \{4, 5\}$

c)

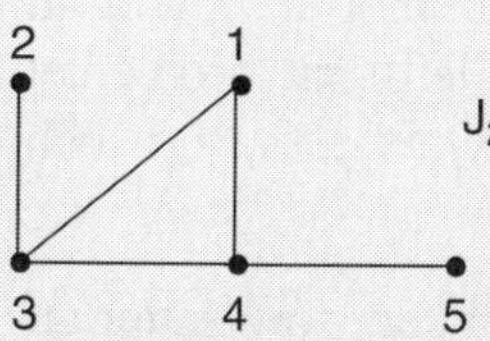

$J_2 : \Delta_{21} = \{1, 3, 4\}$
$\Delta_{22} = \{2, 3\}$
$\Delta_{23} = \{4, 5\}$

d)

	a	b	c	d
{1, 3, 4} = A	C(1)	A(1)	B(1)	A(0)
{2, 3} = B	C(1)	A(1)	C(1)	C(0)
{4, 5} = C	A(0)	C(1)	B(0)	A(0)

Figur 9.26 a) Urspunglig tillståndstabell b) 1-jämförbara tillstånd c) 2-jämförbara tillstånd d) Minimerad tillståndstabell

Tillstånd 1 är 1-jämförbart med tillstånd 2, eftersom de inte misstämmer i någon kolumn där λ-funktionen är definierad. Av samma orsak är 1 och 3 samt 1 och 4 också 1-jämförbara. Däremot är 1 och 5 inte jämförbara. På samma sätt jämförs samtliga par av tillstånd och en s.k. relationsgraf upprättas, se figur 9.26b). Utgående från relationsgrafen identifierar vi delmängderna $J_1 = \{\Delta_{11}, \Delta_{12}\}$. Varje delmängd består av tillstånd som alla är parvis 1-jämförbara.

Proceduren fortsätter nu med en undersökning av 2-jämförbara tillstånd. För detta krävs att de två tillstånden Q_i och Q_j för varje X-värde, där δ-funktionen är specificerad, leder till ett par av 1-jämförbara tillstånd. Resultatet noteras i en ny relationsgraf, figur 9.26c). Det visar sig att alla par av 2-jämförbara tillstånd också är 3-jämförbara. Processen är därmed avslutad och $J_2 = J_3 = \ldots = J_\infty$ är en uppställning av alla maximala förenlighetsmängder. Ett sekvensnät, där varje maximal förenlighetsmängd motsvaras av ett tillstånd A, B och C kan nu tas fram, se figur 9.26d).

Nätet enligt figur 9.26d) utnyttjar ett minimalt antal tillstånd. I det generella fallet är minimeringen dock inte avslutad, eftersom det inte är säkert att de maximala förenlighetsmängderna ger ett minimalt nät. Problemet att ur de maximala förenlighetsmängderna ta fram ett minimalt antal förenlighetsmängder är dock ganska besvärligt och vi redovisar ingen metod för detta.

9.10 Sekvensnät och iterativa kombinatoriska nät

Kombinatoriska nät och sekvensnät kan ibland vara alternativa lösningar till samma informationsbehandlingsproblem. Det kombinatoriska nätet kan generera samma funktion som sekvensnätet förutsatt att i ett visst ögonblick hela ingångskombinationen (= argumentet) finns tillgänglig. Insignalerna måste komma in parallellt. Sekvensnätet kan däremot acceptera att insignalerna flyter in i serieform. Vi ska illustrera parallell-serie problemet med fallet addition av två positiva binära tal $X = <x_1, x_2, x_3, x_4>$ och $Y = <y_1, y_2, y_3, y_4>$. Se figur 9.27.

I figur 9.27a) visas den tidigare presenterade adderaren som förutsätter att de binära sifforna uppträder i parallell form. Resultatet blir tillgängligt på det kombinatoriska nätets utgångar med en fördröjning som beror på den enskilda grindens tröghet samt nätets maximala djup.

I figur 9.27b) visas ett sekvensnät som utför serieaddition. Talen X och Y inkommer till heladderaren med minst signifikant bit först och i varje nytt klockpulsintervall uppträder en ny bit. Heladderaren bildar på vanligt sätt summan, s_i, med samma intervalluppdelning som förutsätts gälla för insignalerna. Utgående carry ska användas som ingående i närmast högre signifikanta bit och måste återkopplas via en D-vippa.

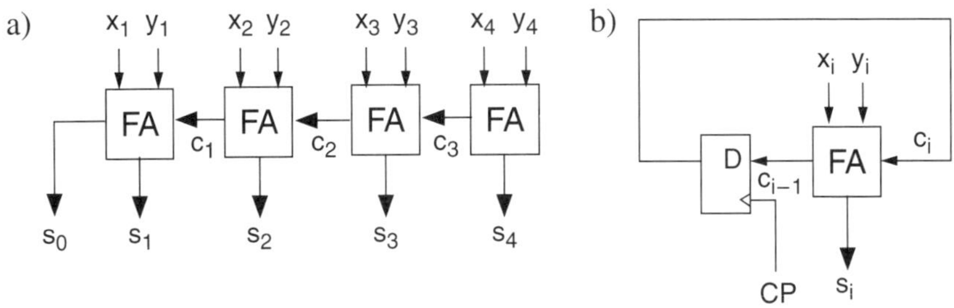

Figur 9.27 a) Parallell addition b) Seriell addition

Om vi jämför figur 9.27a) med 9.27b) gör vi en intressant iakttagelse. De block som bygger upp det iterativa kombinatoriska nätet är exakt identiska med motsvarande sekvensnäts kombinatoriska del. Detta är ingen tillfällighet utan gäller generellt. Låt oss betrakta ett sekvensnät av Mealy-typ i figur 9.28 och se vad som händer i de olika klockintervallen (index på respektive signal anger signalens värde i motsvarande klockintervall):

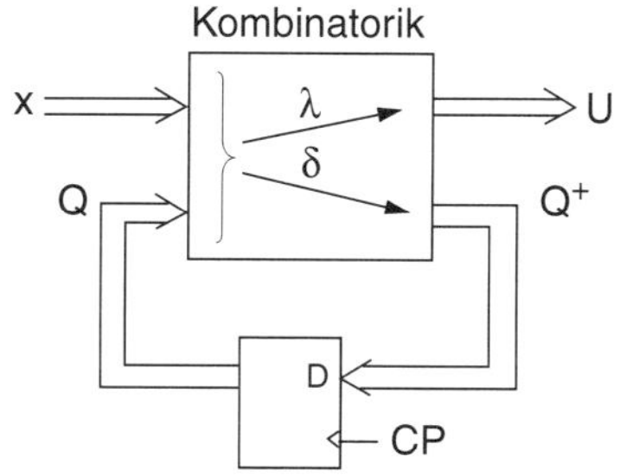

Figur 9.28 Sekvensnät av Mealy-modell

klockintervall 1:	$Q_1^+ = \delta(Q_1, X_1)$	$Q_1 = Q_{start}$
	$U_1 = \lambda(Q_1, X_1)$	
klockintervall 2:	$Q_2^+ = \delta(Q_2, X_2)$	
	$U_2 = \lambda(Q_2, X_2)$	där $Q_2 = Q_1^+$
	⋮	⋮
klockintervall k:	$Q_k^+ = \delta(Q_k, X_k)$	
	$U_k = \lambda(Q_k, X_k)$	där $Q_k = Q^+_{k-1}$

I klockintervall 1 bildas alltså, i det kombinatoriska nätet, Q_1^+ och U_1 ur Booleska uttryck av Q_{start} och X_1. I stället för att återkoppla Q_1^+ via en D-vippa skulle vi nu kunna leverera Q_1^+ som inre tillstånd (Q_2) till ett identiskt nät. Detta näts insignaler ska då korrespondera mot de insignaler motsvarande sekvensnät tar emot under klockintervall 2, nämligen X_2. Q_2 och X_2 genererar i sin tur U_2 och Q_2^+ av vilka Q_2^+ kopplas vidare till ett nytt identiskt nät o.s.v., se figur 9.29.

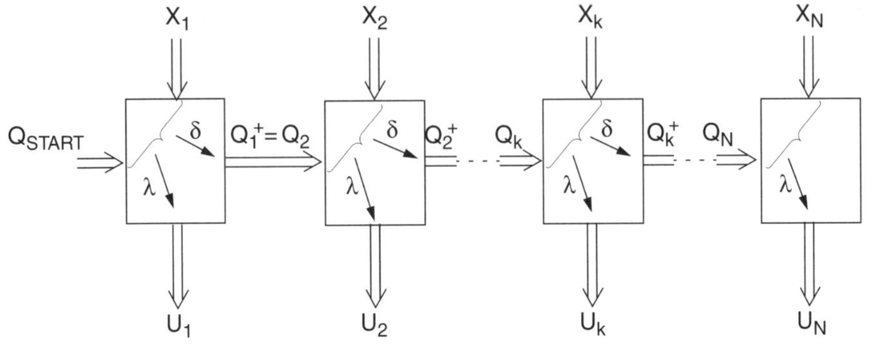

Figur 9.29 Principiellt utseende för ett iterativt kombinatoriskt nät

Det torde härmed stå klart att det iterativa kombinatioriska nätet i figur 9.29 parallellt utför samma informationsbehandling på variabeln X som sekvensnätet i figur 9.28 utför seriellt.

Det allmänna iterativa kombinatoriska nätet består alltså av ett antal identiska enheter, som vi kallar celler. En cell är vidare exakt identisk med kombinatoriken för motsvarande sekvensnät. Eftersom de tidigare presenterade syntesmetoderna för sekvensnät behandlar just realiseringen av den kombinatoriska delen kan följaktligen samma syntesmetoder utnyttjas för iterativa kombinatoriska nät.

Den enda anpassning vi behöver göra är att formulera om vårt problem till ett sekvensnätsproblem. Insignalerna till en viss cell, säg cell k, i det iterativa nätet ska då korrespondera mot de insignaler sekvensnätet tar emot under klockintervall k. Med detta i minnet torde tillståndsgrafen lätt kunna ställas upp.

Såsom visas i kommande exempel kan alltid några, ibland alla, celler förenklas i något avseende.

Exempel 9.9

Ett iterativt kombinatoriskt nät med de binära insignalerna $<x_1, x_2, \ldots, x_N>$ ska ge utsignalen u = 1 omm det bland insignalerna finns exakt en grupp av sammanhängande ettor.

Lösning:

För seriefallet gäller att värdena för signalen x i klockpulsintervallen 1, 2, …, N korresponderar mot de parallellt inkommande signalerna <x_1, x_2, …, x_N> och att u = 1 omm alla inkommande ettor uppträder i konsekutiva klockpulsintervall. Tillståndsgraf, tillståndstabell, flödestabell och Karnaughdiagram framgår av figur 9.30.

a)

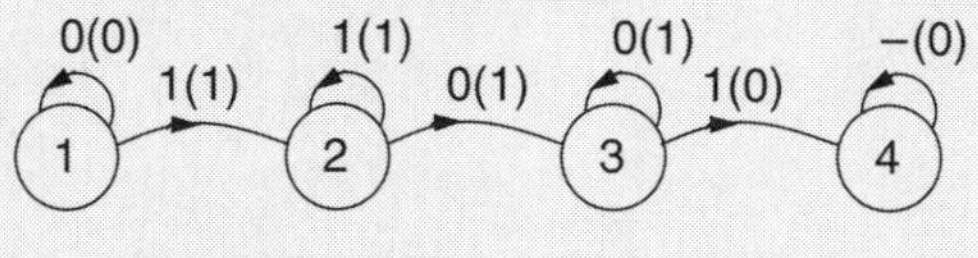

b)

δ(λ)	x = 0	x = 1
1	1(0)	2(1)
2	3(1)	2(1)
3	3(1)	4(0)
4	4(0)	4(0)

c)

δ(λ)		x = 0	x = 1
1	00	00(0)	01(1)
2	01	11(1)	01(1)
3	11	11(1)	10(0)
4	10	10(0)	10(0)

d)

q_1q_2 \ x	0	1
00	0	0
01	1	0
11	1	1
10	1	1

0	1
0	1
1	1
1	0
0	0

0	1
0	1
1	1
1	0
0	0

Figur 9.30 Syntes för seriefallet

Ur Karnaughdiagrammen erhålls:

$$q_1{}^+ = q_1 + q_2x'$$
$$q_2{}^+ = q_1'x + q_2x'$$
$$u = q_1'x + q_2x'$$

I ett allmänt fall skulle nu varje cell i det iterativa nätet beskrivas av ovanstående ekvationer. Emellertid kan i de flesta fall cellerna förenklas i något avseende, så också här. Det kombinatoriska nätet har bara en utsignal och det finns därför ingen anledning att utrusta varje cell med kombinatoriken för u-funktionen. Det är tillräckligt att den sista cellen (den N:te) producerar önskat u-värde. Cell N behöver däremot inte generera tillståndssignalerna q_1^+ och q_2^+, då efterföljande cell saknas. Genom insättning av begynnelsevillkoret $q_1 = q_2 = 0$ (starttillståndet är kodat 00) i de Booleska uttrycken för q_1^+ och q_2^+ kan cellerna i början av iterationskedjan förenklas.

Vi kan särskilja följande typer av celler:

cell 1: $(q_1 = q_2 = 0)$
$q_1^+ = 0$
$q_2^+ = x$

Förenklingen fortsätter i cell 2, eftersom här gäller att $q_1 = 0$.

cell 2: $(q_1 = 0)$
$q_1^+ = q_2x'$
$q_2^+ = q_2 + x$

Nätets övriga celler t.o.m. den näst sista ges av de tidigare framtagna uttrycken. För cell 3 gäller visserligen $<q_1q_2> \neq <10>$, men detta resulterar inte i någon förenkling.

cell 3 t.o.m. (N–1):
$q_1^+ = q_1 + q_2x'$
$q_2^+ = q_1'x + q_2x'$

Den sista cellen är unik och ges av:

cell N:
$u = q_1'x + q_2x'$

Nätets realisering visas i figur 9.31.

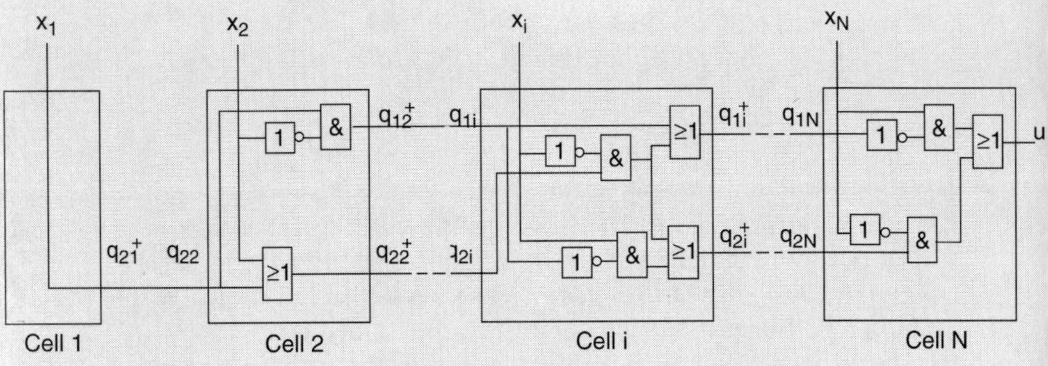

Figur 9.31 Nätets realisering

I exempel 9.9 har vi valt att använda oss av Mealy-modellen. Moore-modellen fungerar naturligtvis också, men är för iterativa kombinatoriska nät mindre lämplig. Moore-modellens utsignal beror, som bekant, endast av tillståndsvariablerna. Därför kommer, om ingen åtgärd vidtages, utsignalen från cell N att bli oberoende av x_N.

Användandet av en iterativ struktur ger alltså möjlighet att realisera kombinatoriska nät med ett stort antal insignaler N för en kostnad som stiger linjärt med N. Detta kan jämföras med en realisering enligt disjunktiv eller konjunktiv normalform (realisering med permanentminne) där kostnaden stiger ungefär med 2^N (= antalet positioner i minnesarean med N bitars adress och ordlängden 1).

En allmän jämförelse mellan informationsbehandling utförd parallellt respektive seriellt visar i regel följande. Den parallella behandlingen i ett kombinatoriskt nät är snabb men kräver ett stort komponentuppbåd. Den seriella behandlingen är långsammare men kräver i gengäld färre komponenter. Valet mellan serie- och parallellbehandling är alltid avhängigt av det större sammanhanget. Om exempelvis insignalerna primärt levereras i serieform utgör naturligtvis sekvensnätets längre bearbetningstid inte någon nackdel medan å andra sidan en ren parallell behandling skulle kräva en serie-parallell omvandling före det kombinatoriska nätet. (Hur sådan omvandling utförs visas i kapitel 11.2.)

För nät vars begynnelsetillstånd omedelbart lämnas kan förenklingen av celler oftast drivas längre.

Exempel 9.10

Ett antal binära signaler $<x_1, x_2, \ldots, x_N>$ införs till ett kombinatoriskt nät för vars utsignal u gäller, att u = 1 omm varje grupp av konsekutiva nollor och varje grupp av konsekutiva ettor består av ett jämnt antal.

Lösning:

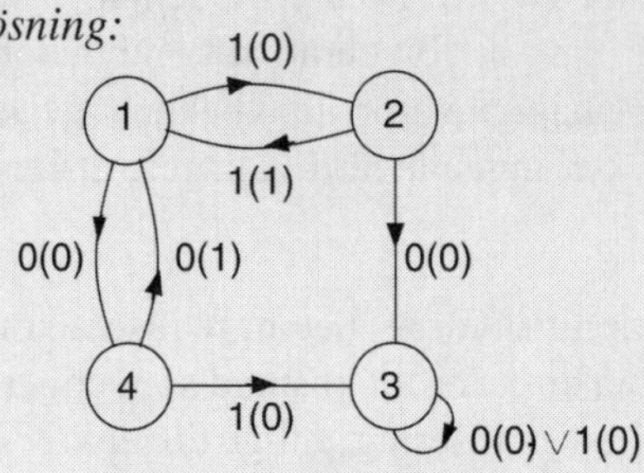

δ–λ	x = 0	x = 1
1	4(0)	2(0)
2	3(0)	1(1)
3	3(0)	3(0)
4	1(1)	3(0)

a	q_1q_2	x = 0	x = 1
1	00	10(0)	01(0)
2	01	11(0)	00(1)
3	11	11(0)	11(0)
4	10	00(1)	11(0)

q_1^+:

q_1q_2 \ x	0	1
00	1	0
01	1	0
11	1	1
10	0	1

q_2^+:

q_1q_2 \ x	0	1
00	0	1
01	1	0
11	1	1
10	0	1

u:

q_1q_2 \ x	0	1
00	0	0
01	0	1
11	0	0
10	1	0

Figur 9.32 Syntes för seriefallet

Lösningsgången enligt figur 9.32 ger de Booleska uttrycken:

$$q_1{}^+ = q_1'x' + q_2x' + q_1x$$

$$q_2{}^+ = q_2'x + q_2x' + q_1x$$

$$u = q_1q_2'x' + q_1'q_2x$$

Cellerna förenklas därefter utgående från givet starttillstånd, här kodat 00.

cell 1:

Genom att sätta in $q_1 = q_2 = 0$ i uttrycken för $q_1{}^+$ och $q_2{}^+$ eller genom att utnyttja Karnaughdiagrammen, där vi vet att bara tillstånd 00 är möjligt, erhålls

$$q_1{}^+ = x'$$

$$q_2{}^+ = x$$

cell 2:

Nätet befinner sig nu antingen i tillstånd 01 eller i tillstånd 10. Utnyttjar vi Karnaughdiagrammen eller sätter in $q_2 = q_1'$ i de Booleska uttrycken får vi

$$q_1^+ = q_2^+ = q_1'x' + q_1x$$

cell 3 och alla följande udda celler:

De möjliga tillstånden är 00 eller 11 ($q_1 = q_2$), vilket ger

$$q_1^+ = q_1 + x'$$
$$q_2^+ = q_1 + x$$

cell 4 och alla följande jämna celler:

Nätet kan inte befinna sig i tillstånd 00 ($q_1 + q_2 = 1$) och cellerna förenklas till

$$q_1^+ = q_2^+ = q_1x + q_2x'$$

Utsignalen u ska endast bildas i sista cellen (cell N). Om antalet celler är udda blir naturligtvis alltid $u = 0$ och vi förutsätter därför att N är ett jämnt tal. Nätet kan då inte befinna sig i tillstånd 00 och u kan förenklas till

$$u = q_1'x + q_2'x'$$

Intressant att notera är att motsvarande sekvensnäts kombinatoriska funktionsuttryck inte ingår i en enda av det iterativa nätets celler. Funktionen blir visserligen den korrekta om så vore fallet, men nätet blir inte minimalt.

Näten i exempel 9.9 och 9.10 hade bestämda starttillstånd och p.g.a. starttillståndens kodning kunde celler förenklas på angivet sätt. Funktionellt var de dock identiska med den allmänna cellen (cell i) utgående från att bara vissa tillstånd var möjliga. Kan vi utifrån påverka tillståndsvariablerna till cell 1 ger vi följaktligen nätet olika starttillstånd och får därmed möjlighet att med styrvariabler ändra nätets funktion. Detta visar vi med ett exempel.

Exempel 9.11

Konstruera ett iterativt kombinatoriskt nät med N insignaler $X = <x_1, x_2, \ldots, x_N>$, två styringångar y_1, y_2, och en utsignal u.

För $y_1y_2 = 00$ ska u = 1 omm antalet ettor i $X \geq 3$
För $y_1y_2 = 01$ ska u = 1 omm antalet ettor i $X \geq 2$
För $y_1y_2 = 10$ ska u = 1 omm antalet ettor i $X \geq 1$
För $y_1y_2 = 11$ ska u ovillkorligen = 1

Lösning:

Uppgiften kan lösas på ett par olika sätt. Den önskade strukturen är dock den i figur 9.33, där y_1, y_2 är insignaler bara till cell 1. De definierar därmed nätets starttillstånd.

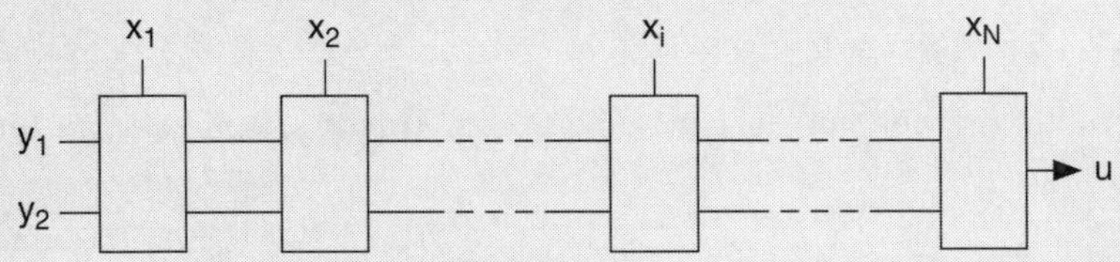

Figur 9.33 Nätets önskade struktur

För $y_1y_2 = 00$ ges önskad funktion av grafen i figur 9.34a) med starttillståndet 1. P.s.s. erhålls önskad funktion för $y_1y_2 = 01$ av grafen i figur b) med starttillståndet 5, för $y_1y_2 = 10$ och $y_1y_2 = 11$ av graferna i c) respektive d) med starttillstånden 8 respektive 10.

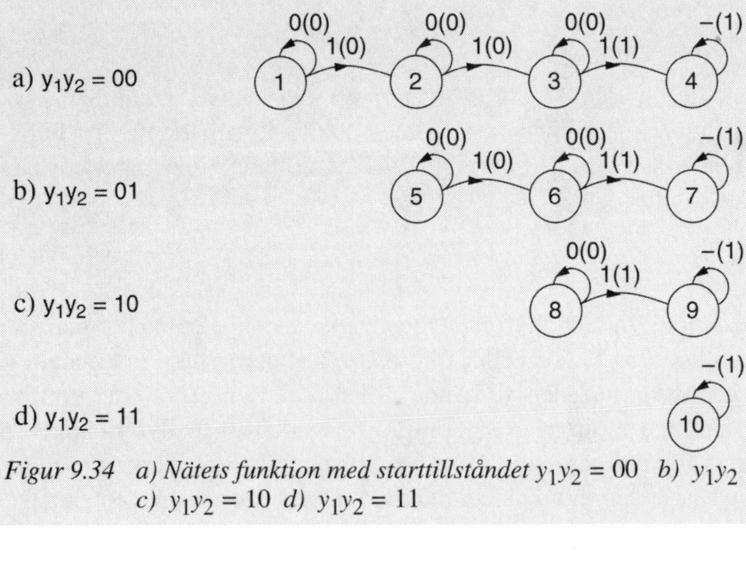

Figur 9.34 a) Nätets funktion med starttillståndet $y_1y_2 = 00$ b) $y_1y_2 = 01$ c) $y_1y_2 = 10$ d) $y_1y_2 = 11$

Genom att studera graferna (eller med formell minimering) finner man lätt att 2 = 5, 3 ≡ 6 ≡ 8 och 4 ≡ 7 ≡ 9 ≡ 10. Den minimerade grafen blir således identisk med 9.34a) där

$Q_{start} = 1$ för $y_1y_2 = 00$
$Q_{start} = 2$ för $y_1y_2 = 01$
$Q_{start} = 3$ för $y_1y_2 = 10$
$Q_{start} = 4$ för $y_1y_2 = 11$

Lämpligt är att koda tillstånden i enlighet med y_1y_2, varvid lösningen fortskrider enligt figur 9.35. Cellerna 1 t.o.m. N–1 blir identiska och ges av ekvationerna för q_1^+ och q_2^+. Cell N är unik och beskrivs av ekvationen för u.

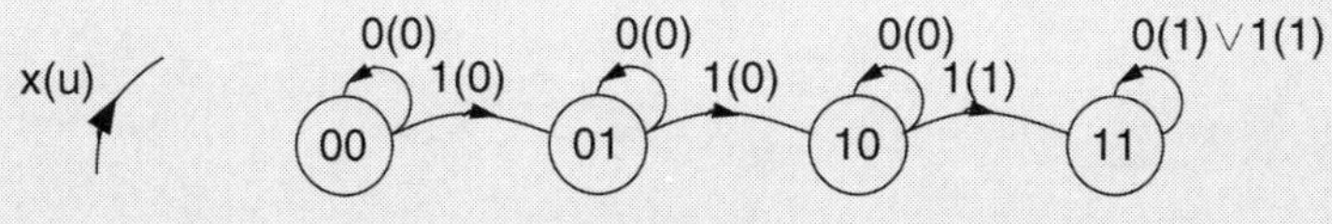

δ(λ)	x = 0	x = 1
00	00(0)	01(0)
01	01(0)	10(0)
10	10(0)	11(1)
11	11(1)	11(1)
q_1q_2	$q_1^+q_2^+(u)$	

q_1q_2 \ x	q_1^+: 0	q_1^+: 1	q_2^+: 0	q_2^+: 1	u: 0	u: 1
00	0	0	0	1	0	0
01	0	1	1	0	0	0
11	1	1	1	1	1	1
10	1	1	0	1	0	1

$q_1^+ = q_1 + q_2x$
$q_2^+ = q_2x' + q_2x' + q_1x$ (alt q_1q_2)
$u = q_1q_2 + q_1x$

Figur 9.35 Lösning efter framtagning av minimal graf

Som ett avslutande exempel på användning av sekvensnät i allmänhet och iterativa kombinatoriska nät i synnerhet ska vi lösa följande konstruktionsproblem.

Exempel 9.12

Konstruera ett kombinatoriskt nät som omvandlar ett binärt n-bitars heltal X till NBCD-kod.

Lösning:

Vi börjar med att betrakta det sekventiella fallet. Den första frågan gäller då om mest signifikant eller minst signifikant bit ska uppträda först. Med kännedom om den divisionsmetod för talomvandling som presenterades i kapitel 2 drar vi den slutsatsen att mest signifikant bit ska uppträda först. Vidare bör det vara möjligt att konstruera ett sekvensnät som med X = <x_1, x_2, …, x_n> som seriell ingång på sin seriella utgång producerar X/10 = Y = <y_1, y_2, …, y_n>. Se figur 9.36a)

a)

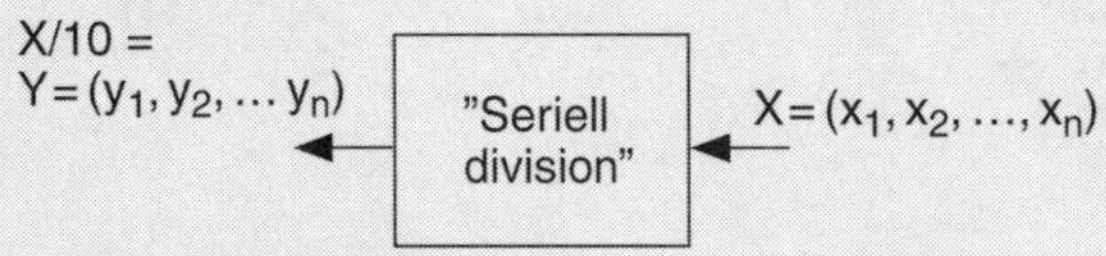

b)

	x = 0	x = 1
0	(0) 0	(0) 1
1	(0) 2	(0) 3
2	(0) 4	(0) 5
3	(0) 6	(0) 7
4	(0) 8	(0) 9
5	(1) 0	(1) 1
6	(1) 2	(1) 3
7	(1) 4	(1) 5
8	(1) 6	(1) 7
9	(1) 8	(1) 9
Q	(y)Q^+	

Figur 9.36 a) Sekvensnät för seriell division med 10
b) Tillståndstabell

Tillståndstabellen för sekvensnätet får utseendet enligt figur 9.36b). Den är framtagen med följande resonemang. Med Q = 0 och x = 1 går vi till tillstånd 1. Om i nästa intervall x = 1 har vi hittills noterat att talet x börjar med binärkombinationen 11, d.v.s. NBCD-talet 3, och vi går därför till Q = 3. Hittills har den influtna delen av X inte kommit upp i tio, varför y hela tiden sätts till 0. Om emellertid Q = 7 och x = 1 betyder detta att X börjar med 1111 = 15. Av denna orsak ger vi då y = 1 och Q^+ = 5. Som synes motsvarar y kvotsiffran och Q^+ resten i varje klockintervall.

Vid NBCD-kodning av Q får vi via Karnaughdiagram följande funktionsuttryck för kombinatoriken.

$$q_1^+ = q_2q_3'q_4' + q_1q_4$$
$$q_2^+ = q_3q_4 + q_2'q_3 + q_1q_4'$$
$$q_3^+ = q_1'q_2'q_4 + q_2q_3q_4'$$
$$q_4^+ = x$$
$$y = q_1 + q_2q_3 + q_2q_4$$

Resultatet så långt består i en iterativ struktur av sekvensnät enligt figur 9.37. Signalen y som representerar talet X/10 behandlas ju lämpligen på samma sätt som x för att generera z som representerar x/100 etc. På detta sätt har vi ett nät som efter n klockintervall i sina D-vippor innehåller det NBCD-kodade talet.

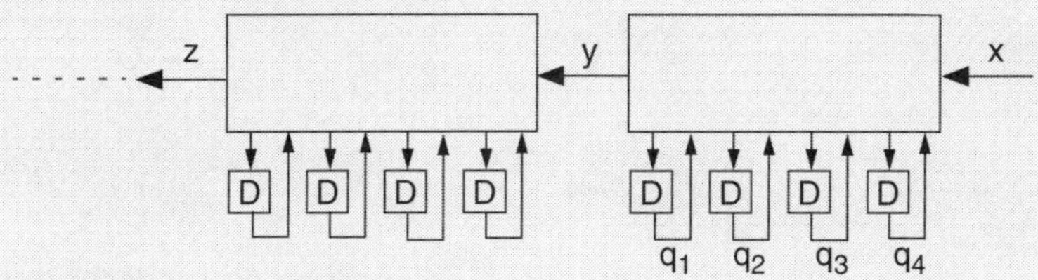

Figur 9.37 Nätets struktur i seriefallet

Omvandlingen av sekvensnät i figur 9.37 till ett rent kombinatoriskt nät består i att konvertera vart och ett av de dividerande sekvensnäten till en iterativ struktur med tidskoordinanten ersatt av en vertikal rumskoordinat. Se figur 9.38.

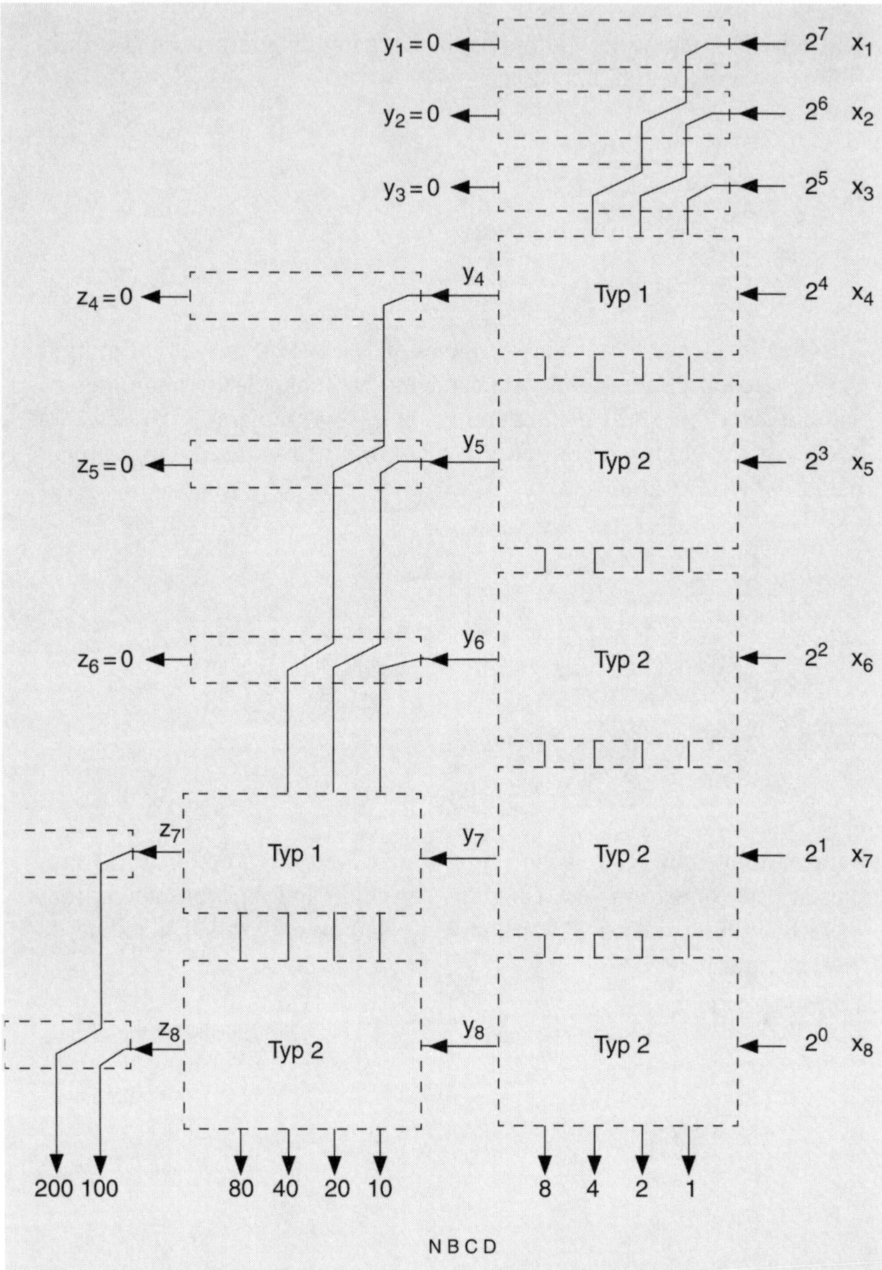

Figur 9.38 Det iterativa nätet

Iterationen börjar uppifrån (motsvarande $t = 0$ för sekvensnätet). Så länge $q_1 = q_2 = 0$ blir näten enbart kortslutningar, vilket kan verifieras i de ovan givna funktionsuttrycken.

$$q_1^+ = 0 \qquad q_2^+ = q_3$$
$$q_3^+ = q_4 \qquad q_4^+ = x$$

Först från och med nivån med x_4 som ingång blir funktionsuttryckens realisering ett verkligt nät. Fortfarande är emellertid $q_1 = 0$, varför nätet typ 1 realiserar

$$q_1^+ = q_2 q_3' q_4$$
$$q_2^+ = q_3 q_4 + q_2' q_3$$
$$q_3^+ = q_1' q_2' q_4 + q_2 q_3 q_4'$$
$$q_4^+ = x$$
$$u = q_2 q_3 + q_2 q_4$$

På nästa nivå är alla fyra tillståndsvariablerna utbildade, varför vi här har att med nätet typ 2 realisera den kompletta avbildningen enligt tidigare funktionsuttryck.

9.11 Formell definition av sekvensnät

Ett synkront sekvensnät A definieras med hjälp av fem storheter, d.v.s. A är en femtupel

$$A = \langle S_{in}, S_{ut}, S_Q, \delta, \lambda \rangle$$

där

S_{in} är en ändlig mängd av ingångsvärden (ingångsalfabet)

S_{ut} är en ändlig mängd av utgångsvärden (utgångsalfabet)

S_Q är en ändlig mängd av inre tillstånd (tillståndsalfabet)

Dessa tre mängder har följande element

$$S_{in} = \{X_1, X_2, \ldots, X_N\}$$
$$S_{ut} = \{U_1, U_2, \ldots, U_M\}$$
$$S_Q = \{Q_1, Q_2, \ldots, Q_P\}$$

Elementen i dessa mängder definieras i sin tur av tre variabler (vektorer) enligt följande

$X = <x_1, x_2, \ldots, x_n>$ och X_i är ett speciellt värde av X
$U = <u_1, u_2, \ldots, u_m>$ och U_i är ett speciellt värde av U
$Q = <q_1, q_2, \ldots, q_p>$ och Q_i är ett speciellt värde av Q

x_i, u_i, q_i är (vanligtvis) binära storheter och i enlighet med tidigare praxis använder vi för dessa beteckningen signaler för att undvika förväxling med variablerna X, U och Q.

Återstår så att definiera δ och λ.

$$\delta: S_Q \times S_{in} \rightarrow S_Q$$

är en kombinatorisk funktion som bestämmer nästa inre tillstånd, d.v.s.

$$Q(t + 1) = [Q(t), X(t)].$$
$$\lambda: S_Q \times S_{in} \rightarrow S_{ut}$$

är en kombinatorisk funktion som bestämmer utgångsvärdet, d.v.s.

$$U(t) = [Q(t), X(t)].$$

Variablerna X, U och Q beror alltså av tiden t. Tiden t antas kvantiserad och vi intresserar oss endast för ögonblicksvärdena i tidpunkterna t = 0, 1, 2, ... Att de tre variablerna är tidsberoende behöver vi fortsättningsvis knappast påpeka i varje fall. Dock måste vi undvika sammanblandning mellan nuvarande tillstånd Q(t) och nästa tillstånd Q(t + 1) vilka vi betecknar Q respektive Q^+. Ett bekvämare skrivsätt för δ- och λ-funktionerna blir då

$$Q^+ = \delta(Q, X)$$
$$U = \lambda(Q, X)$$

Den algebraiska definitionen av ett sekvensnät kan nu direkt översättas till ett nät enligt figur 9.39a) eller 9.39b).

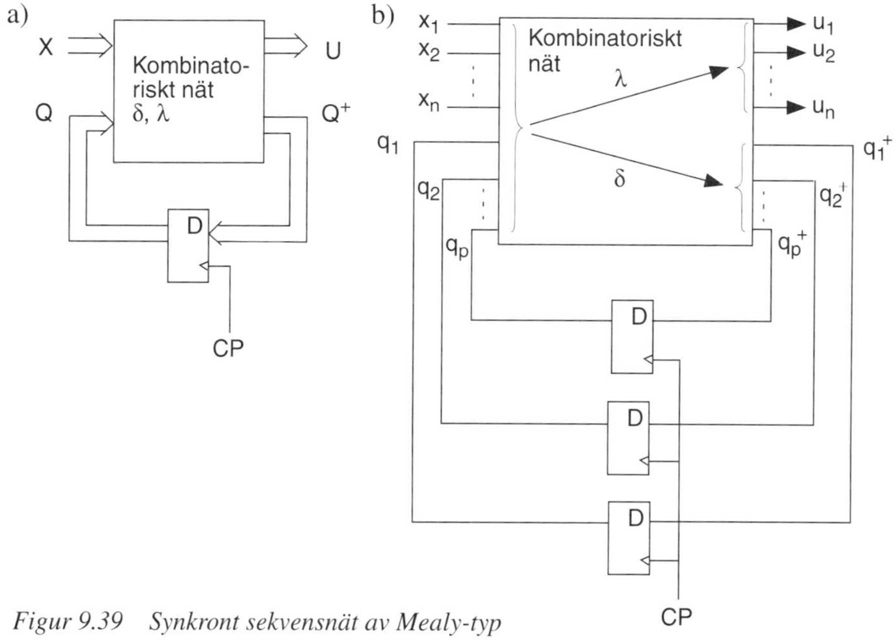

Figur 9.39 Synkront sekvensnät av Mealy-typ

Ovanstående definition av ett sekvensnät gavs första gången i ungefär denna form av Mealy och modellen benämns därför ibland Mealymodellen (se avsnitt 9.2). Sekvensnätet sägs vara av Mealy-typ. Implicit definierades sekvensnät emellertid på detta sätt redan av Huffman. Honom tillkommer den ovanskliga äran av att ha lanserat begreppet inre tillstånd. Detta och allenast detta gör det möjligt att bryta ut de i sekvensnätets funktion ingående kombinatoriska funktionerna. Härigenom kunde Huffman nå fram till analys- och syntesmetoder för sekvensnät som var lika systematiska som motsvarande metoder för kombinatoriska nät. Att Huffman uteslutande behandlade asynkrona sekvensnät samt att han i sina exempel huvudsakligen tar upp relänät har tyvärr vållat en viss begreppsförvirring.

En något annorlunda modell för ett sekvensnät har presenterats av Moore. Ett sekvensnät av Moore-typ skiljer sig från Mealy-modellen endast därigenom att utgångsfunktionen λ är oberoende av X, (se avsnitt 9.2) d.v.s.

$$Q^+ = \delta(Q, X)$$
$$U = \lambda(Q)$$

Sekvensnät av Moore-typ kan uppenbarligen ses som ett specialfall av sekvensnät av Mealy-typ.

10 Synkroniseringsproblemet. Klockade vippor

10.1 Minnesfunktioner. Asynkron bistabil vippa

I det närmast föregående kapitlet har vi använt oss av en sekvensnätsmodell som består av två delar. Den ena delen innehåller de kombinatoriska funktionerna $\delta(Q, X)$ och $\lambda(Q, X)$ om vars komponentmässiga realisering inga tveksamheter torde råda. Den andra delen utgörs av vippor, vilkas realisering hittills inte berörts. Vippporna ska, som bekant, hålla ett stabilt q-värde mellan två klockflanker. Detta betyder att en vippa i sig måste innehålla en minnesfunktion.

I tekniskt språk betyder minne lagringsplats för information och minnesteknik utgör en ytterst viktig del av den större disciplinen digitalteknik. Vi ska här skärpa begreppet minne utöver det vanliga och definiera ett minne som en speciell klass av (asynkrona) sekvensnät.

Ett minne är ett sekvensnät vars tillståndstabell har två typer av kolumner. I den ena av dessa är samtliga tillstånd stabila d.v.s. $Q^+ = Q$. I den andra gäller att $Q^+ = \delta(X)$.

Definitionen klargörs av tabellen i figur 10.1. Minnet (sekvensnätet) har p st tillstånd. Mot varje sådant tillstånd svarar ett visst värde X_i så att för $X=X_i$ tvingas sekvensnätet till tillstånd i oavsett det nuvarande tillståndet. För $X=X_0$ är samtliga tillstånd stabila. Minnet står kvar i tillstånd i om $X=X_0$ föregåtts av $X=X_i$. Stabila lägen i tillståndstabellen har markerats med en ring.

δ	X_0	X_1	X_2	– – –	X_p
1	①	①	2		p
2	②	1	②		p
⋮	⋮	⋮	⋮		⋮
4	ⓟ	1	2		ⓟ

Figur 10.1 Tillståndstabellen för ett minne

Minnen är sekvensnät och som sådana kan de inte realiseras utan återkoppling. Tack vare de starka restriktioner, som pålagts δ-funktionen och som framgår av figur 10.1, kan emellertid dessa sekvensnät realiseras utan vippor eller andra fördröjare.

Vi ska nu syntetisera ett minne med två tillstånd. Av definitionen framgår att med tillstånden {1, 2} krävs ett ingångsalfabet med minst tre element $\{X_0, X_1, X_2\}$, se figur 10.2a). Binärkodningen av tillstånd och insignaler framgår av flödestabellen figur 10.2b) där X = <S, R>. Flödestabellen kan direkt läsas som ett Karnaughdiagram och ger

$$q^+ = S + qR'$$

Realiserad med NAND-grindar får den asynkrona bistabila vippan utseendet enligt figur 10.2c). Återkopplingen innehåller inga vippor vilket gör att vi i detta kretsschema inte kan skilja q^+ från q.

a)

δ	X_0	X_1	X_2
1	(1)	(1)	2
2	(2)	1	(2)

b)

q \ SR	00	01	11	10
0	0	0	–	1
1	1	0	–	1

q^+

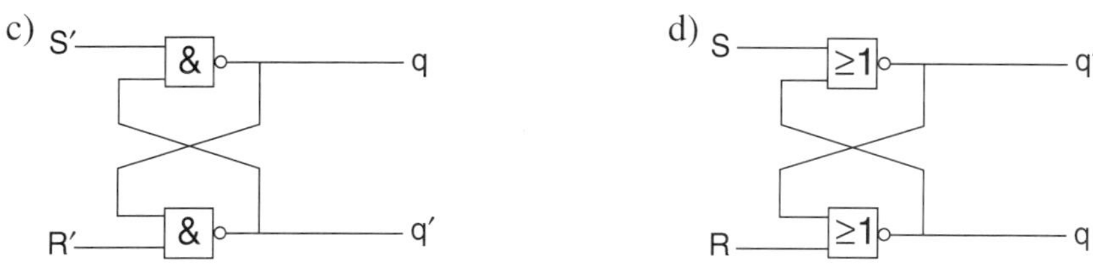

Figur 10.2 Minne med två tillstånd
a) Tillståndstabell
b) Flödestabell
c) Realisering med NAND-grindar
d) Realisering med NOR-grindar

Den bistabila vippan genererar tillståndsvariabeln q i såväl rättvänd som inverterad form. För S′ = R′ = 1 står vippan kvar i sitt tidigare tillstånd, vare sig detta är q = 0 eller q = 1. För S′ = 0, R′ = 1 antar q värdet 1 och så snart återkopplingen hunnit verka kan S′ återgå till 1. På samma sätt ger S′ = 1, R′ = 0 en tvångsställning av vippan till q = 0. Insignalkombinationen S′ = R′ = 0 används aldrig.

Den bistabila vippan kan också realiseras med NOR-grindar så som visas i figur 10.2d). Observera att vippan med NOR-grindar ettställs respektive nollställs med signaler som är inverterade i förhållande till vippan med NAND-grindar.

En bistabil vippa av beskrivet slag kallas också SR-vippa (Set-Reset vippa), då man gör "set" på vippan med S = 1 och "reset" med R = 1. Ett annat namn är latch, vilket används för att skilja den från dess klockade namne. Ett användningsområde för latchen är rensning av kontaktstudsar, i det fall man har en kontaktfunktion med diskontinuerlig växling. Mer om detta i avsnitt 10.4.

10.2 Klockade vippor. Konstruktionstyper

Synkrona sekvensnät kräver klockade vippor. I detta avsnitt ska vi behandla de vanligaste konstruktionstyperna, av vilka de flesta har en gemensam nämnare nämligen den asynkrona bistabila vippan.

En första ansats att tillverka en klockad vippa framgår av figur 10.3. Under den halvperiod då klockpulsen är låg är a = b = 1 och vippan står kvar i ett av sina stabila tillstånd. Först när klocksignalen byter värde från 0 till 1 kommer S och R att påverka vippan.

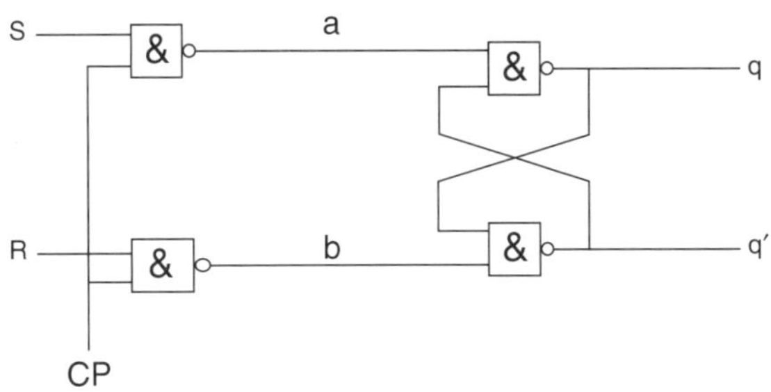

Figur 10.3 Klockad (men ofullständig) SR-vippa

Konstruktionen i figur 10.3 är emellertid inte tillräcklig. I ett sekvensnät återkoppas, som bekant, tillståndsvariablerna för att i nätets kombinatoriska del, tillsammans med eventuella insignaler, bilda nya värden på S och R. Under den halvperiod då klockpulsen är hög finns det en sluten orsak–verkan kedja mellan vippans utgång och ingång och vippan kan alltså slå om ånyo. Nytt q-värde ger nya S- och R-värden, vippan kan slå om igen osv. Detta pågår ända tills klockpulsen återgår till noll. Vippan kan då befinna sig i vilket tillstånd som helst. Således måste vi på något sätt modifiera denna nivåtriggade vippa så att den bara kan byta tillstånd en gång per klockintervall.

En lösning på detta problem är den s.k. Master-Slave vippan. Denna består av två med i figur 10.3 identiska vippor, kopplade enligt figur 10.4.

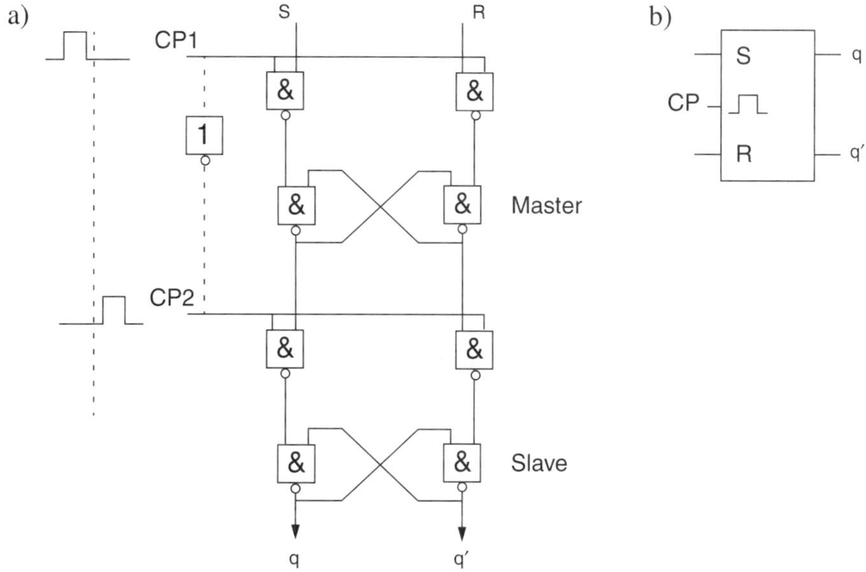

Figur 10.4 Master-Slave SR-vippa

S- och R-värdet införs för CP1 = 1 till master-vippan vars inställning i sin tur kopieras in i slave-vippan för CP2 = 1. Master-vippan är blockerad för CP1 = 0 och slave-vippan för CP2 = 0. Som indikeras i figur 10.4a) ska i princip klockpulserna CP1 och CP2 ligga åtskilda i tiden. Under förutsättning att signalen CP1 uppvisar korta stig- och falltider och därmed är väldefinierad i tiden är det emellertid riskfritt att låta CP2 styras av CP1 så att CP2 = (CP1)′. Endera master- eller slave-vippan är alltså alltid blockerad och den slutna orsak–verkan kedjan mellan utgång och ingång har brutits.

En förenklad symbol för den klockade vippan visas av figur 10.4b). Av denna framgår det emellertid fortfarande att inställningen sker med två signaler S (Set, 1-ställning) och R (Reset, 0-ställning).

En svaghet hos master-slave vippan är att S och R måste ha stabila värden när CP1 = 1, d.v.s. alla hasardspikar måste ha dött ut under halva klockpulsintervallet. I annat fall kan spikarna felaktigt ettställa eller nollställa mastervippan och ett falskt värde kommer att kopieras ner i slavevippan.

Detta problem har föranlett de flesta halvledartillverkare att övergå till flanktriggade vippor (edge-triggered flip-flops). Dessa arbetar renodlat på klocksignalens front och håller inte ingången öppen under ett av klocksignalen definierat intervall som master-slave-vippan. Här gäller självklart att när klocksignalens "aktiva front" uppträder ska stabila signaler ha hunnit utbildas på vippans ingångar. Med samma varaktighet på hasardspikarna som i master-slavefallet kan följaktligen klockfrekvensen fördubblas.

Vi ska kortfattat beskriva två metoder att realisera flanktriggade vipppor med grindar och bistabila vippor. Den första bygger på möjligheten att bilda en kort puls av en fyrkantvåg med hjälp av kombinationen fördröjare-AND-grind. Se figur 10.5a). När x går från 0 till 1 genereras u = 1 men bara under den tid som svarar mot fördröjningen i inverterarsteget. I figur 10.5b) används detta för att då CP går till 1 generera 1-ställnings eller 0-ställningspuls till den bistabila vippan. Trots att det tidsintervall som signalerna S och R tillåts påverka vippan sålunda är noga avpassat visar det sig nödvändigt att placera en extra fördröjning på vippans utgångar.

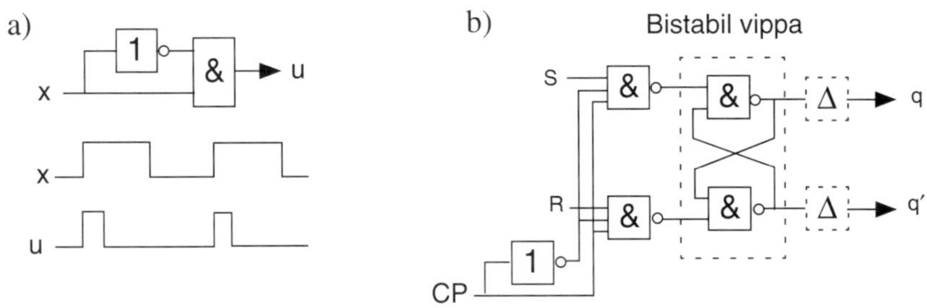

Figur 10.5 a) "Spikbildare" b) Flanktriggad SR-vippa

En elegant, men något intrikat version av klockad vippa visas av figur 10.6. Vi har här valt att visa D-vippan eftersom denna nu blir enklare än SR-vippan. Konstruktionstypens SR-vippa kräver nämligen återkoppling från q för att klara insignalkombinationen SR = 00.

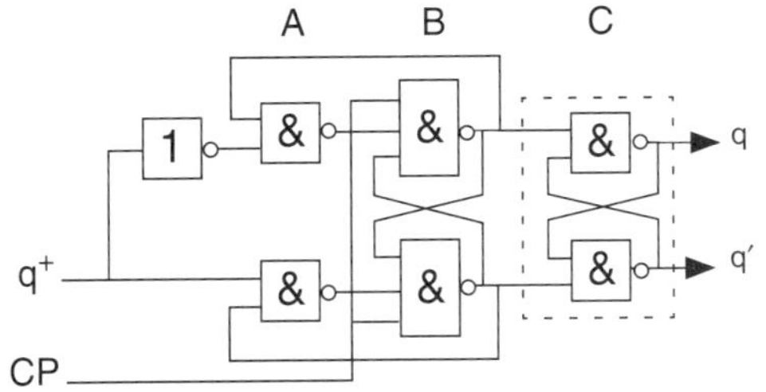

Figur 10.6 Flanktriggad D-vippa

För CP = 0 är AND-funktionen i grindarna vid B blockerad och dessa lämnar båda värdet 1 till grindarna vid A och den bistabila vippan vid C står i sin minnesfas. En av grindarna vid A lämnar värdet 1 beroende på q^+-värdet. När CP går till 1 kommer därför en av grindarna vid B att ändra sin utsignal från 1 till 0 och ställa vippan vid C. Samtidigt kommer emellertid denna grind vid B att blockera dels sin A-grind och dels den andra B-grinden och själva hålla sin 0:a tills CP återgår till 0. Härigenom bryts också signalpåverkan från q^+ till den bistabila vippan vid C på önskat sätt.

MOS-transistorn erbjuder speciella möjligheter att realisera vippfunktioner. Dess höga ingångsimpedans tillsammans med dess interna kapacitanser ger en mycket stor tidskonstant och man kan därför konstruera vippor som enbart förlitar sig på intermittent lagring av information, s.k. dynamiska vippor.

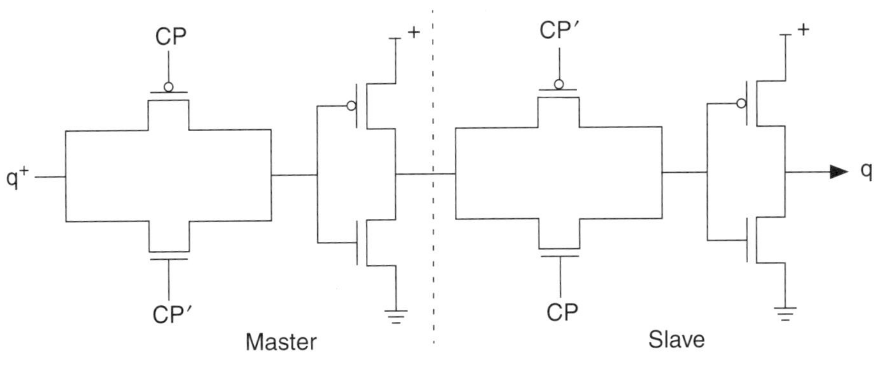

Figur 10.7 Dynamisk D-vippa i MOS-teknik

Betrakta D-vippan i figur 10.7. Vippan är sammansatt av två stycken dynamiska latchar, en master och en slave, vardera uppbyggda av en transmissionsgrind och en inverterare. Under klocksignalens låga halvperiod är mastern transparent, medan slaven är spärrad. q-värdet finns nu lagrat i den avslutande inverterarens interna kapacitanser. När klockan växlar från låg till hög flyttas masterns information till slaven och under den höga halvperioden råder omvända förhållanden. Slaven är transparent, mastern spärrad och informationen är lagrad i masterns interna kapacitanser. Konstruktionstypen är att betrakta som en flanktriggad master-slave-vippa.

Klockpulsintervallet kan inte göras godtyckligt långt, eftersom kapacitanserna med tiden förlorar sin laddning. Efter en tid, som brukar vara i storleksordningen några millisekunder, måste informationen regenereras och denna tid definierar således det maximala klockpulsintervallet.

10.3 Klockade vippor. Funktionstyper

I föregående avsnitt redovisades klockade vippor av olika konstruktionstyper. I de flesta fall kunde man konstatera att en klockad vippa primärt är försedd med två ingångar S och R. En sådan vippa kallar vi SR-vippa och den skiljer sig från en asynkron bistabil vippa genom att S- och R-värdena inte ger en direktinställning av utgångarna utan tidsstyrs av klocksignalen. Det naturligaste är därför att betrakta SR-vippan som en given grundkonstruktion och vi ska se hur man genom att tillfoga yttre grindar och återkopplingar kan åstadkomma en serie olika funktionstyper. Klockningen saknar inte helt betydelse men kommer inte att diskuteras närmare.

Figur 10.8 visar en uppställning av de vanligast förekommande funktionstyperna av klockade vippor. Varje vippa är ett (litet) sekvensnät och beskrivs därför lämpligen med en flödestabell. För varje vippa visas längst till vänster hur den kan byggas upp med utgångspunkt från den klockade SR-vippan. Dessutom visas den förenklade symbol som kommer att användas i den fortsatta framställningen.

SR-vippan är som nyss nämnts grundkonstruktionen som ettställs för $S = 1$ och nollställs för $R = 1$. Kombinationen $S = R = 1$ förutsätts inte uppträda.

För D-vippan motsvaras ingången D direkt av nästa inre tillstånd q^+. Tillståndstabellen kan skrivas om enligt nedan där vi dessutom för varje kombination av q och D bestämt de värden S och R ska ha för vippan vid nästa klockintervall ska anta $q = q^+$.

q	D	q^+	S	R
0	0	0	0	–
0	1	1	1	0
1	0	0	0	1
1	1	1	–	0

Vi konstaterar att S = D och S = D′ vilket förklarar figur 10.8.

En T-vippa kommer för T = 1 att växla tillstånd vid nästa klockflank. För T = 0 står emellertid det tidigare q-värdet kvar. Omskrivning av flödestabellen på samma sätt som för D-vippan ger

q	T	q^+	S	R
0	0	0	0	–
0	1	1	1	0
1	0	1	–	0
1	1	0	0	1

ur vilket erhålls: S = q′T och R = qT (se figur 10.8).

JK-vippan innehåller samma uppsättning grindar med yttre återkoppling som T-vippan. Funktionsmässigt uppvisar JK-vippan stora likheter med SR-vippan. För JK-vippan ger emellertid även kombinationen J = K = 1 ett definierat funktionssätt. Omskrivning av flödestabellen p.s.s. som för D- och T-vippan ger S = Jq′ och R = Kq (se figur 10.8).

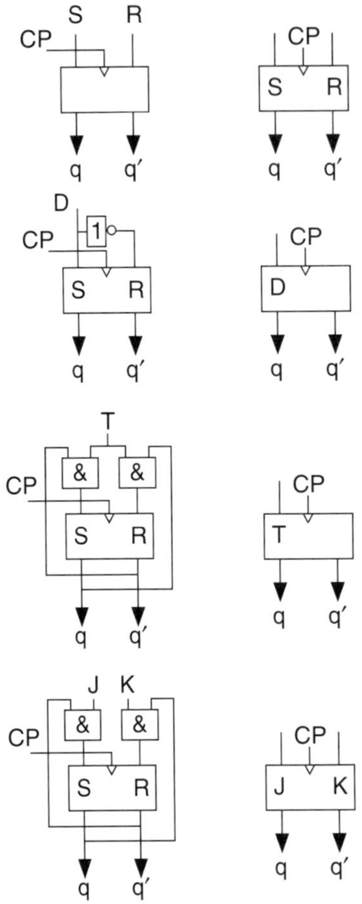

SR-vippa

q \ SR: δ	00	01	11	10
0	0	0	X	1
1	1	0	X	1

D-vippa

q \ D: δ	0	1
0	0	1
1	0	1

T-vippa

q \ T: δ	0	1
0	0	1
1	1	0

JK-vippa

q \ JK: δ	00	01	11	10
0	0	0	1	1
1	1	0	0	1

Figur 10.8 Funktionstyper av klockade vippor uppbyggda kring SR-vippan

Ingenting hindrar den fantasifulle teknikern att utöka raden av funktionstyper med ytterligare varianter genom tillägg av flera insignaler, yttre grindar och en mera invecklad återkoppling. Följden blir emellertid att bara den att man får ett mer och mer komplext sekvensnät i stället för en ”ren” klockad vippa.

Realiseringen av D-vippan enligt figur 10.7 innehåller inga urskiljbara SET eller RESET-signaler. Här (liksom för figur 10.6) måste vi alltså betrakta D-vippan som den primära funktionen. Övriga funktionstyper erhålls ur en D-vippa på sätt som visas av figur 10.9. För resterande konstruktionstyper skapas de olika funktionstyperna ur en SR-vippa enligt figur 10.8.

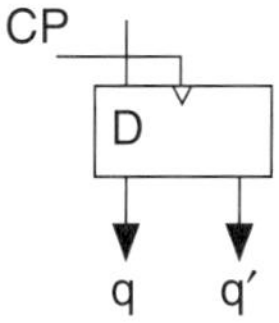

δ \ D	0	1
q = 0	0	1
q = 1	0	1

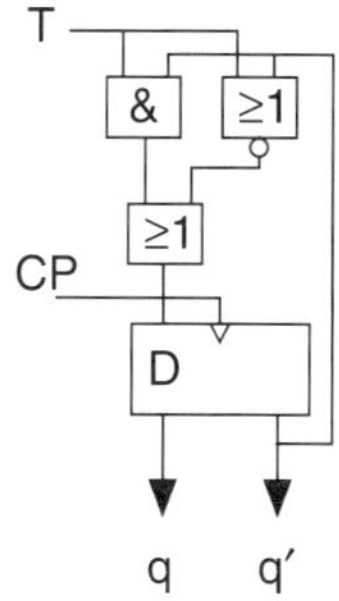

δ \ T	0	1
q = 0	0	1
q = 1	1	0

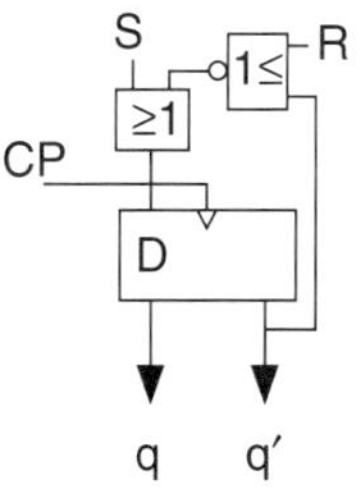

δ \ SR	00	01	11	10
q = 0	0	0	1	1
q = 1	1	0	1	1

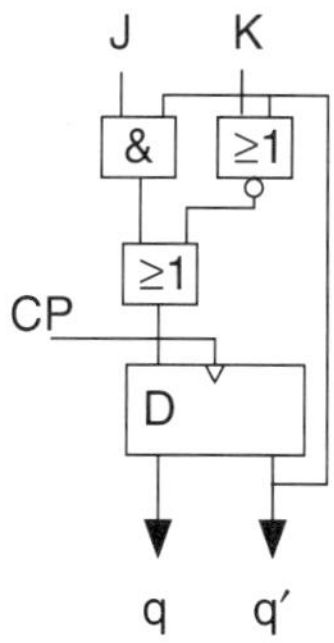

δ \ JK	00	01	11	10
q = 0	0	0	1	1
q = 1	1	0	0	1

Figur 10.9 Funktionstyper av klockade vippor uppbyggda kring D-vippan

Den generella metoden för syntes av sekvensnät resulterar i sitt näst sista moment till framtagandet av funktionerna q_1^+, q_2^+ … för tillståndssignalerna q_1, q_2 … Antag nu att vipporna ska vara av typ SR-vippor. Med känt q_1, q_2 … har vi att bestämma funktionerna S_1, R_1, S_2, R_2 … så att q_1^+, q_2^+ … blir de önskade. Sambandet mellan $\{q, q^+\}$ och de olika vippornas insignaler framgår av figur 10.10.

q	q^+	S	R	D	T	J	K
0	0	0	–	0	0	0	–
0	1	1	0	1	1	1	–
1	1	–	0	1	0	–	0
1	0	0	1	0	1	–	1

Figur 10.10 Tabell som visar hur vippornas insignaler beror av q och q^+

Dessa samband bör ej memoreras utan förstås med hjälp av figur 10.9 och/eller 10.10.

Exempel 10.1

Konstruera det sekvensnät som togs fram i exempel 9.6 i tre nya varianter med SR-vippor, T-vippor och JK-vippor respektive.

Lösning:

Vi kan använda den tidigare lösningen fram till och med framtagandet av flödestabellen. Med hjälp av sambanden i figur 10.10 expanderas tabellen med kolumner också för S-, R-, T-, J- och K-funktionerna. Först kan vi konstatera att eftersom Q^+ är ospecificerad för $q_1q_2'q_3$ blir också alla insignaler till vipporna ospecificerade för denna kombination. I övrigt uppmanas läsaren att själv konstatera att diagrammen är riktigt ifyllda. Notera speciellt de ymnigt förekommande ospecificerade värdena i J- och K-funktionerna.

Antag att sekvensnätets kombinatorik ska utföras med AND–OR-grindar. Det är då av intresse att se hur valet av vippa påverkar kombinatorikens komplexitet. De minimala disjunktiva funktionsuttrycken blir m.h.a. Karnaughdiagrammen i figur 10.11 enligt följande

$$q_1^+ = D_1 = q_1q_2q_3' + q_1'q_3'x' + \underline{q_1'q_2x}$$
$$q_2^+ = D_2 = q_2'q_3 + q_1'q_3'x' + \underline{q_2q_3'x'} + \underline{q_1'q_2x}$$
$$q_3^+ = D_3 = \underline{q_2q_3'x'} + q_1'q_3x + q_1'q_2'x$$

$$S_1 = q_1'q_3x' + q_1'q_2x \qquad R_1 = \underline{q_1q_3} + q_1q_2'$$
$$S_2 = q_2'q_3 + q_1'q_3'x' \qquad R_2 = q_2q_3x' + q_1x$$
$$S_3 = q_2q_3'x' + q_1'q_2'x \qquad R_3 = q_3x' + \underline{q_1q_3}$$

$$T_1 = q_1'q_2x + \underline{q_1q_3} + \underline{q_3x'} + q_1q_2'$$
$$T_2 = q_1'q_2'x' + q_1q_2x + q_2'q_3 + \underline{q_3x'}$$
$$T_3 = q_1'q_2'q_3'x + q_2x' + \underline{q_3x'} + \underline{q_1q_3}$$

$$J_1 = q_2x + \underline{q_3x'} \qquad K_1 = q_2' + q_3$$
$$J_2 = q_1'x' + q_3 \qquad K_2 = \underline{q_3x'} + q_1x$$
$$J_3 = q_1'q_2'x + q_2x' \qquad K_3 = x' + q_1$$

Vi har därmed fyra olika kombinatoriska nät som tillsammans med rätt typ av klockad vippa realiserar den önskade δ-funktionen. För en korrekt kostnadsjämförelse krävs att hänsyn tas till grinddelningsmöjligheterna i respektive nät. För de ovanstående algebraiska uttrycken betyder understrukna termer att motsvarande grind kan delas mellan två eller flera funktioner.

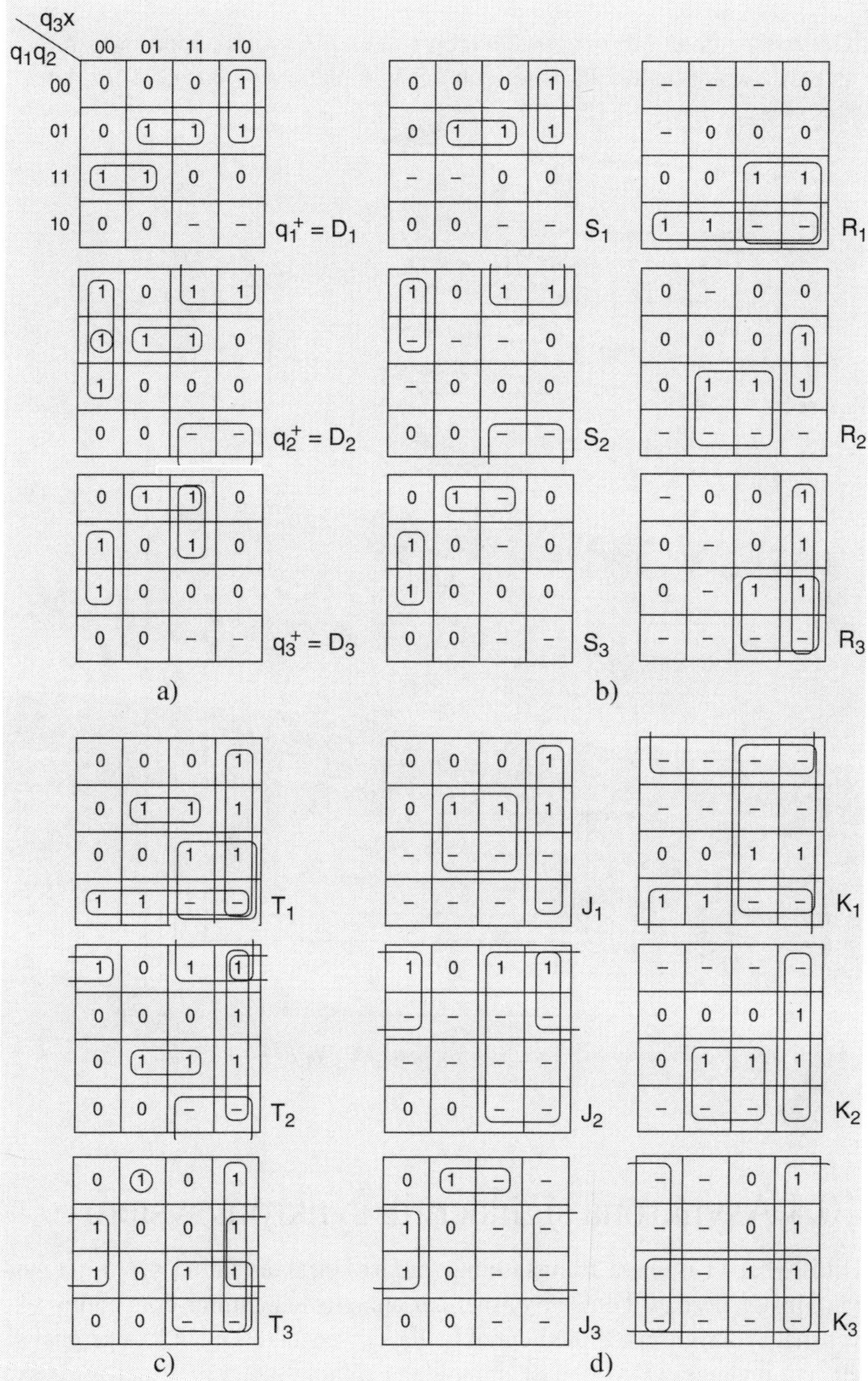

Figur 10.11 Karnaughdiagram för D-, S-, R-, T-, J- och K-funktionerna

Det råder i detta fall knappast någon tvekan om att JK-vipporna ger det enklaste kombinatoriska nätet och det kompletta sekvensnätet för detta fall visas av figur 10.12.

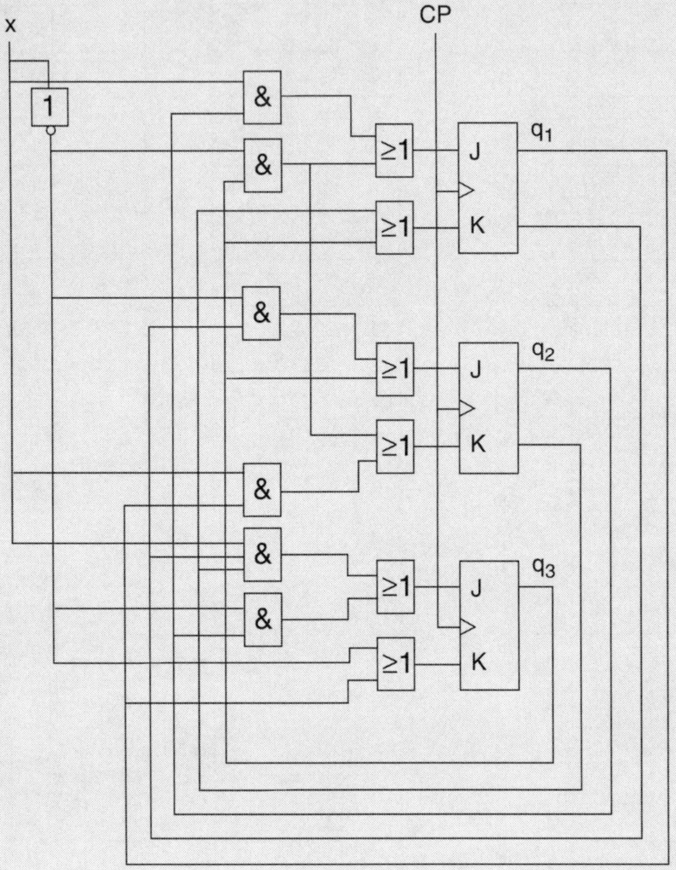

Figur 10.12 Sekvensnätets realisering med JK-vippor

10.4 Asynkrona signaler till synkront system

Hittills har vi i denna framställning endast betraktat slutna synkrona system. Insignalerna till ett sekvensnät har antagits härstamma från andra sekvensnät synkroniserade med det aktuella sekvensnätets egen klocksignal så att nya ingångsvärden endast uppträder i tillåtna intervall. I det praktiska fallet måste emellertid informationsöverföringen kunna utföras mellan osynkroniserade delar av samma utrustning. Den bristande synkronismen kan bero på att två eller flera olika klocksignaler används eller på att insignalerna från sekvensnätets omgivning ändrar sig helt stokastiskt. Sålunda måste oftast manuellt genererade insignaler betecknas som slumpvis uppträdande sedda ur sekvensnätets synpunkt.

Figur 10.13 visar ett förslag till en anordning som bringar en utifrån kommande signal till synkronism med klocksignalen CP. Insignalen x_1 passerar först ett lågpassfilter som eliminerar kontaktstudsar och annat signalbrus. Den filtrerade signalen x_2 kan ha mycket långa stig- och falltider och förs därför in till en Schmittrigger som ger en signal x_3 med förbättrad fyrkantsform. Denna signal införs sedan till en klockad vippa som ger en signal x_4 vars signalförändringar är synkroniserade med det efterföljande sekvensnätet.

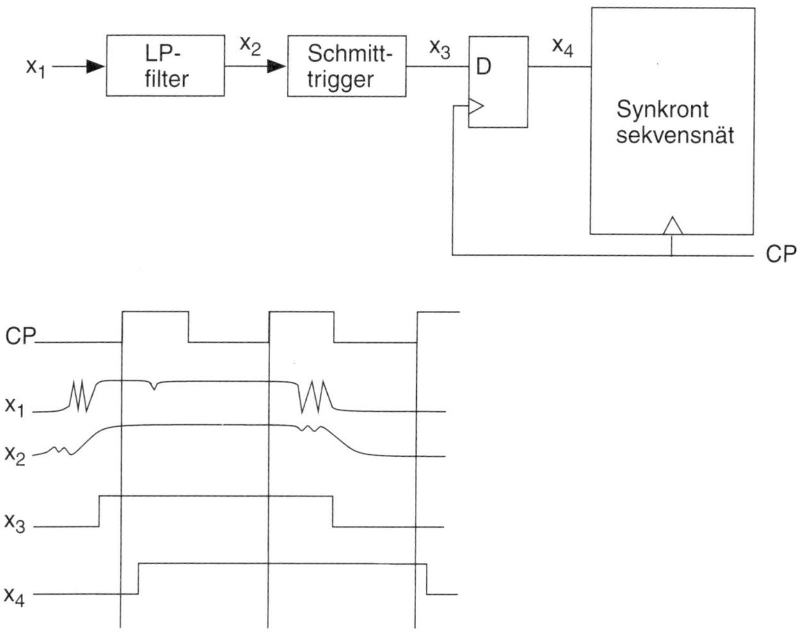

Figur 10.13 Filtrering och synkronisering av insignal

För det fall att signalen x_1 är en kontaktfunktion med en diskontinuerlig växlingskontakt tillgänglig kan filtrering och fyrkantning utföras på det sätt som visas av figur 10.14 och som demonstrerades redan i figur 6.38.

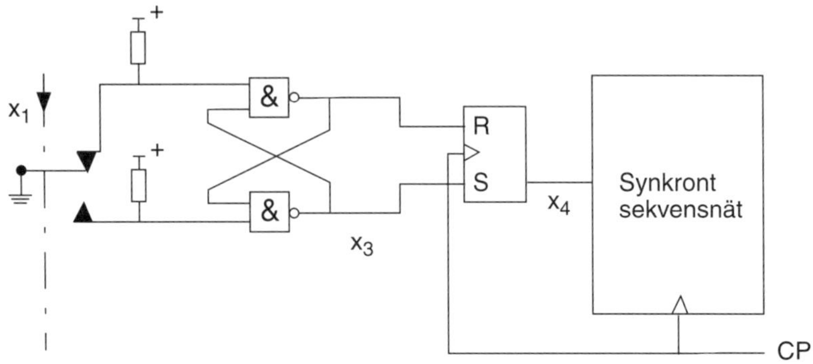

Figur 10.14 Avstudsning (diskontinuerlig växlingskontakt) och synkronisering av insignal

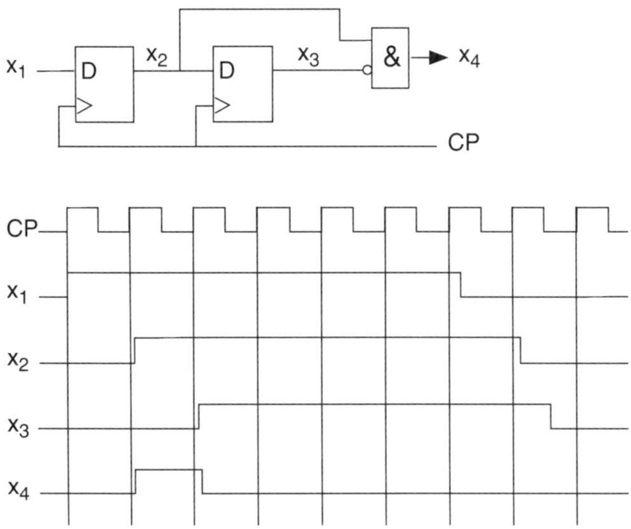

Figur 10.15 Koppling för att skapa en signal av ett klockintervalls varaktighet (”enpulsare”)

I figur 10.13 är signalen $x_4 = 1$ under två klockpulsintervall beroende på att $x_1 = 1$ har ungefärligen denna längd. En mindre förlängning av $x_1 = 1$ skulle resultera i att $x_4 = 1$ under tre intervall. I många fall önskar man att en ingångspuls oavsett varaktighet ska resultera i en synkroniserad signal som har värdet 1 under ett och endast ett intervall. Man söker då registrera förändringarna i den inkommande signalens nivåer och kan därvid använda en anordning enligt figur 10.15. Uppenbarligen förutsätter vi i figur 10.15 att insignalens förändringar har en varaktighet som är större än ett klockpulsintervall. Lågpassfiltrering och annan förberedande signalbehandling har utelämnats.

I tidsdiagrammet går x_1 till 1 just i skarven mellan två klockpulsintervall. Huruvida x_2 ska gå till 1 i närmast efterföljande intervall eller ej är därför osäkert. Men eftersom x_1 antas uppträda asynkront i förhållande till CP måste detta sakna betydelse. Principen i figur 10.15 ska nu användas i följande konstruktionsproblem.

Exempel 10.2

En s.k. pulsgivare består av en vridbar skiva med omväxlande svärtade och transparenta (vita) sektorer enligt figur 10.16a). Två fotoceller placeras med ett sådant inbördes läge att då fotocell x_1 befinner sig i övergångsområdet mellan svart (= 0) och vitt (= 1) befinner sig x_2 antingen mitt för en svart sektor eller mitt för en vit sektor. En medurs rotation av skivan resulterar därför i sekvensen

$$\sigma_{x_1x_2} = \ldots, 00, 10, 11, 01, 00, 10, \ldots$$

medan en moturs rotation ger

$$\sigma_{x_1x_2} = \ldots, 00, 01, 11, 10, 00, 01, \ldots$$

Skivans läge ska registreras som ett tillstånd i ett synkront sekvensnät i form av en reversibel räknare (se kapitel 11.1). För varje detekterbar medurs förändring av skivans läge ska därför till sekvensnätet $x_F = 1$ levereras under ett klockpulsintervall och för varje detekterbar moturs förändring ska $x_B = 1$ levereras under ett klockpulsintervall. Klockfrekvensen antas hög jämfört med maximala frekvensen hos signalerna x_1 och x_2.

Lösning:

Variationerna i signalerna x_1 och x_2 transformeras till de önskade synkroniserade signalerna x_F och x_B med hjälp av anordningen i figur 10.16b). Via D-vippor tillskapas först signalerna x_{11}, x_{12}, x_{21} och x_{22}. Signalerna x_F och x_B beror av dessa på det sätt som beskrivs av de två Karnaughdiagrammen. Dessa har framtagits med följande resonemang.

Låt oss först konstatera att $x_{21} \neq x_{22}$ inte kan uppträda samtidigt med $x_{11} \neq x_{12}$ enligt problemets förutsättningar. Vidare gäller $x_F = x_B = 0$ då $x_{11} = x_{12}$ och $x_{21} = x_{22}$ eftersom detta inte indikerar någon förändring av skivans läge. Antag nu att $x_{11}x_{12} = 00$ och $x_{21}x_{22} = 01$. Uppenbarligen har en förändring av skivans läge inträffat från $x_1x_2 = 01$ till $x_1x_2 = 00$. Värdet $x_{22} = 1$ indikerar ju att det tidigare värdet för x_2 var $x_2 = 1$ medan $x_{21} = 0$ visar att x_2 numera har värdet 0. Av de tidigare givna sekvenserna $\sigma_{x_1x_2}$ finner vi att $\sigma_{x_1x_2} = \ldots, 01, 00, \ldots$ innebär en vinkelenhets vridning medurs varför vi för $x_{11}x_{12}x_{21}x_{22} = 0001$ i Karnaughdiagrammen noterar $x_F = 1$ och $x_B = 0$.

a)

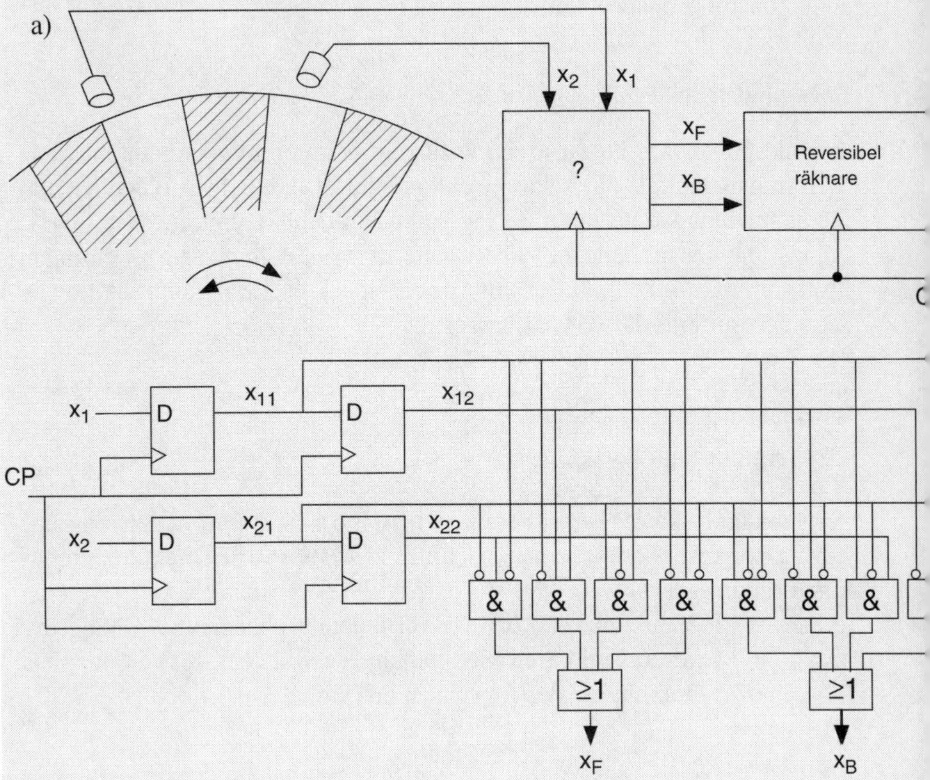

b)

x_F:

$x_{11}x_{12}$ \ $x_{21}x_{22}$	00	01	11	10
00	0	1	0	0
01	0	–	1	–
11	0	0	0	1
10	1	–	0	–

x_B:

$x_{11}x_{12}$ \ $x_{21}x_{22}$	00	01	11	10
00	0	0	0	1
01	1	–	0	–
11	0	1	0	0
10	0	–	1	–

Figur 10.16 Sekvensnät som registrerar läget för en pulsgivarskiva

På samma sätt kan de kvarvarande sju rutorna specificeras varefter funktionerna x_F och x_B kan realiseras t ex med grindnätet i figur 10.16b).

För att förhindra att $x_F = 1$ eller $x_B = 1$ innan skivan rört sig måste vid uppstart gälla att $x_1 = x_{11} = x_{12}$ samt att $x_2 = x_{21} = x_{22}$.

I ett fall där den inkommande asynkrona signalen kan ha mycket kort varaktighet (mindre än ett klockpulsintervall) kan anordningen enligt figur 10.17 användas. Pulsen x_1 lagras i en asynkron bistabil vippa. Signalen x_3 återställer såväl denna som den klockade vippan när x_1 återgått till noll.

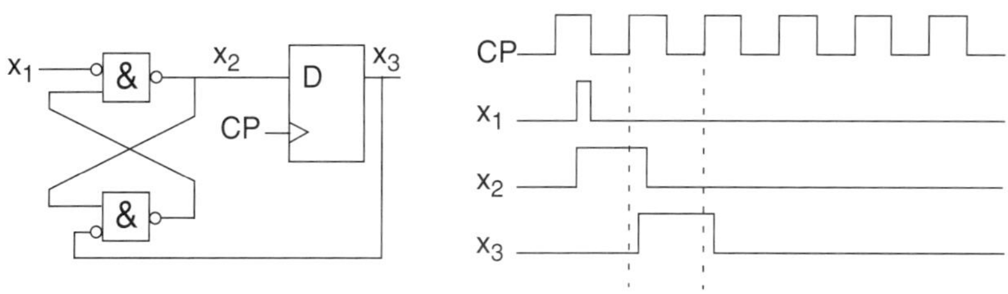

Figur 10.17 "Uppfångning" och synkronisering av puls med kort varaktighet

10.5 Nollställningsproblemet

För varje sekvensnät gäller att dess ingångs – utgångsbeteende är definierat först sedan starttillståndet är givet. Detta brukar kodas <0, 0, …, 0>, d.v.s. vi förutsätter att alla vippor nollställs vid spänningstillslag. Detta gäller alla moderna vippor förutsatt att spänningen vid tillslag stiger monotont. I många praktiska fall måste man dock utifrån tvångsställa vipporna till logiskt noll. Denna procedur går under flera namn bl.a. nollställning eller återställning. Ofta reserveras en speciell signal för detta ändamål och införs till samtliga sekvensnät i systemet. Signalen får antas manövrerad utifrån av en mänsklig operatör eller av något överordnat organ.

Man kan skilja på två former av nollställning av synkrona sekvensnät. Antingen infogas nollställningssignalen x_0 i δ-funktionen såsom visas i figur 10.18, eller också tillåts den verka helt asynkront på D-vipporna såsom i figur 10.19. I förra fallet krävs att x_0 synkroniseras med CP, i andra fallet krävs dels att de klockade vipporna förses med s.k. asynkrona ingångar, dels att vipporna förfogar över ett helt klockintervall att ställa in sig på, sedan nollställningssignalen återgått till noll.

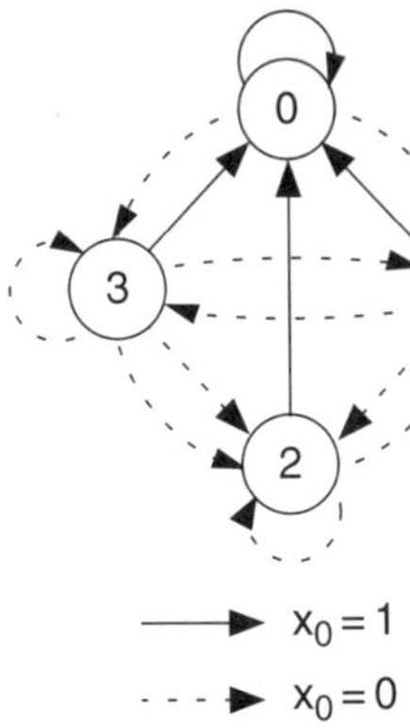

	$x_0x_1x_2$				
	1--	000	001	011	010
0	0	1	0	1	3
1	0	3	2	2	2
2	0	2	3	3	1
3	0	3	1	2	0

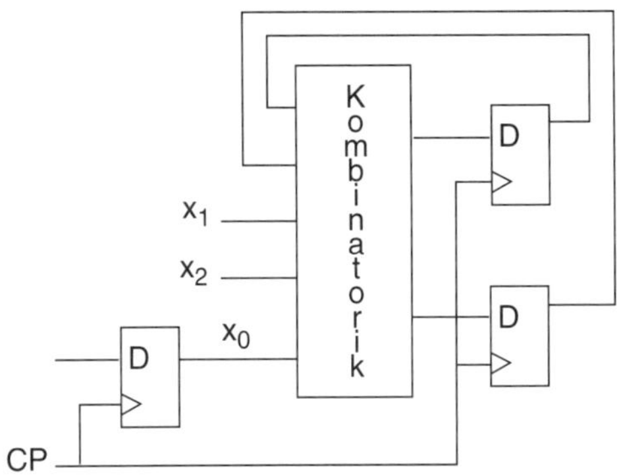

Figur 10.18 Nollställningssignal inkluderad i -funktionen

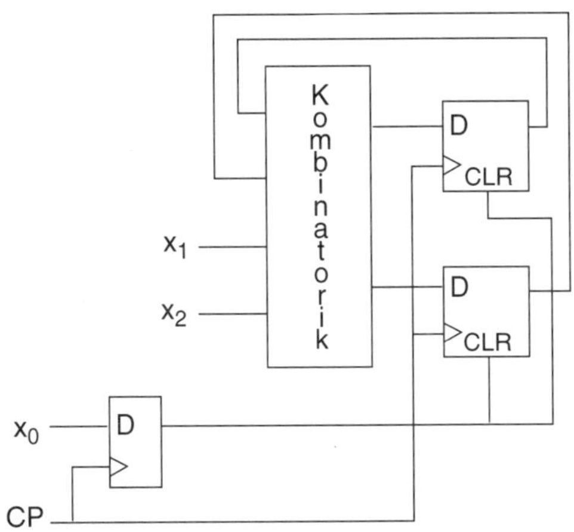

Figur 10.19 Asynkron nollställning

11 Speciella synkrona sekvensnät

11.1 Räknare

En räknare är i vanligt tekniskt språkbruk ett organ som ”registrerar antalet inkommande pulser”. Uppenbarligen ligger i begreppet registrering ett krav på att räknaren måste kunna inta ett antal olika tillstånd. Räknaren är i själva verket ett sekvensnät, vars tillstånd uppsöks i tur och ordning i en takt som bestäms av insignalerna. Räknaren sägs vara en modulo-n-räknare (enklare: n-räknare) om antalet tillstånd är n.

Vi ska först göra en distinktion mellan följande tre huvudtyper:

- autonoma räknare
- räknare med räknevillkor
- reversibla räknare

Tillståndsgraf och tillståndstabell för en autonom modulo-n-räknare visas i figur 11.1a). Eftersom sekvensnätet saknar insignaler (förutom klocksignalen) kommer tillståndstabellen att bestå av en enda kolumn. Några utsignaler från sekvensnätet har inte specificerats, ty dessa är för räknare identiska med tillståndsvariablerna.

I figur 11.1b) visas en modulo-n-räknare med räknevillkor. När insignalen CE = 1 stegas räknaren fram, för CE = 0 står den kvar i sitt tidigare tillstånd. (CE = Count Enable).

Den reversibla räknaren i figur 11.1c) har två styrsignaler, CE och $\overline{U}/D$. För CE = 0 står räknaren kvar i sitt tidigare tillstånd. För CE = 1 räknas den uppåt om $\overline{U}/D$ = 0 och neråt om $\overline{U}/D$ = 1. ($\overline{U}/D$ = Up/Down).

a)

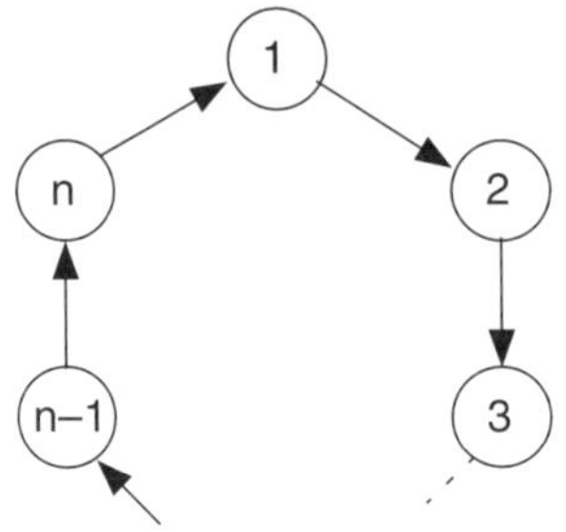

δ	
1	2
2	3
3	4
n	1

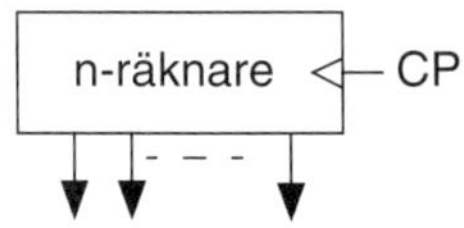

b)

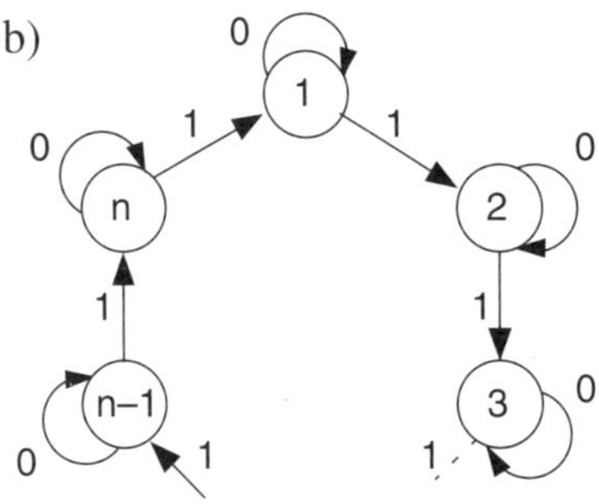

	CE	
δ	0	1
1	1	2
2	2	3
3	3	4
n–1	n–1	n
n	n	1

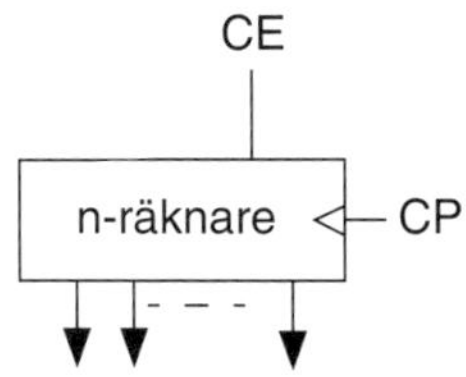

c)

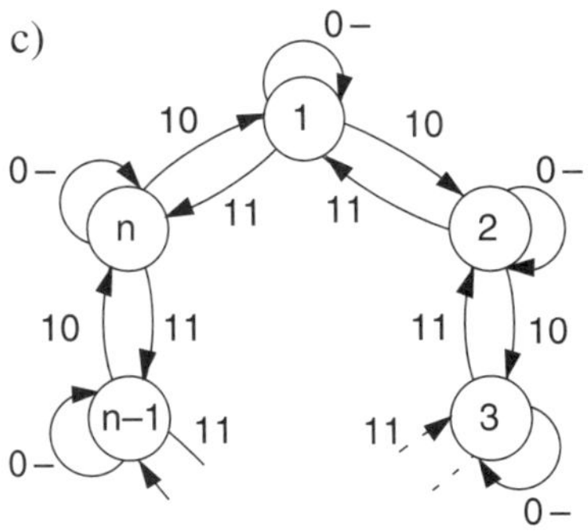

	CE, $\overline{U}/D$		
δ	0–	10	11
1	1	2	n
2	2	3	1
3	3	4	2
n–1	n–1	n	n–2
n	n	1	n–1

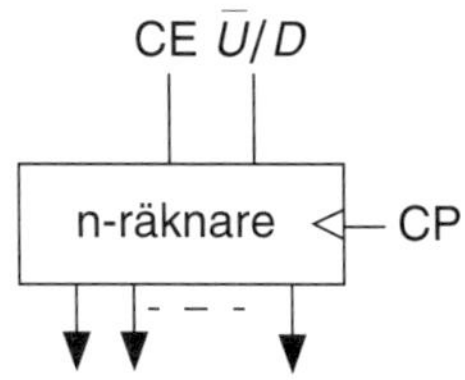

Figur 11.1 *a) Autonom modulo-n räknare*
b) Modulo-n räknare med räknevillkor
c) Reversibel räknare

Hur de tre olika typerna av räknare kan konstrueras visas av kommande exempel.

Exempel 11.1

Konstruera en synkron autonom modulo-10 räknare där de 10 tillstånden ska ges NBCD-kod. Vippor av SR-typ ska användas.

Lösning:

Vi kan direkt ställa upp flödestabellen enligt figur 11.2. Med hjälp av det samband som gäller mellan q, q^+ och S, R enligt tabellen i figur 10.10 sätter vi sedan upp en tabell för S_1R_1, S_2R_2, S_3R_3 och S_4R_4 parallellt med flödestabellen. M.h.a. Karnaughdiagram eller direkt med tabellinspektion erhålls:

$S_1 = q_2q_3q_4 = R_2$ $\quad$ $R_1 = q_1q_4$

$S_2 = q_2'q_3q_4 = q_2'R_3$ $\quad$ $R_2 = q_2q_3q_4 = q_2R_3$

$S_3 = q_1'q_3'q_4$ $\quad$ $R_3 = q_3q_4$

$S_4 = q_4'$ $\quad$ $R_4 = q_4$

Q	q_1	q_2	q_3	q_4	q_1^+	q_2^+	q_3^+	q_4^+	S_1	R_1	S_2	R_2	S_3	R_3	S_4	R_4
					δ											
0	0	0	0	0	0	0	0	1	0	–	0	–	0	–	1	0
1	0	0	0	1	0	0	1	0	0	–	0	–	1	0	0	1
2	0	0	1	0	0	0	1	1	0	–	0	–	–	0	1	0
3	0	0	1	1	0	1	0	0	0	–	1	0	0	1	0	1
4	0	1	0	0	0	1	0	1	0	–	–	0	0	–	1	0
5	0	1	0	1	0	1	1	0	0	–	–	0	1	0	0	1
6	0	1	1	0	0	1	1	1	0	–	–	0	–	0	1	0
7	0	1	1	1	1	0	0	0	1	0	0	1	0	1	0	1
8	1	0	0	0	1	0	0	1	–	0	0	–	0	–	1	0
9	1	0	0	1	0	0	0	0	0	1	0	–	0	–	0	1

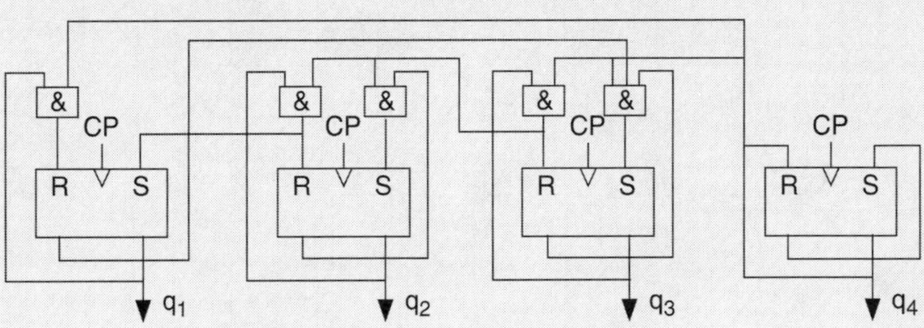

Figur 11.2 Autonom modulo-10 räknare med SR-vippor

Exempel 11.2

Konstruera en synkron autonom modulo-16-räknare med räknevillkor CE. Tillstånden ska vara kodade som binära tal. T-vippor ska användas.

Lösning:

Se figur 11.3. Ur flödestabellen kan vi direkt erhålla T-funktionerna för de fyra vipporna i tabellform. Dessa funktioner har en sträng regelbundenhet och vi torde kunna bespara oss mödan att konstruera Karnaugh-diagram. Man inser lätt att

$$T_4 = CE$$
$$T_3 = q_4 \cdot CE = q_4 \cdot T_4$$
$$T_2 = q_3 q_4 \cdot CE = q_3 \cdot T_3$$
$$T_1 = q_2 q_3 q_4 \cdot CE = q_2 \cdot T_2$$

vilket kan realiseras enligt figur 11.3.

δ	CE=0	CE=1	CE=0	CE=1
0 0 0 0	0 0 0 0	0 0 0 1	0 0 0 0	0 0 0 1
0 0 0 1	0 0 0 1	0 0 1 0	0 0 0 0	0 0 1 1
0 0 1 0	0 0 1 0	0 0 1 1	0 0 0 0	0 0 0 1
0 0 1 1	0 0 1 1	0 1 0 0	0 0 0 0	0 1 1 1
0 1 0 0	0 1 0 0	0 1 0 1	0 0 0 0	0 0 0 1
0 1 0 1	0 1 0 1	0 1 1 0	0 0 0 0	0 0 1 1
0 1 1 0	0 1 1 0	0 1 1 1	0 0 0 0	0 0 0 1
0 1 1 1	0 1 1 1	1 0 0 0	0 0 0 0	1 1 1 1
1 0 0 0	1 0 0 0	1 0 0 1	0 0 0 0	0 0 0 1
1 0 0 1	1 0 0 1	1 0 1 0	0 0 0 0	0 0 1 1
1 0 1 0	1 0 1 0	1 0 1 1	0 0 0 0	0 0 0 1
1 0 1 1	1 0 1 1	1 1 0 0	0 0 0 0	0 1 1 1
1 1 0 0	1 1 0 0	1 1 0 1	0 0 0 0	0 0 0 1
1 1 0 1	1 1 0 1	1 1 1 0	0 0 0 0	0 0 1 1
1 1 1 0	1 1 1 0	1 1 1 1	0 0 0 0	0 0 0 1
1 1 1 1	1 1 1 1	0 0 0 0	0 0 0 0	1 1 1 1
$q_1\ q_2\ q_3\ q_4$	$q_1^+\ q_2^+\ q_3^+\ q_4^+$		$T_1\ T_2\ T_3\ T_4$	

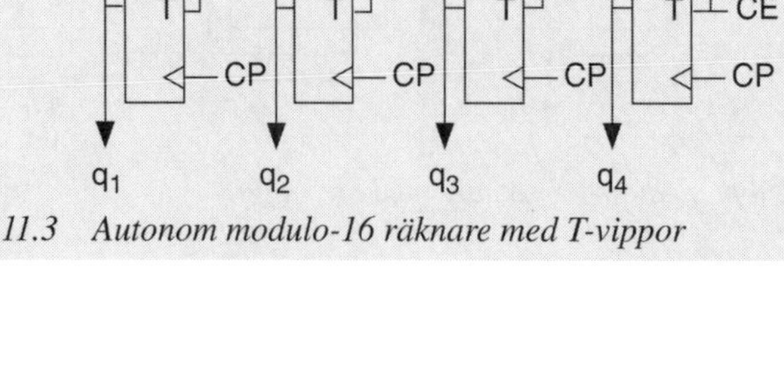

Figur 11.3 Autonom modulo-16 räknare med T-vippor

Räknaren kan uppenbarligen byggas ut iterativt till ett godtyckligt antal positioner p varvid en modulo 2^p-räknare erhålls. Det kombinatoriska nätet kallas lämpligen carrykedja eftersom dess funktion exakt motsvarar carrykedjan i en adderare.

Carryacceleration i fallet binärtalskodade räknare består helt enkelt i att bilda T-funktionerna direkt enligt de algebraiska uttrycken ovan och undvika kaskadkopplade grindar som i figur 11.3.

Exempel 11.3

Konstruera en synkron reversibel 8-räknare med tillstånden kodade som binära tal. T-vippor ska användas.

Lösning:

Se figur 11.4a). Tabellerna för T_1, T_2 och T_3 fram på vanligt sätt, d.v.s. $T_i = q_i \oplus q_i{}^+$. Med ren okulärbesiktning av tabellerna får vi uttrycken

$$T_3 = CE$$

$$T_2 = q_2 \cdot (\overline{U}/D)' \cdot CE + q_2' \cdot (\overline{U}/D) \cdot CE$$

$$T_1 = q_1 \cdot q_2 \cdot (\overline{U}/D)' \cdot CE + q_1' \cdot q_2' \cdot (\overline{U}/D) \cdot CE$$

	CE, $\overline{U}/D$					
δ	0–	10	11	0–	10	11
0 0 0	0 0 0	0 0 1	1 1 1	0 0 0	0 0 1	1 1 1
0 0 1	0 0 1	0 1 0	0 0 0	0 0 0	0 1 1	0 0 1
0 1 0	0 1 0	0 1 1	0 0 1	0 0 0	0 0 1	0 1 1
0 1 1	0 1 1	1 0 0	0 1 0	0 0 0	1 1 1	0 0 1
1 0 0	1 0 0	1 0 1	0 1 1	0 0 0	0 0 1	1 1 1
1 0 1	1 0 1	1 1 0	1 0 0	0 0 0	0 1 1	0 0 1
1 1 0	1 1 0	1 1 1	1 0 1	0 0 0	0 0 1	0 1 1
1 1 1	1 1 1	0 0 0	1 1 0	0 0 0	1 1 1	0 0 1
$q_1\ q_2\ q_3$		$(q_1^+\ q_2^+\ q_3^+)$			$(T_1\ T_2\ T_3)$	

Figur 11.4a) Flödestabell för en reversibel 8-räknare med T-vippor

Dessa funktioner kan realiseras med ett iterativt uppbyggt nät såsom visas i figur 11.4b). Carrykedjorna har samma form som för räknaren i figur 11.3 och kan byggas ut för ett godtyckligt antal positioner. Med CE och $\overline{U}/D$ aktiveras antingen den övre (nedräkning) eller den nedre (uppräkning) carrykedjan.

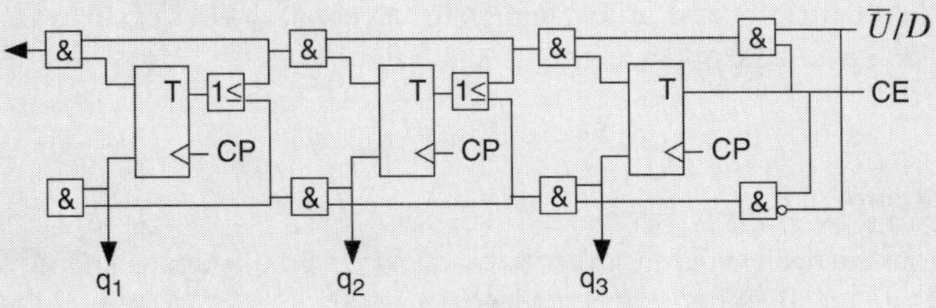

Figur 11.4b) Den reversibla 8-räknarens realisering

Den s.k. ripple-carry-räknaren visas av figur 11.5. Inversutgången från vippa q_i införs som klockpuls på efterföljande vippa q_{i-1}. Därmed har vi inte längre att göra med ett konsekvent synkroniserat sekvensnät och speciellt studium av tidsförloppet är påkallat. Vi utgår från att vipporna antar sitt av S- och R-ingångarna definierade tillståndsvärde när klockpulsingången går från 0 till 1. Man inser då lätt att tidsdiagrammet blir det som visas i figur 11.5 och att räknaren på sina utgångar kommer att ange antalet influtna klockpulser modulo-16 som ett binärtal. Emellertid kommer vippornas omslag att ske med en viss fastförskjutning relativt CP och blir störst för den mest signifikanta positionen q_1. I intervallet t_8 kan det t.ex. mycket väl hända att q_1 slår om med en fördröjning som överstiger klockpulsintervallets längd.

Ripple–carry-räknaren måste på grund av vad som ovan sagts användas med en viss försiktighet då den ska samarbeta med andra synkrona sekvensnät. Dess fördelar är dess konstruktiva enkelhet samt att den kan användas för höga pulsfrekvenser. Den maximala klockfrekvensen för CP i figur 11.5 bestäms endast och allenast av omslagstiden för vippan q_4; efterföljande vippor arbetar ju med lägre klockfrekvenser och har därför inte några problem att fungera så länge q_4 fungerar. En annan sak är att räknarens tillstånd inte kan avläsas eller användas så länge den matas med pulsfrekvenser som ligger i närheten av den maximala.

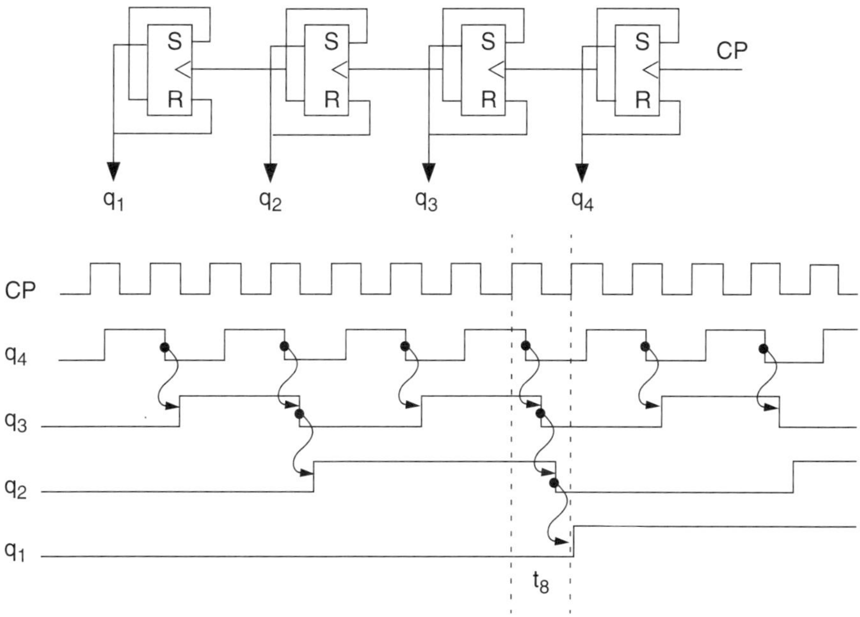

Figur 11.5 Ripple-carry räknaren

Enligt standard ska en räknare ritas som i figur 11.6 med ett styrblock och ett datablock.

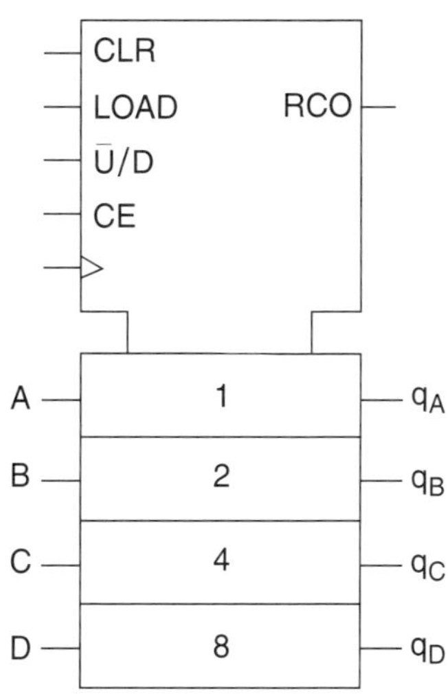

Figur 11.6 Räknarens standardsymbol

En räknare kan ha fler funktioner än de vi hittills redogjort för. Den 4-bits reversibla räknaren i figur 11.6 har försetts med

- Nollställning av samtliga positioner genom aktivering av CLR (= clear).
- Laddning av räknaren med utifrån kommande data genom aktivering av LOAD.
- Räknaren har dessutom försetts med en ny utgång, RCO (= ripple carry output). Vid uppåträkning blir RCO = 1 när räknaren innehåller sitt största värde (här alltså 15) och vid nedåt räkning när räknaren innehåller sitt minsta värde (alltså noll). Dessutom krävs att CE = 1. Funktionen åskådliggörs med figur 11.7.

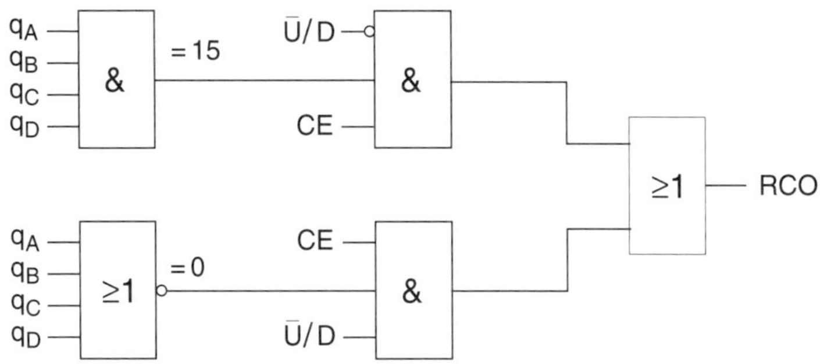

Figur 11.7 Funktionen RCO

Utgången RCO har tillkommit bl.a. för att underlätta kaskadkoppling av räknare. Med kaskadkoppling menas att en räknare levererar räknevillkor till efterföljande. RCO och CE kan då utnyttjas t.ex. som i figur 11.8. Om de två räknarna har modulotalen n_1 respektive n_2 blir det resulterande sekvensnätet en modulo $n_1 \cdot n_2$-räknare.

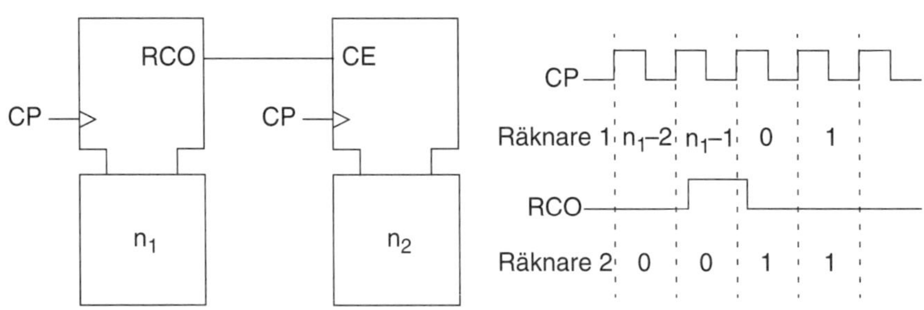

Figur 11.8 Kaskadkoppling av räknare

Modulo-n-räknare används ofta som frekvensdelare. Räknaren genomlöper ju en full cykel med frekvensen f · 1/n, där f är klockfrekvensen. Stundom önskar man styra värdet på n utifrån, vilket kan göras enligt någon av metoderna i figur 11.9. I figur 11.9a) laddas räknaren med n–1 och får räkna ner till noll, där en ny laddning görs o.s.v. Räknaren i figur 11.9b) räknar uppåt under det att räknarens innehåll jämförs med n–1 i en komparator. Vid likhet nollställs räknaren och förloppet upprepas. Kopplingarna förutsätter synkron laddning respektive synkron nollställning.

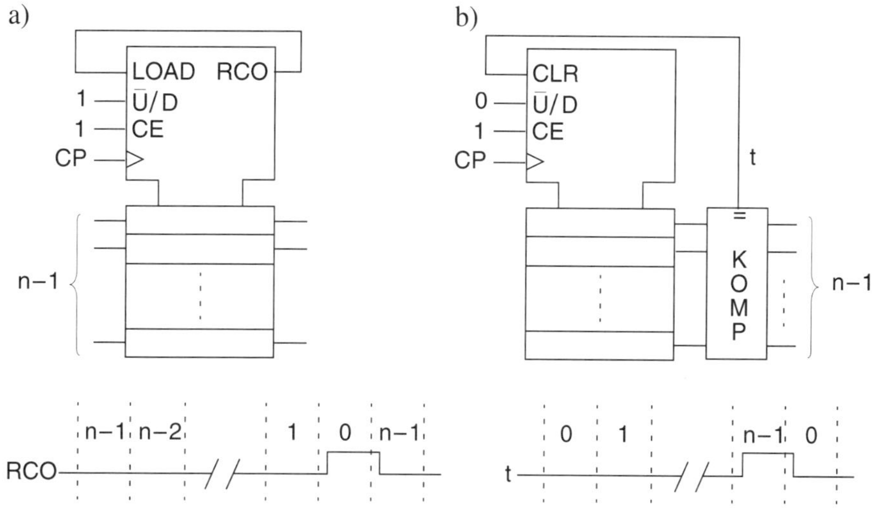

Figur 11.9 Modulo-n-räknare med varierbart n a) synkron laddning b) synkron nollställning

Vi ska som avslutning på avsnittet behandla en uppgift där en räknefunktion ingår och tillåta oss att använda en räknare som systemkomponent.

Exempel 11.4

Synkroniserade pulser av varierande längd inkommer till ett synkront sekvensnät. Nätet har dessutom fyra insignaler på vilka ett binärkodat tal, n ($1 \leq n \leq 15$), kan ställas in. På nätets utgång ska var n:te ingångspuls uppträda. Övriga pulser ska blockeras.

Nätets funktion exemplifieras för n = 3 av figur 11.10.

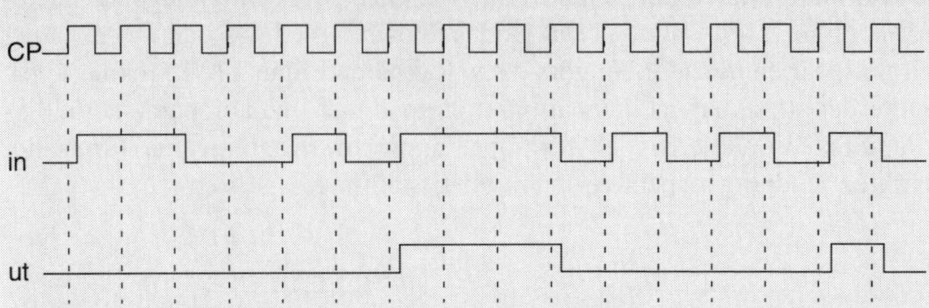

Figur 11.10 Funktionsexempel för n = 3

Lösning:

- Räknaren får börja i n och räkna neråt för varje avslutad puls.
- När räknaren innehåller <0001> ska nästkommande puls (den n:te) släppas genom. Efter avslutad n:te puls laddas räknaren på nytt med n, utgången spärras och förloppet upprepas.

Funktionen realiseras enligt figur 11.11.

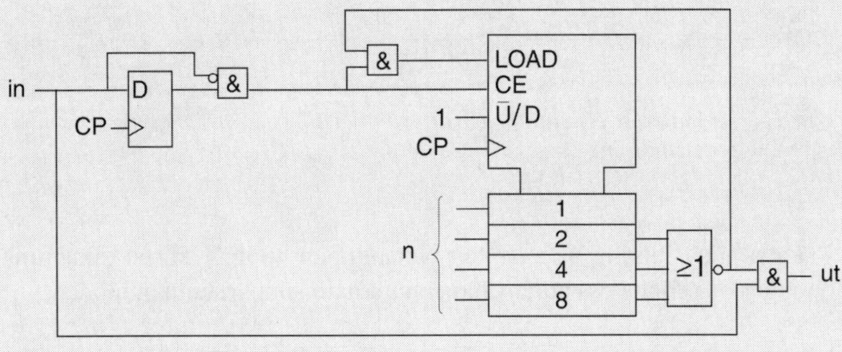

Figur 11.11 Nätets realisering

Pulsernas bakkant detekteras (1 → 0) och styr CE-ingången så att räknaren räknar ner vid varje pulsslut. Räkneläget avkänns med en NOR-grind och vid <0001> kommer insignalen in att uppträda på utgången. När räknaren innehåller <0001> och en bakkant detekteras är detta den n:te pulsens slut och räknaren laddas med n.

11.2 Skiftregisterkopplingar

Den grundläggande gemensamma betydelsen av ordet register är lagringsutrymme för information. I digitaltekniken betyder register ett antal inbördes ordnade minneselement. Vi ska här inskränka oss ytterligare och förutsätta att minneselementen är klockade vippor. Ett sådant register visas av figur 11.12a), och dess standardsymbol av figur 11.12b).

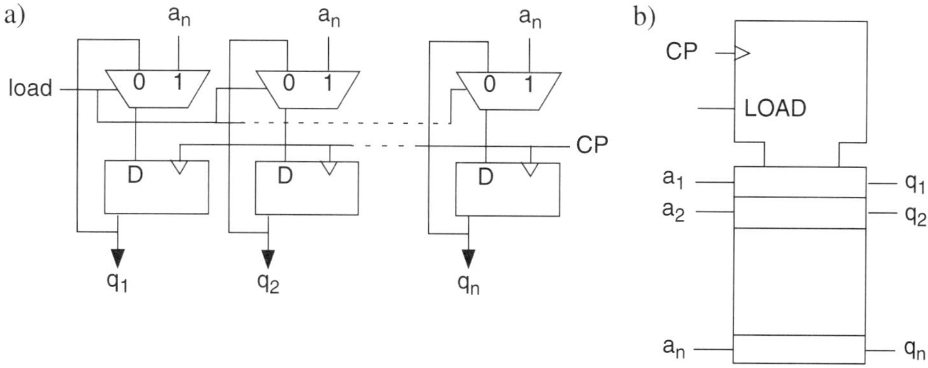

Figur 11.12 Laddningsbart parallellt register
a) Konstruktionen b) Standardsymbol

Registret är parallellt i den meningen att informationen flyter in och ut samtidigt i alla positioner. Synkron laddning sker med load = 1.

Ett skiftregister är ett antal seriekopplade D-vippor och visas i sin renaste form av figur 11.13a). Information matas in till den ena av yttervipporna med signalen x, skiftas fram genom registret i takt med klocksignalen och tas ut från den andra yttervippan.

Ett skiftregister med skiftvillkor SE (= Shift Enable) visas av figur 11.13b). Så länge SE = 0 förändras inte informationen i registret. För SE = 1 utförs skift på vanligt sätt. Såväl x som SE förutsätts naturligtvis synkroniserade med klocksignalen.

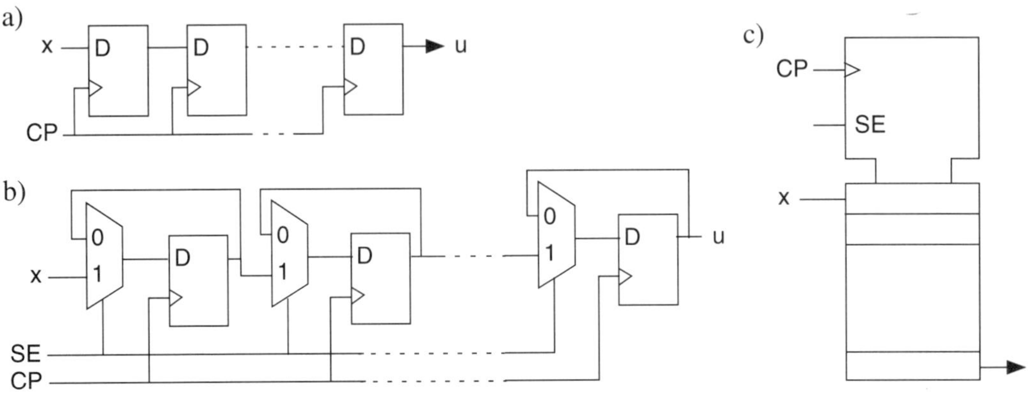

Figur 11.13 a) Skiftregister med D-vippor b) Skiftregister med skiftvillkor (SE) c) Standardsymbol

Ett generellt skiftregister ska, förutom dessa funktioner, också kunna utföra vänsterskift samt parallell laddning. Skiftregistret visas i figur 11.14. Vilken av de fyra moderna nätet befinner sig i bestäms av styrsignalerna A och B enligt:

AB = <00> håll informationen
AB = <01> vänsterskift
AB = <10> högerskift
AB = <11> parallell laddning

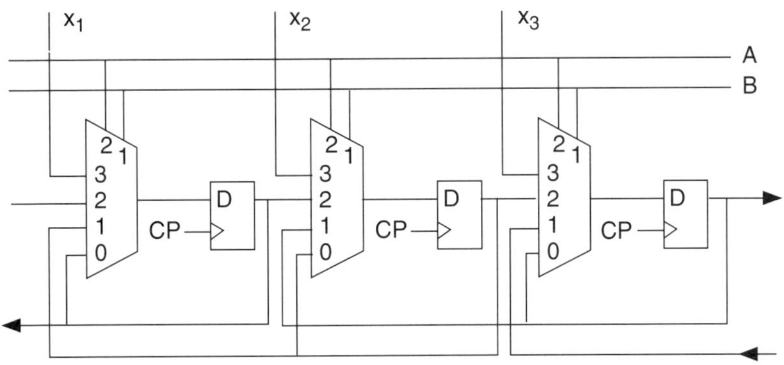

Figur 11.14 Skiftregister med fyra arbetsmoder

Skiftregister (typ det i figur 11.14) används ofta för att omvandla information från serie- till parallellform och tvärtom. Den parallella informationen <x_1, x_2, ..., x_p> laddas in i registret med AB = <11>. Med AB = <10> kan den sedan matas ut åt höger i serieform. Omvänt kan informationen matas in i serieform via signalen x för AB = <10> och tas ut i parallellform från vippornas utgångar <q_1, q_2, ..., q_p>.

Skiftregisterräknare

En ringräknare är ett skiftregister med en position ettställd och de övriga nollställda. Ringräknaren i figur 11.15 är helt autonom och kommer att fungera som en modulo-5-räknare med koden {10000, 01000, 00100, 00010, 00001}. Räknarens tillstånd är alltså tillgängligt i formen en av alla. För räknarfunktioner där utgångsinformationen önskas i denna form kan ringräknaren vara ett alternativ till de räknare som presenterades i föregående avsnitt och som förutom själva räknaren måste förses med utgångskombinatorik i form av en avkodare.

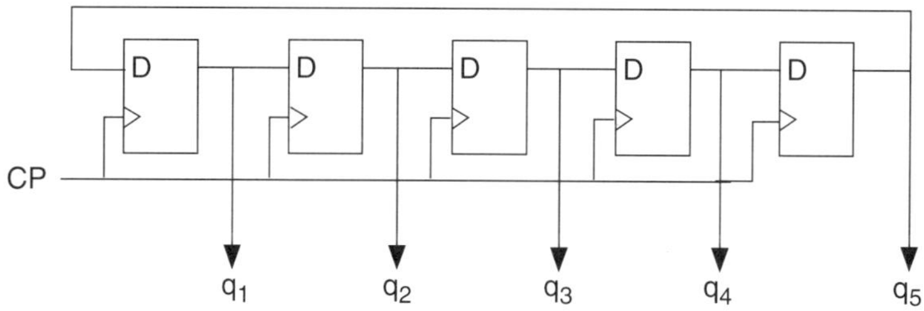

Figur 11.15 Ringräknare

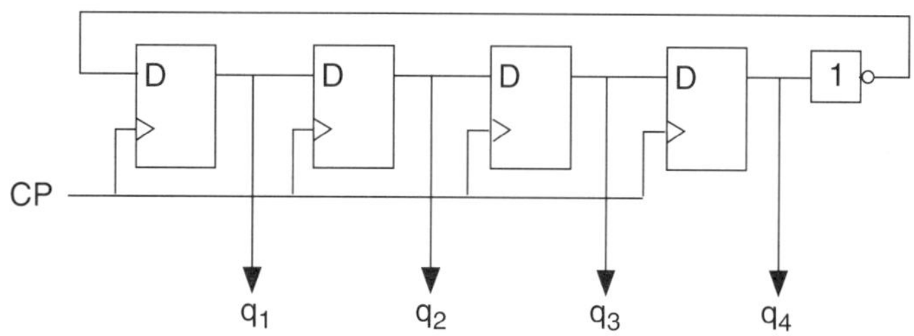

Figur 11.16 Johnssonräknare

En Johnsonräknare visas av figur 11.16. Med fyra positioner kommer detta uppenbarligen att fungera som en modulo-8-räknare. Allmänt gäller att en Johnsonräknare med p positioner räknar modulo-2p. För att kunna genomlöpa den önskade cykeln av tillstånd krävs dock att räknaren kan nollställas.

Återkopplade skiftregister

Johnssonräknaren är en variant av s.k. återkopplade skiftregister. Den allmänna formen av ett sådant visas av figur 11.17. Storheterna $a_1, a_2, \ldots, a_p$ är konstanter och ändras alltså inte under sekvensnätets arbete.

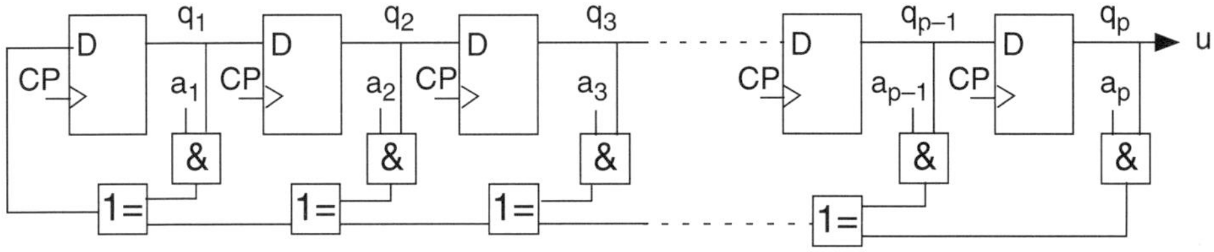

Figur 11.17 Det återkopplade skiftregistrets allmänna form

Direkt ur figuren fås

$$q_1^+ = a_1q_1 \oplus a_2q_2 \oplus a_3q_3 \oplus \ldots\ldots \oplus a_{p-1}q_{p-1} \oplus a_pq_p$$
$$q_2^+ = q_1$$
$$q_3^+ = q_2$$
$$\vdots$$
$$q_p^+ = q_{p-1}$$

Vi ska nedan redogöra för några generella egenskaper hos sekvensnät av denna typ.

Låt oss först konstatera att $a_p = 0$ medför att det kombinatoriska nätet blir oberoende av q_p och att vi därför skulle kunna övergå till att studera det avkortade skiftregister som består av $q_1, q_2, \ldots, q_{p-1}$. Vi stipulerar därför $a_p = 1$. Under denna förutsättning gäller att ett sekvensnät av den typ som visas i figur 11.17 har en tillståndsgraf där till varje tillstånd leder en och endast en bransch.

En direkt följd av detta blir att tillståndsgrafen för det återkopplade skiftregistret har formen av ett antal disjunkta (åtskilda) starkt förbundna delgrafer av typen slutna kedjor.

För att illustrera innebörden av detta ska vi göra oss mödan att analysera sekvensnätet i figur 11.18. Modulo-2-additionen utförs som

$q_1^+ = q_1 \oplus q_3 \oplus q_4$, d.v.s. vi har satt konstanterna $a_1 = 1$, $a_2 = 0$, $a_3 = 1$, $a_4 = 1$. Sekvensnätet har 16 tillstånd vilka vi numrerar genom att tolka $q_1q_2q_3q_4$ som ett binärtal. Tabelluppställningen visar hur de olika tillstånden övergår i varandra vilket också illustreras med tillståndsgrafen. I detta fall erhålls alltså inte mindre än sex delgrafer.

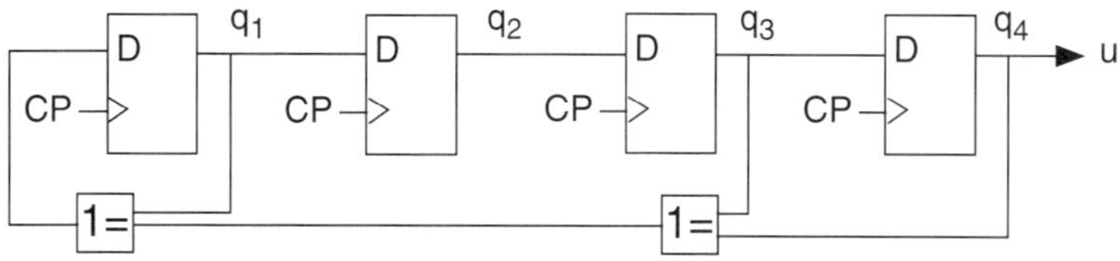

Q	0	1	8	12	14	7	3	9	4	2	15	6	11	13	10	5
q_1	0	0	1	1	1	0	0	1	0	0	1	0	1	1	1	0
q_2	0	0	0	1	1	1	0	0	1	0	1	1	0	1	0	1
q_3	0	0	0	0	1	1	1	0	0	1	1	1	1	0	1	0
q_4	0	1	0	0	0	1	1	1	0	0	1	0	1	1	0	1

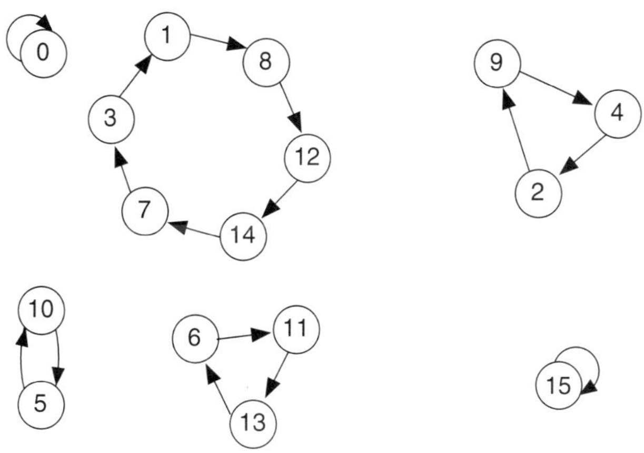

Figur 11.18 Analys av återkopplat skiftregister

Med ett annan val av koefficienter a_1, a_2, a_3, a_4 kan man erhålla en tillståndsgraf som uppvisar två delgrafer. Den ena av dessa består av tillståndet 0000, som alltid måste övergå i sig själv oavsett koefficienterna i modulo-2-additionen. Den andra delgrafen består av de övriga 15 tillstånden. I figur 11.19 har valts koefficientvärdena $a_1a_2a_3a_4 = 1001$ och läsaren uppmanas att själv övertyga sig om att detta ger en sekvens av 15 tillstånd. Utsekvensen får i detta fall utseendet u = ... 101011001000111101011 0 ...

och sägs ha en period av längden 15. Mönstret av ettor och nollor upprepas efter 15 steg. Med fyra positioner i skiftregistret är detta uppenbarligen en maximal periodlängd.

Ett nödvändigt (men inte tillräckligt) villkor för att erhålla maximal periodlängd är att det finns en återkoppling från vippan längst till höger (q_p) samt att det totala antalet återkopplade tillståndsvariabler är jämnt. Om skiftregistret befinner sig i tillstånd 15 = <1111> måste $q_1^+ = 0$ om detta tillstånd ska kunna lämnas, vilket åstadkommes med en modulo-2-addition av ett jämnt antal ettor.

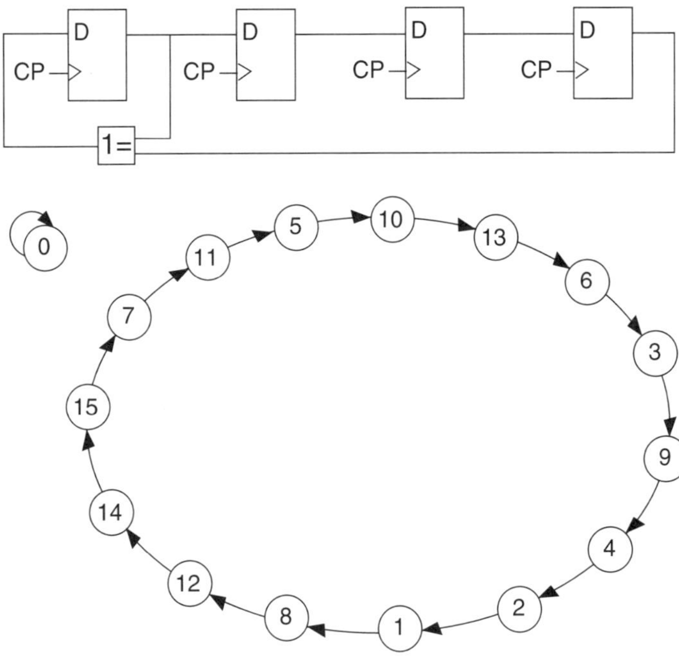

Figur 11.19 Återkopplat skiftregister med maximal periodlängd

Tillståndsgrafen i figur 11.19 visar att det återkopplade skiftregistret fungerar som en autonom räknare. Men utöver själva räknarfunktionen har nätet den intressanta egenskapen att utgångssekvensens ettor och nollor uppträder på ett oregelbundet och till synes slumpartat sätt. Återkopplade skiftregister används därför som slumpgeneratorer eller rättare sagt som binära pseudoslumpgeneratorer eller PRBS-generatorer (Pseudo Random Binary

Sequence). Ordet ”pseudoslump” syftar på att sekvensens utseende utifrån sett ter sig slumpmässig fastän den i själva verket kan härledas ur ett deterministiskt beteende och därmed går att förutsäga.

PRBS-generatorns egenskap att för den oinvigde (fienden) verka slumpmässig används vid chiffrering, se figur 11.20. PRBS-generator 1 och 2 är identiska och ges samma starttillstånd. Den från sändaren utgående signalen utgörs av modulo-2-summan x ⊕ u, där x är det ochiffrerade binärkodade meddelandet. För fienden ter sig den uppsnappade informationen som rappakalja medan man i mottagaren helt enkelt återskapar signalen x genom att addera u ännu en gång: x ⊕ u ⊕ u = x.

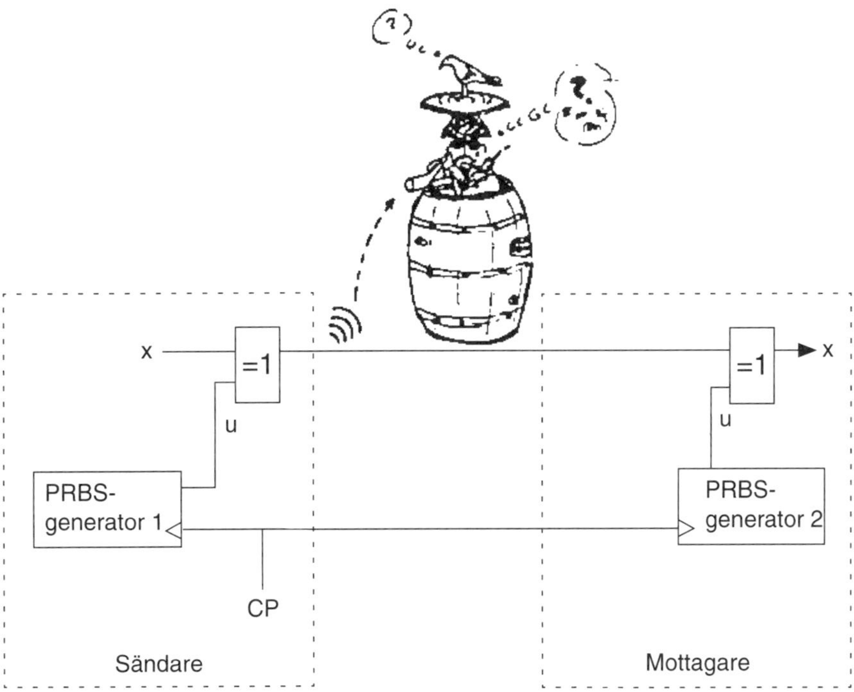

Figur 11.20 Chiffrering med PRBS-generator

Ju längre period signalen u uppvisar desto svårare är det att utifrån dechiffrera meddelandet. Eftersom maximala periodlängden är 2^p-1 för ett skiftregister med p positioner inses att man för en blygsam kostnad kan skapa mycket långa perioder.

PRBS-generatorer är ett specialfall av linjära sekvensnät. För dessa gäller att såväl δ- som λ-funktionerna ska kunna ges en i algebraisk mening linjär form. I det fall alla signaler är binära är detta liktydigt med att de kombinatoriska funktionerna ska kunna beskrivas med modulo-2-algebra och följaktligen kunna realiseras med modulo-2-grindar och AND-grindar.

11.3 Parallell och seriell dataöverföring

Ett vanligt förekommande problem består i att slussa in ett större antal binära signaler (ett ord) $X = <x_1, x_2, \ldots, x_n>$ till ett större synkront system. Det synkrona systemet kan exempelvis vara centralenheten i en dator som ska ta emot information från en yttre enhet. Oftast arbetar man då med handskakningssignaler som i figur 11.21.

Med signalen DAV (=Data Available) meddelar sändaren att stabila data nu finns att hämta och med DAC (=Data Accepted) signalerar mottagaren att meddelandet lästs av.

En dataöverföring sker i följande steg

- När stabila data finns ut från sändaren sätts DAV = 1.
- Mottagaren läser av data och kvitterar med DAC = 1.
- Sändaren kvitterar i sin tur detta med DAV = 0.
- Mottagaren sätter DAC = 0 och en ny sändning kan ta sin början.

Sändaren och mottagaren ”skakar hand” med signalerna DAV och DAC och hela förfarandet benämns handskakning.

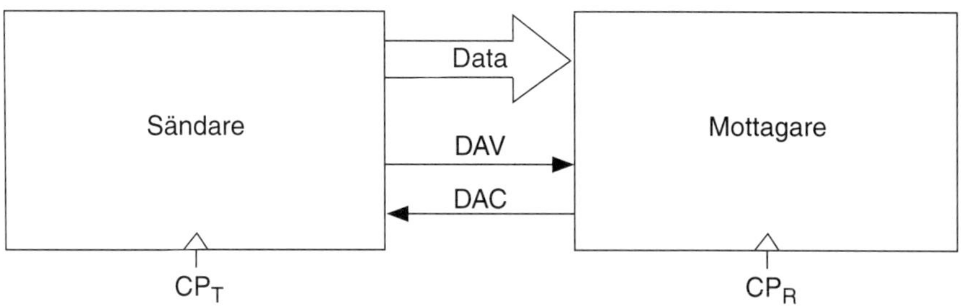

Figur 11.21 Handskakningsförfarande vid parallellöverföring

I figur 11.21 överförs data parallellt till det mottagande systemet. Seriell överföring är något mera komplicerad, speciellt om endast entrådig signalförbindelse står till förfogande. I figur 11.22 visas emellertid hur man kan förfara i ett sådant fall.

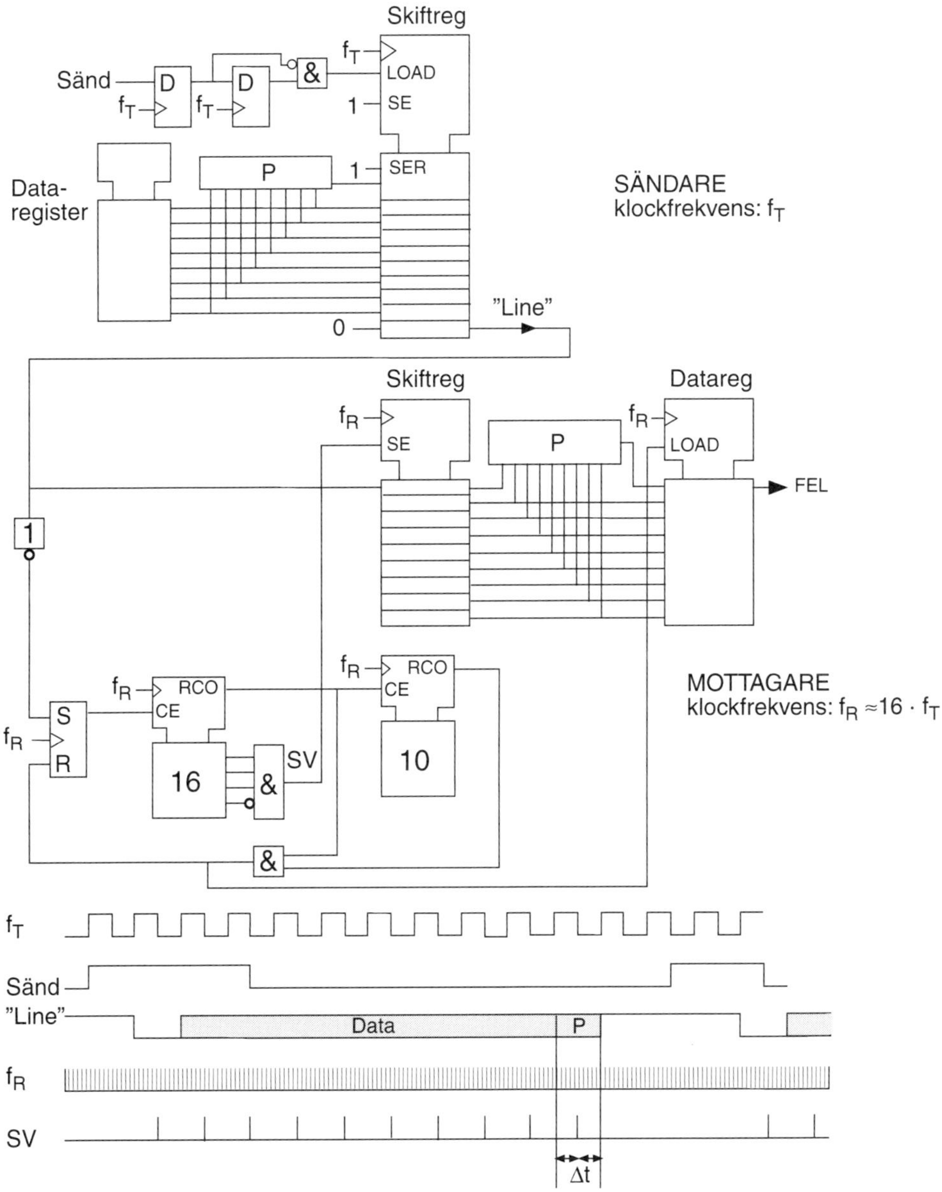

Figur 11.22 Seriell entråds-dataöverföring

Sändaren består bl.a. av ett skiftregister som hela tiden matas med en konstant etta från vänster. Den seriella signalen "Line" är därför normalt logiskt ett. Den asynkrona signalen "Sänd" initierar emellertid en parallell laddning av skiftregistret med data från dataregistret. I detta klockintervall sker inget skift. Skiftregistrets första position tvångsställs till noll. Dess sista position är modulo-2-summan av de 8 databitarna (jämn paritet). I efterföljande klockintervall börjar sändningen. Tack vare att varje skur av data alltid börjar med en nolla kan mottagaren detektera sändningens början. Bithastigheten bestäms av sändarens klockfrekvens f_T.

Mottagaren är ett synkront sekvensnät som klockas med en frekvens som (nominellt) är $16 \cdot f_T$. Tack vare den högre frekvensen kommer SR-vippan att ettställas med försumbar fördröjning när "Line" går till 0 och sändningen börjar. Modulo-16-räknaren startar sin cykel och för varje sådan cykel räknas modulo-10-räknaren upp ett steg. I mitten av 16-räknarens cykel, tillstånd 7, ges skiftvillkoret SV till mottagarens skiftregister. Detta pågår tills 16-räknaren står i tillstånd 15 och 10-räknaren i tillstånd 9. I nästa klockintervall går båda räknarna till 0 och SR-vippan nollställs. Sändningen är avslutad. I skiftregistret finns nu den information som samplats i mitten av varje bitintervall. Den inledande nollan i dataskuren har dock "trillat över kanten" eftersom skiftregistret bara har 9 positioner. Mottagarens dataregister tar emot skiftregistrets innehåll, d.v.s. i paritetspositionen skrivs modulo-2-summan av de 9 positionerna. Om denna summa är 1 har ett udda antal (troligtvis en bit) förvanskats vid överföringen.

Förutsättningen för att dataöverföringen ska lyckas är att de två klockorna CP_T och CP_R har hygglig frekvensstabilitet. Låt oss göra en uppskattning av tidsmarginalerna.

Omslaget i SR-vippan vid sändningens början sker med en osäkerhet i tiden på $1/f_T$. Om vi antar att $|f_R - 16f_T| = \Delta f \neq 0$ har den tionde SV-pulsen fått vidkännas en förskjutning Δt från sitt idealläge som inte får vara större än $1/2 \cdot 1/f_T$, d.v.s.

$$\Delta t = 1/f_R + 9{,}5 \cdot 16\,(1/f_R - f_T \cdot 1/16) < 1/2 \cdot 1/f_T$$
$$153 \cdot 1/f_R < 10 \cdot 1/f_T$$
$$15{,}3 \cdot f_T < f_R$$
$$\Delta f \,/\, f_R = \pm\, 0{,}7 \,/\, 16 \approx \pm\, 4{,}4\ \%$$

Denna inbördes relativa frekvensstabilitet mellan sändare och mottagare är inte något större problem att åstadkomma.

En integrerad krets med en sändar- och en mottagarfunktion av det här beskrivna slaget finns under beteckningen UART (Universal Asynchronous Reciever/Transmitter).

11.4 Binära frekvensmultiplikatorer. Digital integration

Som framgår av tidigare avsnitt kan en modulo-n-räknare sägas utföra en frekvensdelning av klocksignalen med faktorn n. I många sammanhang önskar man emellertid en frekvensdelning med en varierbar faktor. Ett organ som utför detta kallas binär frekvensmultiplikator (binary rate multiplier, BRM). Insignalerna till detta organ är dels en signal x_0 med grundfrekvensen f_0, dels ett binärtal $y = \langle y_1, y_2, \ldots, y_n \rangle$. Utsignalen u ska ha en pulsfrekvens vars medelvärde är

$$f_{ut} = f_0 \cdot y$$

Storheten y är alltid mindre än 1 och vikterna för $y_1, y_2, \ldots, y_n$ är följaktligen 1/2, 1/4, …, $1/2^n$. Utsignalen beror alltså av y och för ett givet värde på $y_1, y_2, \ldots, y_n$ ger vi utsignalen beteckningen $u(y_1, y_2, \ldots, y_n)$.

En frekvensmultiplikator i form av ett synkroniserat sekvensnät visas av figur 11.23. Under förutsättning att räknevillkoret $x = 1$ och att $y_1y_2y_3y_4 = 1011$ kommer utsignalen u att få det utseende som visas i figuren. Det är nu inte längre pulsfrekvensen hos denna signal som är det signifikanta resultatet av nätets funktion. I stället har man erhållit ett utsnitt av den totala cykeln av 16 klockpulsintervall så att u = 1 i exakt $16 \cdot y$ stycken intervall, vilka är någorlunda jämnt fördelade i tiden.

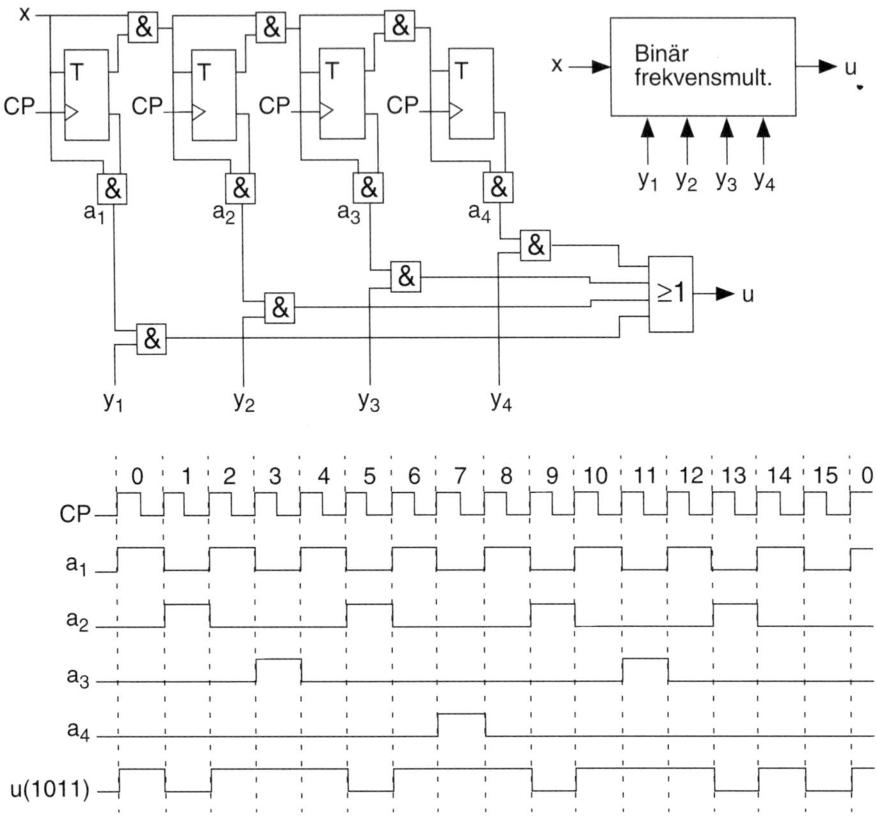

Figur 11.23 Binär frekvensmultiplikator med synkron räknare

Antag nu att x inte länge är konstant = 1 utan tillåts variera (synkront) från ett klockpulsintervall till ett annat. För x = 0 kommer hela sekvensnätet att befinna sig i vila. Räknaren kommer inte att stegas fram och u = 0. Låt oss beteckna

antalet intervall av $t_0, t_1, \ldots, t_n$ där x = 1 med n_x
antalet intervall av $t_0, t_1, \ldots, t_n$ där u = 1 med n_u

Då gäller uppenbarligen

$$n_u = n_x \cdot y$$

under förutsättning att $n_u >> 16$ och $n_x >> 16$.

n_x och n_u är inte frekvenser i betydelsen perioder per sekund utan frekvenser i betydelsen förekomstsannolikhet. Denna betydelse överensstämmer helt med såväl statistiskt som allmänt språkbruk.

Binär frekvensmultiplikation med två faktorer y och z visas av figur 11.24. För utsignalen v gäller

$$n_v = n_u \cdot z = n_x \cdot y \cdot z$$

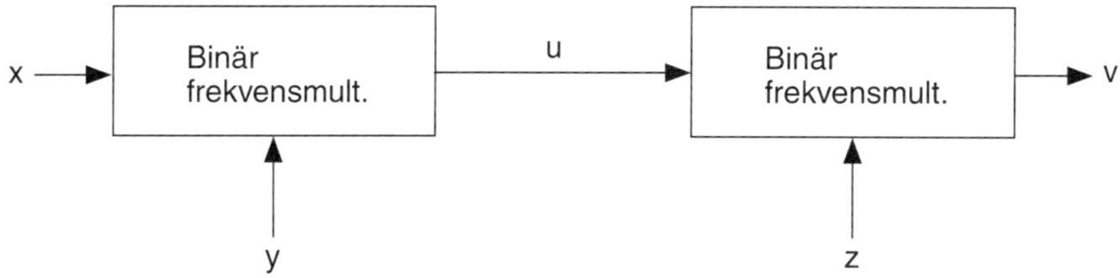

Figur 11.24 Binär frekvensmultiplikation med två faktorer

Vi ska nu visa hur frekvensmultiplikation kan ske med en faktor som kan vara både negativ och positiv. I figur 11.25a) visas ett blockschema över en anordning som matas av en binär vektor $\dot{X} = (\dot{x}_0, \dot{x}_1, \dot{x}_2, \dot{x}_3, \dot{x}_4)$. Den binära frekvensmultiplikatorn lämnar på sina två utgångar dx och -dx en signal vars frekvens är proportionell mot $\dot{X}$. Den avslutande reversibla räknaren kommer att ackumulera dessa pulser, vilket är liktydigt med integration

$$X = (x_0, x_1, \ldots, x_n) = \sum_{t=0}^{T} dx = \sum_{t=0}^{T} \dot{X} dt$$

För $\dot{X}$ används s.k. 2-komplementrepresentation enligt figur 11.25b). Beteckningen 2-komplement härör från det faktum att om positionen $\dot{x}_0$ tilldelats vikten 1, positionen $\dot{x}_1$ vikten 1/2 o.s.v. fås beloppet av ett negativt tal $\dot{X}$ som

$$2 - (\dot{x}_0 + 1/2\,\dot{x}_1 + 1/4\,\dot{x}_2 + 1/8\,\dot{x}_3 + 1/16\,\dot{x}_4)$$

där + står för vanlig addition.

Under dessa förutsättningar kan den binära frekvensmultiplikatorn ges den form som visas av figur 11.25c). Så länge $\dot{X}$ är positiv är $\dot{x}_0 = 0$ och signalen + dx genereras på samma sätt som signalen u i figur 11.23. När $\dot{X}$ är negativ är $\dot{x}_0 = 1$ och $+dx$ blockeras. På utgången $-dx$ erhålls en signal under de intervall där OR-grinden inte ger utsignalen 1. Detta är uppenbarligen vad vi önskar oss. Signalen $-dx$ ska anta värdet 1 under så stor del av den totala cykeln av 16 intervall som motsvarar beloppet av $\dot{X}$.

a)

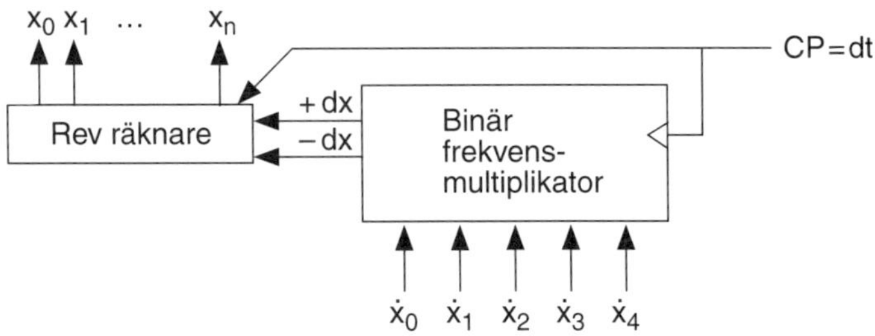

b)

$\dot{x}_0$	$\dot{x}_1$	$\dot{x}_2$	$\dot{x}_3$	$\dot{x}_4$	
0	0	0	1	0	+2/16
0	0	0	0	1	+1/16
0	0	0	0	0	0
1	1	1	1	1	−1/16
1	1	1	1	0	−2/16
1	1	1	0	1	−3/16

c)

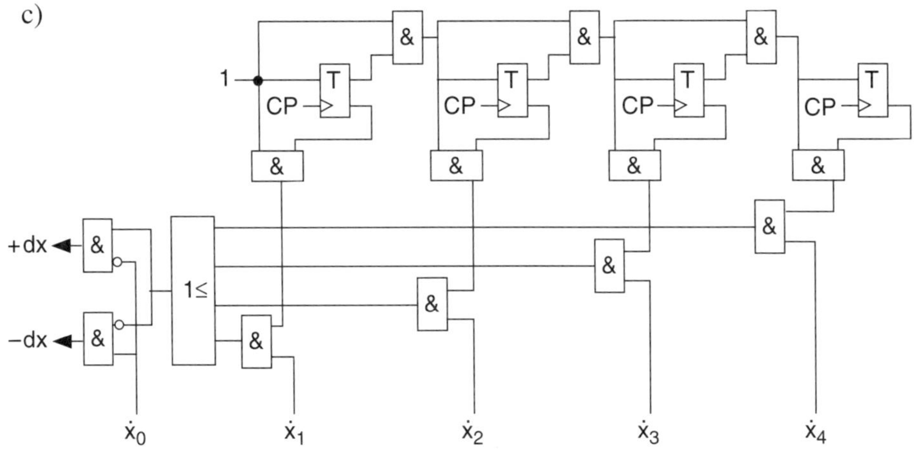

Figur 11.25 Frekvensmultiplikation med teckenförsedd faktor

Den binära frekvensmultiplikatorn i kombination med en räknare kan alltså utföra digital integration. En svårighet är emellertid att storheten $\dot{X}$ i figur 11.25 måste vara konstant. Om $\dot{X}$ skulle variera (någorlunda snabbt) kommer frekvensen dx att motsvara $\dot{X}$ dt mycket dåligt.

Den digitala integratorn, varav den binära frekvensmultiplikatorn kan sägas vara ett specialfall, visas av figur 11.26a). Samtliga storheter y, R_z och z förutsätts vara positiva heltal, storheterna dy, dx och dz är binära. (I det allmänna fallet är y, R_z och z positiva eller negativa. Adderaren är då en adderare/subtraherare styrd av dx och dy. dx och dz är trevärda variabler med värdena –1, 0 eller +1 och registren är reversibla räknare). Register y ackumulerar helt enkelt inkrementen dy. Variabeln y ackumuleras till R_z varje gång dx = 1, vilket illustreras av figur 11.26b). Register z är ackumulatorregistrets förlängning och approximativt gäller

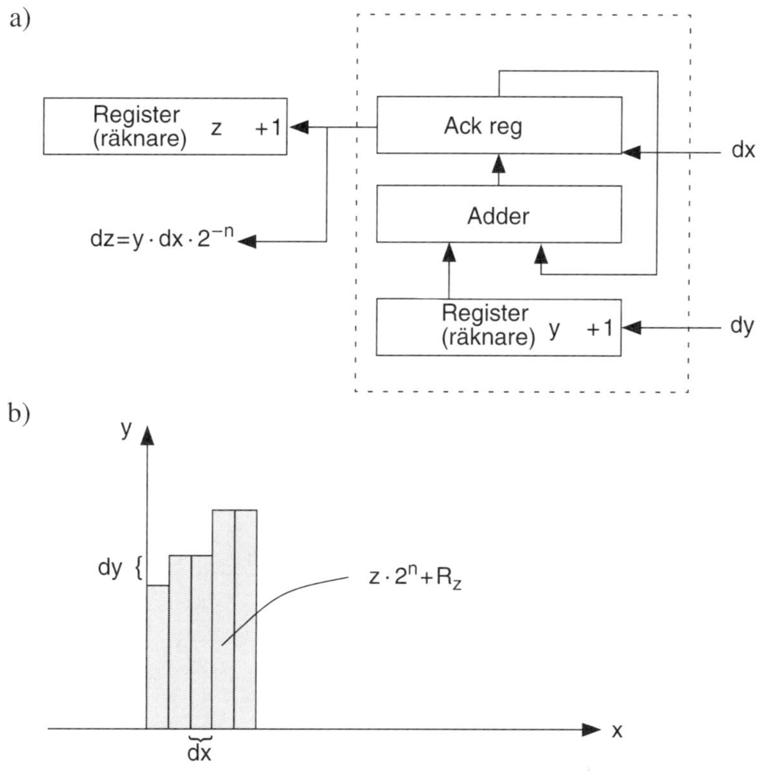

Figur 11.26 Digital integrator

$$Z = 2^{-n} \cdot \int y \, dx$$

vars differentiella form är

$$dz = y \, dx \cdot 2^{-n}$$

där n är en skalfaktor som beror av antalet positioner i integratorn.

Den digitala integratorn kan alltså ges en form där såväl de två ingångarna dx, dy som utgången dz har differentiell (inkrementell) form. Variabeln dz kan föras vidare till andra integratorer antingen som integrand (dy) eller som integrationsvariabel (dx).

Avslutningsvis visar vi några realistiska tillämpningar av digitala integratorer. En vektorgenerator kan utföras som i figur 11.27. Med hastighetsvektorn för linjen given som $\dot{x}$ och $\dot{y}$ integreras alla punkterna x/y fram utefter linjen. Via D/A-omvandlare ritas linjen som en trappstegskurva på oscilloskopskärmen med en hastighet som betsäms av klockfrekvensen. I detta fall kan inkrementen dx och dy också genereras av binära frekvensmultiplikatorer.

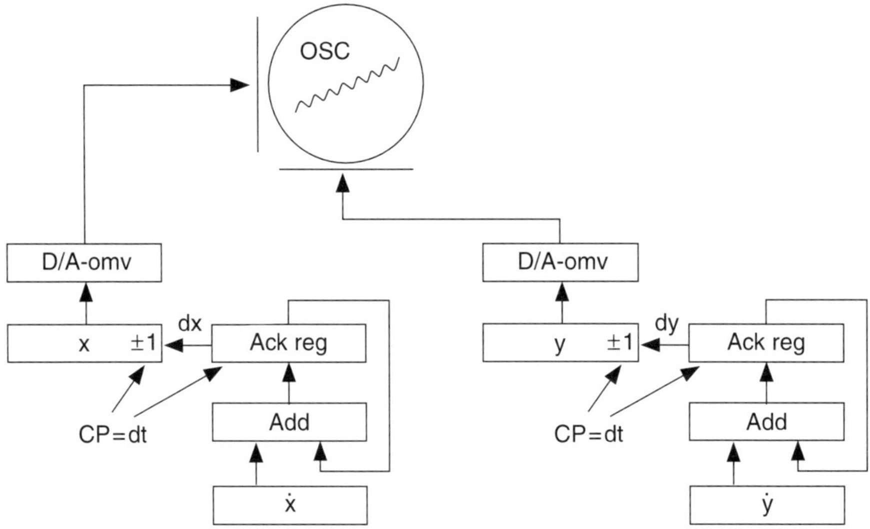

Figur 11.27 Vektorgenerator

I figur 11.28 visas en lägesgivare som beräknar läget x med utgångspunkt från den digitalt givna accellerationen $\ddot{x}$. Genom att öka antalet positioner efter varje steg går ingen precision förlorad.

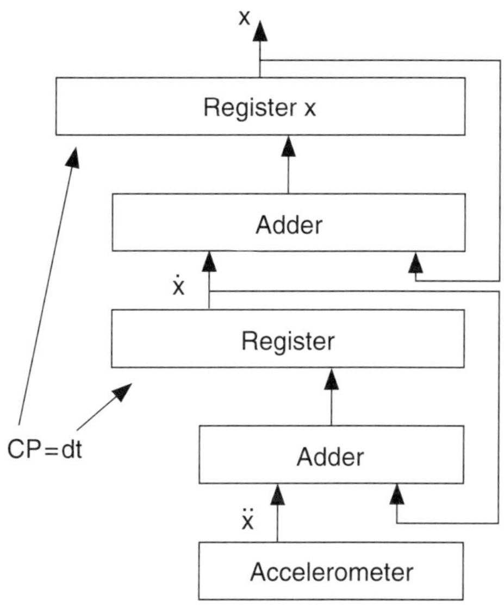

Figur 11.28 Lägesgivare med digitala integratorer

Digitala integratorer kan användas för att generera allehanda funktioner. I figur 11.29 visas genereringen av $y = e^{-x}$.

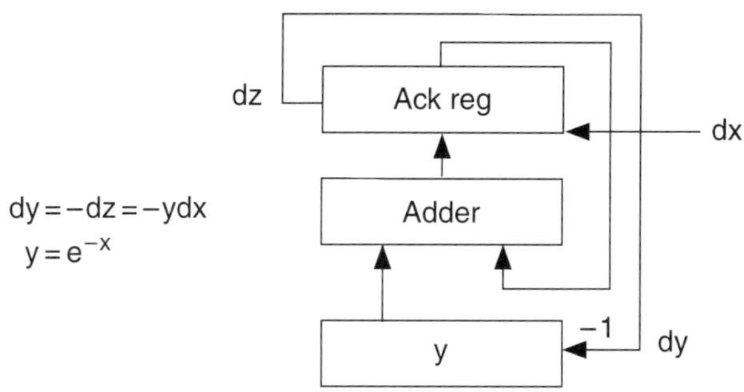

Figur 11.29 Digital integrator för generering av $y = e^{-x}$

11.5 Styrenheter

Man kan betrakta sekvensnät som realisering av algoritmer. Steg för steg (klockpulsintervall för klockpulsintervall) bearbetas den inkommande informationen (argumenten) för att ge önskat slutresultat (funktionsvärde). Ofta ställs man inför uppgiften att utnyttja en viss uppsättning av sekvensnät (vippor och kombinatorik) för att generera olika funktioner. Ett typiskt sådant fall är den aritmetiska enheten i en dator som ska kunna utföra både addition, subtraktion, multiplikation, division, skift, bildning av absolutbelopp m.m.

Låt oss använda beteckningen argument för alla de signaler som levereras till sekvensnätet. För att begreppsmässigt och konstruktionsmässigt kunna hantera problemet att generera flera olika funktioner delar vi upp argumentet i två delar: operation och operand. Vi bortser här från det faktum att operanden ofta består av flera delar (t.ex. divisor och dividend).

Argument

operation	operand

Vi har hittills mestadels behandlat specialfallet att endast en typ av funktion ska realiseras. Behovet av en speciell operationsdel har då bortfallit och operanden har utgjort hela argumentet. I exempel 9.11 var situationen dock något annorlunda, då vi med styrsignalerna y_1y_2 kunde ge nätet olika funktion. y_1y_2 bestämde således vilken operation som operanden X skulle utsättas för.

Ett mycket grovt blockschema över en multipelfunktionsgenerator visas av figur 11.30. Operationsdelen införs till en styrenhet som är ett sekvensnät vars utsignaler påverkar den egentliga funktionsgeneratorn. Med hjälp av dessa styrsignaler bearbetas operanden på önskat sätt och resulterar i önskat funktionsvärde.

I det praktiska fallet kan man inte bortse från att signaler från funktionsgeneratorn måste tillåtas påverka styrenhetens beteende. Detta kan emellertid göras indirekt genom att avsluta algoritmen för varje gång en sådan påverkan måste ske. Det erhållna funktionsvärdet (som då är att betrakta som ett delresultat) används för att definiera ett nytt argument med vilket beräkningen kan fortsätta (streckad linje i figur 11.30). Uppdelningen av argumentet och den därav följande naturliga uppdelningen av det totala sekvensnätet gör att man kan behandla de två delarna var för sig.

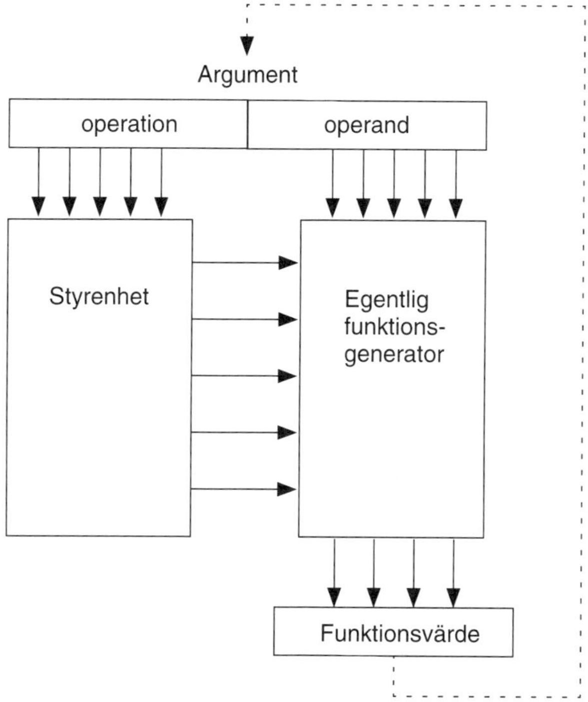

Figur 11.30 Blockschema över en multipelfunktionsgenerator

Med de förutsättningar som givits med ovanstående resonemang kan en styrenhet ges ett allmänt utseende som i figur 11.31.

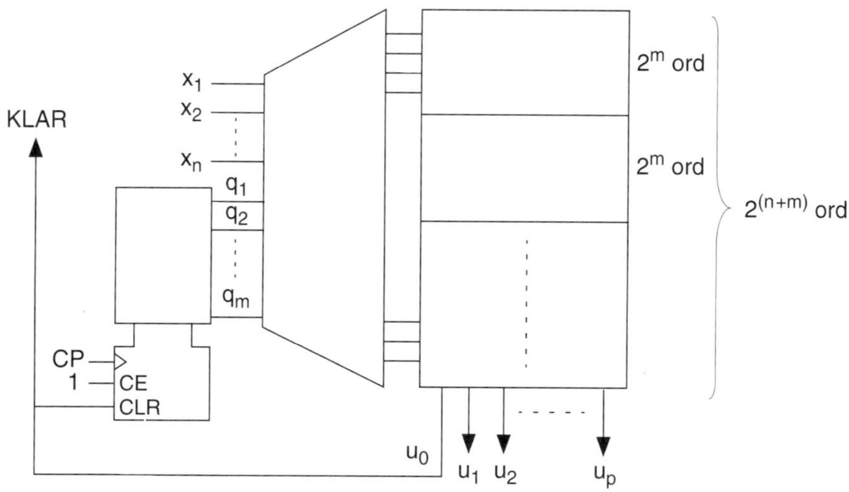

Figur 11.31 Styrenhet

X = <x_1, x_2, ..., x_n> definierar operationen och räknarens utgångar Q = <q_1, q_2, ..., q_m> denna operations olika tidsmoment. I varje sådant tidsögonblick (definierat av klockintervallets längd) är det styrenhetens uppgift att leverera en viss kombination av styrsignaler u_0, u_1, ..., u_p. Permanentminnet har delats upp i ett block för varje operationskod (2^n st) med 2^m ord i varje. Bland styrsignalerna har signalen u_0 en speciell funktion. Utförandet av olika operationer kan nämligen kräva olika antal tidsmoment. Genom att i permanentminnet tilldela signalen u_0 värdet 1 under det sista erforderliga tidmomentet för en viss operation kommer räknaren att nollställas nästföljande klockintervall. Samtidigt ges signalen KLAR till det överordnade organ som levererar operationskoderna. Därmed kan också en ny kod anlända i nästa klockpulsintervall och styrenheten kan löpa utan avbrott.

Långt ifrån alla operationer kräver maximalt antal tidsmoment (2^m st), vilket gör att styrenheten i figur 11.31 utnyttjar minnesarean dåligt. Ett bättre utnyttjande fås om operationskoden och räknaren för tidsstegningen kan slås samman till ett enda räknande register som då brukar kallas programräknare, PC. Se figur 11.32. Operationskoden utgör nu en begynnelseadress i minnet där den aktuella styrsekvensen börjar. Den sekvens av styrsignaler som ska levereras för en viss operation kan vi nu kalla ett program och det ska uppenbarligen lagras på ett antal konsekutiva adresser i minnet såsom skisserats i figur 11.32b). Från sista minnescellen i varje program aktiveras räknarens load-ingång och en ny operation laddas in. För att kunna utnyttja samtliga operationskoder kan det krävas ett omkodningsnät (K), så att operationskoden och startadressen för ett visst program inte behöver vara lika.

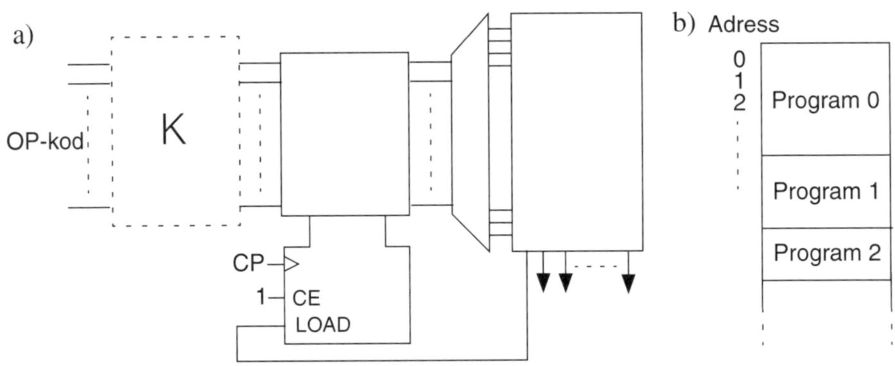

Figur 11.32 a) Styrenhet med programräknare och ROM/PLA
b) Programareans lagring

En styrenhet liknande den i figur 11.32 ingår i mikroprogrammerade datorer. Styrenheten styr såväl sig själv som dataflöde och beräkningar. Ur datorns minne hämtas instruktioner vilka laddas in i räknaren (här kallad mikroprogramräknaren), varefter de skurar av styrsignaler som krävs för att utföra instruktionerna genereras. Styrenheten kan förses med bl.a. loopräknare och funktioner för hopp och subrutiner.

En styrenhet kan tänkas fungera tillsammans med någon yttre asynkron process, men principen är också användbar vid konstruktion av synkrona sekvensnät. Vi illustrerar det senare med ett exempel.

Exempel 11.5

På en synkroniserad ingång, x, anländer 4-bits binära tal med mest signifikant bit först. Varje tal föregås av en startbit som är logiskt ett och avslutas med en stoppbit som är logiskt noll. Nätet ska på sin utgång seriellt leverera summan av de två senast inkomna talen. Summan ska skickas med mest signifikant bit först och inledas med en startbit. Först skickas alltså summan av tal 1 och tal 2, sedan summan av tal 3 och tal 4 o.s.v. För enkelhetens skull antar vi att inga nya tal anländer så länge sändning pågår.

Lösning:

För realiseringen utnyttjar vi en styrenhet, en adderare, ett skiftregister och ett skiftbart ackumulatorregister, se figur 11.33. Vid uppstart antas alla minneselement vara nollställda. När en startbit kommer laddas räknaren med <0001> och räknar fram till <0110> under det att nätet tar emot det första talet och flyttar detta till ackumulatorregistret. I läge <0110> väntar nätet på startbiten från det andra talet. Denna åstadkommer en laddning med <0111>. Nästa tal skiftas därefter in och adderas till föregående. I räkneläge <1100> väntar nätet på ett nytt tal under det att summan skiftas ut. Under skiftningen nollställs ackumulatorn successivt och förloppet kan upprepas.

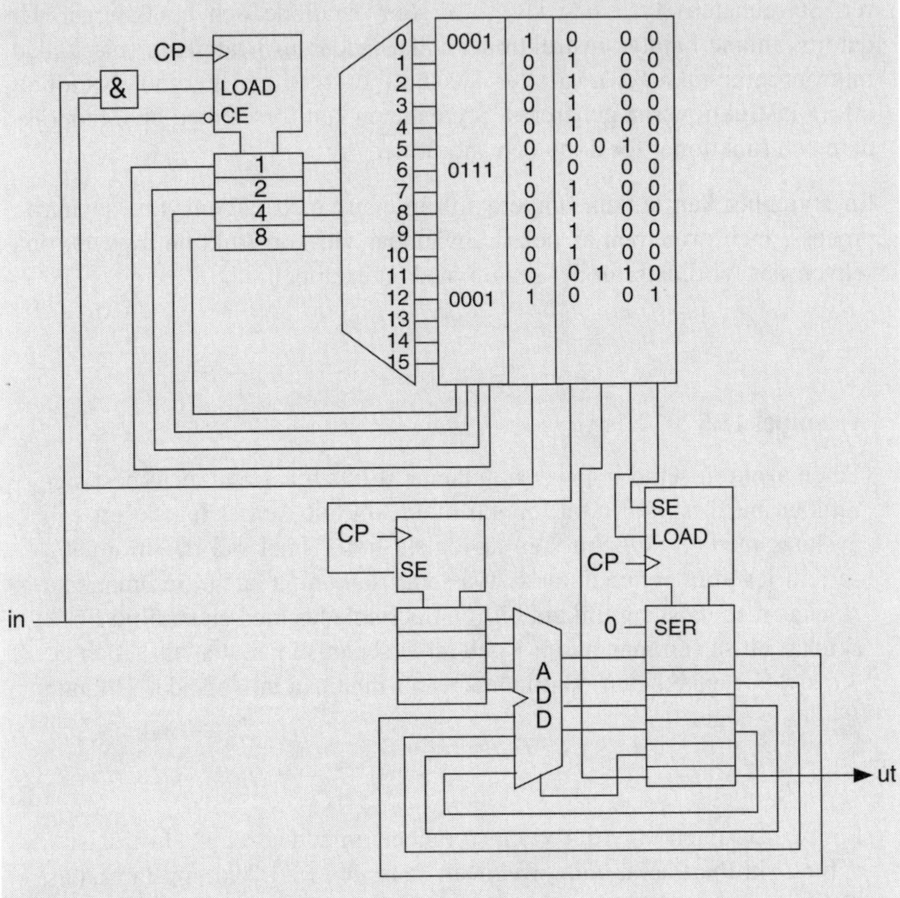

Figur 11.33 Realisering enligt principen styrenhet

12 Addition, subtraktion och skift av fixtal

12.1 Representation av negativa tal med belopp- och komplementmetoder

Vi erinrar om representationsformen för positiva binärtal där exempelvis

10101.101

står för

$$1 \cdot 2^4 + 0 \cdot 2^3 + 1 \cdot 2^2 + 0 \cdot 2^1 + 1 \cdot 2^0 + 1 \cdot 2^{-1} + 0 \cdot 2^{-2} + 1 \cdot 2^{-3} = 21\ 5/8$$

Vid arbete med papper och penna använder man vanligen den konventionen att talet förutsätts positivt om det inte föregås av ett minustecken (–). I tveksamma fall sätter man ibland också ut plustecken för positiva tal, men uppenbarligen är det fullt tillräckligt med regeln

–	negativt tal
(– saknas)	positivt tal

Efter teckenangivelse anges sedan talets belopp.

Vi använder följaktligen 11 st symboler då vi noterar positiva och negativa decimaltal nämligen 0, 1, 2, 3, 4, 5, 6, 7, 8, 9 samt –. I det fall vi vill representera bråktal tillkommer dessutom decimalkommat.

Med endast binära signaler till vårt förfogande är vi hänvisade till att indikera talets tecken såväl som dess belopp med symbolerna 0 och 1. En accepterad konvention är att ge den s.k. teckenpositionen följande innebörd. (Undantag: binär offsetrepresentation.)

$1 \rightarrow$ negativt tal
$0 \rightarrow$ positivt tal

Slutligen föreligger behovet att representera binärpunktens läge. Med hänsyn till detta skiljer man på följande talrepresentationer:

Fixtal, där binärpunkten alltid förutsätts ligga på samma plats relativt siffrorna.

Flyttal, där talet uppdelas i mantissa och exponent. Mantissan är ett fixtal och exponenten är ett heltal som anger binärpunktens verkliga läge i mantissan.

I de närmast följande avsnitten ska vi enbart använda fixtal. Vidare kommer vi att syssla med tal x som ligger i talområdet

$$-1 \leq x < +1$$

Vid exemplifieringar använder vi oss av ordlängden 5 bitar, teckenpositionen inberäknad, så att $x = (x_0, x_1, x_2, x_3, x_4)$

bitnummer i = 0 1 2 3 4

1	0	1	1	0

teckenpos ↑

Teckenpositionen följs omedelbart av en (underförstådd) binärpunkt vilket ger det ovan nämnda talområdet. Ordlängden 5 bitar innebär att talaxeln från −1 till + 1 indelats i 32 st ekvidistanta intervall enligt figur 12.1. Annorlunda uttryckt: ordlängden och det givna talområdet resulterar i upplösningen 1/16.

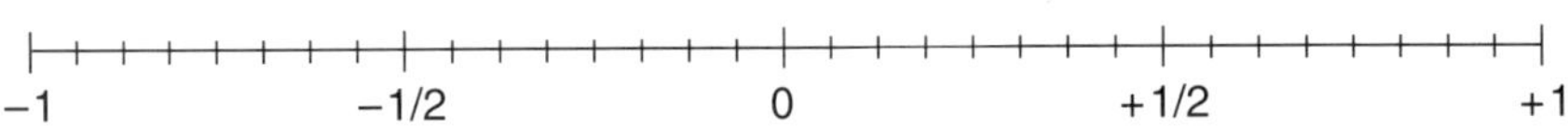

Figur 12.1 Talaxelns indelning vid 5 bitars ordlängd

Begränsningen av talområdet till −1 – +1 är en vedertagen konvention för fixtal. Emellertid är det ingenting som hindrar att man betraktar de binära talrepresentationerna i det följande såsom liggande inom ett annat intervall t.ex. −16 till +16, varigenom man istället kommer att behandla enbart heltal. Algoritmerna för de fyra vanliga räknesätten påverkas ej härav.

	Tecken-belopp					2-komplement					Binär offset					1-komplement				
x	x_0	x_1	x_2	x_3	x_4	x_0	x_1	x_2	x_3	x_4	x_0	x_1	x_2	x_3	x_4	x_0	x_1	x_2	x_3	x_4
15/16	0	1	1	1	1	0	1	1	1	1	1	1	1	1	1	0	1	1	1	1
14/16	0	1	1	1	0	0	1	1	1	0	1	1	1	1	0	0	1	1	1	0
13/16	0	1	1	0	1	0	1	1	0	1	1	1	1	0	1	0	1	1	0	1
12/16	0	1	1	0	0	0	1	1	0	0	1	1	1	0	0	0	1	1	0	0
11/16	0	1	0	1	1	0	1	0	1	1	1	1	0	1	1	0	1	0	1	1
10/16	0	1	0	1	0	0	1	0	1	0	1	1	0	1	0	0	1	0	1	0
9/16	0	1	0	0	1	0	1	0	0	1	1	1	0	0	1	0	1	0	0	1
8/16	0	1	0	0	0	0	1	0	0	0	1	1	0	0	0	0	1	0	0	0
7/16	0	0	1	1	1	0	0	1	1	1	1	0	1	1	1	0	0	1	1	1
6/16	0	0	1	1	0	0	0	1	1	0	1	0	1	1	0	0	0	1	1	0
5/16	0	0	1	0	1	0	0	1	0	1	1	0	1	0	1	0	0	1	0	1
4/16	0	0	1	0	0	0	0	1	0	0	1	0	1	0	0	0	0	1	0	0
3/16	0	0	0	1	1	0	0	0	1	1	1	0	0	1	1	0	0	0	1	1
2/16	0	0	0	1	0	0	0	0	1	0	1	0	0	1	0	0	0	0	1	0
1/16	0	0	0	0	1	0	0	0	0	1	1	0	0	0	1	0	0	0	0	1
0	0 1	0 0	0 0	0 0	0 0	0	0	0	0	0	1	0	0	0	0	0 1	0 1	0 1	0 1	0 1
− 1/16	1	0	0	0	1	1	1	1	1	1	0	1	1	1	1	1	1	1	1	0
− 2/16	1	0	0	1	0	1	1	1	1	0	0	1	1	1	0	1	1	1	0	1
− 3/16	1	0	0	1	1	1	1	1	0	1	0	1	1	0	1	1	1	1	0	0
− 4/16	1	0	1	0	0	1	1	1	0	0	0	1	1	0	0	1	1	0	1	1
− 5/16	1	0	1	0	1	1	1	0	1	1	0	1	0	1	1	1	1	0	1	0
− 6/16	1	0	1	1	0	1	1	0	1	0	0	1	0	1	0	1	1	0	0	1
− 7/16	1	0	1	1	1	1	1	0	0	1	0	1	0	0	1	1	1	0	0	0
− 8/16	1	1	0	0	0	1	1	0	0	0	0	1	0	0	0	1	0	1	1	1
− 9/16	1	1	0	0	1	1	0	1	1	1	0	0	1	1	1	1	0	1	1	0
−10/16	1	1	0	1	0	1	0	1	1	0	0	0	1	1	0	1	0	1	0	1
−11/16	1	1	0	1	1	1	0	1	0	1	0	0	1	0	1	1	0	1	0	0
−12/16	1	1	1	0	0	1	0	1	0	0	0	0	1	0	0	1	0	0	1	1
−13/16	1	1	1	0	1	1	0	0	1	1	0	0	0	1	1	1	0	0	1	0
−14/16	1	1	1	1	0	1	0	0	1	0	0	0	0	1	0	1	0	0	0	1
−15/16	1	1	1	1	1	1	0	0	0	1	0	0	0	0	1	1	0	0	0	0
− 1						1	0	0	0	0	0	0	0	0	0					

Figur 12.2 De fyra vanligaste talrepresentationerna

I figur 12.2 illustreras de fyra talrepresentationer (koder) som tilldragit sig det största intresset. Tecken-belopp och 1-komplementrepresentationerna är som synes inte helt fria från redundans eftersom talet 0 kan representeras på två sätt.

Binär offset skiljer sig från 2-komplementrepresentation endast och allenast genom att teckenpositionen x_0 inverterats. Denna skillnad är så liten att algoritmer och räkneregler för 2-komplementrepresentation direkt kan användas även för binär offset. 1-komplement saknar större praktisk betydelse och fortsättningsvis behandlas därför endast tecken-belopp och 2-komplement.

Maskintalet $\tilde{x}$ är en återtolkning av kodorden i figur 12.2 tillbaka till talaxeln enligt formeln

$$\tilde{x} = \sum_{i=0}^{4} x_i 2^{-i} \tag{12.1}$$

Maskintalet $\tilde{x}$ är alltså det positiva tal i intervallet $0 \leq \tilde{x} < 2$ som erhålls då teckenpositionen betraktas som en vanlig position med vikten 1. Översättningen $\tilde{x} \rightarrow x$ är entydig d.v.s.

$$(\tilde{x} = \tilde{y}) \Rightarrow (x = y)$$

Sambandet mellan det verkliga talet x och dess två representationer enligt figur 12.2 kan uttryckas algebraiskt på följande sätt.

För *tecken-beloppsrepresentationen* fås

$$x = (1 - 2x_0) \sum_{i=0}^{4} x_i 2^{-i} \tag{12.2}$$

varav följer att i detta fall

$$\begin{aligned} x &= \tilde{x} && \text{för } x \geq 0 \\ x &= 1 - \tilde{x} && \text{för } x < 0 \end{aligned} \tag{12.3}$$

För *2-komplementrepresentationen* gäller att

$$x = -x_0 + \sum_{i=0}^{4} x_i 2^{-i} \tag{12.4}$$

varav fås

$$\begin{aligned} x &= \tilde{x} && \text{för } x \geq 0 \\ x &= \tilde{x} - 2 \Leftrightarrow \tilde{x} = 2 + x && \text{för } x < 0 \end{aligned} \tag{12.5}$$

För 2-komplementrepresentationen kan sambandet mellan det verkliga talet x, maskintalet $\tilde{x}$ och den binära koden illustreras med ett cirkeldiagram enligt figur 12.3.

Talet x hittar man om man går åt endera hållet från 0-läget. Talet $\tilde{x}$ finner man genom att gå åt ett håll från 0-läget.

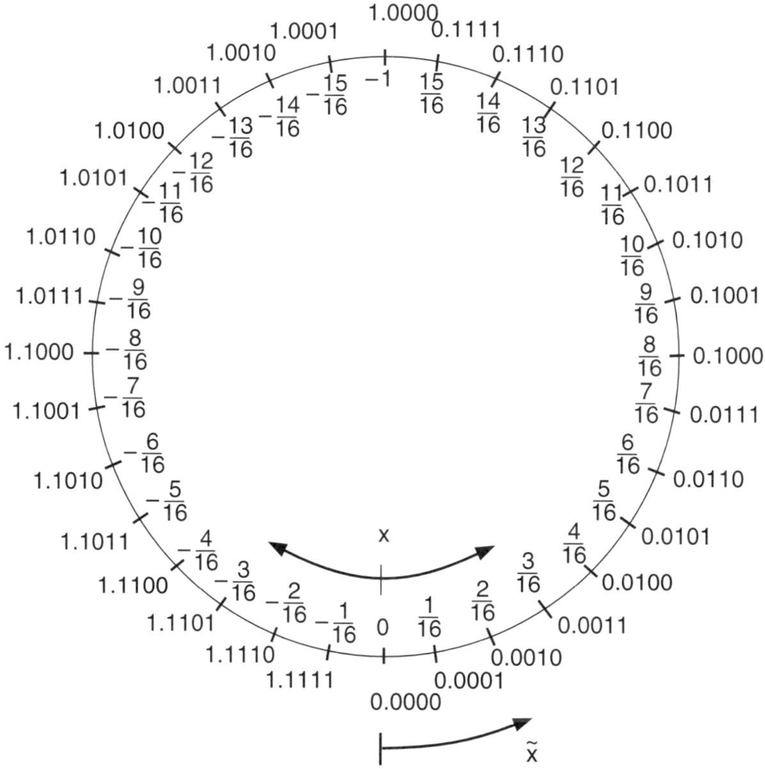

Figur 12.3 Sambandet mellan det verkliga talet $\tilde{x}$, maskintalet och den binära koden för tal i 2-komplementrepresentation

För att bekvämt kunna utföra aritmetiska operationer med binärkodade tal är det av stort värde att man med ett givet kodord för ett tal $x = (x_0, x_1, x_2, x_3, x_4)$ enkelt kan producera kodordet för talet $-x$.

I fallet *tecken-belopprepresentation* erhålls det önskade kodordet helt enkelt genom att invertera teckenpositionen dvs

$$-x = (x_0', x_1, x_2, x_3, x_4) \tag{12 6}$$

För *2-komplementrepresentationen* gäller att

$$\widetilde{-x} = 2 - \tilde{x} \tag{12.7}$$

ty för $x \geq 0$ gäller enligt (12.5) att $\widetilde{-x} = 2 - x$ och $\tilde{x} = x$ och för $x < 0$ gäller enligt (12.5) att $\widetilde{-x} = -x$ och $\tilde{x} = 2 + x$.

Likheten (12.7) kan också verifieras med tabellen i figur 12.2 och diagrammet i figur 12.3.

Sambandet (12.7) motiverar beteckningen 2-komplementrepresentation. Ett tal x och dess negativa motsvarighet $-x$ representeras av två storheter (maskintalen) $\tilde{x}$ och $\widetilde{-x}$ sådana att $\tilde{x} + \widetilde{-x} = 2$.

Sätt nu $-x = y = (y_0, y_1, y_2, y_3, y_4)$. Enligt (12.1) och (12.7) får vi

$$\tilde{y} = \sum_{i=0}^{4} = y_i 2^{-i} = 2 - \sum_{i=0}^{4} x_i 2^{-i} = 2^{-4} + \sum_{i=0}^{4} (1 - x_i) 2^{-i}$$

och eftersom $1 - x_i = x_i'$ följer att

$$\sum_{i=0}^{4} y_i 2^{-i} = 2^{-4} + \sum_{i=0}^{4} x_i' \, 2^{-i} \qquad (12.8)$$

Likheten (12.8) ger följande enkla regel för att producera $\tilde{y} = \widetilde{-x}$ ur $\tilde{x} = (x_0, x_1, x_2, x_3, x_4)$.

i) Invertera alla positionerna $x_0, x_1, \ldots, x_4$

ii) Addera 2^{-4}, d.v.s. addera 1 i minst signifikant position.

Exempel:

$$\begin{array}{rr} 13/16 = & 01101 \\ & 10010 \\ + & 1 \\ \hline -13/16 & 10011 \end{array} \qquad \begin{array}{rr} -3/16 = & 11101 \\ & 00010 \\ + & 1 \\ \hline +3/16 & 00011 \end{array}$$

Talet 0 är ett specialfall för vilket ekvation (12.7) strängt taget inte gäller. Emellertid kan vi använda regeln även i detta fall om vi negligerar minnessiffran från teckenpositionen.

$$\begin{array}{rr} +0 = & 00000 \\ & 11111 \\ + & 1 \\ \hline & 100000 = -0 \end{array}$$

negligeras ↑

Observera också att $-x$ inte kan representeras för det fall att $x = -1$.

12.2 Addition och subtraktion

12.2.1 Addition och subtraktion av teckenbelopp-representerade tal

Med teckenbeloppsrepresentation kan ett kombinatoriskt nät för parallell addition och subtraktion utformas enligt figur 12.4.

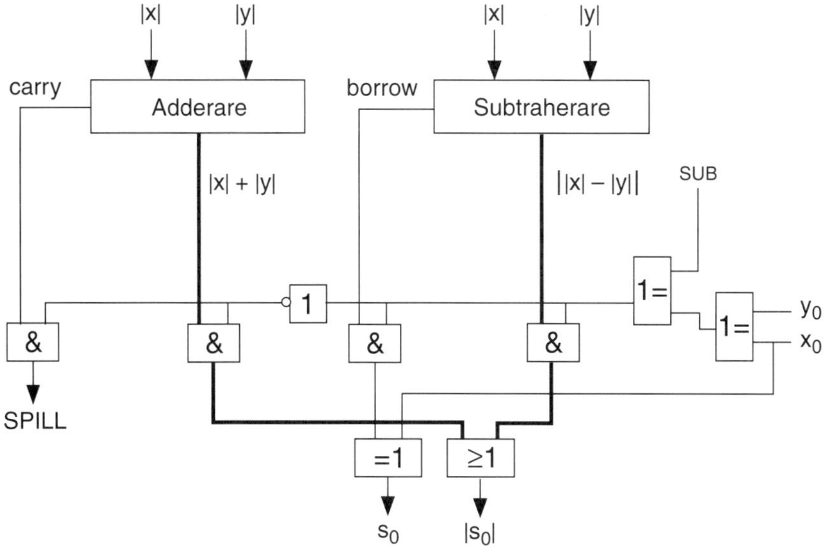

Figur 12.4 Parallell addition/subtraktion i teckenbeloppsrepresentation

De kraftigt markerade ledningarna och grindarna är i verkligheten multipla ledningar till ett antal som svarar mot ordlängden hos talens belopp. Då signalen SPILL = 1 har den nominella ordlängden överskridits vilket uppenbarligen inträffar då $|x| + |y| > 1$ (engelska: overflow).

Adderaren och subtraheraren tänkes utförda på konventionellt sätt (se avsnitt 5.1 och 5.2). För subtraheraren gäller att den måste inkludera ett korrigerande nät som träder i funktion för fallet $|x| - |y| < 0$, se figur 12.5.

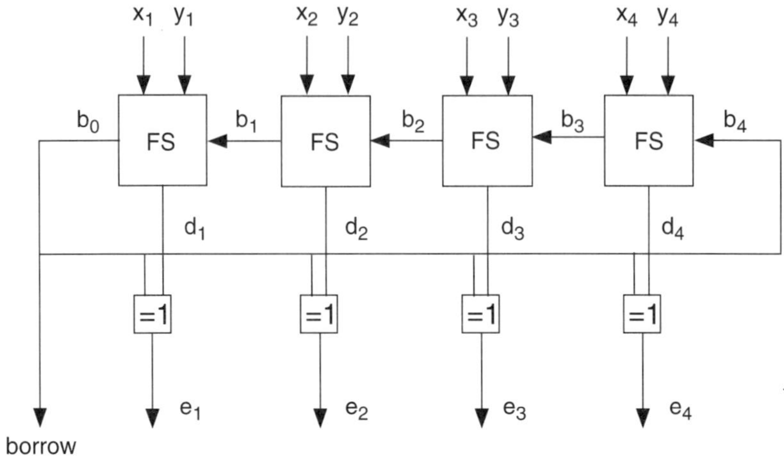

Figur 12.5 Korrigerande nät för subraheraren i figur 12.4 för att klara fallet $|x| - |y| < 0$

Så länge $|x| - |y| > 0$ erhålls $d = (d_1, d_2, d_3, d_4)$ i oförändrad form på utgångarna. När $|x| - |y| < 0$ blir $b_0 = 1$ och signalerna d_1, d_2, d_3, d_4 inverteras samtidigt som lånesiffra införs till minst signifikant position (end around borrow e.a.b.). Att vektorn

$$e = (e_1, e_2, e_3, e_4) = |x| - |y|$$

visas med följande exempel.

$\|x\| = 3/16$	0011
$\|y\| = 5/16$	0101
borrow	11011
$d = 13/16$	1101
$e = 2/16$	0010

Utan införandet av e.a.b. skulle vi ha erhållit $d = 14/16 = 1 + |x| - |y|$ och $e = 1/16$ vilket skulle ha krävt en avslutande addition med 1/16 för att ge önskat slutresultat. Införandet av e.a.b. i subtraheraren ersätter denna addition av 1/16 genom att subtrahera 1/16 före inverteringen av d-signalerna.

Teckenpositionenen x_0, y_0 får i figur 12.4 behandlas helt separat från beloppen. Om de två operanderna x och y adderas är signalen SUB = 0. Om operanderna ska subtraheras är SUB = 1. Signalen

$$SUB \oplus x_0 \oplus y_0$$

avgör om resultatet från adderaren eller subtraheraren ska grindas fram till utgången |s|. Observera att teckenpositionen s_0 följer x_0 utom när |x| < |y|.

Sammanfattningsvis kan konstateras att en kombinerad additions- och subtraktionsenhet blir oroväckande komplicerad då teckenbeloppsrepresentation används. En viss förenkling kan erhållas genom att utföra additionen och subtraktionen i ett enda kombinatoriskt nät och utnyttja likheten mellan heladderarens och helsubtraherarens funktioner. Byggstenen i detta nät betecknar vi FA/FS och dess funktion framgår av figur 12.6. Signalen h är identisk med signalen SUB $\oplus$ y_0 $\oplus$ x_0 i figur 12.4.

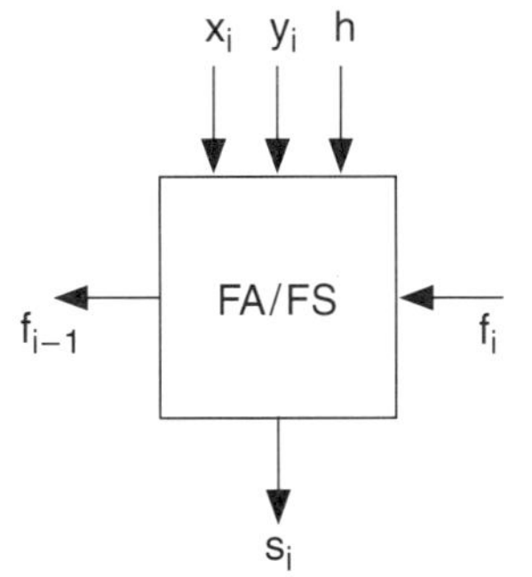

f_{i-1} (x_iy_i kolumner, hf_i rader):

hf_i \ x_iy_i	00	01	11	10
00	0	0	1	0
01	0	1	1	1
11	1	1	1	0
10	0	1	0	0

s_i:

hf_i \ x_iy_i	00	01	11	10
00	0	1	0	1
01	1	0	1	0
11	1	0	1	0
10	0	1	0	1

$$f_{i-1} = f_iy_i + h'x_iy_i + h'f_ix_i + hf_ix_i' + hx_i'y_i = f_iy_i + (h \oplus x_i)(f_i + y_i)$$

$$s_i = x_i \oplus y_i \oplus f_i$$

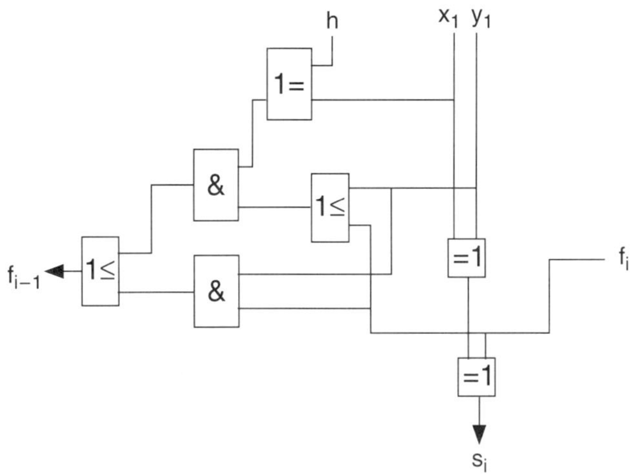

Figur 12.6 Kombinerad heladderare/helsubtraherare

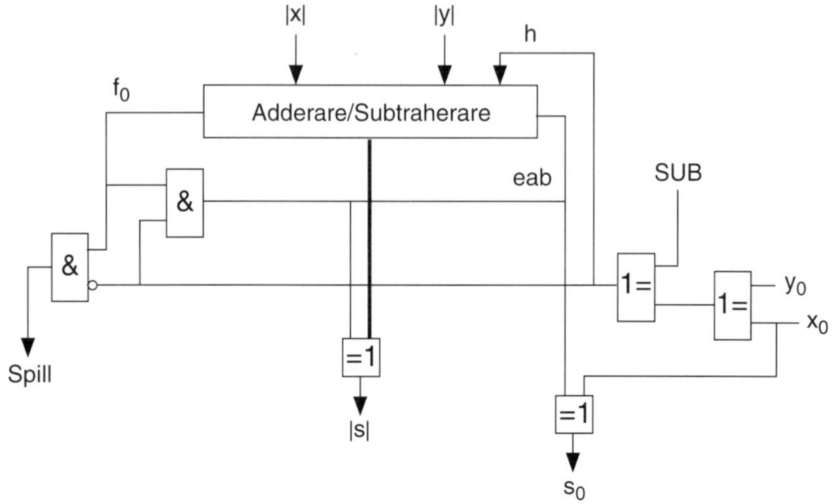

Figur 12.7 Parallell addition/subtraktion i teckenbelopprepresentation där den kombinerade FA/FS utnyttjas

Figur 12.7 är ett blocksystem över det kompletta nätet. Modulo-2-grinden efter additions/subtraktionsnätet och signalen eab motsvarar det korrektionsnät som introducerades i figur 12.5 för att erhålla |x| – |y|.

12.2.2 Addition och subtraktion av 2-komplement-representerade tal

Med 2-komplementrepresentation utförs addition av två tal x och y enligt figur 12.8. Signalen SUB = 0 vid addition varvid signalerna y_0, y_1, y_2, y_3, y_4 införs oförändrade till heladderarna. Till en sådan införs även teckenpositionerna x_0, y_0 under mottagande av carry c_0 från position 1, d.v.s. x_0, y_0 förutsätts ingå i talen x respektive y med positionsvikten 1. Annorlunda uttryckt: adderaren summerar maskintalen

$$\tilde{x} + \tilde{y} = \sum_{i=0}^{4} x_i 2^{-i} + y_i 2^{-i}$$

Additionen sker modulo 2 i den meningen att minnessiffran från mest signifikant position (teckenpositionen) inte tas till vara. Sålunda fås samma resultat i följande två fall

$$1.1111 + 0.0011 = 0.0001 + 0.0001 = 0.0010.$$

I figur 12.8 finns dessutom en spillindikator till vilken vi ska återkomma senare. Vi antar tills vidare att spill inte inträffar, d.v.s. att resultatet $s = x + y$ ($s = x - y$ vid subtraktion) ligger inom talområdet.

$$-1 \leq s < +1$$

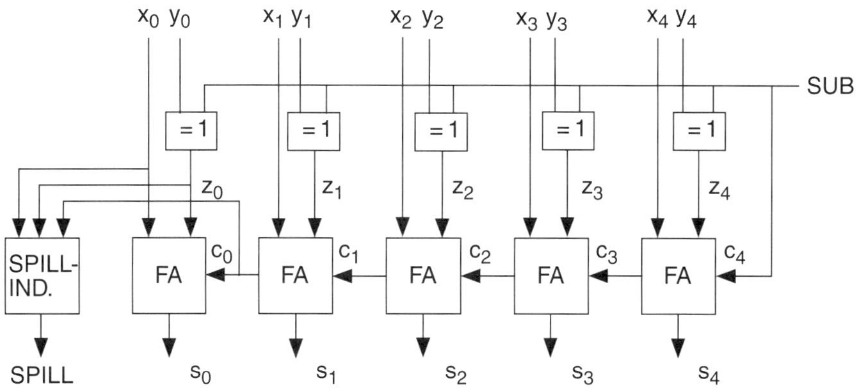

Figur 12.8 Addition/subtraktion i 2-komplementrepresentation

På utgångarna avläser vi nu ett maskintal $\tilde{s} = (s_0, s_1, s_2, s_3, s_4)$ och vi påstår att

$$\tilde{s} = \widetilde{x+y} \tag{12.9}$$

d.v.s. att resultatvektorn på ett korrekt sätt representerar summan $x + y$ i 2-komplementrepresentation.

Likheten (12.9) visas på följande sätt. Vi utgår från det faktum att nätet i figur 12.8 utför

$$\tilde{s} = (\tilde{x} + \tilde{y})\text{mod}2 \tag{12.10}$$

och skiljer på fyra fall.

Fall 1: $x \geq 0$, $y \geq 0$

$$\tilde{s} = (\tilde{x} + \tilde{y})\text{mod}2 = x + y = \widetilde{x+y}$$

allt enligt (12.5).

Exempel:

$$
\begin{array}{ll}
x = 3/16 & 0.0011 \\
y = 7/16 & \underline{+0.0111} \\
s = 10/16 & 0.1010
\end{array}
$$

Fall 2: $x \geq 0,\ y < 0$

$$\tilde{s} = (\tilde{x} + \tilde{y})\text{mod}2 = (x + 2 + y)\text{mod}2 =$$

$$= \begin{cases} x + y = \widetilde{x+y} & \text{om } x + y \geq 0 \\ 2 + x + y = \widetilde{x+y} & \text{om } x + y > 0 \end{cases}$$

Exempel:

$$
\begin{array}{llll}
x = 3/16 & 0.0011 & x = \ 7/16 & 0.0111 \\
y = -7/16 & \underline{1.1001} & y = -3/16 & \underline{1.1101} \\
s = -4/16 & 1.1100 & s = \ 4/16 & 10.0100 \\
 & & & \uparrow \text{negligeras}
\end{array}
$$

Fall 3: $x < 0,\ y \geq 0$. Se fall 2 ovan.

Fall 4 : $x < 0,\ y < 0$

$$\tilde{s} = (\tilde{x} + \tilde{y})\text{mod}2 = (2 + x + 2 + y)\text{mod}2 = 2 + x + y = \widetilde{x+y}$$

Exempel:

$$
\begin{array}{ll}
x = -3/16 & 1.1101 \\
y = -7/16 & \underline{1.1001} \\
s = -10/16 & 11.0110 \\
 & \uparrow \text{negligeras}
\end{array}
$$

Därmed är (12.9) visad. Resultatvektorn (s_0, s_1, s_2, s_3, s_4) i figur 12.8 representerar summan av de två operanderna x och y oberoende av dessas tecken.

En förbättrad intuitiv känsla för hur addition med 2-komplement-representerade tal fungerar får man måhända genom att använda cirkeldiagrammet från figur 12.3. De fyra exempel som har getts ovan kan då beskrivas enligt figur 12.9. Additionen av maskintalen $\tilde{x} + \tilde{y}$ innebär att de båda visarna $\tilde{x}$ och $\tilde{y}$, som alltid är riktade moturs, summeras till varandra utan hänsyn till att punkten 0 passeras.

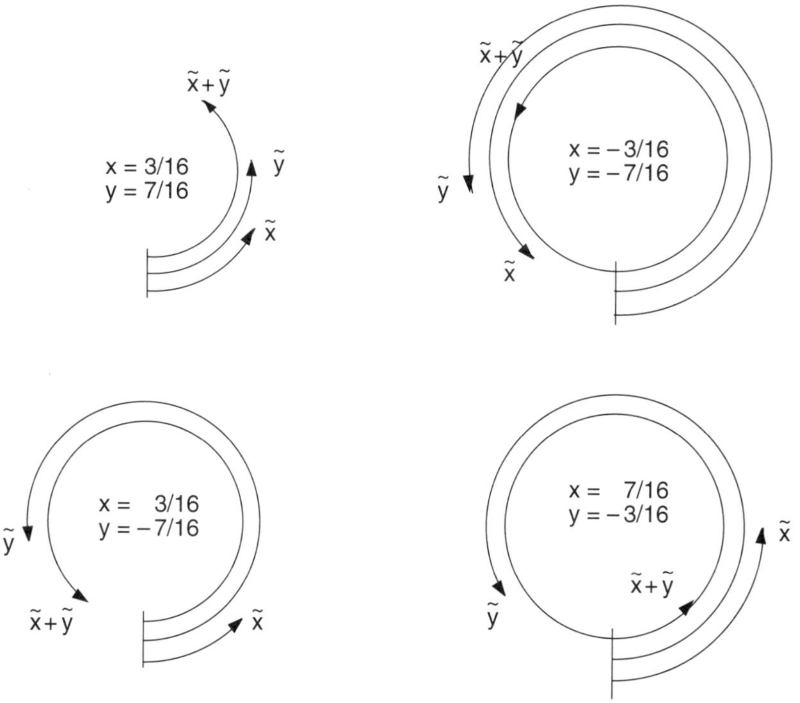

Figur 12.9 Addition/subtraktion i 2-komplementrepresentation illustrerat med cirkeldiagram

Subtraktionen x – y utförs i figur 12.8 med signalen SUB = 1. Härvid kommer till det egentliga addernätet att levereras $\widetilde{-y}$ enligt den regel som följer av (12.8). På utgångarna erhålls då

$$\tilde{s} = (\tilde{x} + \widetilde{-y})\text{mod}2 = \widetilde{x+(-y)}$$

enligt (12.10) och (12.9) vilket vi skriver

$$s = \widetilde{x-y} \qquad (12.11)$$

Denna likhet följer alltså direkt av vad som tidigare visats för addition. Exemplifieringar av detta samband blir identiska med de nyss visade fall 1–4 och överlåts till läsaren.

SPILL kan uppträda då det egentliga additionsnätet i figur 12.8 adderar två negativa tal eller två positiva tal men aldrig då x och y har olika tecken (ekvivalent med lika tecken vid subtraktion), eftersom i det senare fallet $|x + y|$ måste vara mindre än det större av storheterna $|x|$ och $|y|$. För det fall att x och y har lika tecken (olika tecken vid subtraktion) måste resultatvektorn ha samma tecken som x. Skulle inte så vara fallet har spill inträffat. Det "felaktiga" tecknet i s_0 beror i sin tur på signalen c_0 och med en smula eftertanke kan funktionstabellen nedan ställas upp. $z_0 = y_0 \oplus \text{SUB}$.

x_0	z_0	c_0	SPILL
0	0	0	0
0	0	1	1
0	1	0	0
0	1	1	0
1	0	0	0
1	0	1	0
1	1	0	1
1	1	1	0

Exempel:

Spill vid addition:

x = –7/16	1.1001
y = –10/16	<u>1.0110</u>
	0.1111
x = 7/16	0.0111
y = 10/16	<u>0.1010</u>
	1.0001

Kopplingen i figur 12.8 fungerar precis lika bra för addition av 5 bitars heltal utan tecken. Spillindikatorn måste dock konstrueras om. Läsaren uppmanas att fundera ut hur.

12.3 Skift

Addition och subtraktion kan sägas vara elementaroperationer med vars hjälp algoritmer för mera komplicerade operationer av typ multiplikaton och division kan konstrueras. Förutom addition och subtraktion behöver man härvid också kunna utföra multiplikation och division med basen 2 på ingående operander, vilket realiseras med skiftoperationer.

12.3.1 Skift av tecken-beloppreprsenterade tal

I fallet tecken-beloppreprsentation realiseras multiplikation med 2 med ett vänsterskift av beloppsdelen. Teckenpositionen kopieras och nollor införs från höger.

Exempel:

$x = -7/16$	1.0111	$x = 7/16$	0.0111
$2x = -14/16$	1.1110	$2x = 14/16$	0.1110

Spill inträffar uppenbarligen då $|x| \geq 1/2$ d.v.s. för $x_1 = 1$.

Division med 2 realiseras med högerskift av beloppsdelen förutsatt att teckenpositionen kopieras och nollor införs från vänster till x_1-positionen.

Exempel:

$x = -14/16$	1.1110	$x = -7/16$	1.0111
$x/2 = -7/16$	1.0111	$x/2 = -3/16$	1.0011

S.k. underflow, innebär att mindre signifikanta siffror faller bort, inträffar uppenbarligen för $x_4 = 1$.

12.3.2 Skift av 2-komplementrepresenterade tal

I fallet 2-komplementrepresentation är realiseringen av multiplikation och division med 2 inte helt trivial. För att utföra multiplikation med 2 skiftas samtliga positioner ett steg åt vänster under negligerande av utgående siffra d.v.s. maskinvariabeln $(2\tilde{x})\text{mod } 2$ produceras. Nollor införs från höger. Vi påstår alltså att

$$\widetilde{2x} = (2\tilde{x})\text{mod}2 \tag{12.12}$$

vilket framgår av att

$$(2\tilde{x})\ \text{mod}2 = \begin{cases} 2x = \widetilde{2x} & \text{för } x \geq 0 \\ (2(2+x))\ \text{mod}2 = 2 + 2x = \widetilde{2x} & \text{för } x < 0 \end{cases}$$

Exempel:

x = 7/16	0.0111	x = − 7/16	1.1001
2x = 14/16	0.1110	2x = − 14/16	1.0010

Spill inträffar uppenbarligen då $|x| \geq 1/2$ d.v.s. för $x_0 \oplus x_1 = 1$

Division med 2 realiseras med högerskift av samtliga positioner samt kopiering av teckenpositionen.

Vi påstår alltså att

$$\widetilde{x/2} = x_0 + 1/2\tilde{x} \tag{12.13}$$

vilket framgår av att

$$x_0 + 1/2\ \tilde{x} = x/2 = \widetilde{x/2} \qquad \text{för } x \geq 0$$

$$x_0 + 1/2\ \tilde{x} = 1 + \frac{2+x}{2} = 2 + x/2 = \widetilde{x/2} \qquad \text{för } x < 0$$

Exempel:

x = 14/16	0.1110	x = −14/16	1.0010
x/2 = 7/16	0.0111	x/2 = − 7/16	1.1001

Underflow inträffar liksom tidigare för $x_4 = 1$.

I samband med de additioner som ingår i multiplikationsalgoritmen (se kapitel 13) kan inte spill undvikas. Emellertid följs en sådan addition av en division med 2 av resultatet (= högerskift) vilket gör att talområdets överskridande kan betraktas som högst tillfälligt. För att erhålla en korrekt division med 2 i detta fall kan två metoder användas.

Enligt den ena metoden används spillindikatorn för att korrigera teckenpositionen enligt figur 12.10a).

Exempel:

x = 12/16	0.1100	x = −12/16	1.0100
y = 10/16	+ 0.1010	y = −10/16	+ 1.0110
	1 1.0110		1 0.1010
	↑		↑
	SPILL		SPILL
11/16	0.1011	−11/16	1.0101

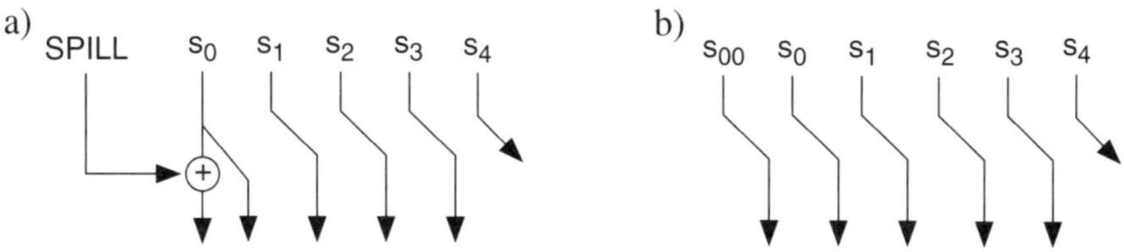

Figur 12.10 Division med 2 där a) spillindikatorn används för att korrigera teckenpositionen b) talområdet tillfälligt utvidgats

Enligt den andra metoden utvidgas talområdet tillfälligt till $-2 \leq x < +2$ enligt figur 12.10b).

Exempel:

12/16	00.1100	−12/16	11.0100
10/16	+00.1010	−10/16	11.0110
22/16	01.0110	−22/16	1 10.1010
			↑
			negl.
11/16	0.1011	−11/16	1.0101

Före additionen tillskapas en ny position till vänster om befintlig teckenposition genom att kopiera tecknets värde. Additionen genomförs med denna nya position som teckenposition. Spill uppträder ej och efter ett högerskift kan den ursprungliga ordlängden med talområdet $-1 \leq x < +1$ återställas.

12.4 En enkel aritmetisk enhet

I en konventionell dator är den egentliga informationsbehandlingen koncentrerad till vad som kallas den aritmetiska enheten eller den aritmetisk-logiska enheten (ALU). Det är endast här som två operander möts, kombineras och bildar en ny operand. Det är endast här som informationen reduceras. Övriga organ "endast" överför och lagrar samma informationsmängd som de tar emot.

En ALU kan ses som en multipelfunktionsgenerator enligt figur 12.11. Styrsignalerna A, B, ..., H (nollställ, addera o.s.v.) definierar vilken operation som ska utföras på operanden eller operanderna ar och y. (Jfr figur 11.30.)

En ALU kan också med fördel ses som ett synkront sekvensnät. Operationsangivelsen (styrsignalerna) samt operanderna utgör sekvensnätets insignaler. Det så kallade ackumulatorregistret AR innehåller ar som är sekvensnätets tillstånd. Ett tal adderas till eller subtraheras från ackumulatorns innehåll och resultatet ersätter det tidigare innehållet i ackumulatorn, se figur 12.11.

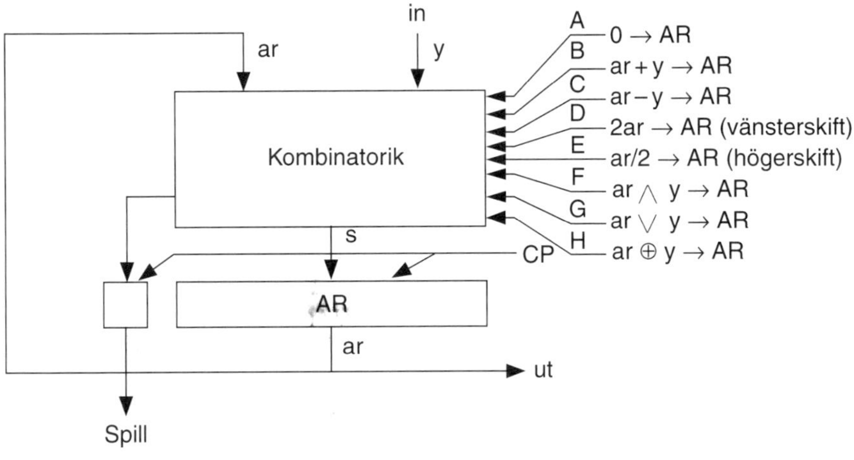

Figur 12.11 ALU

Operationerna AND = (ar $\wedge$ y), OR = (ar $\vee$ y) samt EXOR = (ar $\oplus$ y) är s.k. logiska eller Booleska operationer. De ska tolkas som positionsvis applicerade på de två operanderna ar = (ar_0, ar_1, …, ar_n) respektive y = (y_0, y_1, …, y_n).

13 Multiplikation och division

13.1 Multiplikationsalgoritmer

I princip kan multiplikation av binära tal utföras på samma sätt som för decimala tal. För två positiva heltal, 13 och 9, kan proceduren ställas upp på följande sätt.

```
 9          1001   multiplikand
13          1101   multiplikator
            1001
           0000
          1001
         1001
         1110101 = 117
```

Multiplikatorns siffror bestämmer huruvida multiplikanden (vänsterskiftad ett antal steg) eller 0 ska ingå i summeringen. För att undvika en samtidig summering av fyra operander, vilket normalt inte kan utföras i en aritmetisk enhet, kan man utföra upprepade delsummeringar följda av högerskift enligt nedan.

$$9 = 1001 = y = (y_1, y_2, y_3, y_4)$$
$$13 = 1101 = x = (x_1, x_2, x_3, x_4)$$

```
p(0) =  00000000
      + 1001             ty x4 = 1
skifta  10010000

p(1) =  01001000
      + 0000             ty x3 = 0
skifta  01001000

p(2) =  00100100
      + 1001             ty x2 = 1
skifta  10110100
```


$$
\begin{array}{lll}
p^{(3)} = & 01011010 & \\
 & \underline{+\,1001\quad\;\;} & \text{ty } x_1 = 1 \\
\text{skifta} & 11101010 & \\
 & & \\
p^{(4)} = & 01110101 = 117 &
\end{array}
$$

Den algoritm som används i ovanstående exempel kan formuleras på följande sätt

$$
\begin{cases}
p^{(0)} = 0 \\
p^{(i+1)} = (p^{(i)} + y \cdot 2^4 \cdot x_{4-i})2^{-1} \\
i = 0,1,2,3
\end{cases}
\tag{13.1}
$$

och vi konstaterar utan speciellt bevis att $p^{(4)} = x \cdot y$.

13.1.1 Multiplikation av tecken-belopprepresenterade tal

Multiplikation av negativa tal kan realiseras på i princip samma sätt. För det fall att teckenbelopprepresentation används kan man uppenbarligen behandla de två beloppen som positiva tal och erhålla produktens belopp såsom nyss beskrivits. Produktens teckenposition p_0 bildas mycket enkelt som

$$p_0 = x_0 \oplus y_0$$

13.1.2 Multiplikation av 2-komplementrepresenterade tal

I fallet 2-komplementrepresentation kan följande algoritm användas (efter Robertson). Vi förutsätter liksom i tidigare avsnitt att de två operanderna har fem binära positioner.

$$
\begin{cases}
p^{(0)} = 0 \\
p^{(i+1)} = (p^{(i)} + y \cdot x_{4-i})2^{-1} \\
i = 0,1,2,3 \\
p = p^{(4)} - yx_0
\end{cases}
\tag{13.2}
$$

Vi påstår att

$$p = x \cdot y \tag{13.3}$$

Bevis av (13.3): Algoritmen (13.2) resulterar i följande partialprodukter $p^{(i)}$.

$$p^{(1)} = y \cdot x_4 \cdot 2^{-1}$$
$$p^{(2)} = y\,(x_4 \cdot 2^{-2} + x_3 \cdot 2^{-1})$$
$$p^{(3)} = y\,(x_4 \cdot 2^{-3} + x_3 \cdot 2^{-2} + x_2 \cdot 2^{-1})$$
$$p^{(4)} = y\,(x_4 \cdot 2^{-4} + x_3 \cdot 2^{-3} + x_2 \cdot 2^{-2} + x_1 \cdot 2^{-1})$$

$$p = y \sum_{i=1}^{4} x_i 2^{-i} - yx_0 = y\,(-x_0 + \sum_{i=1}^{4} x_i 2^{-i}) = x \cdot y$$

enligt (12.4) V.S.B.

Algoritmen (13.2) kräver att vi ska utföra addition av y villkorligt beroende av den binära storheten x_{4-i} följt av division med 2 d.v.s. högerskift. Som visades i figur 12.10 kan vi acceptera spill vid addition i ett sådant fall, t.ex. genom tillfällig utökning av talområdet. Vid subtraktion $p^{(4)} - yx_0$ kan spill inte inträffa eftersom de två operanderna har olika tecken.

Obs! Algoritmen kan naturligtvis inte användas för fallet $x = y = -1$ eftersom detta ger $p = x \cdot y = +1$, vilket inte går att representera på vanligt sätt.

Exempel 1:

$y = +10/16$	0.1010	$p^{(0)} =$	00.00000000	
$x = +13/16$	0.1101		+ 00.1010	$x_4 = 1$
			00.10100000	
$x \cdot y = 130/256$	0.10000010	$p^{(1)} =$	00.01010000	
			+ 00.0000	$x_3 = 0$
			00.01010000	
		$p^{(2)} =$	00.00101000	
			+ 00.1010	$x_2 = 1$
			00.11001000	
		$p^{(3)} =$	00.01100100	
			+ 00.1010	$x_1 = 1$
			01.00000100	
		$p^{(4)} =$	00.10000010	
			+ 00.0000	$x_0 = 0$
		$p =$	00.10000010	

Exempel 2:

$y = -10/16$	1.0110	$p^{(0)} =$	00.00000000	
$x = +13/16$	0.1101		+ 11.0110	$x_4 = 1$
			11.01100000	
$x \cdot y = -130/256$	1.01111110	$p^{(1)} =$	11.10110000	
			+ 00.0000	$x_3 = 0$
			11.10110000	
		$p^{(2)} =$	11.11011000	
			+ 11.0110	$x_2 = 1$
			11.00111000	
		$p^{(3)} =$	11.10011100	
			+ 11.0110	$x_1 = 1$
			10.11111100	
		$p^{(4)} =$	11.01111110	
			+ 00.0000	$x_0 = 0$
		$p =$	1.01111110	

Exempel 3:

$y = +10/16$	0.1010	$p^{(0)} =$	00.00000000	
$x = -13/16$	1.0011		+ 00.1010	$x_4 = 1$
			00.10100000	
$x \cdot y = -130/256$	1.01111110	$p^{(1)} =$	00.01010000	
			+ 00.1010	$x_3 = 1$
			00.11110000	
		$p^{(2)} =$	00.01111000	
			+ 00.0000	$x_2 = 0$
			00.01111000	
		$p^{(3)} =$	00.00111100	
			+ 00.0000	$x_1 = 0$
			00.00111100	
		$p^{(4)} =$	00.00011110	
			+ 11.0110	$x_0 = 1$
		$p =$	1.01111110	

Exempel 4:

$$
\begin{array}{llrll}
y = -10/16 & 1.0110 & p^{(0)} = & 00.00000000 & \\
x = -13/16 & 1.0011 & & +\underline{11.0110} & x_4 = 1 \\
 & & & 11.01100000 & \\
x \cdot y = 130/256 & 0.10000010 & p^{(1)} = & 11.10110000 & \\
 & & & +\underline{11.0110} & x_3 = 1 \\
 & & & 11.00010000 & \\
 & & p^{(2)} = & 11.10001000 & \\
 & & & +\underline{00.0000} & x_2 = 0 \\
 & & & 11.10001000 & \\
 & & p^{(3)} = & 11.11000100 & \\
 & & & +\underline{00.0000} & x_1 = 0 \\
 & & & 11.11000100 & \\
 & & p^{(4)} = & 11.11100010 & \\
 & & & +\underline{00.1010} & x_0 = 1 \\
 & & p = & 0.10000010 &
\end{array}
$$

Realiseringen av algoritmen (13.2) visas av figur 13.1. Om man så vill kan man betrakta detta nät som en för algoritmen skräddarsydd aritmetisk enhet. Sålunda har additionen kombinerats med högerskift i själva kombinatoriken. Ackumulatorregistret $AR_0 - AR_4$ har förlängts med ett multiplikatorregister $MR_0 - MR_4$ där multiplikatorn x sätts in som begynnelsevärde. Behovet av lagringsutrymme för partialprodukten $p^{(i)}$ ökar med en D-vippa för varje klockpulsintervall vilket är precis vad som erbjuds av det högerskiftade multiplikatorregistret.

I klockpulsintervallet t_0 sätts begynnelsevärdena. I t_0, t_1, t_2, t_3 sätts SUB = 0 och i t_4 SUB = 1. Produkten p återfinns i AR_1, AR_2, AR_3, AR_4, MR_0, MR_1, MR_2, MR_3, MR_4 vid tiden t_5.

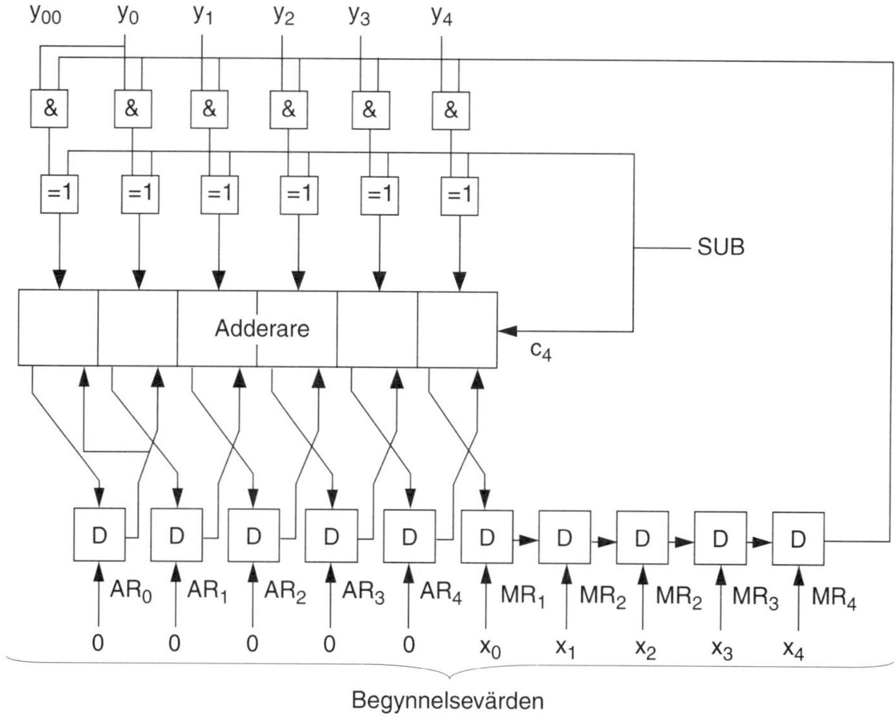

Figur 13.1 Realisering av Robertsons multiplikationsalgoritm

En variant på algoritmen (13.2) kallas Booths multiplikationsalgoritm.

$$\begin{cases} x_5 = 0 \\ p^{(0)} = 0 \\ p^{(i+1)} = (p^{(i)} + y(x_{5-i} - x_{4-i}))\, 2^{-1} \\ i = 0,1,2,3 \\ p = p^{(4)} + y(x_1 - x_0) \end{cases} \tag{13.4}$$

Liksom tidigare har vi nu att bevisa att

$$p = x \cdot y$$

Vi får

$$
\begin{aligned}
p^{(1)} &= -\,y \cdot x_4 \cdot 2^{-1} \\
p^{(2)} &= y(-\,x_4 \cdot 2^{-2} + x_4 \cdot 2^{-1} - x_3 \cdot 2^{-1}) = y(x_4 \cdot 2^{-2} - x_3 \cdot 2^{-1}) \\
p^{(3)} &= y(x_4 \cdot 2^{-3} - x_3 \cdot 2^{-2} + x_3 \cdot 2^{-1} - x_2 \cdot 2^{-1}) = \\
&= y(x_4 \cdot 2^{-3} + x_3 \cdot 2^{-2} - x_2 \cdot 2^{-1}) \\
p^{(4)} &= y(x_4 \cdot 2^{-4} + x_3 \cdot 2^{-3} - x_2 \cdot 2^{-2} + x_2 \cdot 2^{-1} - x_1 \cdot 2^{-1}) = \\
&= y\,(x_4 \cdot 2^{-4} + x_3 \cdot 2^{-3} + x_2 \cdot 2^{-2} - \ x_1 \cdot 2^{-1}) \\
p \ &= y(x_4 \cdot 2^{-4} + x_3 \cdot 2^{-3} + x_2 \cdot 2^{-2} - x_1 \cdot 2^{-1} + x_1 - x_0) = \\
&= y(-\,x_0 + \sum_{i=1}^{4} x_i \cdot 2^{-i}) = x \cdot y
\end{aligned}
$$

Storheten $(x_{5-i} - x_{4-i})$ kan anta tre värden enligt nedanstående tabell

x_{5-i}	x_{4-i}	$x_{5-i} - x_{4-i}$
0	0	0
0	1	-1
1	0	$+1$
1	1	0

Vi nöjer oss med att illustrera Booths algoritm med ett exempel.

Exempel:

$y = 10/16$	0.1010	$p^{(0)} =$	0.00000000	
$x = 13/16$	0.1101		+ 0.0000	$x_5 - x_4 = 0$
		skifta	0.00000000	
$x \cdot y = 130/256$	0.10000010	$p^{(1)} =$	0.00000000	
			+ 1.0011	$x_4 - x_3 = -1$
		skifta	1.00110000	
		$p^{(2)} =$	1.10011000	
			+ 0.1101	$x_3 - x_2 = 1$
		skifta	0.01101000	
		$p^{(3)} =$	0.00110100	
			+ 1.0011	$x_2 - x_1 = -1$
		skifta	1.01100100	
		$p^{(4)} =$	1.10110010	
			+ 0.1101	$x_1 - x_0 = 1$
		$p =$	0.10000010	

Spill inträffar normalt inte eftersom additioner av y alltid följs av subtraktioner med y och tvärtom. Observera dock att y = – 1 ger spill vid första subtraktionen. Eftersom – 1 innefattas i den vanliga talrepresentationen för 2-komplement skulle detta egentligen kräva en expanderad adder som i figur 13.1. Vi bortser emellertid från detta problem i det följande.

Realiseringen av (13.4) visas av figur 13.2. Som synes skiljer denna sig ytterst litet från den tidigare presenterade multiplikatorn i figur 13.1. I båda dessa anordningar har vi kombinerat den för varje partialprodukt erforderliga additionen med efterföljande högerskift. Som framgick av den tidigare beskrivningen av en aritmetisk enhet i figur 12.11 brukar man ha dessa funktioner separerade eftersom de var för sig utgör grundfunktioner som kommer till användning även för andra operationer än multiplikation. I ett sådant fall kommer multiplikationen i ovanstående exempel att bestå av 5 additioner/subtraktioner samt 4 skift.

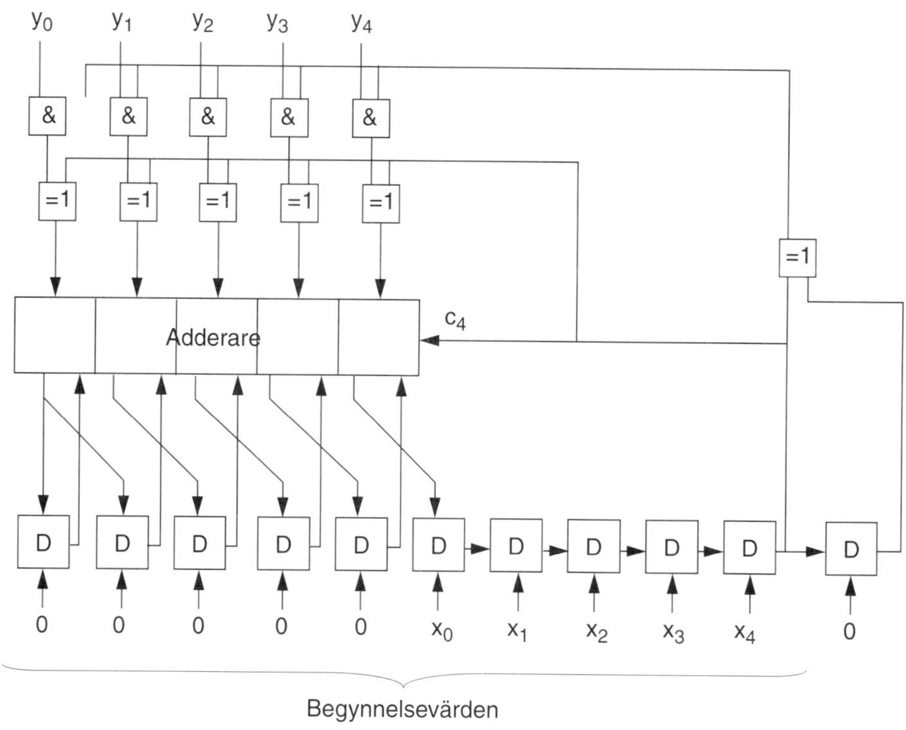

Figur 13.2 Realisering av Booths multiplikationsalgoritm

Alternativet att genomföra multiplikationen som en rent parallell addition/subtraktion av partialsummorna visas av figur 13.3. Multiplikationstiden reduceras härvid till den tid som bestäms av det kombinatoriska nätets reaktionstid, vilket i sin tur beror av det maximala grinddjupet. Observera att detta djup i figur 13.3 inte är de tre adderarnas och subtraherarnas sammanlagda maximala grinddjup utan består av maximalt 11 st heladderare/subtraherare.

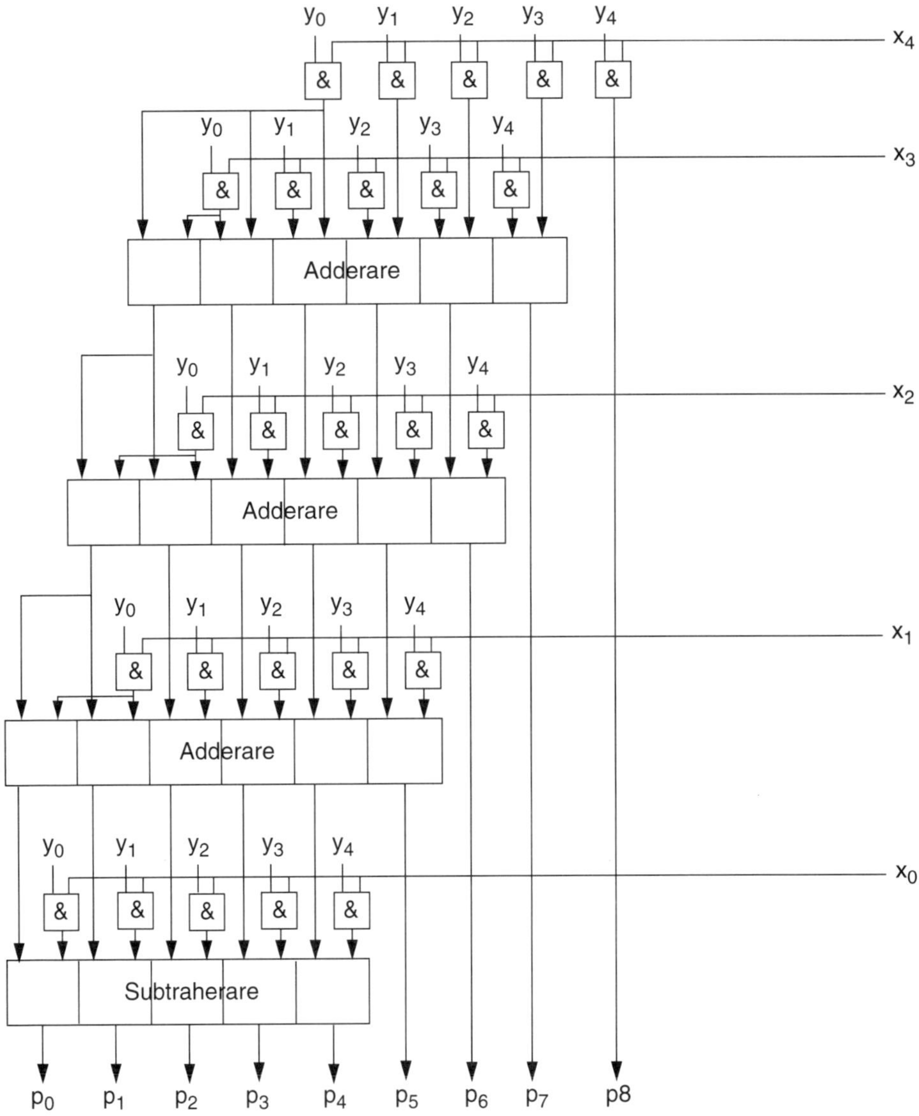

Figur 13.3 Multiplikation genom parallell addition/subtraktion av partialsummor

Som synes realiserar figur 13.3 algoritmen (13.2) och utgör den iterativt kombinatoriska motsvarigheten till sekvensnätet i figur 13.1. (jfr avsnittet 9.10 ”Sekvensnät och iterativa kombinatoriska nät”). I sekvensnätet i figur 13.1 sker i första klockpulsintervallet en addition av $p^{(0)} + x_4 \cdot y$, d.v.s. en addition där operanden $p^{(0)} = 0$. Denna addition är naturligtvis onödig att ta med i figur 13.3 utan här börjar vi med additionen $(x_4 \cdot y) \cdot 2^{-1} + x_3 \cdot y$. Faktorn 2^{-1} motsvarar ett skiftsteg vilket i sin tur medför att y_0 införs kopierad till två grindar längst upp i figuren. Maximala grinddjupet i figur 13.3 motsvarar 11 st heladderare. För en ordlängd av n bitar skulle denna siffra bli $(n - 1) + (n - 2) + (n - 1) = 3n - 4$.

Signalverkan i figur 13.3 går från höger till vänster samt uppifrån och ned. Genom att låta utgående carry från de enstaka heladderarna fortplantas diagonalt ned åt vänster kan nätets totala djup nebringas något, nämligen till $2n - 2$ st heladderare. (Se nedan figur 15.11).

13.2 Divisionsalgoritmer

För de fyra storheter som ingår i en division använder vi beteckningarna

Dividend	x
Divisor	y
Kvot	q
Rest	r

För dessa gäller likheten

$$x = q \cdot y + r \tag{13.5}$$

vilket är en omskrivning av

$$x/y = q + r/y \tag{13.6}$$

En divisionsalgoritm är en procedur varmed man med x och y givna steg för steg bestämmer q under bivillkoret att $|r|$ ska minska för varje steg.

Bland divisionsalgoritmerna skiljer man på division med återställning och division utan återställning. Återställning innebär att man tillser att resten r alltid har samma tecken som dividenden x. Division med papper och penna utförs i regel med återställning.

Exempel:

$$
\begin{array}{r|l}
\overline{264} & \\
3967 & \underline{15} \\
-30 & \\
\hline
96 & \\
-90 & \\
\hline
67 & \\
-60 & \\
\hline
7 &
\end{array}
$$

Kontroll: $3967 = 15 \cdot 264 + 7$

Kvotens siffror 264 erhålls genom att vi subtraherar, först 1500 två ggr (men inte tre ggr) från 3967 och därefter 150 sex ggr (men inte sju ggr) från 967 o.s.v. Vi observerar alltså att $3697 - 3 \cdot 1500$ skulle ge en negativ rest varför vi går tillbaka ett steg med kvotsiffran.

Utan återställning skulle divisionen förlöpa enligt följande

$$
\begin{array}{r|l}
\overline{3(-4)5} & \\
3967 & \underline{15} \\
-4500 & \\
\hline
-533 & \\
+600 & \\
\hline
+67 & \\
-75 & \\
\hline
-8 &
\end{array}
$$

Kontroll: $3967 = 15\,(\,300 - 40 + 5\,) - 8$

Division utan återställning innebär alltså att positivt och negativt viktade kvotsiffror accepteras. Likaledes accepteras en negativ rest.

Vi ska nedan redovisa två divisionsalgoritmer; den första för division med återställning, den andra utan återställning. Den första algoritmen är anpassad för binära tal i tecken-beloppreprestentation. För 2-komplement-representerade tal krävs viss modifiering som inte redovisas här. Den andra algoritmen är i princip oberoende av representationssättet.

13.2.1 Divisionsalgoritm för tecken-beloppepresenterade tal

För tecken-beloppepresenterade tal $x = (x_0, x_1, \ldots, x_8)$ och $y = (y_0, y_1, \ldots, y_4)$ kan en divisionsalgoritm med återställning (som kräver $|x| < |y|$) illustreras med figur 13.4. Först subtraheras $|y/2|$ från $|x|$, sedan $|y/4|$ från denna skillnad o.s.v. Blir skillnaden någon gång < 0 görs en återställning. I figur 13.4 kan man rent grafiskt konstatera att

$$|x| = |y/2| + |y/8| + r = y \cdot q + r \quad \text{d.v.s.} \quad q = (1, 0, 1, 0).$$

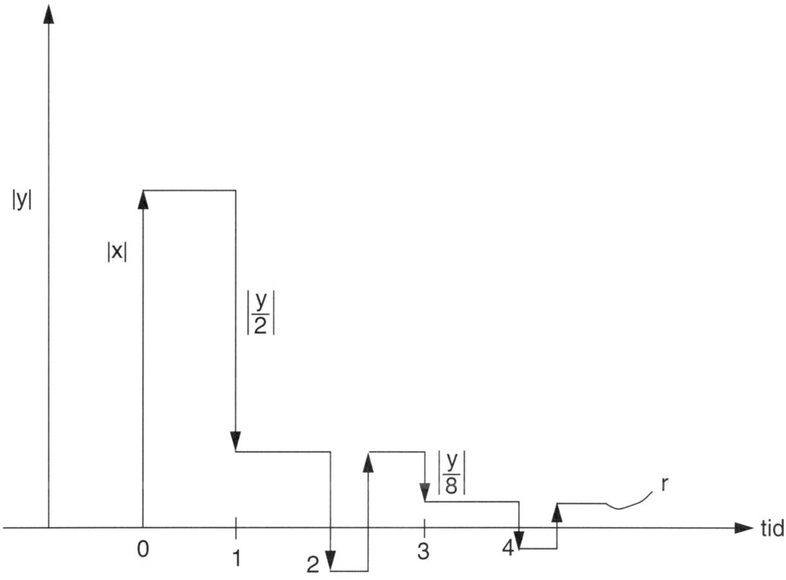

Figur 13.4 Division med återställning

Algoritmen är en ren kopiering av det förfarande som användes ovan för decimala tal och kan formuleras:

$$\begin{cases} q_0 = x_0 \oplus y_0 \\ r^{(0)} = |x| \\ q_i = (2r^{(i-1)} > |y|) \\ r^{(i)} = 2r^{(i-1)} - q_i\,|y| \\ i = 1,2,3,4 \end{cases} \qquad (13.7)$$

Resten r och kvoten q ska avläsas som tecken-belopprepresenterade tal till

$$\begin{cases} r = (1 - 2x_0) \cdot r^{(4)} \cdot 2^{-4} \\ q = (1 - 2q_0) \sum_{i=1}^{n} q_i \cdot 2^{-i} \end{cases} \tag{13.8}$$

Kvotsiffrorna q_i är utfallet av undersökningen $(2r^{(i-1)} > |y|)$. Om denna olikhet är sann utförs subtraktionen $2r^{(i-1)} - |y|$.

Skillnaden gentemot den grafiska lösningen är att vi föredragit att vänsterskifta partialresterna $r^{(i)}$ i stället för att högerskifta divisorn y. För att kvoten q ska ligga inom talområdet

$$-1 < q < 1$$

krävs uppenbarligen att

$$r^{(0)} = |x| < |y|$$

Formellt bevis för att (13.7) och (13.8) satisfierar (13.5) torde ej behövas.

Vi nöjer oss med följande exempel.

$$\begin{array}{lrll}
x = 181/256 = 0.1010 & r^{(0)} = & 0.10110101 & q_0 = 1 \\
y = -13/16 \;\; = 1.1101 & & 1.0110101 & \\
 & & -\underline{0.1101} & q_1 = 1 \\
 & r^{(1)} = & 0.1001101 & \\
 & & 1.001101 & \\
 & & -\underline{0.1101} & q_2 = 1 \\
 & r^{(2)} = & 0.001101 & \\
 & & 0.11001 & \\
 & & \underline{0.0000} & q_3 = 0 \\
 & r^{(3)} = & 0.11001 & \\
 & & 1.1001 & \\
 & & -\underline{0.1101} & q_4 = 1 \\
 & r^{(4)} = & 0.1100 &
\end{array}$$

$$r = (x_0, r_1, r_2, r_3, r_4, r_5, r_6, r_7, r_8) = 0.00001100 = 12/256$$

$$q = (q_0, q_1, q_2, q_3, q_4) = 1.1101 = -13/16$$

Kontroll: $(-13/16) \cdot (-13/16) + 12/256 = 181/256$

Vi observerar i ovanstående exempel att vid vänsterskift av $r^{(0)}$, $r^{(1)}$ och $r^{(3)}$ överskrids talområdet. Annorlunda uttryckt: För att genomföra erforderliga subtraktioner krävs en extra position till vänster om de positioner som fordras för operanderna x och y. Denna position är alltså inte en teckenposition utan har vikten + 1. Att inte ytterligare positioner behövs beror på att $2r^{(i)} < 2$ enligt följande.

$$[(r^{(0)} < |y|) \wedge (2r^{(0)} < |y|)] \Rightarrow (r^{(1)} = 2r^{(0)} < |y|)$$
$$[(r^{(0)} < |y|) \wedge (2r^{(0)} \geq |y|)] \Rightarrow (r^{(1)} = 2r^{(0)} - |y| < |y|)$$

Rekursivt visas sedan att $(r^{(1)} < |y|) \Rightarrow (r^{(2)} < |y|)$ o.s.v. Eftersom $|y| < 1$ gäller därmed att $2r^{(i)} < 2$.

Ett sekvensnät för realisering av algoritmen (13.7) visas av figur 13.5. Dividendens belopp sätts in som begynnelsevärden i registret om 8 st D-vippor vilka vi av konvention delat upp i AR och MR. Efter fyra klockpulsintervall återfinns r_5, r_6, r_7, r_8 i $AR_1 - AR_4$ medan q_1, q_2, q_3, q_4 finns i $MR_1 - MR_4$. Subtraherarens lånesiffra från högsta positionen indikerar om skift bör ske med eller utan subtraktion.

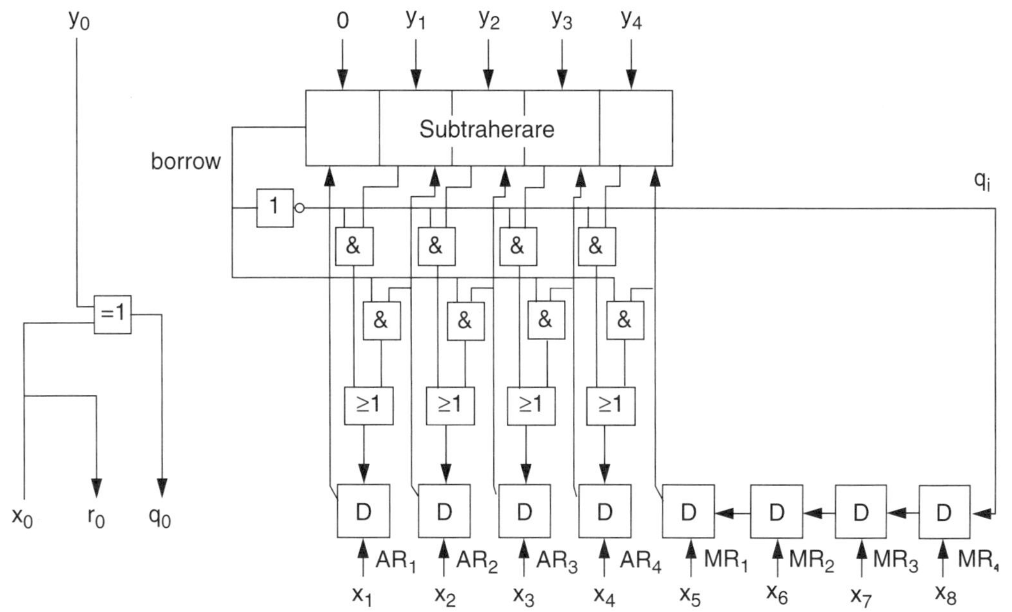

Figur 13.5 Sekvensnät för division med återställning för tecken-beloppreresenterade tal.

Ett sekvensnät med i princip samma funktion som det i figur 13.5 kan användas för tal med annan representation, t.ex. 2-komplementform. Subtraheraren byts då ut mot ett nät enligt figur 12.8 där signalen $SUB = (x_0 \oplus y_n)'$. Om skift med addition/subtraktion eller enbart skift ska utföras i varje steg indikeras i detta fall av signalen $x_0 \oplus c_0$ som också ger kvotsiffrorna. Kvoten erhålls i tecken-beloppform, vilket alltså kräver en speciell konvertering i efterhand av denna storhet.

13.2.2 Divisionsalgoritm för 2-komplementrepresenterade tal

Divisionsalgoritmen i detta avsnitt fungerar enligt principen division utan återställning och visas av figur 13.6. I detta fall erhålls

$$x = y/2 + y/4 - y/8 + y/16 + r$$

d.v.s. q=(1, 1, −1, 1)

Kvotens siffror erhålls nu primärt som + 1 eller − 1. Som resultat önskas naturligtvis en kvot där varje siffra är 1 eller 0, vilket oundvikligen kräver en korrektion i efterhand av de primärt erhållna kvotsiffrorna.

Låt oss införa konventionen att en primär kvotsiffra z_i med det verkliga värdet −1 noteras som $z_i = 0$. Vektorn $z = (z_0, z_1, z_2, z_3)$ är alltså den primärt erhållna representationen för kvoten q.

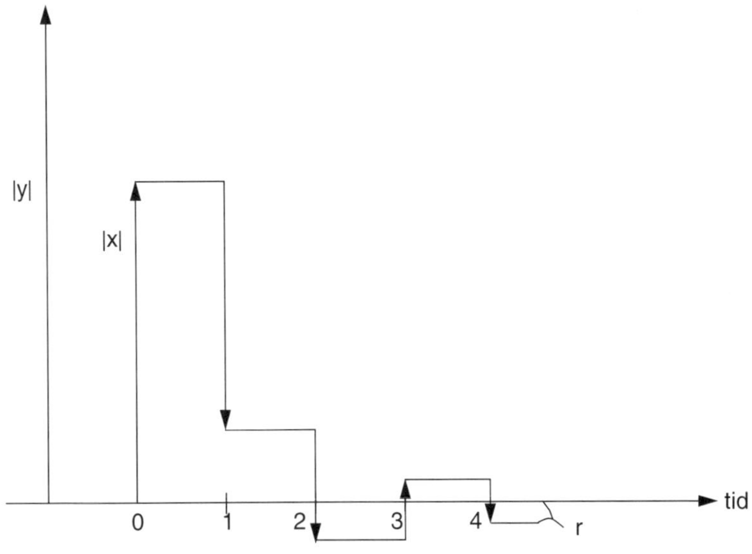

Figur 13.6 Division utan återställning

Följande algoritm enligt Burks m.fl. ska användas. Den förutsätter att $|x| < |y|$.

$$\begin{cases} r^{(0)} = x \\ z_{i-1} = (r_0{}^{(i-1)} \oplus y_0)' \\ r^{(i)} = 2r^{(i-1)} + (1 - 2z_{i-1})\, y \\ i = 1, 2, 3, 4 \\ q = z - 1 + 2^{-4} \\ r = r^{(4)} \cdot 2^{-4} \end{cases} \tag{13.9}$$

Bildandet av partialresterna $r^{(i)}$ sker alltså som en subtraktion $2r^{(i-1)} - y$ om $z_{i-1} = 1$ och som en addition $2r^{(i-1)} + y$ om $z_{i-1} = 0$.

Storheten z_{i-1} är 1 eller 0 beroende på om föregående partialrest $r^{(i-1)}$ och y har lika eller olika tecken. Att algoritmen satisfierar $x = y \cdot q + r$ visas enklast genom att bilda partialresterna iterativt enligt (13.9).

$$\begin{aligned} r^{(0)} &= x \\ r^{(1)} &= 2x + (1 - 2z_0)\, y \\ r^{(2)} &= 4x + (2 - 4z_0 + 1 - 2z_1)\, y \\ r^{(3)} &= 8x + (4 - 8z_0 + 2 - 4z_1 + 1 - 2z_2)\, y \\ r^{(4)} &= 16x + (8 - 16z_0 + 4 - 8z_1 + 2 - 4z_2 + 1 - 2z_3)\, y \\ r &= x + (1 - 2^{-4} - z_0 - z_1 \cdot 2^{-1} - z_2 \cdot 2^{-2} - z_3 \cdot 2^{-3})\, y = \\ &= x + (1 - 2^{-4} - z)\, y \end{aligned}$$

varav fås

$$x = q \cdot y + r \qquad \text{V.S.B.}$$

Som framgår av beviset tolkar vi (z_0, z_1, z_2, z_3) som ett tal med vikterna 1, 1/2, 1/4, 1/8 respektive. I det fall att x och y har lika tecken blir $z_0 = 1$ och kvoten q positiv. Förloppet illustreras då väl av figur 13.6. När x och y är av olika tecken blir förloppet enligt figur 13.7. Vi får

$$z = (0, 0, 1, 0) = 4/16 \text{ och } q = 5/16 - 1 = 11/16$$

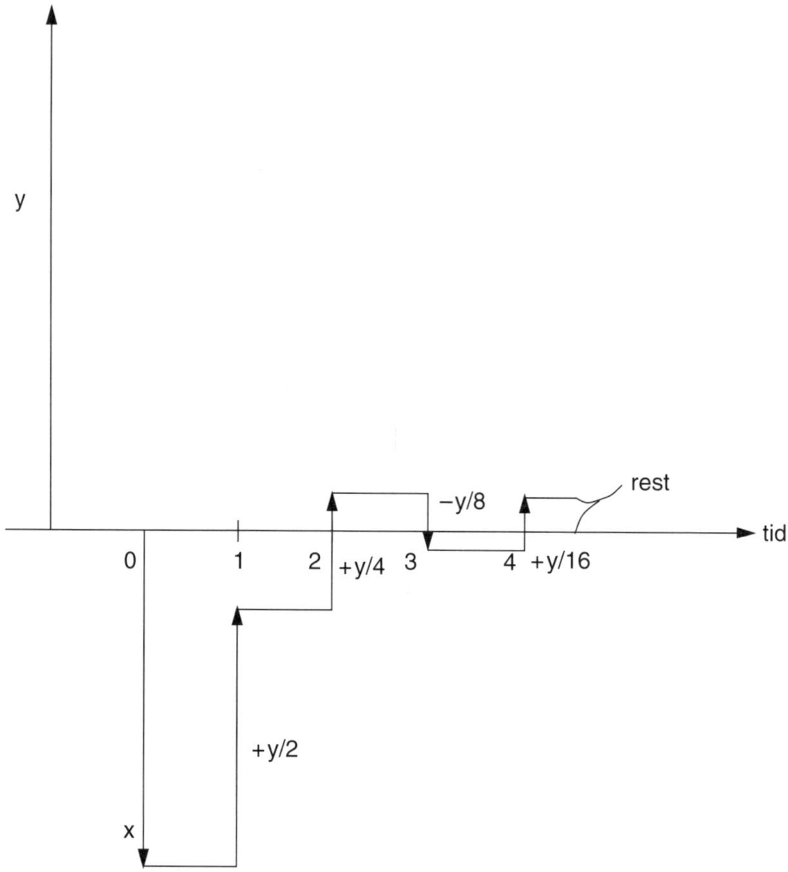

Figur 13.7 Division utan återställning då multiplikand och multiplikator har olika tecken

Av ovanstående framgår att kvoten q synnerligen enkelt erhålls i 2-komplementform. Ty

1. Om x/y är positiv är $z_0 = 1$ och $z > 1$. Subtraktionen $z - 1$ utförs genom att bilda $q_0 = z_0'$
2. Om x/y är negativ är $z_0 = 0$ och $z < 1$. Subtraktionen $z - 1$ utförs genom att bilda $q_0 = z_0'$ ty $(1, z_1, z_2, z_3)$ är en korrekt representation av det negativa talet $z - 1$.

Exempel:

$x = 181/256 = 0.10110101$
$y = -13/16 \ = 1.0011$

$$
\begin{array}{llll}
x = r^{(0)} & 0.10110101 & & z_0 = 0 \\
 & 1.0110101 & & \\
+y & \underline{1.0011} & & \\
r^{(1)} & 0.1001101 & & z_1 = 0 \\
 & 1.001101 & & \\
+y & \underline{1.0011} & & \\
r^{(2)} & 0.011001 & & z_2 = 0 \\
 & 0.11001 & & \\
+y & \underline{1.0011} & & \\
r^{(3)} & 1.11111 & & z_3 = 1 \\
 & 1.1111 & & \\
-y & \underline{0.1101} & & \\
r^{(4)} & 0.1100 & &
\end{array}
$$

$r = 0.00001100 = 12/256 \quad z = 0.001 = 2/16 \quad q = 1.0011 = -13/16$
$y \cdot q + r = (-13/16) \cdot (-13/16) + 12/256 = 181/256$

Partialresten $r^{(i)}$ bildas genom addition/subtraktion $r^{(i)} = 2r^{(i-1)} \pm y$ på ett sådant sätt att spill aldrig kan uppstå. Däremot kan spill uppträda vid vänsterskift av $r^{(i)}$. I exemplet ovan låter vi detta ske utan någon speciell åtgärd vilket kräver en närmare utredning. Enligt algoritmen blir

$$|r^{(i)}| = |2r^{(i-1)}| - |y|$$

oavsett tecken för $r^{(i-1)}$ och y. Härav följer att

$$(|r^{(0)}| < |y|) \Rightarrow (|r^{(1)}| = |2r^{(0)}| - |y| < |y|)$$

Rekursivt visas sedan att $(|r^{(1)}| < |y|) \Rightarrow (|r^{(2)}| < |y|)$ o.s.v.

Eftersom $|y| < 1$ gäller också $|r^{(i)}| < 1$. Partialresterna ligger alltså inom det givna talområdet. Antag nu att vi skalar ner samtliga storheter i exemplet ovan med faktorn 2. Vi får då

$$\begin{array}{ll}
x = r^{(0)} & 0.010110101 \\
2r^{(0)} & 0.10110101 \\
+\,y & \underline{1.10011} \\
r^{(1)} & 0.01001101 \\
2r^{(1)} & 0.1001101
\end{array}$$

osv.

Nu uppträder ej spill. För partialresterna $r^{(i)}$ och y gäller nu $|r^{(i)}| < 1/2$ och $|y| < 1/2$, vilket gör att i 2-komplementrepresentationen blir de två positionerna längst till vänster i $r^{(i)}$ alltid identiska. Resultatet av additionen av teckenpositionen blir därför ointressant och kan utgå.

Realiseringen av algoritmen (13.9) för tal i 2-komplementrepresentation visas av figur 13.8. Begynnelsevärdenas placering och uthämtning av resultatvektorna r och q har indikerats i figuren. Den skarpögde läsaren inser måhända att den ovanifrån kommande signalen till adderarens mest signifikanta position, här realiserad som

$$y_0 \oplus (y_0 \oplus r_0)'$$

kan förenklas till r_0'.

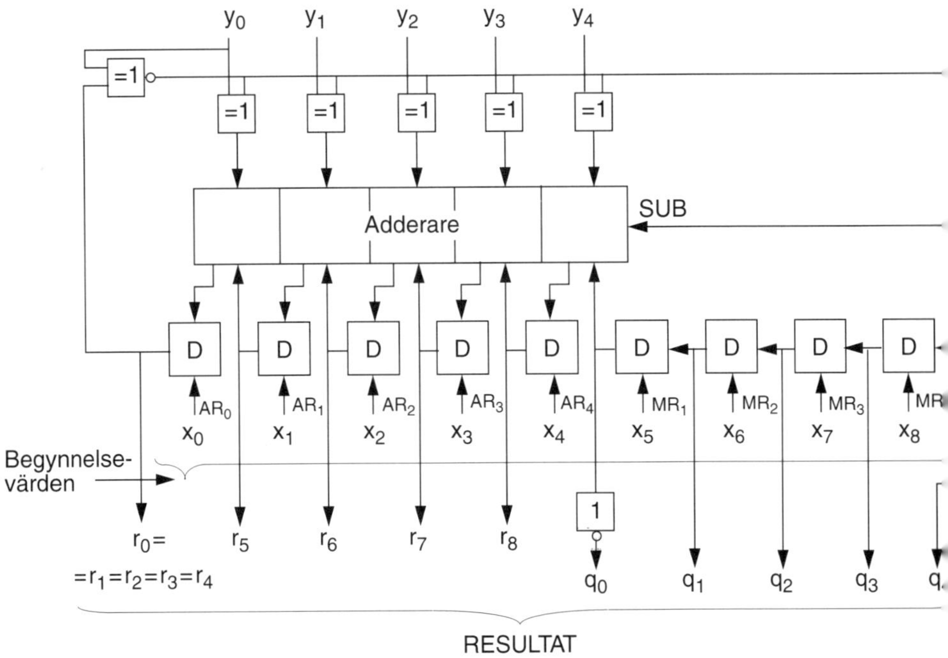

Figur 13.8 Realisering av Burks divisionsalgoritm med ett sekvensnät

På samma sätt som multiplikationsalgoritmerna kan exempelvis divisionsalgoritmen (13.9) realiseras med ett rent kombinatoriskt nät. Vi utgår då från figur 13.8 och duplicerar helt enkelt kombinatoriken fyra ggr. Se figur 13.9.

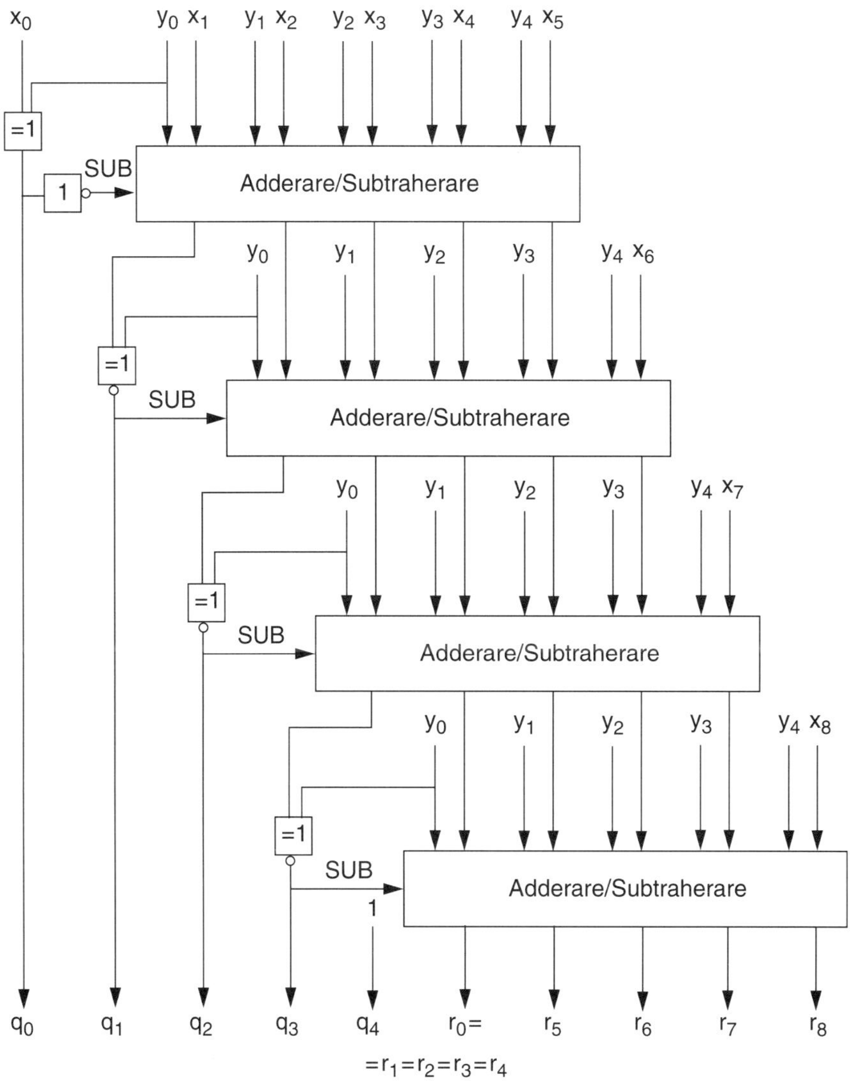

Figur 13.9 Realisering av Burks divisionsalgoritm med ett iterativt kombinatoriskt nät

Rent allmänt gäller emellertid att ett divisionsnät enligt figur 13.9 får ett grinddjup som är avsevärt större än multiplikationsnätet i figur 13.3. Utfallet av den första additionen/subtraktionen bestämmer ju hur nästa adderare/subtraherare ska arbeta. Det maximala grinddjupet i figur 13.9 blir därför $5 \cdot 4$ st heladderare.

Ordlängden n bitar ger grinddjupet $n(n-1)$ st heladderare. Medan multiplikationstiden med nätet i figur 13.3 växer linjärt med ordlängden n växer divisionstiden i figur 13.9 alltså kvadratiskt.

För att nå extremt korta divisionstider har helt andra och mera invecklade metoder för division föreslagits. Att redogöra för dessa faller emellertid utanför ramen av denna bok. Se emellertid även avsnitt 15.3.

14 Aritmetik för flyttal

14.1 Talrepresentation och precision

Vid numeriska beräkningar uppträder som bekant ofta tal av mycket olika storleksordning. Av utrymmesskäl och för att göra beräkningar överskådliga vid arbete med papper och penna skrivs därför t.ex. Plancks konstant i SI-systemet som

$$h = 6{,}62 \cdot 10^{-32}$$

Talet har därmed delats upp i tre delar: tecken, mantissa och exponent och kallas, som nämnts redan i avsnitt 12.1, för flyttal. Plancks konstant har här dessutom skrivits normaliserad, vilket innebär $1 \leq$ mantissan < 10 (gäller basen 10).

En aritmetisk enhet för flyttal måste uppenbarligen bli mera komplicerad än motsvarande realisering för fixtal. Eftersom mantissorna i flyttalen behandlas som fixtal kan man säga att flyttalsaritmetik kräver dels en aritmetisk enhet för fixtal, dels organ för behandling av exponenterna. Moderna datorer av någorlunda storlek utrustas numera allmänt med flyttalsaritmetik.

Emellertid betyder inte avsaknaden av inbyggd flyttalsaritmetik att en dator enbart kan behandla fixtal. Eftersom flyttalsaritmetik består av diverse normaliseringar, skift och heltalsräkning med exponenterna är det naturligtvis fullt möjligt att programmera en dator för flyttalberäkningar.

Det vanligaste sättet att representera flyttal i binär form är i enkel eller dubbel precision enligt IEEEs standard. Ett flyttal i *enkel precision* utnyttjar 32 bitar på ett sätt som framgår av figur 14.1.

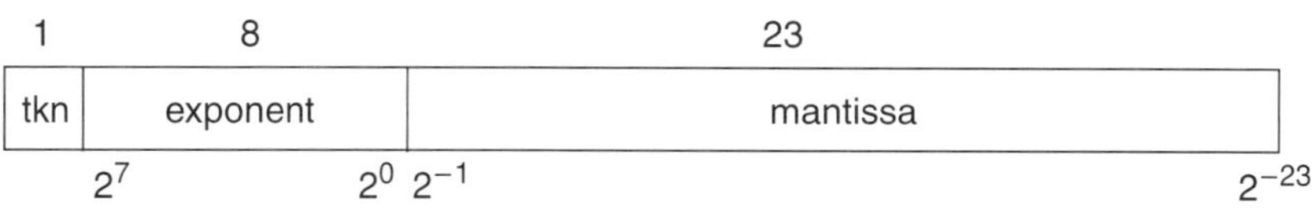

Figur 14.1 Flyttal i enkel precision enligt IEEE-standard

För tecknet används som vanligt 0 för "+" och 1 för "–".

Exponenten är ett 8-bitars heltal i binär offset med en förskjutning på 127.

Mantissan är ett normaliserat positivt binärt tal. Normalisering innebär att mantissan vänsterskiftas under samtidig nedräkning av exponenten tills spill inträffar. Mantissan innehåller då en underförstådd, men inte representerad, bit med vikten 2^0 följd av binärpunkten. En normaliserad mantissa, med underförstådd heltalsbit, är följaktligen ett 24 bitar tal i området $1 \leq m < 2$. Flyttal normaliseras alltid för att signifikant information inte i onödan ska gå förlorad.

Betraktar man vikterna i figur 14.1 ser man att hela talet kan betraktas som ett binärt fixtal med en bit för tecken, 8 bitar för heltalsdel och 23 bitar för bråkdel. Detta är en finess som gör att storleksordningen mellan två normaliserade (obs!) tal lätt kan fastställas genom en direkt jämförelse av maskintalen.

Ett flyttal i enkel precision tolkas enligt följande:

$e = 255,\ m \neq 0$	$x =$ inget tal (används för att indikera en otillåten operation)	
$e = 255,\ m = 0$	$x = (-1)^{tkn} \cdot \infty$	
$0 < e < 255$	$x = (-1)^{tkn} \cdot 2^{(e-127)} \cdot (1.m)$	normaliserat
$e = 0,\ m \neq 0$	$x = (-1)^{tkn} \cdot 2^{-126} \cdot (0.m)$	ej normaliserat
$e = 0,\ m = 0$	$x = (-1)^{tkn} \cdot 0$	

Det till beloppet största normaliserade talet i enkel precision blir $2^{(254-127)} \cdot 1.11 \ldots 1 \approx 2 \cdot 2^{127} \approx 3{,}40 \cdot 10^{38}$.

Absolutbeloppet av det minsta normaliserade talet blir $2^{(1-127)} \cdot 1.00 \ldots 0 \approx 1 \cdot 2^{-126} \approx 1{,}17 \cdot 10^{-38}$. Lägg märke till att mindre tal kan representeras, men att de då inte kan normaliseras.

Flyttalsrepresentationen av talet noll är inte helt självklar. Om mantissan som resultat av någon beräkning blir $m = 0$ tvångsställs exponenten till $e = 0$. Talet noll representeras således med $e = 0$ och $m = 0$. Med denna tvångsställning av exponenten undviks komplikationer när noll (erhållet som delresultat i någon beräkning) ska adderas till ett tal x.

Exempel:

x: e = 128 m = (1.)1 …
0: e = 159 m = 0

Granskning av exponenterna ger vid handen att mantissan för x (som har minst exponent) ska högerskiftas 31 steg innan additionen kan utföras. Härmed skulle inte bara signifikant utan all information försvinna.

Genom att alltid representera noll som e = 0 m = 0 får man

x: e = 128 m = (1.)1 . . .
0: e = 0 m = 0

Additionen kommer nu att inledas med 128 högerskift av mantissan för talet noll och ingen signifikant information går förlorad. Observera att den ”rena” representationen av flyttalet noll erhålls om varje flyttalsoperation avslutas med en normalisering av resultatet.

Exempel:

Skriv talet 116 som ett IEEE-representerat flyttal i enkel precision.

$$116 = 116 \cdot 2^6/64 = 1{,}8125 \cdot 2^6 = (1 + 1/2 + 1/4 + 1/16) \cdot 2^6$$

tkn = 0
e = 6 + 127 = 133
m = (1.)1101

Talets 32 bitar blir

0 1000 0101 110 1000 0000 0000 0000 0000

Flyttal i *dubbel precision* kräver 64 bitar utnyttjade såsom framgår av figur 14.2. Exponenten är nu ett tal i binär offset med förskjutningen 1023.

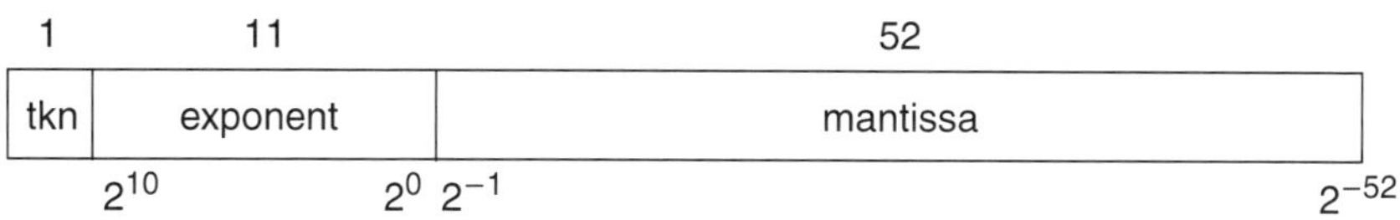

Figur 14.2 Flyttal i dubbel precision enligt IEEE-standard

I dubbel precision representeras ett tal x enligt följande:

$e = 2047, m \neq 0$	$x =$ inget tal	
$e = 2047, m = 0$	$x = (-1)^{tkn} \cdot \infty$	
$0 < e < 2047$	$x = (-1)^{tkn} \cdot 2^{(e-1023)} \cdot (1.m)$	normaliserat
$e = 0, m \neq 0$	$x = (-1)^{tkn} \cdot 2^{-1022} \cdot (0.m)$	ej normaliserat
$e = 0, m = 0$	$x = (-1)^{tkn} \cdot 0$	

Mantissans storlek är ett mått på precisionen. Precisionen för en viss talrepresentation och ett visst läge x på reella talaxeln är ett godhetstal som vi här definierar som 2-logaritmen av det inverterade värdet av den relativa noggrannheten.

$$\kappa(x) = {}^2\log \left| \frac{x}{x_{n+1} - x_n} \right| \text{ bit} \tag{14.1}$$

där x_{n+1}, x_n är de två representerbara tal som ligger närmast de reella talet x. Ju större mantissa, desto tätare kommer två tal x_{n+1} och x_n att ligga på reella talaxeln. En minskning av mantissans storlek med en bit gör ju att intervallet $x_{n+1} - x_n$ kommer att öka med faktorn 2, d.v.s. precisionen kommer att minska med 1 över hela talområdet.

Precisionen κ(x) vid fixtalsrepresentation varierar starkt inom det aktuella talområdet. För en ordlängd av 32 bitar inklusive tecken kommer precisionen κ(x) att variera enligt figur 14.3 utefter den positiva talaxeln. För negativa tal erhålls en spegelbild.

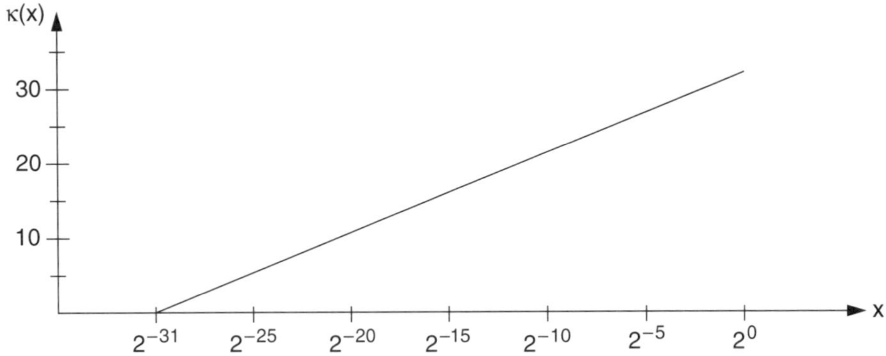

Figur 14.3 Precisionen vid fixtalsrepresentation med 32 bitars ordlängd (inkl tecken)

För flyttal är precisionen någorlunda konstant över området. Precisionen för flyttal i enkel precision enligt IEEE visas av figur 14.4.

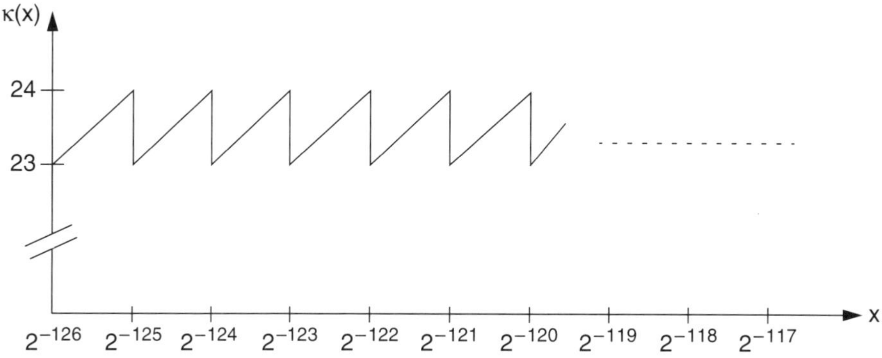

Figur 14.4 Precisionen för flyttal i enkel precision enligt IEEE.

14.2 Addition och subtraktion

Det principiella förfaringssättet vid addition (subtraktion) av två normaliserade flyttal består i att först högerskifta det mindre talets mantissa under uppräkning av exponenten tills den senare blir identisk med det större talets exponent. Därefter adderas mantissorna.

Exempel 1:

$$0.1000 \cdot 2^2 + 0.1011 \cdot 2^4 =$$
$$= 0.0010 \cdot 2^4 + 0.1011 \cdot 2^4 =$$
$$= 0.1101 \cdot 2^4$$

Exempel 2:

$$0.1011 \cdot 2^{-3} + 1.0100 \cdot 2^{-6} =$$
$$= 0.1011 \cdot 2^{-3} + 1.1110 \cdot 2^{-3} =$$
$$= 0.1001 \cdot 2^{-3}$$

En automatisering av dessa räkneoperationer kräver uppenbarligen en inledande jämförelse av exponenterna. Vidare måste man ta hänsyn till att spill kan uppträda vid additionen, att resultatet kan behöva normaliseras m.m. I det allmänna fallet kan addition (subtraktion) av två normaliserade flyttal x och y (enligt IEEE enkel precision) utföras med en algoritm som beskrivs av flödesschemat i figur 14.5.

$$x = (-1)^{x_{tkn}} \cdot (1.x_m) \cdot 2^{(x_e - 127)}$$
$$y = (-1)^{y_{tkn}} \cdot (1.y_m) \cdot 2^{(y_e - 127)}$$
$$x + (-)\, y = s = (-1)^{s_{tkn}} \cdot (1.s_m) \cdot 2^{(s_e - 127)}$$

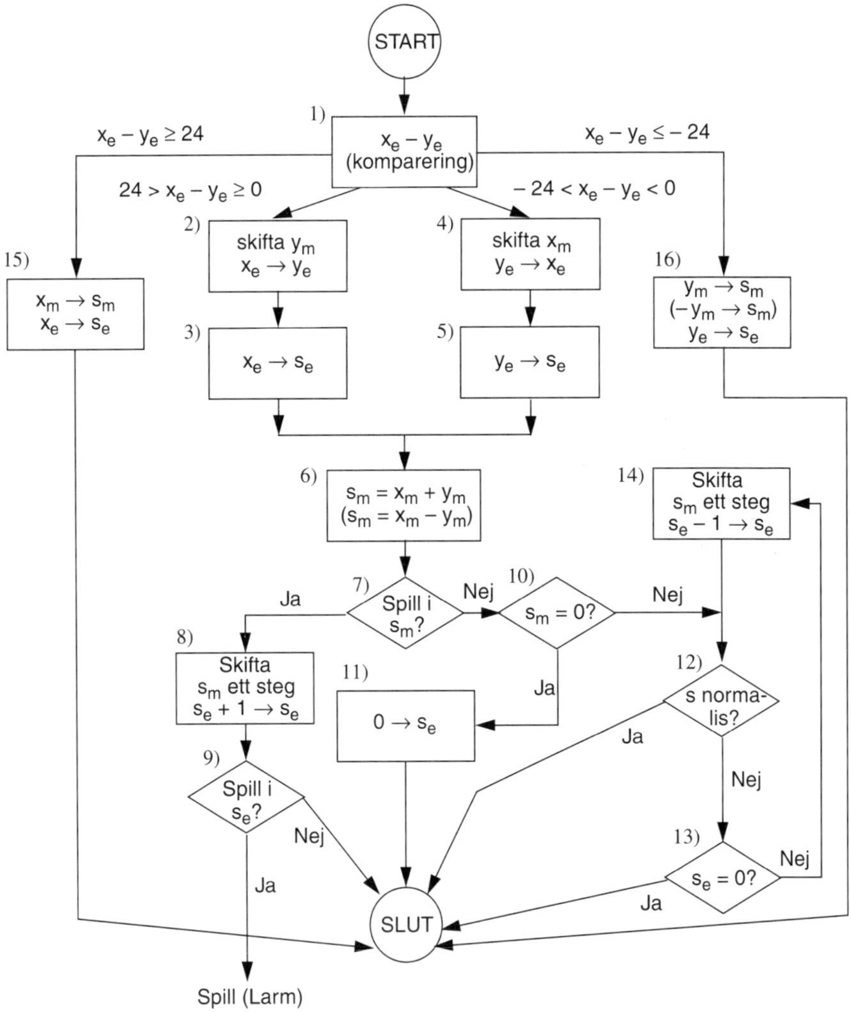

Figur 14.5 Addition/subtraktion av två normaliserade flyttal

Förloppet börjar med en jämförelse av de två exponenterna x_e och y_e vilken lämpligen sker som en subtraktion $x_e - y_e$ följd av en subtraktion eller addition med 24 för att möjliggöra valet av en av de 4 utgångarna från 1). Om $x_e - y_e \geq 24$ innebär detta att y_m måste högerskiftas minst 24 steg innan mantissorna kan adderas (subtraheras). Härvid skulle mantissan y_m anta värdet 0 och man inser att vi omedelbart kan bespara oss denna möda och direkt kopiera $x \rightarrow s$ i 15). Om däremot $24 > x_e - y_e \geq 0$ blir en operation på mantissorna meningsfull och i 2) högerskiftas y_m ett antal steg som motsvarar skillnaden $x_e - y_e$. På motsvarande sätt förfars i 4) om $0 > x_e - y_e > -24$. Här högerskiftas x_m ett antal steg som motsvarar skillnaden $y_e - x_e$. Resultatets exponent s_e kan nu primärt sättas till x_e eller y_e i 3) respektive 5).

I 6) utförs så additionen (subtraktionen) av mantissorna. Efter detta följer i 7) en undersökning om operationen i 6) gett $s_m \geq 2$. Om så var fallet utförs i 8) ett högerskift av s_m och en ökning av exponenten s_e med 1. I sällsynta fall kan den sista åtgärden resultera i att exponentens talområde överskrids. Undersökningen i 9) ska då resultera i spillindikering av den totala flyttalsoperationen.

Om additionen av mantissorna i 6) inte gett upphov till spill följer i 10) en kontroll av $s_m = 0$. Om så inte är fallet undersöks i 12) om s är normaliserad. Om så inte är fallet undersöks i 13) om s_e befinner sig vid undre gränsen för sitt talområde. Ett negativt utfall av detta test föranleder så vänsterskift av mantissan s_m ett steg under samtidig uppräkning av exponenten s_e i 14). Därefter ånyo test av s i 12) o.s.v.

En realisering av algoritmen i figur 14.5 visas av figur 14.6. Dataflödet är riktat uppifrån och ned med exponenterna till vänster och mantissorna till höger. Det ska från början framhållas att figuren inte är komplett in i minsta detalj, att schemasymboliken är avpassad till anordningens komplexitet samt att ett begränsat antal styrsignaler från yttre styrenhet förutsätts kontrollera bl.a. överföringarna till de två nedre registerfunktionerna.

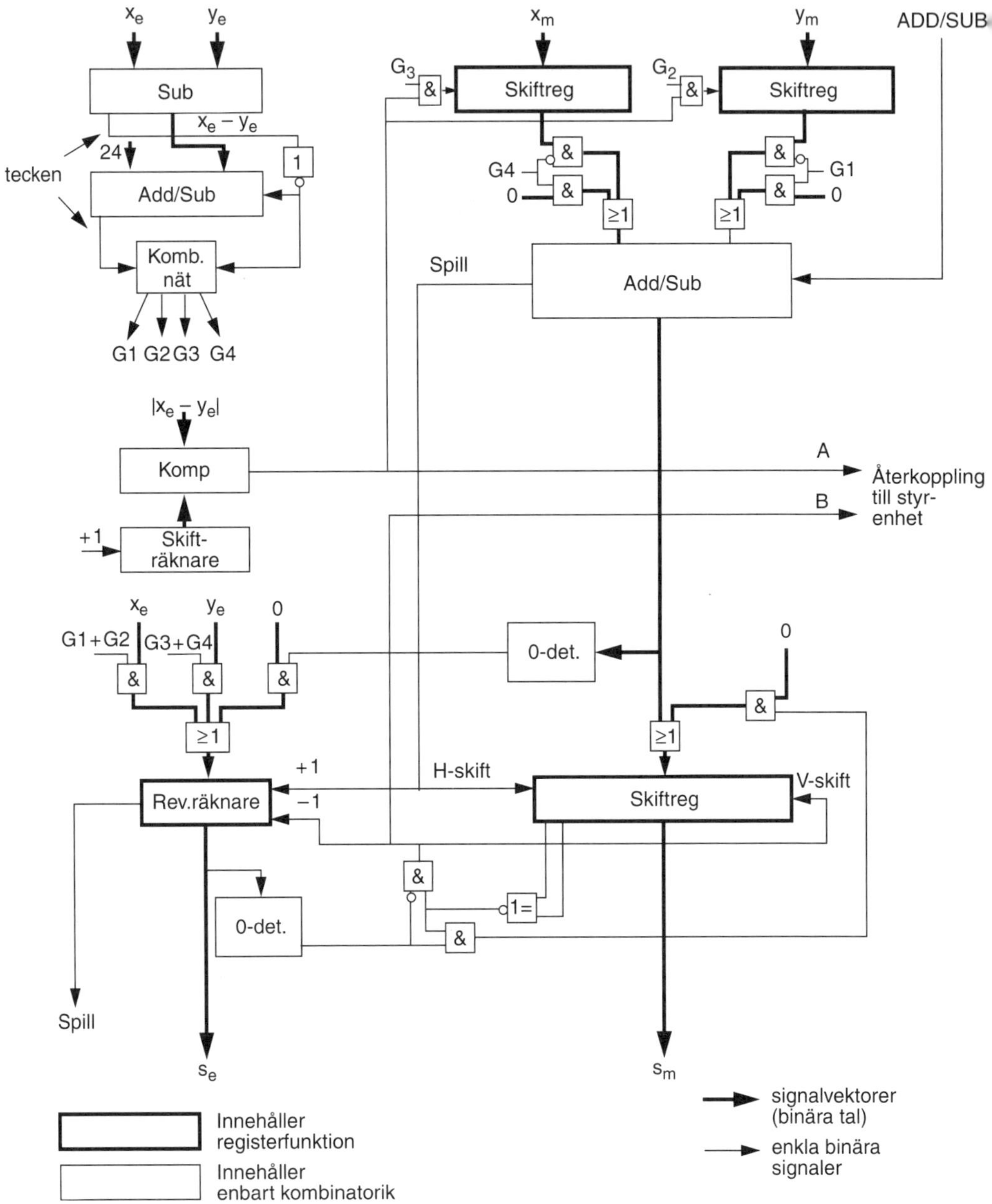

Figur 14.6 Realisering av algoritmen i figur 14.5

Exponenterna x_e och y_e jämförs längst upp till vänster i en subtraherare. Beroende på resultatet adderas eller subtraheras skillnaden $x_e - y_e$ med det positiva heltalet 24 (mantissans ordlängd). Tecknen i resultatet av dessa två operationer kan nu användas för att generera de fyra signalerna G1, G2, G3, G4 vilka korresponderar mot de fyra utgångarna från 1) i figur 14.5.

Mantissorna x_m och y_m laddas in i var sitt skiftregister och via en skifträknare och en komparator högerskiftas x_m (eller y_m) $|x_e - y_e|$ steg om G3 = 1 (eller G2 = 1). För G1 = 1 (eller G4 = 1) införs operanden 0 i stället för y_e (eller x_e) till additionsnätet. Att schemat för övrigt överensstämmer med algoritmen i figur 14.5 överlåts åt läsaren att verifiera.

Flyttalsoperationer med anordningen enligt figur 14.6 är asynkrona i den meningen att resultatet föreligger efter ett antal klockpulsintervall som beror av de inkommande operanderna x och y. Den styrenhet som ska ge klarsignal för påbörjande av normalisering m.m. måste därför kommunicera dubbelriktat med funktionsgeneratorn i figur 14.6. Detta sker genom att informera styrenheten om att

A) inledande skift av mantissa pågår.

B) normalisering av slutresultat pågår.

14.3 Multiplikation och division

Multiplikation (division) av flyttal tillgår i princip så att exponenterna adderas (subtraheras) och vanlig fixtalsmultiplikation (division) utförs på mantissorna. Liksom för addition och subtraktion förutsätter vi att operanderna är normaliserade flyttal i enkel precision enligt IEEE-standard.

Ett flödesschema för proceduren visas av figur 14.7 I boxen 1) bildas $x_e + y_e - 127$ (alternativt $x_e - y_e + 127$) och beroende på resultatet utförs tre olika ting. Om $255 \leq x_e + y_e$ innebär detta att det eventuella resultatets exponent överstiger det tillgängliga utrymmet

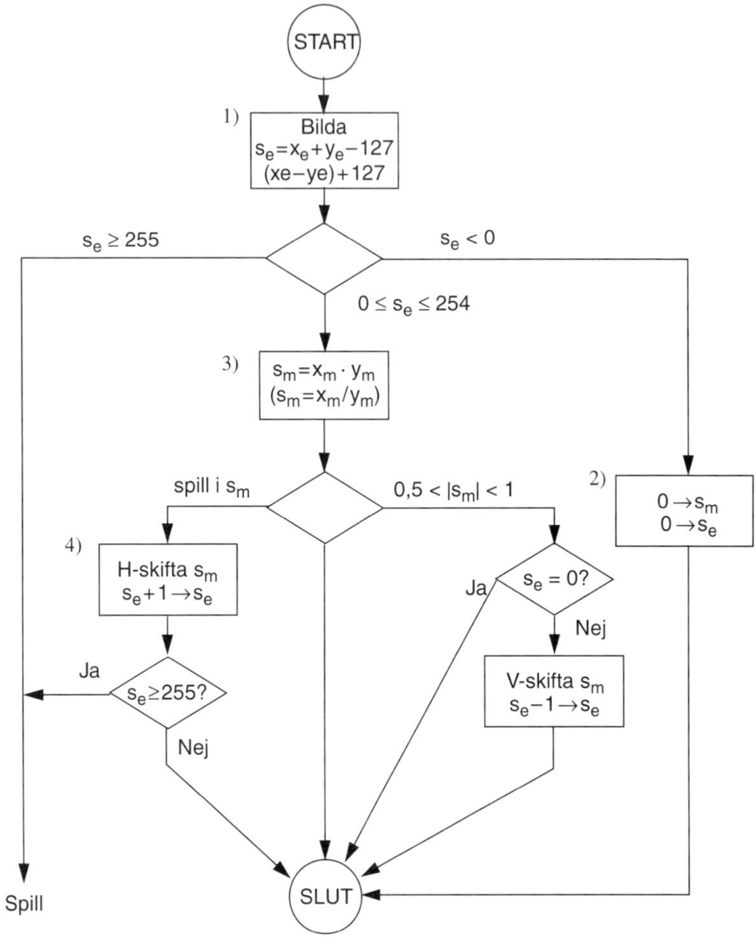

Figur 14.7 Multiplikation/division av två normaliserade flyttal

Fallet $x_e + y_e < 0$ innebär att resultatets absolutbelopp faller under gränsen för vad som kan representeras med normaliserade tal. I 2) sätts därför $s_m = 0$ och $s_e = 0$.

Om s_m är normaliserat efter 3) är resultatet klart. Vid division kan det emellertid inträffa att s_m hamnar i intervallet $0{,}5 < |s_m| < 1$ vilket kräver ett normaliseringssteg. Om exponenten s_e redan ligger på minimivärdet 0 är talet s uppenbarligen så litet att det måste representeras icke-normaliserat.

En realisering av multiplikations-divisionsproceduren i figur 14.7 är något enklare än additions-subtraktionsaritmetiken i figur 14.5, åtminstone om vi förutsätter existensen av fixpunktsmultiplicerare och -dividerare för mantissorna, se figur 14.8.

Liksom i figur 14.6 finns organen för exponentberäkning till vänster, organen för mantissaberäkning till höger. I en adderare/subtraherare beräknas $x_e + y_e - 127$ (alt. $x_e - y_e + 127$). Resultatet positivt spill motsvarar utfallet $255 \leq s_e$ enligt figur 14.7. Negativt spill motsvarar utgreningen märkt $s_e < 0$ i flödesschemat och då inget spill uppträder laddas resultatet in i den reversibla räknaren.

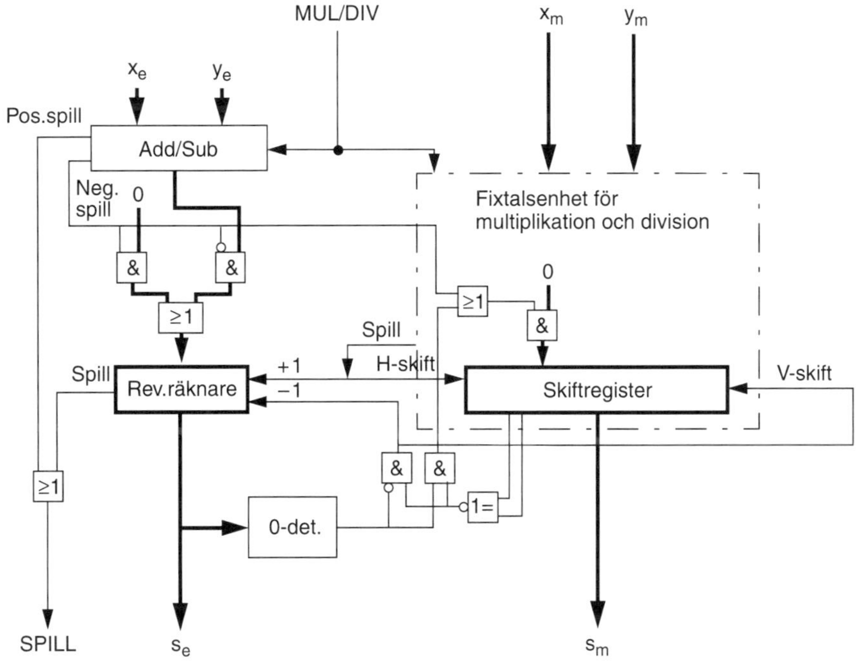

Figur 14.8 Realisering av algoritmen i figur 14.7

x_m och y_m införs till en fixtalsenhet. Resultatet s_m tänkes placerat i ett skiftregister. Högerskift av mantissan s_m utförs vid spill, vänsterskift då s_m inte är normaliserat. Att detta är möjligt och tämligen enkelt att utföra på produkten efter en multiplikation torde vara helt klart. Resultatet av en fixtalsdivision består emellertid som bekant av en kvot q och en rest r. Det kan vara ett önskemål att erhålla såväl q som r i normaliserad form vilket kräver vissa speciella åtgärder som bl.a. måste resultera i att två olika exponenter q_e och r_e räknas fram.

15 Diverse problemställningar

15.1 Aritmetik för decimalkodade tal

Numera är de rent binära datorerna helt dominerande. Decimal representation med åtföljande aritmetik finns dock i dag som tilläggsalternativ hos många stora och medelstora datorer.

Ett antal olika decimala koder har kommit till praktisk användning, framför allt NBCD- och i viss mån Excess-3-koden (se figur 2.2).

Representation av negativa tal kan på samma sätt som för binärtal ske med de tre metoderna

Tecken-belopp
Baskomplement (10-komplement)
Basen-1-komplement (9-komplement)

vilka definieras nedan i figur 15.1. Liksom för binärtal förutsätter vi här att talområdet för x är

$$-1 < x < 1$$

Precis som i fallet binära tal kräver aritmetiska operationer för decimala tal att man för ett givet kodord för ett tal $x = (x_0, x_1, x_2)$ i figur 15.1 måste kunna generera kodordet för ett tal $-x = y = (y_0, y_1, y_2)$. Med en härledning som är helt analog med uttrycken (12.2)–(12.8) för binärtal får vi följande regler.

För *teckenbelopp-representation*

$$(y_0, y_1, y_2) = (x_0', x_1, x_2) \tag{15.1}$$

För *10-komplement-representation*

$$\sum_{i=0}^{2} y_i 10^{-i} = 2 - \sum_{i=0}^{2} x_i 10^{-i} = 10^{-2} + (1 - x_0) + \sum_{i=1}^{2} (9 - x_i) 10^{-i} \tag{15.2}$$

Positionerna i talet y fås alltså genom att invertera teckenpositionen x_0, bilda 9-komplementet till övriga positioner samt addera 10^{-2} (addera 1 i minst signifikant position).

	Tecken-belopp	10-komplement	9-komplement
99/100	0,99	0,99	0,99
|	|	|	|
11/100	0,11	0,11	0,11
10/100	0,10	0,10	0,10
9/100	0,09	0,09	0,09
|	|	|	|
3/100	0,03	0,03	0,03
2/100	0,02	0,02	0,02
1/100	0,01	0,01	0,01
0	{ 0,00 1,00	0,00	{ 0,00 1,99
- 1/100	1,01	1,99	1,98
- 2/100	1,02	1,98	1,97
- 3/100	1,03	1,97	1,96
|	|	|	|
- 9/100	1,09	1,91	1,90
- 10/100	1,10	1,90	1,89
- 11/100	1,11	1,89	1,88
|	|	|	|
- 99/100	1,99	1,01	1,00

Figur 15.1 Decimala tal representerade med olika metoder

För *9-komplement-representation*

$$\sum_{i=0}^{2} y_i 10^{-i} = 1 - x_0 + \sum_{i=1}^{2} (9 - x_i) 10^{-i} \qquad (15.3)$$

Positionerna i talet y fås alltså genom att invertera teckenpositionen x_0 samt bilda 9-komplementet till övriga positioner.

9-komplementbildning för en enstaka siffra är i fallet Excess-3-kod liktydigt med att invertera samtliga binära positioner. Excess-3-koden sägs vara självkomplementerande.

9-komplementering av en NBCD-kodad siffra $z = (z_1, z_2, z_3, z_4)$ till $9 - z = w = (w_1, w_2, w_3, w_4)$ visas av figur 15.2.

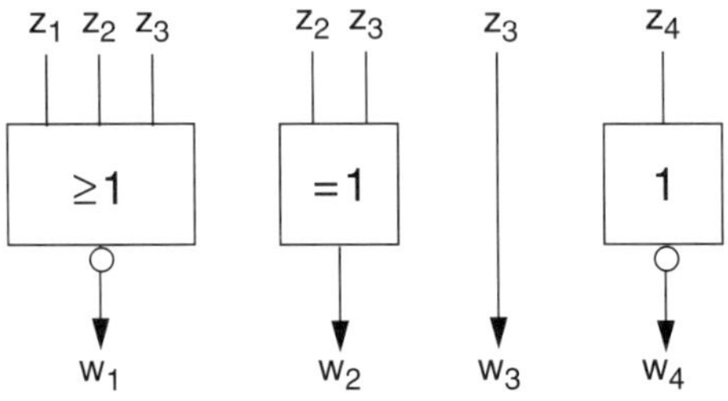

Figur 15.2 9-komplementering av en NBCD-kodad siffa

Addition av två decimala siffror visas för Excess-3-kod av figur 15.3 och för NBCD-kod av figur 15.4.

I figur 15.3 adderas de två siffrorna $\tilde{x} = (x_1, x_2, x_3, x_4)$ med $\tilde{y} = (y_1, y_2, y_3, y_4)$ på vanligt sätt med fyra stycken heladderare. Nu gäller för Excess-3-koden att "maskintalet" och det verkliga talet x har sambandet $\tilde{x} = x + 3$ och summan $p = (p_0, p_1, p_2, p_3, p_4)$ representerar därför ett tal

$$p = \tilde{x} + \tilde{y} = x + 3 + y + 3 = x + y + 6$$

som uppträder i "Excess-6-kod". Detta passar utmärkt för utgående carry som uppträder då $x + y$ överstiger 10. Metoder för carryacceleration (se kapitel 5) kan därmed överföras direkt från fallet rena binärtal. Däremot måste summasiffran korrigeras genom att bilda $s = (s_1, s_2, s_3, s_4)$ enligt

$$\begin{aligned} s &= p - 3 \qquad \text{för } p < 16 \\ s &= p + 3 \qquad \text{för } p \geq 16 \end{aligned}$$

Detta utförs av ett efterföljande kombinatoriskt nät vilket i figur 15.3 har getts formen av en adderare där till p adderas

$$\begin{aligned} &p + 3 && \text{för } p \geq 16 \\ &(p + 13) \bmod 16 && \text{för } p < 16 \end{aligned}$$

Det senare är uppenbarligen likvärdigt med subtraktionen $p - 3$. Eftersom $+ 1$ alltid ska adderas till p_4 reduceras heladderaren i denna position till en enkel inverterare.

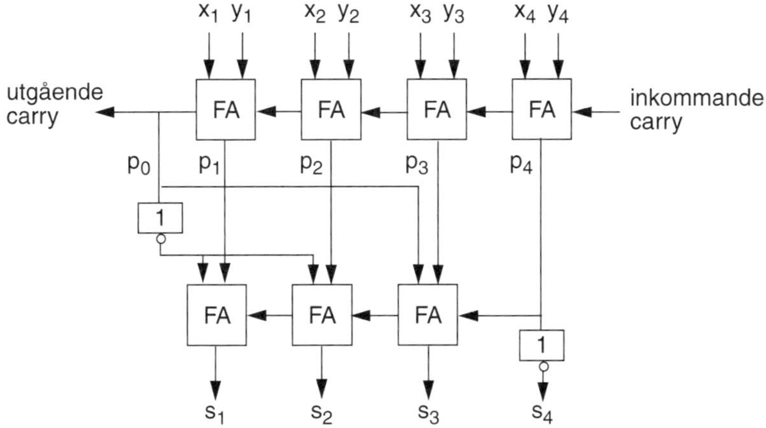

Figur 15.3 Addition av två Excess-3-kodade siflror

I figur 15.4 adderas de två NBCD-kodade siffrorna $x = (x_1, x_2, x_3, x_4)$ med $y = (y_1, y_2, y_3, y_4)$. Utgående decimal carry ska genereras då den primärt erhållna summan $p = (p_0, p_1, p_2, p_3, p_4)$ överstiger 9. Då detta inträffar ska till p adderas 6 för att erhålla korrekta summasiffror s_1, s_2, s_3, s_4. I detta addernät kan dock heladderarna för positionerna s_1 och s_3 starkt förenklas.

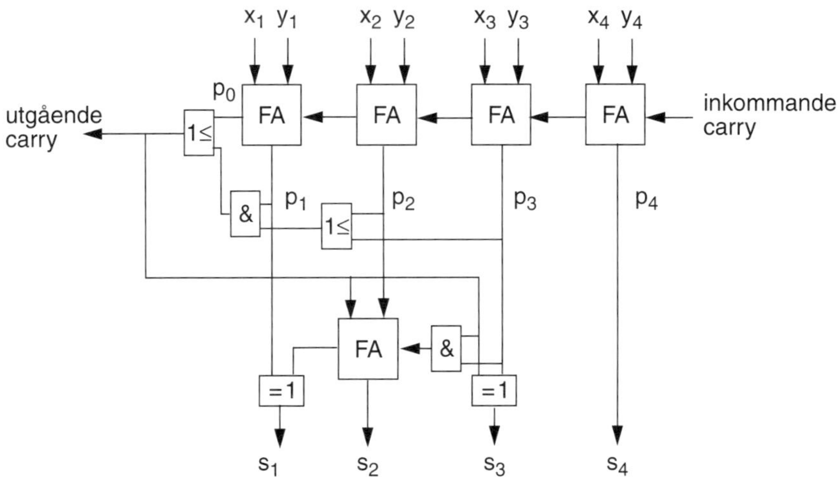

Figur 15.4 Addition av två NBCD-kodade siffror

15.2 Pipe-lining

Grundtanken i pipe-lining illustreras av figur 15.5. Operander och operationsangivelser inmatas i jämn ström till en aritmetisk enhet. Operanderna ger via diverse delresultat upphov till slutresultat. Det karaktäristiska för en enligt pipe-lining arbetande enhet är att nya operander med nya operationsangivelser kan införas på ingångarna innan tidigare operander färdigbehandlats och producerat slutresultat. I figur 15.5 antyds att fyra stycken processer pågår samtidigt. Informationen strömmar (under bearbetning) genom linjen och även om tidsfördröjningen mellan ingång och utgång är minst lika stor som för en konventionell aritmetisk enhet så blir antalet utförda operationer per tidsenhet mångdubbelt flera.

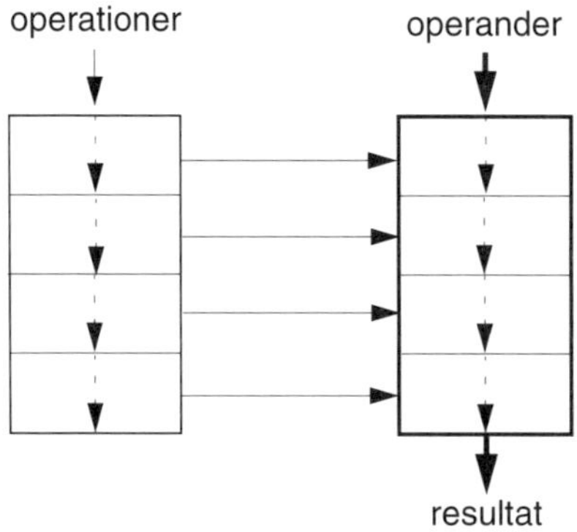

Figur 15.5 Pipe-lining

För att den potentiella bearbetningshastigheten vid pipe-lining ska kunna utnyttjas krävs att programmets instruktioner (vilka definierar operation och operand) inte innehåller villkorliga beroenden i alltför stor mängd. Utförandet av en instruktion ska kunna påbörjas oberoende av resultatet av föregående instruktioner.

Realiseringen av pipe-lining återknyter direkt till det resonemang som fördes i anslutning till snabb multiplikation och division i avsnitten 13.1 och 13.2. Algoritmen för operationen i fråga realiseras primärt som ett rent kombinatoriskt nät för att undvika alla återkopplingar (jfr figurerna 13.3 och 13.9). Därefter sektioneras detta nät i ett antal nivåer (t.ex. fyra som i figur 15.5) med om möjligt samma maximala grinddjup i varje nivå. Mellan nivåerna placeras registerfunktioner av klockade vippor. Observera att om det gäller konstruktion av en multipelfunktionsgenerator så måste ett motsvarande nivåuppdelat nät etableras för den information som definierar operationen och som ska resultera i diverse styrsignaler på olika nivåer.

För att illustrera principen ska vi nedan göra ett försök att konstruera en pipe-line för flyttalsaddition/subtraktion. Se figur 15.6 och jfr figur 14.7.

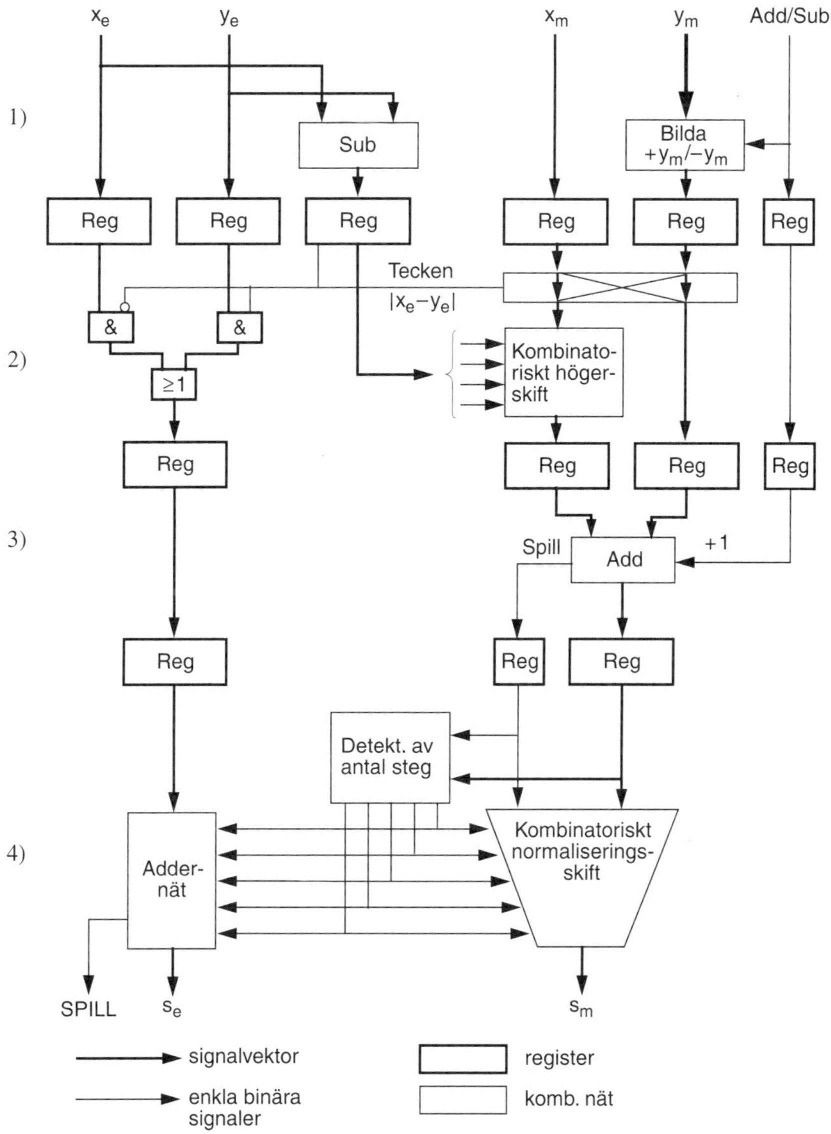

Figur 15.6 Pipe-lining för flyttals addition/subtraktion

På den första nivån bildas skillnaden mellan exponenterna. Samtidigt bildas $-y_m$ om subtraktionen ska utföras. Resultatet av subtraktionen användes i andra nivån på flera sätt. Tecknet avgör om resultatets exponent s_e ska sättas till x_e eller y_e samt huruvida x_m eller y_m ska utsättas för förberedande högerskift. Detta skift utförs i ett rent kombinatoriskt nät som består av en multiplexerliknande anordning. Avkodningen är även tänkt att inkludera detektering av fallet $24 \leq |x_e - y_e|$ vilket ska resultera i att en av mantissorna sätts till 0.

I tredje nivån utförs addition av mantissorna och i den fjärde utförs normalisering av resultatet. Resultatet av additionen i tredje steget "detekteras" av ett kombinatoriskt nät för att avgöra om mantissan s_m ska högerskiftas ett steg (vid spill) eller vänsterskiftas för normalisering. Detektorn styr dels ett nät av addertyp för exponenten, dels ett skiftnät av multiplexertyp för mantissan.

Vad som ovan har beskrivits är pipe-lining i någorlunda renodlad form. Som ett mer allmänt och vagt definierat begrepp har det kommit till flitig användning i modern datorarkitektur. Ofta menar man då med pipe-lining bara en kaskadkoppling av två eller flera enheter som kan vara såväl kombinatoriska som sekventiella. Enhet 1 lämnar sitt resultat till enhet 2 som efter bearbetning lämnar det vidare till enhet 3 o.s.v. Så snart en enhet har lämnat ett resultat är den redo att ta emot och bearbeta nya ingångsvärden.

15.3 Några kopplingar för snabb aritmetik

Räkning av antalet ettor i en parallellt åtkomlig vektor av binära signaler x_1, x_2, ..., x_n är den kombinatoriska motsvarigheten till det sekvensnät som kallas räknare. I figur 15.7 a) visas en räknare med D-vippor och det kombinatoriska grundelementet, en s.k. halvadderare, är lätt urskiljbart. Ett iterativt nät får då utseendet enligt figur 15.7 b).

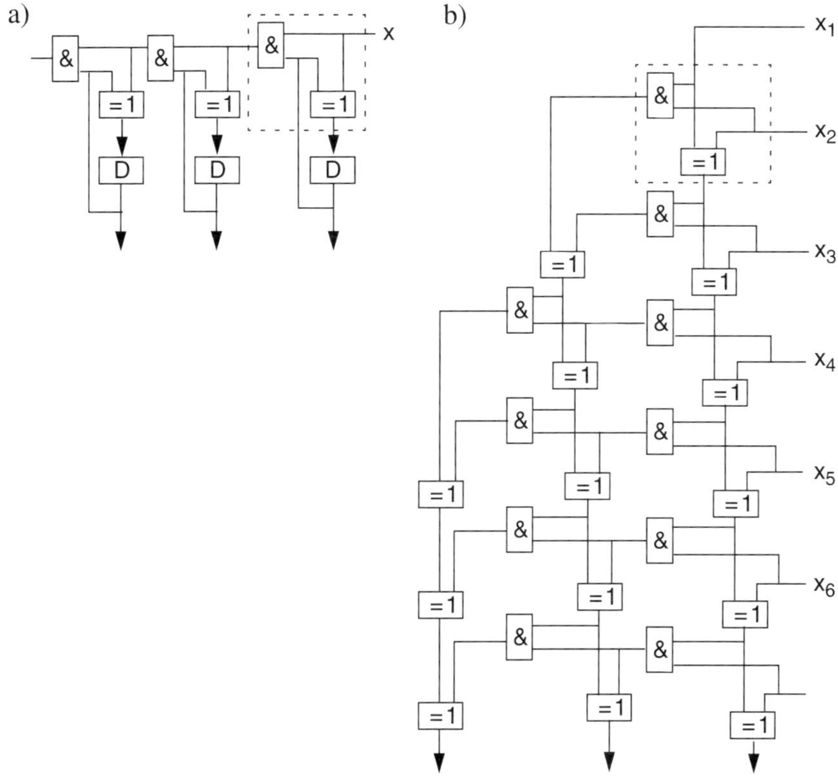

Figur 15.7 a) Räknare med D-vippor
b) Motsvarande iterativa kombinatoriska nät

Sedd som ett nät av heladderare får nätet i figur 15.7 b) utseendet enligt figur 15.8. Nätets djup räknat i antal heladderare blir $\frac{n-1}{2} + {}^{2}\log n_1$ där $2^{n_1} < n < 2^{n_1+1}$.

n	Antal FA	Grinddjup FA
3	1	1
7	4	4
15	11	9
31	26	18
63	57	35

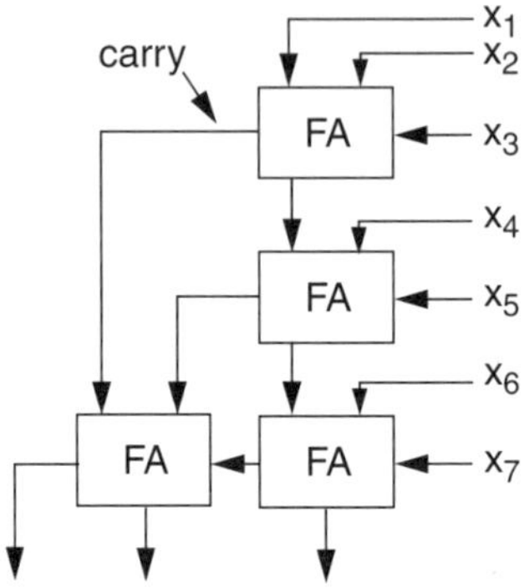

Figur 15.8 Det iterativa nätet i figur 15.7 b) uppbyggt med heladderare

Genom att arrangera nätet som i figur 15.9 kan man minska heladderardjupet till $^3\log n_2 + {}^2\log n_1$, där $3^{n_2-1} < n < 3^{n_2}$. För stora nät, t.ex. för n=63, innebär detta en drastisk sänkning i förhållande till det strängt iterativa nätet i figur 15.8.

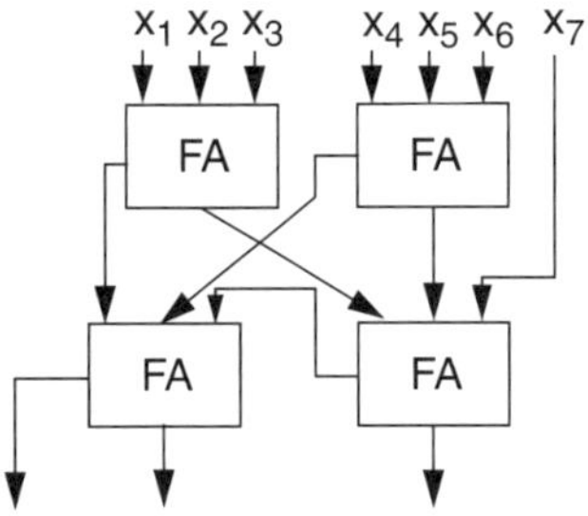

n	Antal FA	Grinddjup FA
3	1	1
7	4	3
15	11	5
31	26	7
63	57	8

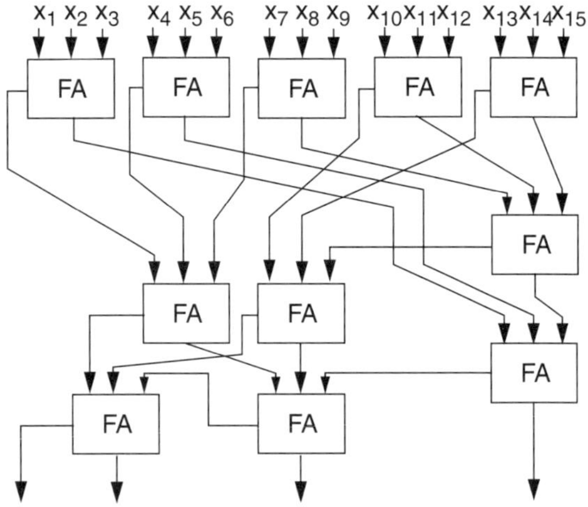

Figur 15.9 Arrangemang för att minska heladderardjupet

Kombinatoriskt skift (barrel shift) visas av figur 15.10. Nätet kan ses som tre kaskadkopplade 8 x 2-vägs multiplexrar (jfr avsnitt 5.7). För storheterna a_i och b_i gäller sambandet

$$b_i = a_{(i+X)\text{modulo } 8}$$

där X är det binära heltal (x_2, x_1, x_0) som definierar antalet cykliska skift.

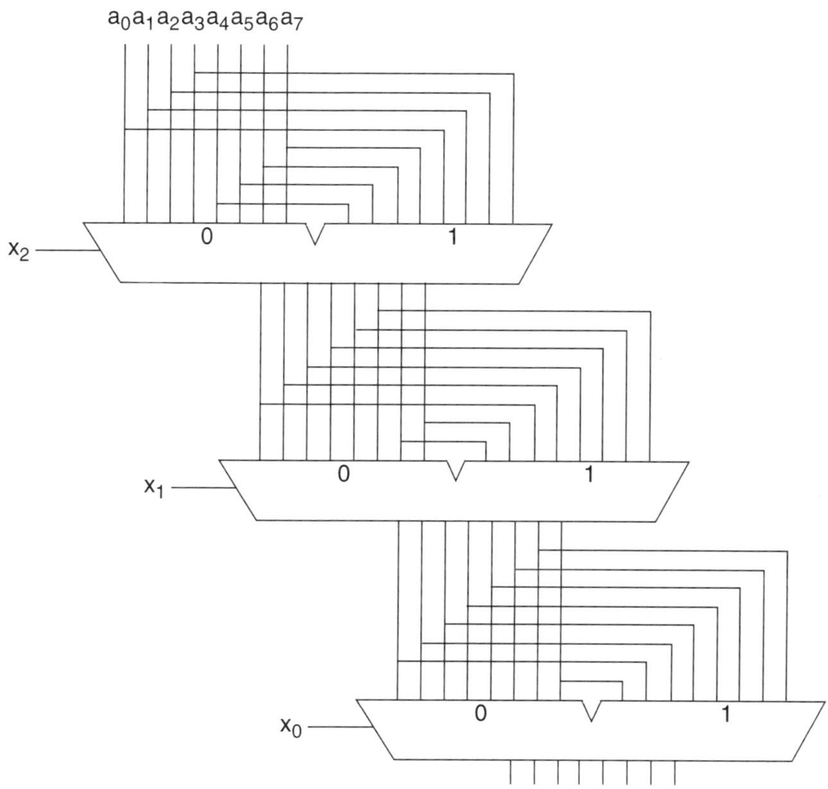

Figur 15.10 Kombinatoriskt skift (barrel shifter)

En multiplicerare enligt den princip som antyddes i texten till figur 13.3 visas av figur 15.11. Multiplikatorn x har 6 bitars ordlängd, multiplikatorn y har 5 bitars ordlängd inklusive tecken varför produkten får längden 10 bitar. 2-komplementrepresentation förutsätts. Största grinddjupet fås från ingång y_3x_4 till p_0 (prickad linje i figuren) och uppgår till 8 FA + 2 HA = 9 FA. Allmänt gäller att grinddjupet blir $n_x + n_y - 2$ där n_x och n_y är antalet bitar i multiplikator och multiplikand.

En multiplicerare med dimensionen 16 x 16 bitar kan konstrueras med 241 heladderare och 17 halvadderare och skulle få ett grinddjup av 30 FA. Med en fördröjning av 6 ns per heladderare skulle produkten vara klar efter 180 ns. En sådan komponent finns.

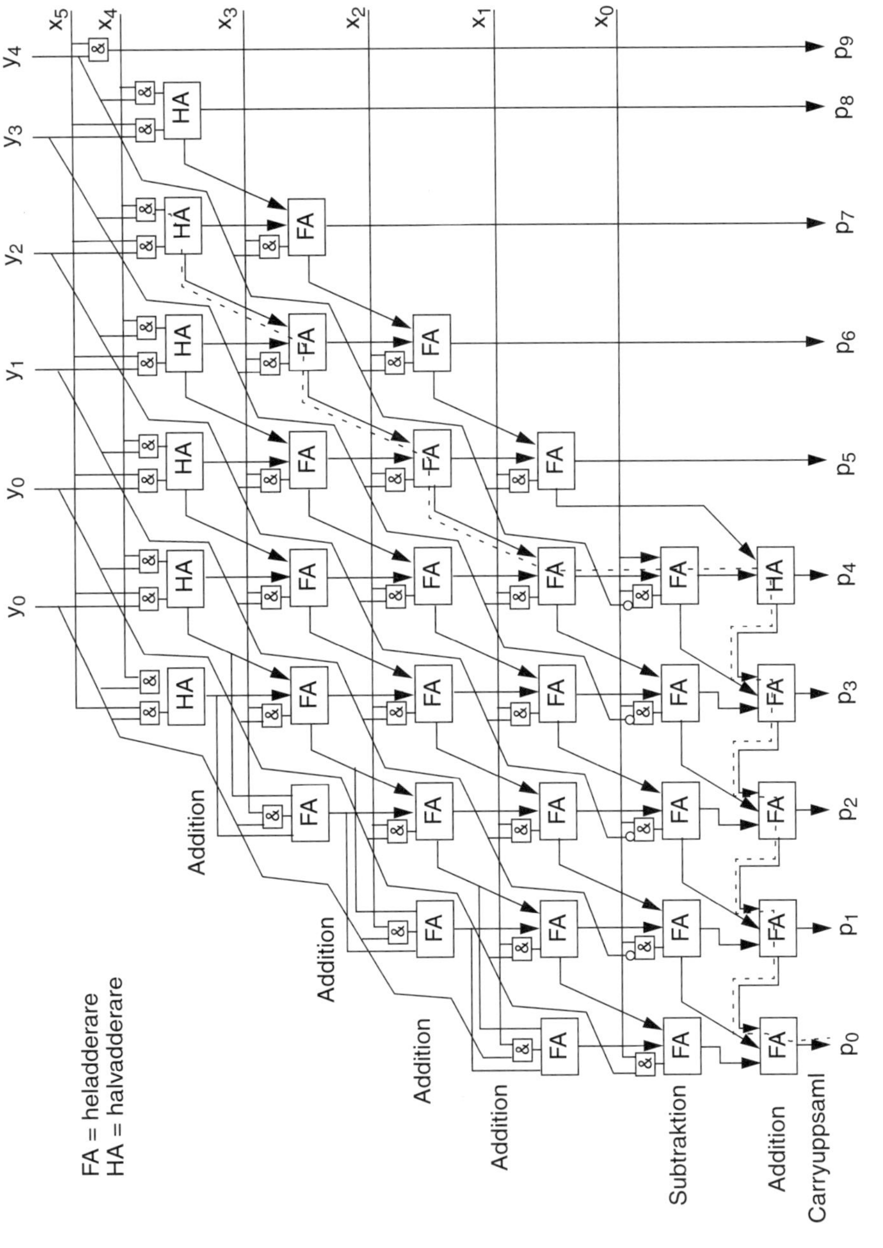

Figur 15.11 Multiplicerare enligt principen i figur 13.3

Som påpekades i samband med divisionsalgoritmerna avsnitt 13.2 är division en process som av princip inte kan snabbas upp på samma sätt som multiplikation. Problemet är att man vid division i varje steg måste invänta föregående stegs slutresultat ända upp i mest signifikant position innan man vet om man i nästa steg ska addera eller subtrahera (vid division med nollställning: subtrahera eller ej subtrahera).

I figur 15.12 visas nu en s.k. tvåskiftsdividerare där två kvotsiffror (två bitar i kvoten) genereras i varje klockintervall. För att inte klockintervallet ska behöva bli dubbelt så stort som för enskiftsdivideraren (varvid ingenting skulle ha vunnits) så påbörjas det andra divisionssteget i dubbel version. Carryfortplantningen i de tre adderarna/subtraherarna sker i stort sett samtidigt. Adderaren och subtraheraren genererar till multiplexern två olika resultat vilka båda två är klara ungefär samtidigt som mest signifikant position i det övre steget utbildats. Multiplexern ger ingen nämnvärd fördröjning, varför två kvotsiffror produceras på samma tid som en i figur 13.8.

Det inses lätt att en treskiftdividerare får två adderare och två subtraherare i tredje nivån, fyrskiftsdivideraren fyra + fyra etc.

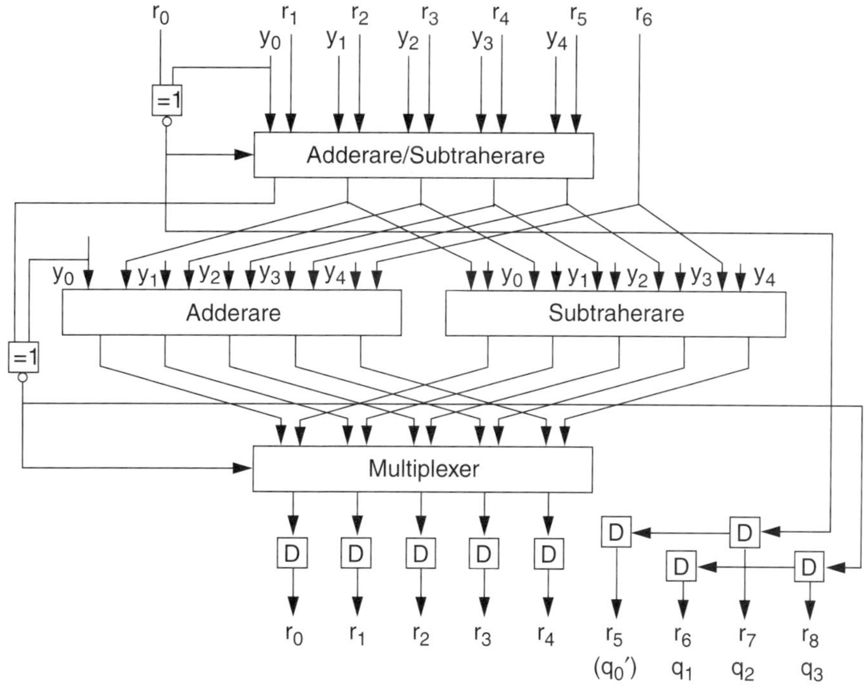

Figur 15.12 Tvåskiftsdividerare

15.4 Distribuerad aritmetik

Ett ganska vanligt beräkningsproblem gäller den inre produkten av två vektorer

$$\overline{X} = \langle X_1, X_2, \ldots, X_n \rangle$$

$$\overline{A} = \langle A_1, A_2, \ldots, A_n \rangle$$

d.v.s. vi önskar beräkna

$$\overline{X} \cdot \overline{A} = \sum_{i=1}^{n} X_i A_i$$

Vektorn A är känd à priori medan vektorn X är en variabel. Annorlunda uttryckt, A_1, A_2, ..., A_n är en serie konstanter eller koefficienter som ska användas på en ström av variabelvärden X_1, X_2, ..., X_n. Figur 15.13a) visar den totala beräkningen som en summa av produkter. I detta enkla exempel är n = 3 och storheterna X och A är båda givna med 4 bitars precision. De partiella bidragen X_1 bestäms av A_1:s utseende; i detta fall (med $A_1 = 0101$) bidrar X_1 i två skiftpositioner (markerat med punkt •) medan två skiftpositioner inte ger något bidrag (markerat blank). På samma sätt ger de andra två multiplikationerna $X_2 \cdot A_2$ och $X_3 \cdot A_3$ ömsom blanka rader, ömsom verkliga bidrag till det totala slutresultatet.

I stället för att som i 15.13a) låta bidraget X_i villkoras av bitarna i A_i kan vi låta X_i och A_i byta plats i rollerna som multiplikand och multiplikator. Resultatet blir en uppställning som i figur 15.13b). Bit för bit är bidragen desamma som i 15.13a) men vi betraktar nu varje rad som ett bidrag A_i, villkorat med x_{ij}.

Ordningen mellan de olika radvisa partiella bidragen i figur 15.13b) är uppenbarligen ej väsentlig för slutresultatet eftersom allt ändå ska adderas vertikalt till en enda summa. Vi skulle därför lika gärna kunna ställa upp bidragen i figur 15.13b) med en summeringsordning enligt figur 15.13c). Vi observerar nu att uppställningen innehåller fyra block. Varje block är en summa av de tre konstanterna A_1, A_2, A_3 och i varje block bestämmer tre bitar från de tre variablerna X_1, X_2, X_3 i vilken kombination konstanterna ska ingå i summan. Om $x_{ij} = 1$ ska A_i ingå i bitposition j annars lämnas här bidraget 0.

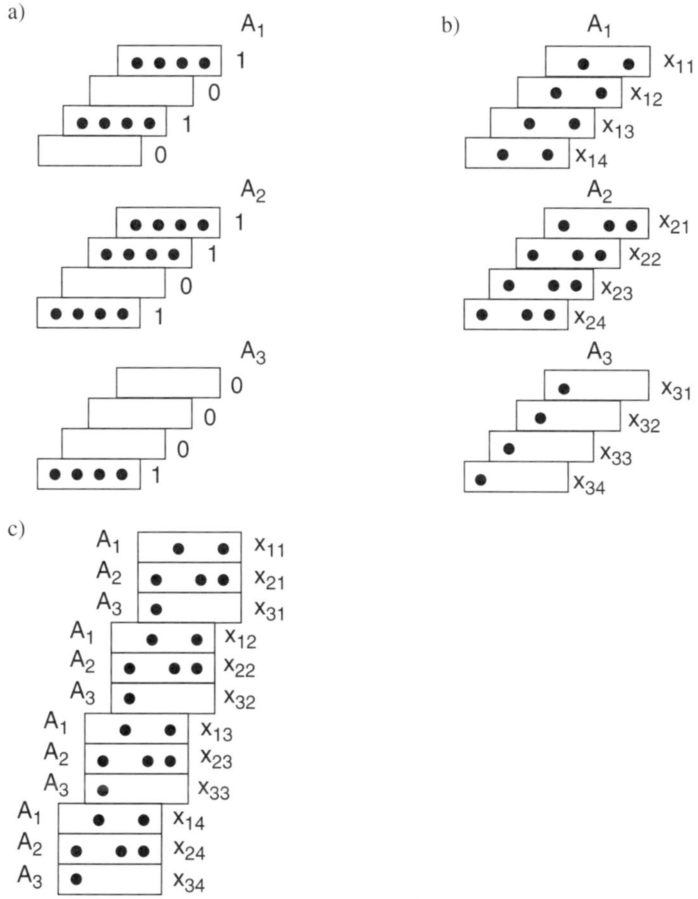

Figur 15.13 Olika indexföljder för beräkning av $\overline{X} \cdot \overline{A}$

Distribuerad aritmetik bygger på beräkningsgången i figur 15.13c). Se figur 15.14. De (i detta exempel) 3 bitarna i X_1, X_2, X_3 skiftas fram ur indataströmmen, minst signifikant bit först, och adresserar ett minne. I detta minne har vi förlagrat alla de 8 tänkbara undersummorna av (A_1, A_2, A_3) i form av en tabell. För varje kolumn av bitpositioner i indata utför vi en tabellslagning och en ackumulering. Resultatet återförs till nästa steg högerskiftat ett steg. Efter b sådana cykler (b = antalet bit i indatavektorn) är resultatet klart, faktiskt utan att någon egentlig multiplikation utförts.

Beräkning av inre produkt är ytterst vanlig i signalbehandling (faltning). Det är också inom detta fält som tekniker enligt figur 15.14 lanseras och den något olyckliga termen distribuerad aritmetik myntades. Metoden är attraktiv ur flera synpunkter bl.a. genom att den bygger på minne och tabellslagning. Minnesteknikens utveckling vad gäller pris/prestanda har varit mera spektakulär än det mesta inom digitaltekniken och större, billigare och snabbare minnen är att vänta.

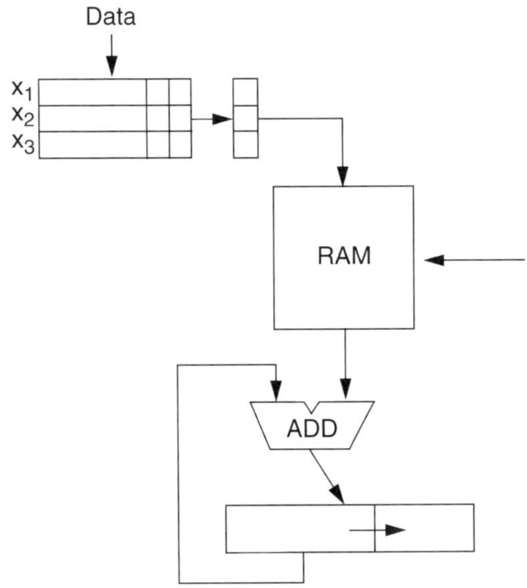

x_1 x_2 x_3	
0 0 0	0
0 0 1	A_3
0 1 0	A_2
0 1 1	$A_2 + A_3$
1 0 0	A_1
1 0 1	$A_1 + A_3$
1 1 0	$A_1 + A_2$
1 1 1	$A_1 + A_2 + A_3$

Figur 15.14 Distribuerad aritmetik

Trots detta är det uppenbart att metoden med distribuerad aritmetik inte kan användas i formen figur 15.14 om antalet element i vektorn blir för stort. Tabellstorleken växer exponentiellt och med större tabell än, säg, 64 kord (för 16 bit adress) framstår inte längre distribuerad aritmetik som en elegant och enkel lösning. Emellertid går det utmärkt väl att dela upp en inre produkt mellan 16-elements vektorer i två produkter av 8-elements vektorer följd av en addition. En 64-kord tabell ersätts därmed med två 256 ords tabeller och en adderare.

16 Digital/Analog- och Analog/ Digitalomvandlare

16.1 Problemställning

Omvandling av information från digital till analog form och tvärtom är ett viktigt och ganska väl definierat område av den moderna elektroniken. Sett i ett något större sammanhang kan man säga att omvandlarna hamnar någonstans i skärningspunkten mellan datateknik, tillämpad elektronik, mätteknik och signalbehandling.

I denna framställning begränsar vi oss till att behandla omvandling till och från analog information som representeras av en elektrisk spänning, i vissa fall av en elektrisk ström. Detta är naturligtvis bara en del av alla de fysikaliska storheter som kan vara av intresse som informationsbärare men begränsningen är mindre än den kan synas. Det vanliga förfaringssättet inom mättekniken är nämligen ofta att genom olika former av givare omvandla tryck, temperatur m.m. till spänning eller ström

De konstruktionsbestämmande parametrarna vid såväl D/A- som A/D-omvandling är

- snabbheten (omvandlingstiden)
- noggrannheten (relativa precisionen)
- priset (konstruktionens komplexitet)

Som i alla andra tekniska sammanhang finns ingen enstaka lösning som är idealisk ur alla synpunkter. I stället erhålls ett spektrum av konstruktioner som tillsammans täcker olika behov.

Snabbheten är i regel mera kritisk för A/D-omvandlare än för D/A-omvandlare av skäl som blir uppenbara längre fram i detta avsnitt. En D/A-omvandlare som levererar ett analogvärde med precisionen 2^{-10} (10 bitar) med fördröjningen 1 μs uppnås i regel utan svårighet med standardmetoder. För A/D-omvandlare blir omvandlingstiden normalt c:a 10 ggr längre, d.v.s. 10 μs.

Noggrannheten mätt i antalet bitar varierar självklart med olika tillämpningar. Felkällor av olika slag gör att 16 bitars precision är en övre gräns som endast med största svårighet kan överträffas. Det motsvarar noggrannheten

$$2^{-16} \approx 0{,}2 \cdot 10^{-4} = 0{,}02\ ‰$$

För de flesta ändamål är $2^{-10} \approx 1$ ‰ en tillräcklig noggrannhet och ofta kan man nöja sig med ännu färre antal bitar.

Den ideala karakteristiken hos en D/A-omvandlare för 3 bitar visas av figur 16.1a). Av olika orsaker uppvisar en verklig omvandlare en karakteristik som avviker från den ideala. Felet hos en D/A-omvandlare kan uppdelas i de tre komponenterna offsetfel, skalfel och linjäritetsfel enligt figur 16.1b), c) och d). Vart och ett av dessa fel har i regel direkt lokaliserbart ursprung i omvandlaren. I många fall kan man bortse från eller kompensera för offsetfel och skalfel. Linjäritetsfelet är däremot ett mera centralt problem för själva D/A-omvandlaren.

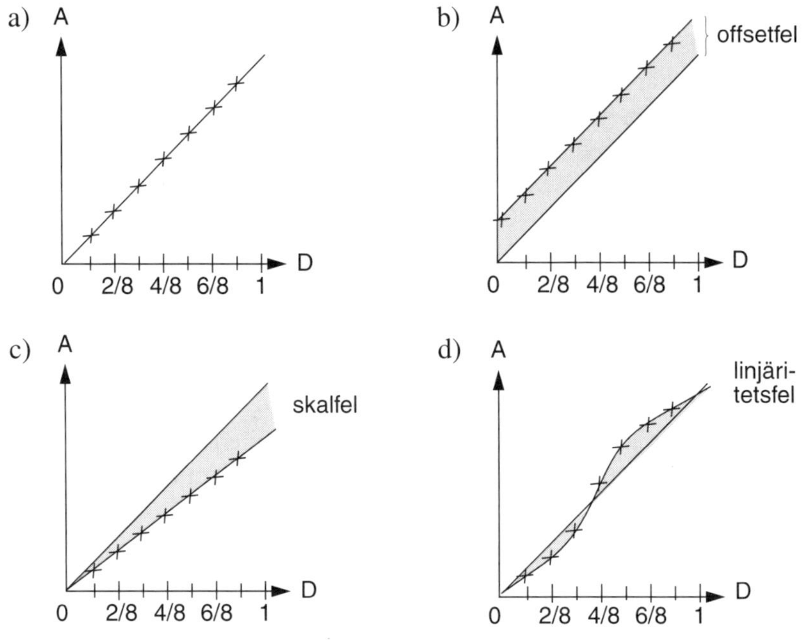

Figur 16.1 D/A-omvandlarens ideala karakteristik samt karakteristiken vid olika typer av fel.

Den ideala karakteristiken för en 3-bitars A/D-omvandlare visas av figur 16.2a). Liksom för D/A-omvandlingen i figur 16.1 kan man här dela upp det totala felet i offsetfel, skalfel och linjäritetsfel.

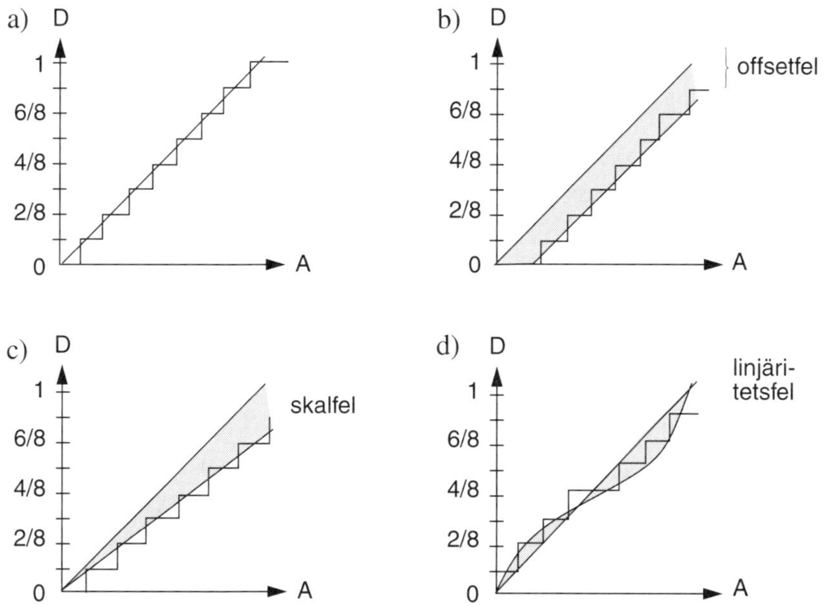

Figur 16.2 A/D-omvandlarens ideala karakteristik samt karakteristiken vid olika typer av fel

För det digitala ingångsvärdet X vid D/A-omvandling kan olika koder och talrepresentationer användas. Representationen av negativa tal har viss betydelse för konstruktionen. Med kodord X, Y, Z

$$X = (x_0, x_1, x_2, \ldots, x_n) \quad Y = (y_0, y_1, y_2, \ldots, y_n) \quad Z = (z_0, z_1, z_2, \ldots, z_n)$$

och med konventionen $-1 < x < +1$, $-1 < y < +1$, $-1 < z < +1$ kan talrepresentationer för binära tal som lämpar sig för D/A-omvandling beskrivas på följande sätt. Se även avsnitt 12.1.

Tecken-belopp

$$x = (1 - 2x_0) \sum_{i=0}^{n} x_i 2^{-i}$$

2-komplement

$$y = -y_0 + \sum_{i=1}^{n} y_i 2^{-i}$$

Binär offset

$$z = \sum_{i=0}^{n} z_i 2^{-i} - 1$$

Sambandet mellan 2-komplement och binär offset fås ur identiteten $y = z$ till

$$z_0 = 1 - y_0$$
$$z_i = y_i \text{ för } i = 1, 2, \ldots, n$$

d.v.s. representationerna är identiska så när som på att teckenpositionerna är varandras inverser.

Decimalt representerade tal kan D/A-omvandlas direkt utan föregående transformering till rena binärtal. Ett krav är dock att de decimala siffrorna ges i en viktad kod. Excess-3-koden utgör ett specialfall. Här erhålls som bekant ett siffervärde x ur $X = (x_1, x_2, x_3, x_4)$ med formeln

$$x = 8x_1 + 4x_2 + 2x_3 + x_4 - 3$$

Subtraktionen med konstanten 3 kan utföras som en konstant korrektion i efterhand av det analoga utgångsvärdet.

Komponenterna i D/A- och A/D-omvandlare är, förutom digitala grindar och vippor bl.a. följande element. Se figur 16.3 för exemplifiering och förtydligande.

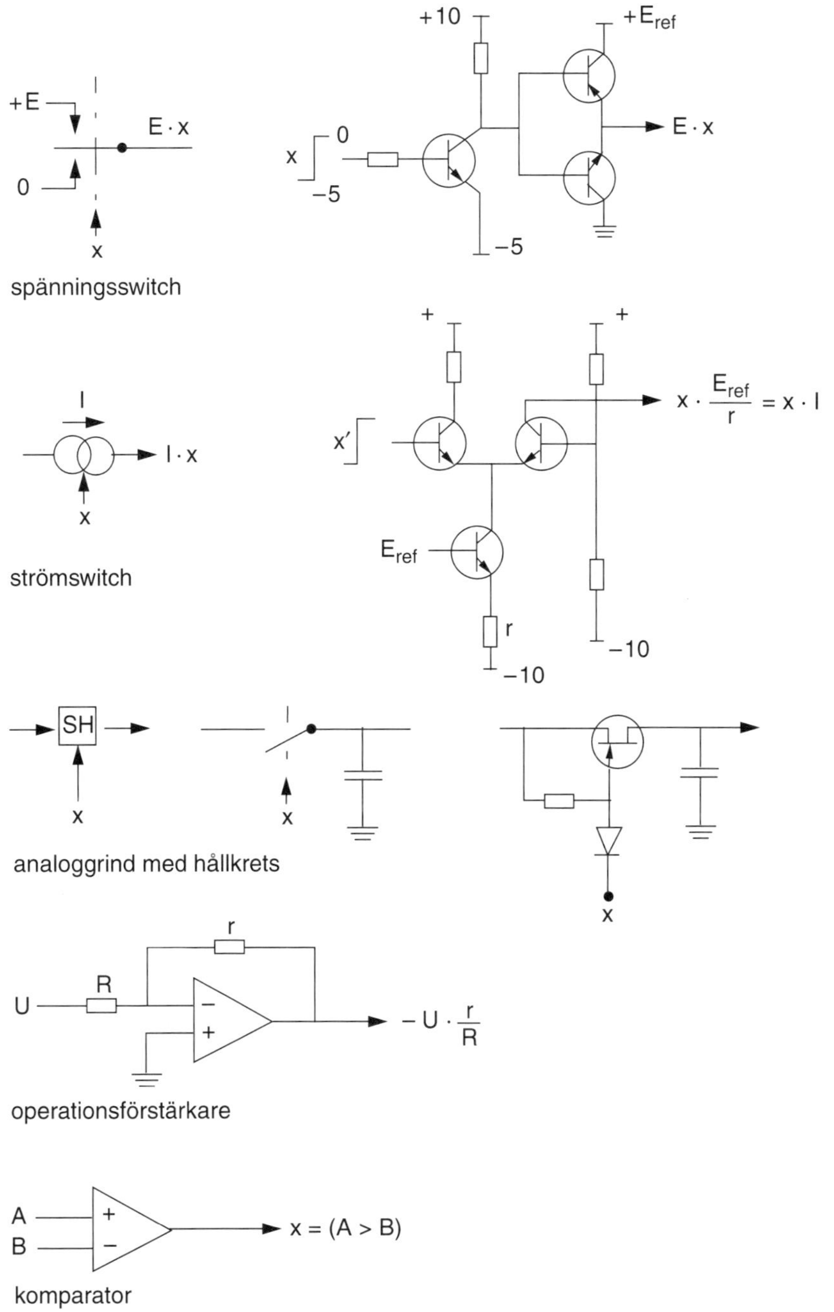

Figur 16.3 D/A- och A/D-omvandlarnas komponenter

Spänningsswitchen

styrs av en binär signal x och förbinder en elektrisk punkt till två olika spänningskällor. Om spänningskällorna är E respektive 0 volt får den elektriska punkten potentialen E · x volt. Bottenspänningsfall blir minst om backvända utgångstransistorer används.

Strömswitchen

styrs av en binär signal x och matar en elektrisk punkt med två olika strömmar. Om strömmarna är I respektive 0 ampère matas den elektriska punkten med I · x ampère.

Analoggrinden

styrs av en binär signal x och ger kortslutning respektive avbrott mellan två olika elektriska punkter. Elektronisk realisering: MOSFET.

Operationsförstärkaren

är en DC-kopplad och återkopplad förstärkare med hög råförstärkning.

Komparatorn

är en DC-kopplad icke återkopplad förstärkare med differentiell ingång och hög råförstärkning. Utgångssignalen är därför binär.

Hållkretsen (sample-and-hold)

är ett analogt fördröjningselement som styrd av en binär klocksignal kopplar ingångens potential till en kondensator. I princip är alltså en analoggrind plus kondensator en hållkrets.

Att gå in på komponentproblem faller utanför ramen för denna bok. I samtliga de konstruktioner som nedan redovisas bortser vi från att en spänningsswitch inte har ett försumbart spänningsfall då den är tillslagen, att operationsförstärkarens och komparatorns råförstärkning inte är oändligt stor, att ett resistansvärde alltid har en begränsad noggrannhet etc. Det är emellertid viktigt att hålla i minnet att gränsen för vad som är möjligt att uppnå i snabbhet och precision i varje särskilt fall är beroende av komponenternas avvikelse från det ideala beteendet.

16.2 Digital/Analog-omvandlare

Spänningsswitchar och viktade motstånd

Se figur 16.4a), där vi antar att endast positiva tal $X = (x_1, x_2, \ldots, x_n)$ används som ingångsvärden. Det ska nu visas att detta nät är ekvivalent med figur 16.4b).

Digitalvärdets positioner styr kontaktswitcharna $x_1, x_2, \ldots x_n$. För $x_i = 1$ är motsvarande switch sluten till +E, för $x_i = 0$ är den sluten till jord. Spänningskällan E antas ha försumbar inre resistans. Impedansen till jord vid utgången A är konstant = r ty

$$1/r\,(2^{-1} + 2^{-2} + \ldots + 2^{-n} + 2^{-n}) = 1/r$$

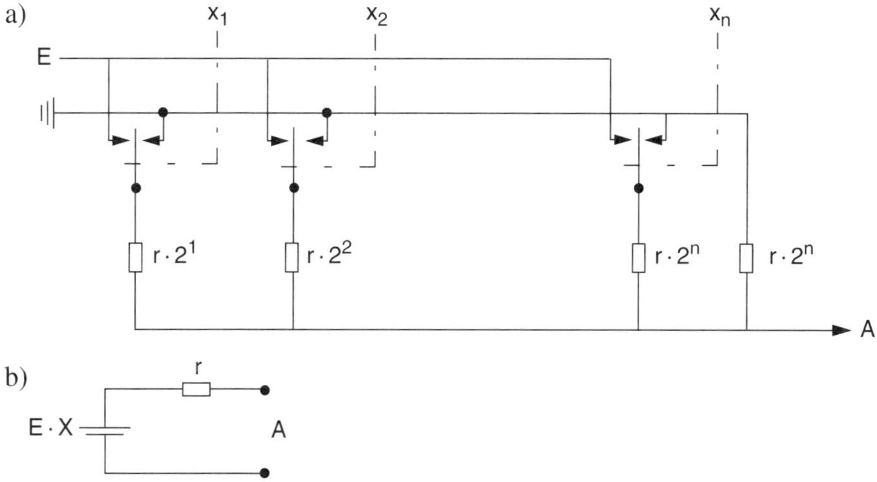

Figur 16.4 a) D/A-omvandling med spänningsswitchar och viktade motstånd b)Ekvivalent nät

Kortslutningsströmmen I_k till jord i punkten A blir

$$I_k = E\left(\frac{x_1}{r \cdot 2^1} + \frac{x_2}{r \cdot 2^2} + \ldots + \frac{x_n}{r \cdot 2^n}\right) =$$

$$= \frac{E}{r}(x_1 \cdot 2^{-1} + x_2 \cdot 2^{-2} + \ldots + x_n \cdot 2^{-n}) = \frac{E \cdot X}{r}$$

Varav fås tomgångsspänningen i punkten A (som vi också betecknar A som i analog)

$$A = I_k \cdot r = E \cdot X$$

Observera alltså att en D/A-omvandlare i princip inte kräver den i nära nog all litteratur påhängda operationsförstärkaren.

Spänningsswitchar och resistansstege

Se figur 16.5. Mest signifikant position införs nu längst till höger i figuren. I varje snitt av resistansstegen finns åt vänster en tomgångsimpedans r. I snitt n finns en tomgångsspänning $E \cdot x_n \cdot 1/2$, vilket framgår av figur 16.5b). I snitt n–l halveras detta bidrag från x_n som blir $E \cdot x_n \cdot 1/4$. Om vi fortsätter iterativt åt höger får vi

$$A = E\,(x_1 \cdot 2^{-1} + x_2 \cdot 2^{-2} + \ldots + x_n \cdot 2^{-n}) = E \cdot X$$

d.v.s. det ekvivalenta nätet har utseendet enligt figur 16.5c).

Metoden med resistansstege är numera den vanligaste. Det är en viss fördel att enbart behöva använda två motståndsvärden (eller endast ett om man vill realisera r som 2r // 2r).

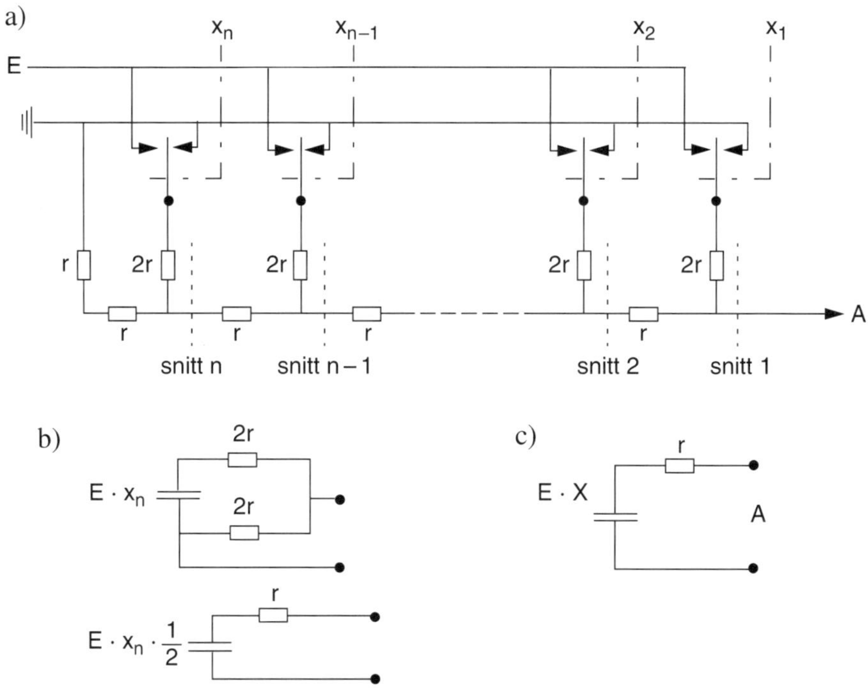

Figur 16.5 a) D/A-omvandling med spänningsswitchar och resistansstege b) Nätet vid snitt n c) Ekvivalent nät

Spänningsswitchar och operationsförstärkare

Betrakta figur 16.6. I punkten A, som är virtuell jord, summeras strömmarna. I punkten B erhålls spänningen

$$-E \cdot \frac{R}{r}(x_1 \cdot 2^{-1} + x_2 \cdot 2^{-2} + \ldots + x_n \cdot 2^{-n}) = -E \cdot \frac{R}{r} \cdot X$$

Punkten B har, i motsats till punkten A i figur 16.4 försumbar impedans. Operationsförstärkaren fungerar som impedansomvandlare.

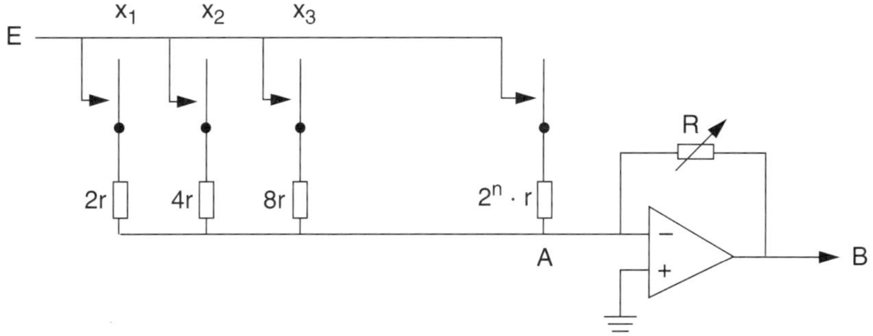

Figur 16.6 D/A-omvandllng med vlktade motstånd och operationsförstärkare

Med operationsförstärkare kan D/A-omvandlare med resistansstege utföras som i figur 16.7. Via switchen x_1 fås strömbidraget $E \cdot x_1 \cdot \frac{1}{2r}$. Efter ett steg åt höger har vi en punkt i r-r-kedjan med potentialen E/2 som ger strömbidraget $E \cdot x_2 \cdot \frac{1}{4r}$ etc. Utgången B antar spänningen

$$-E \cdot \frac{R}{r}(x_1 \cdot 2^{-1} + x_2 \cdot 2^{-2} + \ldots + x_n \cdot 2^{-n}) = -E \cdot \frac{R}{r} \cdot X$$

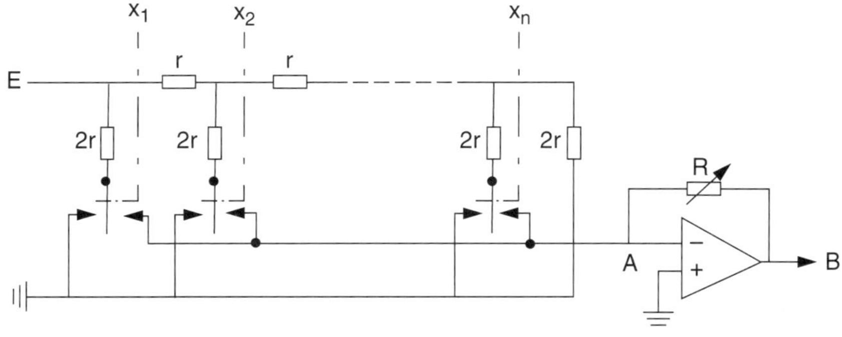

Figur 16.7 D/A-omvandling med resistansstege och operationsförstärkare

Denna typ av D/A-omvandlare har den fördelen att switchningen sker mellan två punkter som båda ligger på jordpotential och att därför strömmarna i resistansnätet är konstanta bortsett från själva kopplingsögonblicket.

Den spänningsswitch som visades i figur 16.3 fungerar ej i detta fall. Placering av switcharna vid den virtuella jordpunkten är naturligtvis möjlig även i figur 16.6.

Strömswitchar

Med strömswitchar kan en D/A-omvandlare utföras som i figur 16.8.

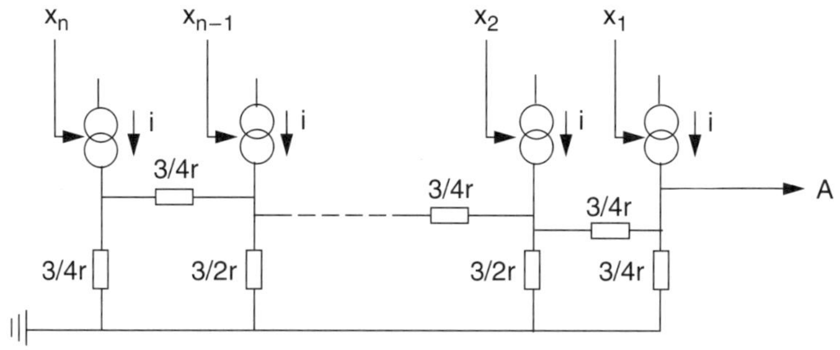

Figur 16.8 D/A-omvandlare med strömswitchar

Punkten A har impedansen r/2 till jord vilket inses om man iterativt från vänster beräknar resistansen i olika snitt. Via switchen x_1 fås därför ett bidrag till potentialen i A av $x_1 \cdot i \cdot r/2$. Strömmen $x_2 \cdot i$ grenas med lika stora belopp $x_2 \cdot i \cdot 1/3$ åt tre olika håll. Fram till punkten A ger detta potentialbidraget

$$x_2 \cdot i \cdot \frac{1}{3} \cdot \frac{3}{4}\, r = x_2 \cdot i \cdot \frac{r}{4}$$

Strömmen $x_3 \cdot i$ grenas först ut i tre lika delar. En av dessa går åt höger men halveras innan den når A o.s.v. Fortsatt iteration ger

$$A = i \cdot r\,(x_1 \cdot 2^{-1} + x_2 \cdot 2^{-2} + \ldots + x_n \cdot 2^{-n}) = i \cdot r \cdot X$$

Multiplicerande D/A-omvandlare

Som framgått av ovanstående exempel så är de flesta typer av D/A-omvandlare, t.ex. figur 16.7, spänningsstyrda av en referensspänning E. Ingenting hindrar oss därmed från att göra en multiplicerande D/A-omvandlare enligt figur 16.9. Om utgången kopplas till en analog/digitalomvandlare har vi en digital multiplikator (med låg precision) som i vissa fall kan konkurrera med en rent digital multiplikator i snabbhet.

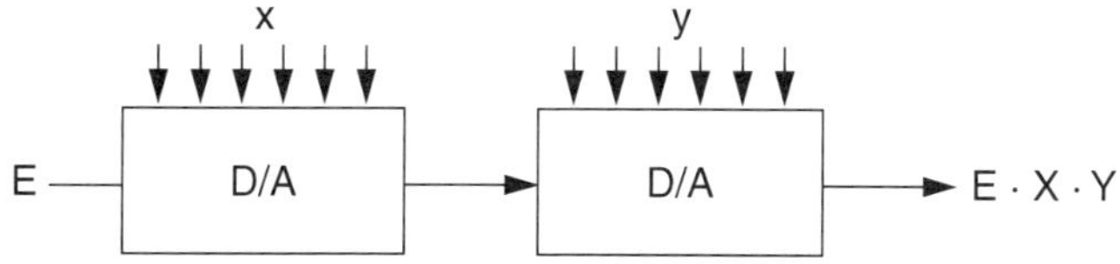

Figur 16.9 Multiplicerande D/A-omvandlare

D/A-omvandling av tal med tecken

Vi ska nu demonstrera hur digitala storheter med positiva och negativa värden kan omhändertas. Figur 16.10a) visar en D/A-omvandlare som matas med samtliga positioner i det inkommande talet X inkluderande teckenpositionen. Denna koppling kan användas för 2-komplementrepresentation (x_0' införs till omvandlaren) och för binär offset representation (x_0 införs). Den efterföljande operationsförstärkaren matas med en extra ström som ger en analog spänning på utgången symmetriskt kring nollpotentialen.

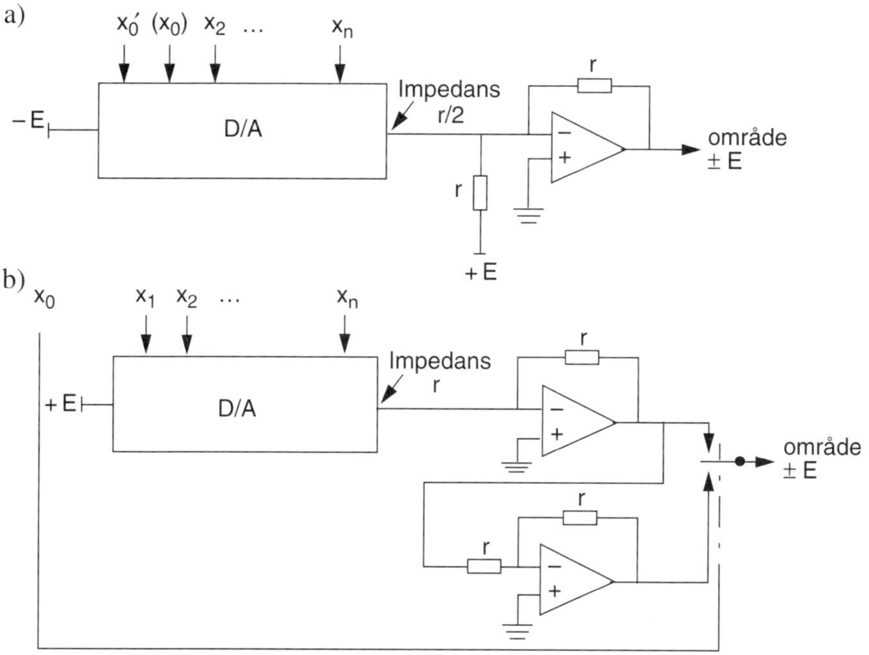

Figur 16.10 a) D/A-omvandlare för tal i 2-komplementrepresentation och tal i binär offset representation
b) D/A-omvandlare för teckenbeloppsrepresenterade tal

I figur 16.10b) visas hur man kan förfara i fallet teckenbeloppsrepresentation. Med hjälp av två operationsförstärkare bildas analogvärdet för beloppsdelen och dess negativa värde. Teckenpositionen x_0 kopplar utgången till endera av dessa med hjälp av en analoggrind.

Pulsmodulerande omvandlare

D/A-omvandlaren i figur 16.11 består av en binär frekvensmultiplikator (BRM) och ett lågpassfilter. Den binära frekvensmultiplikatorn fungerar enligt samma princip som den i figur 11.23. Den genererar ett pulståg, där antalet pulser i tidsintervallet $2^n / f_{CP}$ är proportionellt mot det digitala värdet. En analog spänning erhålls efter lågpassfiltrering av u. Pulserna från frekvensmultiplikatorn är utspridda tämligen likformigt i intervallet vilket är en fördel, eftersom lågpassfiltret då kan göras bredbandigt. Anordningen svarar därmed snabbare på förändringar i $(x_1, x_2, \ldots, x_n)$.

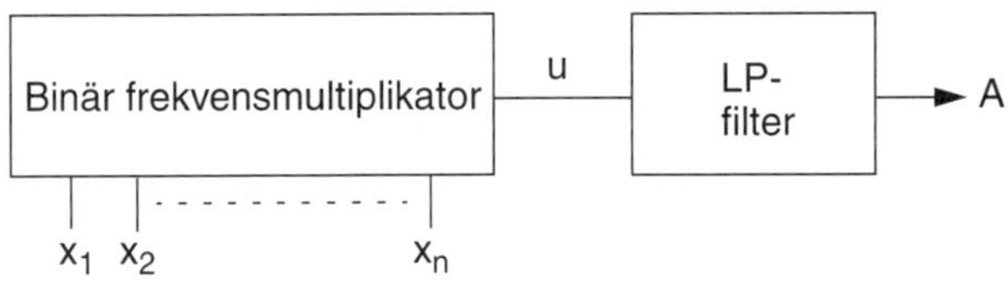

Figur 16.11 Pulsmodulerande D/A-omvandlare

16.3 Analog/Digital-omvandlare

En stor klass av analog/digitalomvandlare kan ses som sekvensnät där en D/A-omvandlare och en komparator ingår i återkopplingsloopen. Se figur 16.12. Sekvensnätets kombinatoriska del ska vara så utformad att tillståndet i registret så snabbt som möjligt ställer in sig på ett digitalt värde som motsvarar det analoga ingångsvärdet. I varje klockintervall får kombinatoriken från komparatorn information huruvida $D > A$ eller $D < A$ och utformningen ska uppenbarligen vara sådan att man i nästa klockintervall minskar D om $D > A$ och ökar D om $D < A$.

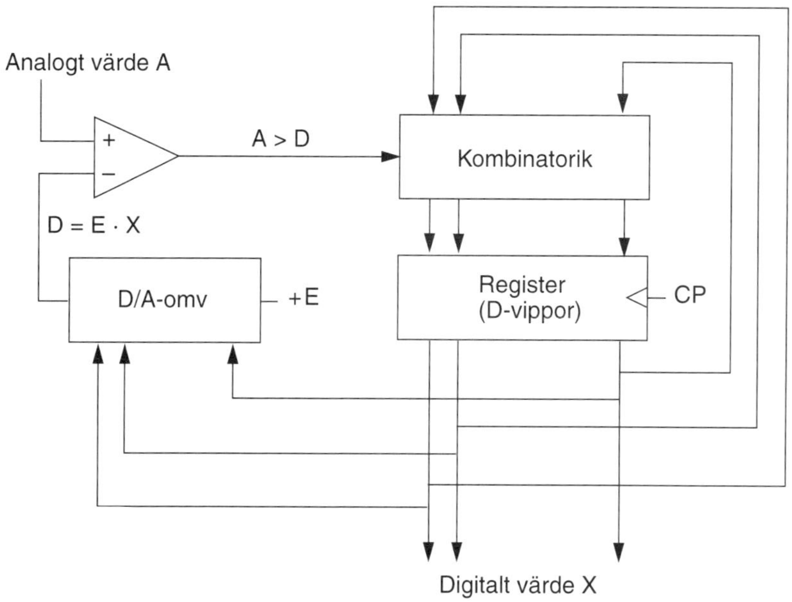

Figur 16.12 Principschema på A/D-omvandlare typ sekvensnät med komparator och

Reversibel räknare

I sin enklaste variant är sekvensnätet i fig 16.12 en reversibel räknare enligt figur 16.13. Komparatorns utsignal fungerar som räknevillkor och gör att den kontinuerligt varierande signalen A approximeras med räknarens digitala värde. Klockfrekvensen f_{CP} måste vara så hög att den maximala förändringcn i A per tidsenhet

$$\frac{dA}{dt} < \frac{2^{-n} \cdot E}{1 / f_{CP}}$$

där E är utstyrningsområdet för D/A-omvandlaren och n är antalet bitar i digitalvärdet. För en sinusformad signal med frekvensen 1 kHz och topp-till-topp-amplituden E blir

$$\left(\frac{dA}{dt}\right)_{max} = E \cdot \pi \cdot 10^3$$

För att följa denna analoga signal med 8 bitars digital precision krävs därmed

$$f_{CP} \geq 2^8 \cdot \pi \cdot 10^3 \approx 800 \text{ kHz}$$

Omvandlingstiden för diskontinuerliga analoga ingångsvärden är uppenbarligen maximalt $2^n/f_{CP}$.

D-vippan tjänstgör som synkroniseringsvippa.

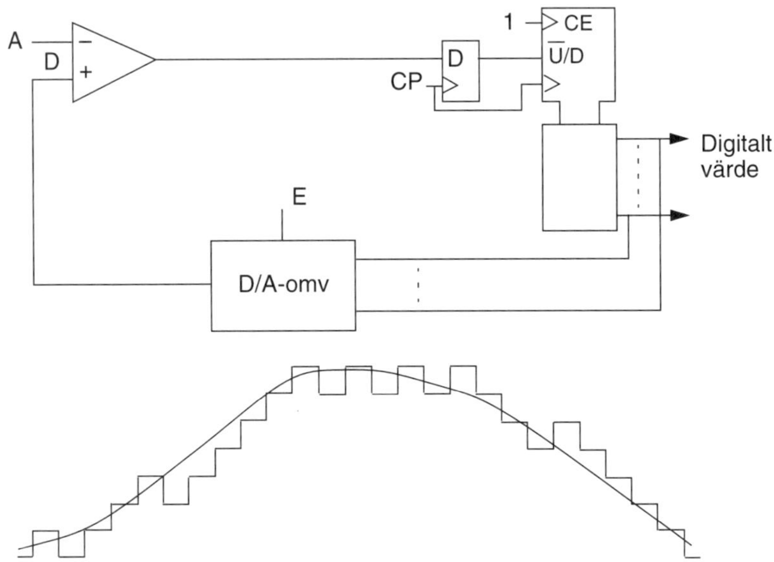

Figur 16.13 A/D-omvandlare med reversibel räknare

δ-modulator

Komparatorns utsignal i figur 16.13 är det s.k. deltamodulerade värdet av A. En -modulator kan emellertid också konstrueras enligt figur 16.14.

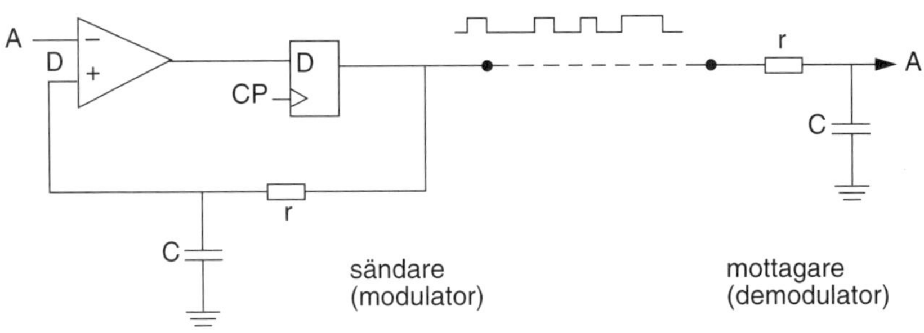

Figur 16.14 δ-modulator

Successiva approximationer

Metoden med successiva approximationer visas av figur 16.15.

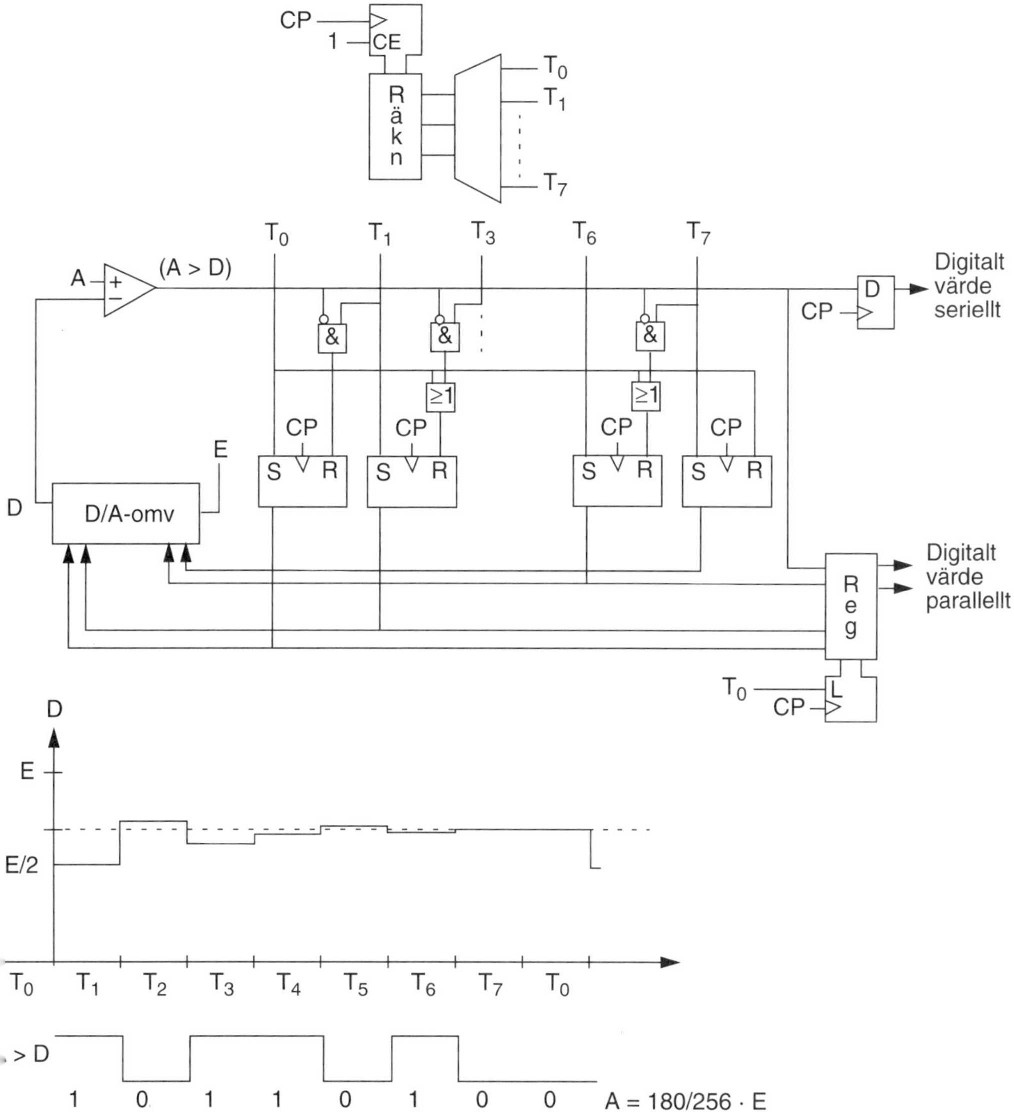

Figur 16.15 A/D-omvandling med metoden successiva approximationer

En räknare med avkodare ger åtta stycken signaler T_0, T_1, ..., T_7. I klockintervallet efter T_0 är registret med SR-vippor inställt på värdet 10000000 = 1/2 · E, vilket ska motsvara halva utstyrningsområdet för den inkommande analoga signalen A. Via D/A-omvandlare och komparator ställs kombinatoriken in för att i kombination med $T_1 = 1$ ge en inställning i SR-registret av antingen 01000000 = 1/4 · E eller 11000000 = 3/4 · E. Förloppet liknar sedan i hög grad divisionsalgoritmen (se avsnitt 13.2). Steg för steg hittas ett digitalt värde som med bättre och bättre precision approximerar A.

Det digitala utgångsvärdet kan antingen matas ut i serieform eller i parallellform. I båda fallen föreligger hela resultatet efter 8 klockintervall.

Räknarens funktion i figur 16.15 kan integreras med SR-registret på ett ganska elegant sätt som visas av figur 16.16 för fallet omvandling av fem bitar. Med begynnelsevärdet 10000 kommer denna omvandlare att löpa kontinuerligt liksom den nyss presenterade. En 1:a "vandrar åt höger" i varje klockintervall. Bakom denna 1:a "fryses" komparatorvärdet steg för steg. Efter t.ex. två klockintervall har vi värdet x_1x_2100 i registret där x_1 och x_2 är de två mest signifikanta bitarna som hittills framtagits. Kedjan av AND-grindar är nu blockerad så att nästa tillstånd i registret blir $x_1x_2x_310$ o.s.v. Efter $x_1x_2x_3x_41$ följer automatiskt 10000.

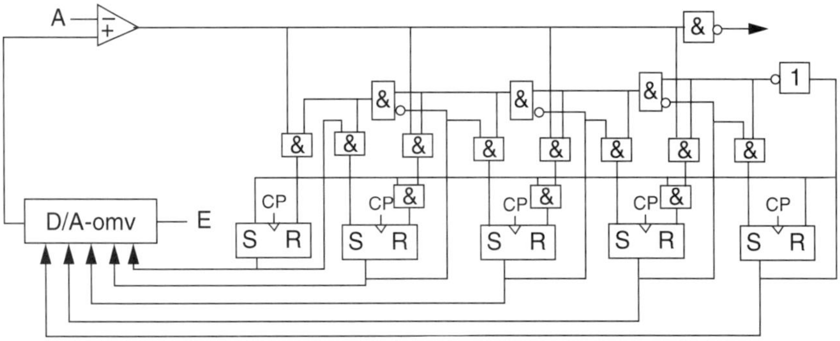

Figur 16.16 A/D-omvandling med metoden successiva approximationer

Omvandlarna i figur 16.15 och 16.16 arbetar kontinuerligt och samplar den analoga signalen med ett samplingsintervall av 8 · $1/f_{CP}$. Tyvärr registrerar omvandlaren inte alltid medelvärdet av A under samplingsintervallet. Tillfälliga (brus-)toppar i A-signalen kan vara de som bestämmer slutresultatet av omvandlingen, vilket lätt inses om den streckade konstanta A-nivån i diagrammet i figur 16.15 byts ut mot en varierande signal. Om digitalvärdet D i början av omvandlingen "låser" på en tillfällig hög (eller låg) signal kan den inte under det fortsatta förloppet nå tillbaka till medelnivån. Bruskänsligheten motverkas emellertid om man gör en viss lågpassfiltrering av A före komparatorn.

Svepgenerator

En räknare med efterföljande D/A-omvandlare genererar i princip ett linjärt svep. Av detta faktum inses att en A/D-omvandlare kan utföras med en linjär svepgenerator t.ex. som i figur 16.17.

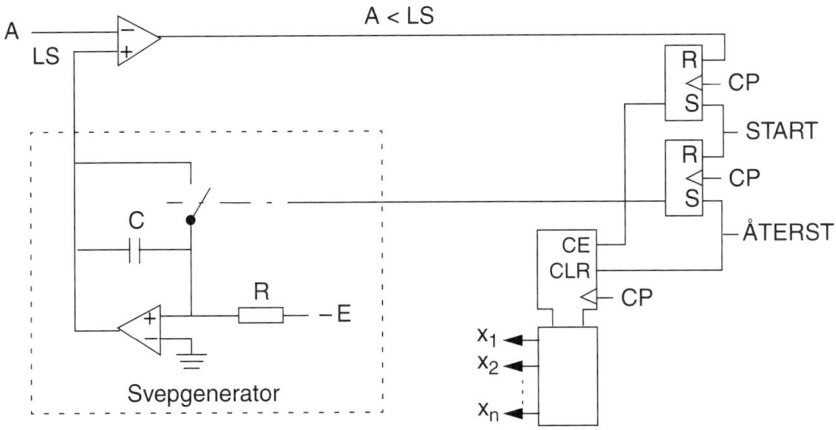

Figur 16.17 A/D-omvandlare med svepgenerator

Signalen ÅTERST nollställer såväl räknare som svepgenerator. START startar svepet och låter räknaren stegas upp tills det inkommande A-värdet inte längre överstiger LS. Om detta inträffar vid tiden t gäller att

$$A = t \cdot \frac{E}{RC}$$

och räknaren har då nått ett värde X

$$X = x_1 \cdot 2^{-1} + x_2 \cdot 2^{-2} + \ldots + x_n \cdot 2^{-n} = t \cdot f_{CP} \cdot 2^{-n}$$

där f_{CP} är klockans frekvens. Sambandet mellan A och X blir därmed

$$X = \frac{A}{E} \cdot RC \cdot f_{CP} \cdot 2^{-n}$$

Om potentialen E motsvarar önskat utstyrningsområde ska alltså tiden för en hel räknecykel motsvara svepgeneratorns tidskonstant RC. En av de största felkällorna är just variationer i denna tidskonstant.

Dual-slope

Den analog/digital-omvandlare som förefaller vanligast i digitalvisande instrument visas av figur 16.18 och kallas på engelska dual-slope. Räknaren löper kontinuerligt och T-vippan i figuren kan ses som räknarens mest signifikanta position. T-vippans två tillstånd konstituerar en uppdelning av tidsaxeln i två lika tidsintervall T_1 och T_2. Under tiden $T_1 = T$ är analogspänningen inkopplad till svepgeneratorn som hinner sjunka till ett värde som är

$$-T \cdot A \cdot \frac{1}{RC}$$

I tidsintervallet $T_2 = T$ är svepgeneratorn inkopplad till en konstant spänningskälla $-E$ och utsignalen LS når nollpotential vid tidpunkten t. Uppenbarligen gäller

$$t \cdot E \cdot \frac{1}{RC} = T \cdot A \cdot \frac{1}{RC} \quad \text{d.v.s.}$$

$$t = T \cdot \frac{A}{E}$$

Vid tidpunkten t byter komparatorns binära utgång värde och räknarens innehåll som är proportionellt mot t laddas in i ett register. I tidsdiagrammet visas tidsförloppet vid två olika värden på ingångsvärdet A (heldragna linjer).

Denna omvandlare har flera fördelar.

i) Den utför automatiskt medelvärdesbildning under tiden T_1 och undertrycker därmed brustoppar.
ii) Den löper kontinuerligt utan särskilda nollställningsmoment.
iii) Nätbrum kan undertryckas genom att låta $T_1 + T_2$ vara en multipel av nätets period.
iv) Svepgeneratorns tidskonstant RC och räknarens klockfrekvens påverkar inte mätnoggrannheten.

Den sista egenskapen är den viktigaste och unik för dual-slope-metoden. Effekten illustreras av de streckade linjerna i diagrammet figur 16.18. Samma t_1- och t_2-värden erhålls oavsett RC-värdet i svepgeneratorn (för såvitt det inte ändrar sig mellan intervallen T_1 och T_2).

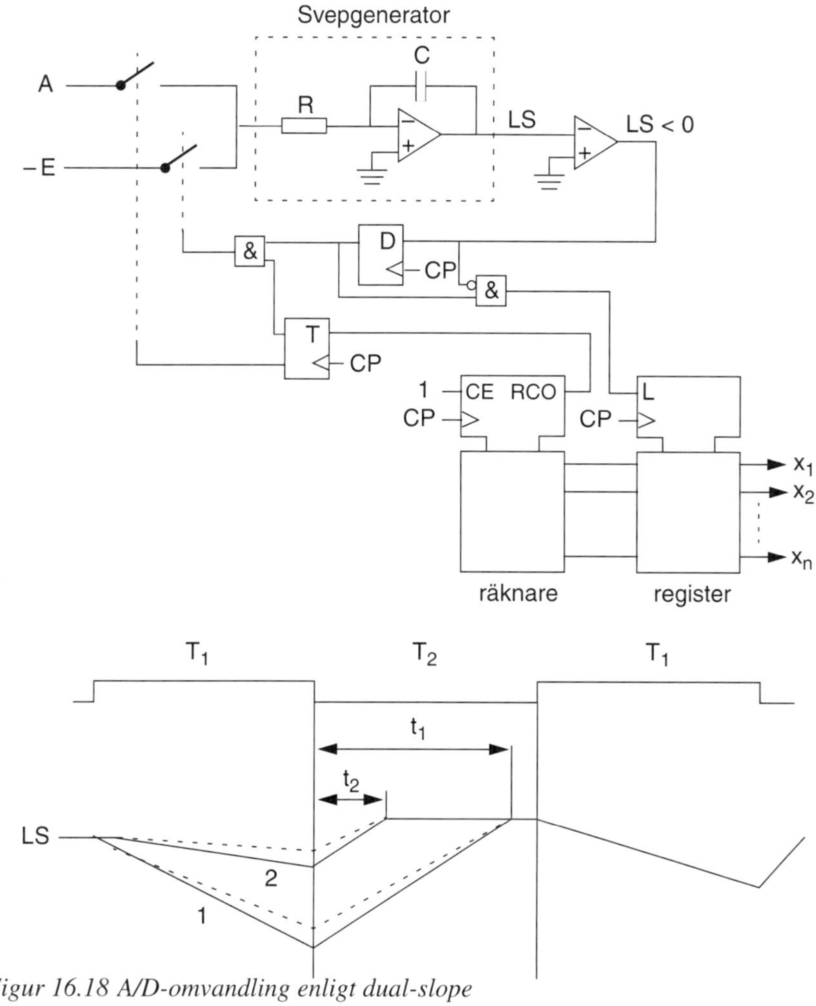

Figur 16.18 A/D-omvandling enligt dual-slope

16.4 Snabb A/D-omvandling

Direkt A/D-omvandling (Flash)

De i avsnitt 16.3 presenterade A/D-omvandlarna har innehållit en (digital) sekvensnätsfunktion som samspelar med den analoga delen av omvandlaren. Resultatet produceras som en seriell bitström. I takt med den integrerade kretsteknikens framsteg har det blivit möjligt att utföra direkt A/D-omvandling (eng: Flash Converters) där hela det digitala utresultatet produceras i ett enda klockintervall. Metoden illustreras av figur 16.19 för fallet 8 bitar. Den analoga ingångssignalen införs till 255 identiska komparatorer.

Den negativa ingången till dessa matas av en motståndskedja som gör att alla komparatorerna under en viss nivå ger binär utsignal = 1, övriga 0. På de 255 utgångarna kan vi avläsa resultatet som på en termometerskala. De 255 komparatorresultaten införs till en omkodare som konverterar "termometervärdet" till ett 8-bitars binärt tal. Vi avstår från att beskriva omkodaren i detalj. Den kan konstrueras på ett antal olika sätt, snarlika de som användes för avkodare i avsnitt 5.5.

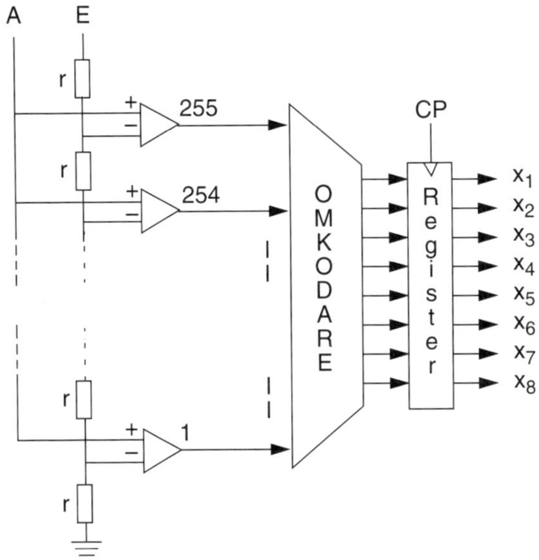

Figur 16.19 Direkt A/D-omvandling (Flash converter)

Kostnaden för en direkt A/D-omvandlare fördubblas för varje bit ökad precision i slutresultatet. I realiteten marknadsförs knappast dessa omvandlare för högre noggrannhet än 8 bitar. Snabbheten är å andra sidan imponerande; i vissa fall upp till 30 miljoner omvandlingar per sekund.

Parallell A/D-omvandling (spec. bildsensor)

En av de allra vanligaste tillämpningarna av snabb, direkt A/D-omvandling är digitalisering av bilder, speciellt från TV-kamera. TV-kamerans videosignal representerar bildintensiteten linje för linje. Om vi önskar en upplösning av 512 x 512 bildpunkter (pixel) i den digitala bilden måste videosignalen samplas och A/D-omvandlas med c:a 12 MHz klockfrekvens. Se figur 16.20. Resultatet, typiskt 8 bitar/pixel lagras i ett bildminne (eng: Frame Buffer) för vidare användning (bildanalys, bildöverföring, bildkodning).

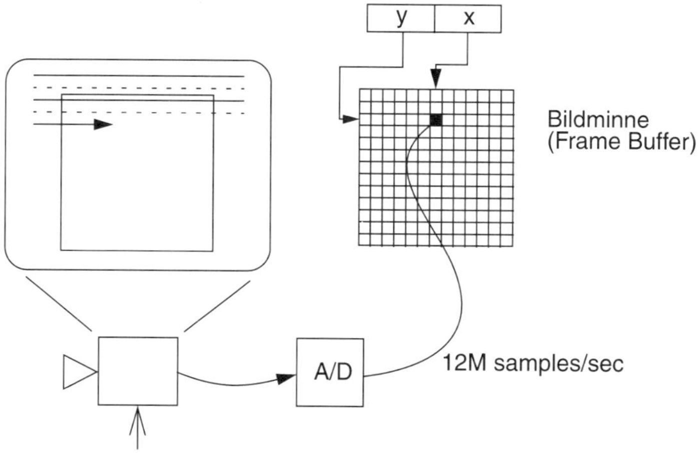

Figur 16.20 Digitalisering av bild

Flera nya typer av TV-kameror eller snarare bildsensorer har utvecklats på senare tid, de flesta baserade på halvledarteknik. Vi ska använda en stiliserad modell av en sådan bildsensor för att illustrera parallell Analog-Digital omvandling. Se figur 16.21. Från den tvådimensionella strukturen av ljuskänsliga element (antag måtten 256 x 256) skiftas analoga värden rad för rad nedåt till ett horisontellt anordnat likaledes analogt skiftregister. Från detta skiftas pixelvärdena horisontellt med hög hastighet (upp till 8 MHz) till den direkta A/D-omvandlaren.

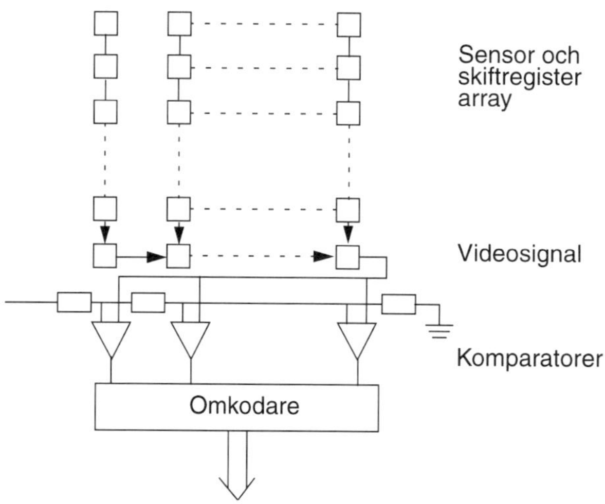

Figur 16.21 Stiliserad modell av bildsensor

Vi observerar nu att bildsensorn egentligen består av 256 x 256 parallella informationskanaler. Dessa förs tillsammans och tidsmultiplexeras med hjälp av systemet av skiftregister. Speciellt det sista höghastighetsregistret är en besvärlig punkt. Analoga data är svåra att förflytta med god absolut precision.

Det vore därför naturligt att söka utföra A/D-omvandlingen för de 256 vertikala informationskanalerna parallellt. Ett sådant förslag visas av figur 16.22. D/A-omvandlaren bringas att generera en linjärt växande signal via räknaren. Efter det klockintervall då en komparatorutgång växlar värde överförs räknarens aktuella tillstånd till kanalens utgångsregister. Eftersom detta motsvarar det läge då D/A-värdet överensstämmer med (eller just passerat) kanalens analogvärde så är rätt digitalvärde funnet. När hela skalan av räknarvärden genomlöpts (256 st) har alla utgångsregister fått sitt utgångsvärde. Med samma klockfrekvens som i figur 16.21 blir därmed också den totala omvandlingstiden densamma för en rad av 256 pixel i figur 16.22.

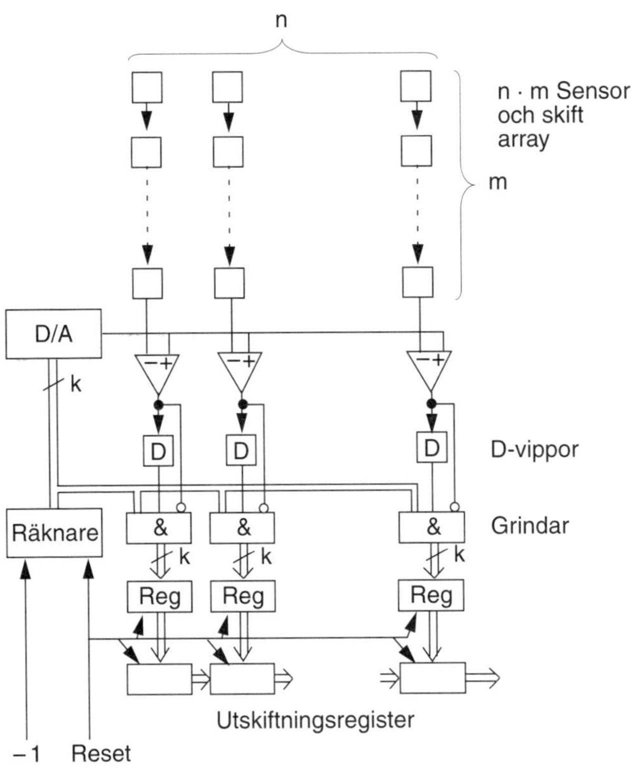

Figur 16.22 Parallell A/D-omvandling

En fördel hos omvandlaren figur 16.22 är emellertid möjligheten att byta snabbhet mot precision. Antag att vi i ett visst läge önskar endast 4 bit precision i det digitala utgångsvärdet. Detta kan vi producera med endast 16 D/A-omvandlarvärden, d.v.s. 16 ggr snabbare än den tidigare 8 bitars omvandlingen. Räknaren som driver A/D-omvandlaren måste då räknas upp modulo-16 i stället för som tidigare modulo-256. Motsvarande uppsnabbning i figur 16.21 synes inte vara möjlig.

Konstruktionen i figur 16.22 är ganska klumpig i ett avseende. De breda (typiskt 8 bitar) datavägarna för varje kanal omöjliggör högre grad av integrerad kretsteknik. Figur 16.23 visar emellertid att principen för parallell A/D-omvandling kan utformas så att endast enkla bit-ledningar erfordras för varje kanal. I stället för en räknare har vi i figur 16.23 ett register som styr D/A-omvandlarens värde X. Vi antar att vi har tillgång till en relativt kraftfull styrenhet så att en helt valfri sekvens av digitala värden kan matas ut till detta register i snabb takt.

Varje omvandlingscykel börjar med att bestämma mest signifikant bit för alla kanalerna. Detta sker genom att konstatera om en viss kanal har en signalnivå A i intervallet

$$1/2\, E \leq A < E$$

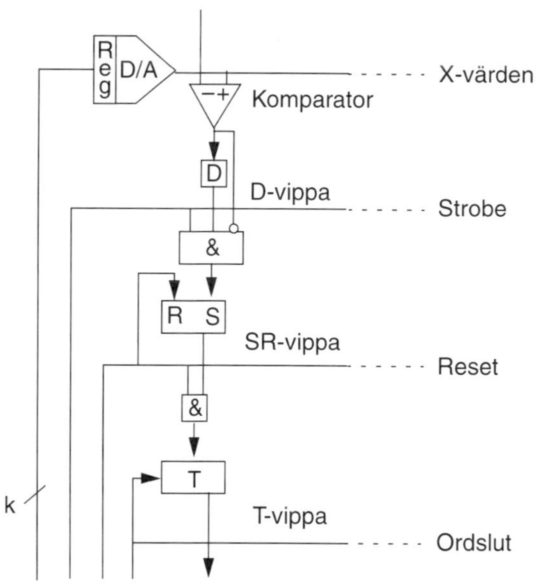

Figur 16.23 Parallell A/D-omvandling med enkla bitledningar (en kanal)

varför vi styr ut värdena

X = 1 följt av X = 1/2

till D/A-omvandlaren. På samtliga kanalers utgångar kan vi därefter läsa ut MSB. I nästa steg styr vi ut värdena

X = 3/4 följt av X = 1/4

Detta ger näst mest signifikant position, förutsatt att vi använder Gray-kod. Sådan kod är nödvändig här liksom för de kodade skivorna i figur 2.3.

Nästa Gray-kodade position definieras av två ”amplitudfönster” nämligen

X = 7/8 följt av X = 5/8

samt

X = 3/8 följt av X = 1/8

I detta fall får alltså SR-vippan i varje kanal två chanser att ettställas. Nästa binära position definieras av fyra amplitudfönster i Gray-koden, nästa av åtta etc. Tidsförloppet illustreras av figur 16.24.

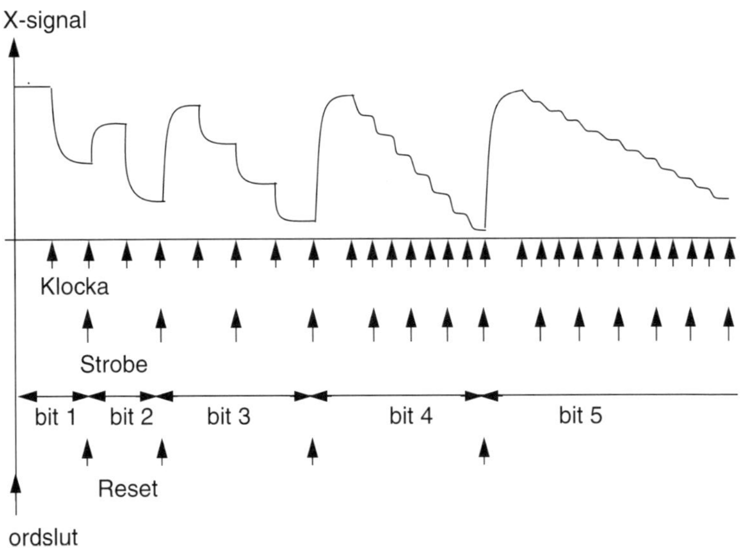

Figur 16.24 Tidsförloppet för nätet i figur 16.23

Totalt sett krävs 2^n inställningar för att generera ett n-bitars digitalt värde. Liksom i figur 16.22 arbetar systemet med oslagbara prestanda då relativt få bitars precision är nödvändig.

Det är värt att notera att de seriella utgångarna levererar varje kanalvärde i naturlig binär kod. T-vipporna utför transformeringen Gray-binärt ”on-the-fly” utan tidsspillan helt i enlighet med figur 5.13 i denna bok.

Som en sista och alls icke oväsentlig fördel hos A/D-omvandlingen i både figur 16.22 och 16.23 bör noteras att det digitala utgångsvärdet för varje kanal kan ges ett icke linjärt beroende av analogvärdet helt enkelt genom att den nivåbestämmande signalen X programmeras för olika intervallstorlekar i olika delar av utstyrningsområdet. Linjär skala kan i nästa stund bytas mot t.ex. logaritmisk genom att använda en annan sekvens av amplitudfönster.

Appendix 1. "Powers of 2"

2^n	n	2^{-n}
2	1	0.5
4	2	0.25
8	3	0.125
16	4	0.062 5
32	5	0.031 25
64	6	0.015 625
128	7	0.007 812 5
256	8	0.003 906 25
512	9	0.001 953 125
1 024	10	0.000 976 562 5
2 048	11	0.000 488 281 25
4 096	12	0.000 244 140 625
8 192	13	0.000 122 070 312 5
16 384	14	0.000 061 035 156 25
32 768	15	0.000 030 517 578 125
65 536	16	0.000 015 258 789 062 5
131 072	17	0.000 007 629 394 531 25
262 144	18	0.000 003 814 697 265 625
524 288	19	0.000 001 907 348 632 812 5
1 048 576	20	0.000 000 953 674 316 406 25
2 097 152	21	0.000 000 476 837 158 203 125
4 194 304	22	0.000 000 238 418 579 101 562 5
8 388 608	23	0.000 000 119 209 289 550 781 25
16 777 216	24	0.000 000 059 604 644 775 390 625
33 554 432	25	0.000 000 029 802 322 387 695 312 5
67 108 864	26	0.000 000 014 901 161 193 847 656 25
134 217 728	27	0.000 000 007 450 580 596 923 828 125
268 435 456	28	0.000 000 003 725 290 298 461 914 062 5
536 870 912	29	0.000 000 001 862 645 149 230 957 031 25
1 073 741 824	30	0.000 000 000 931 322 574 615 478 515 625
2 147 483 648	31	0.000 000 000 465 661 287 307 739 257 812 5
4 294 967 296	32	0.000 000 000 232 830 643 653 869 628 906 25
8 589 934 592	33	0.000 000 000 116 415 321 826 934 814 453 125
17 179 869 184	34	0.000 000 000 058 207 660 913 467 407 226 562 5
34 359 738 368	35	0.000 000 000 029 103 830 456 733 703 613 281 25

Appendix 2. Grindsymboler

Funktion	IEC/symbol	Amerikansk symbol	Äldre symbol
AND	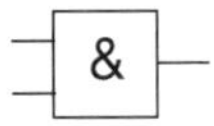	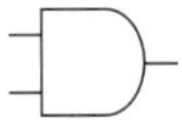	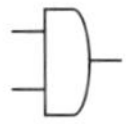
OR	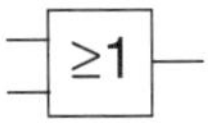	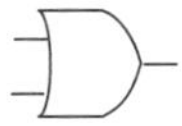	
NOT	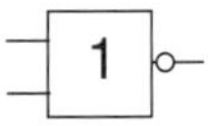	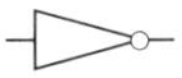	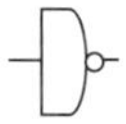
NAND	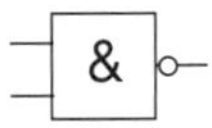	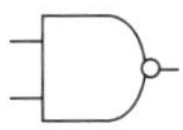	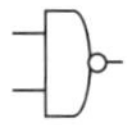
NOR	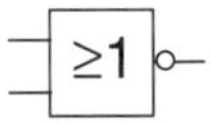	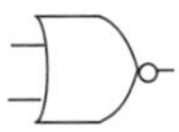	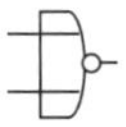
EXOR	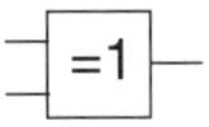	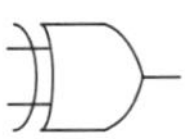	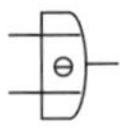

Appendix 3. Utdrag ur datablad för några TTL-kretsar

7400: Quadruple 2-input positive-NAND gates

Pin assignment (top view)

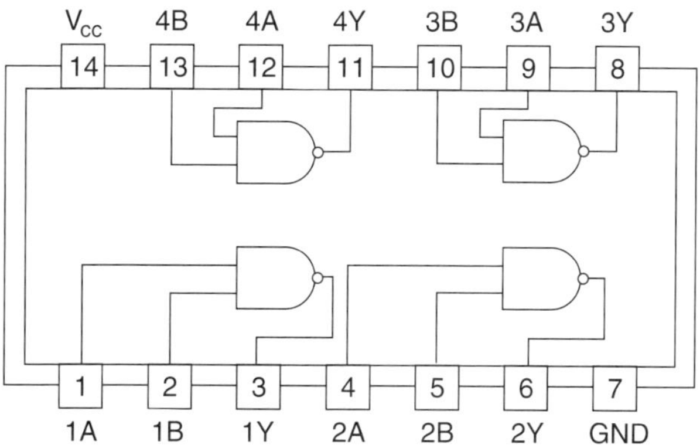

positive logic:

$Y = \overline{AB}$

Recommended operating conditions

	MIN	NOM	MAX	UNIT	Förklaring
Supply voltage, V_{cc}	4.75	5	5.25	V	matningsspäning
High-level output current, I_{OH}			−400	μA	strömmen till/från en utgång då utgången genererar hög signal
Low-level output current, I_{OL}			16	mA	strömmen till/från en utgång då utgången genererar låg signal
Operating free-air temperature, T_A	0		70	°C	omgivningens temperatur

Electrical characteristics over recommended operating free-air temperature range

	MIN	NOM	MAX	UNIT	Förklaring
High-level input voltage, V_{IH}	2			V	den lägsta spänning en ingång tolkar som logiskt ett
Low-level input voltage, V_{IL}			0.8	V	den högsta spänning en ingång tolkar som logiskt noll
Input clamp voltage, V_{IK}			- 1.5	V	högsta möjliga negativa spänning på en ingång
High-level output voltage, V_{OH}	2.4	3.4		V	spänningen på en utgång vid logiskt ett
Low-level output voltage, V_{OL}		0.2	0.4	V	spänningen på en utgång vid logiskt noll
Input current at maximum input voltage, I_I			1	mA	strömmen till/från en ingång vid maximalt tillåten spänning på ingången
High-level input current, I_{IH}			40	µA	strömmen till/från en ingång vid logiskt ett på denna
Low-level input current, I_{IL}			– 1.6	mA	strömmen till/från en ingång vid logiskt noll på denna
Short-circuit output current, I_{OS}	– 18		– 55	mA	strömmen till/från en utgång när denna kortsluts till jord och insignalkombinationen uppfyller vilkoret för logiskt ett

Supply current

	MIN	MAX	UNIT	Förklaring
I_{CCH} Total with outputs high	4	8	mA	kretsens strömförbrukning då utgångarna är höga
I_{CCL} Total with outputs low	12	22	mA	kretsens strömförbrukning då utgångarna är låga

Supply current

	MIN	MAX	UNIT	Förklaring
t_{PLH} Propagation delay time low-to-high-level-output	11	22	ns	fördröjningen från det att ett logiskt villkor som ger hög utsignal lagts på ingångarna till dess utsignalen växlat från låg till hög
t_{PHL} Propagation delay time high-to-low-level-output	7	15	ns	som ovan men växlingen sker nu hög till låg

Fotnot: alla strömmar räknas negativa om de flyter ut från kretsen, positiva om de flyter in till kretsen.

7474: Dual D-type positive edge-trigged flip-flop with present and clear

Pin assignment (top view)

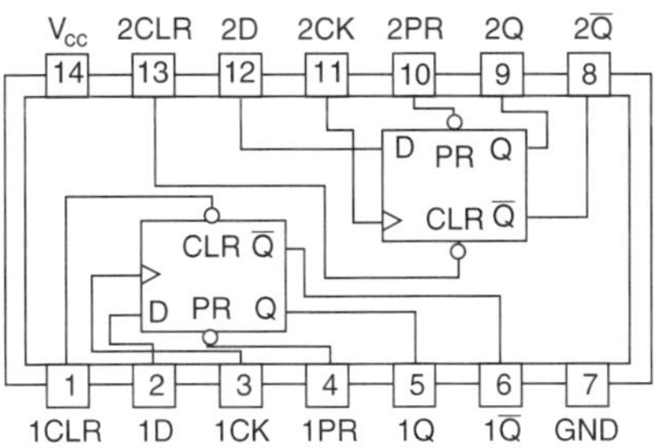

Function table

Inputs				Outputs	
Preset	Clear	Clock	D	Q	$\overline{Q}$
L	H	X	X	H	L
H	L	X	X	L	H
L	L	X	X	H*	H*
H	H	↑	H	H	L
H	H	↑	L	L	H
H	H	L	X	Q_0	$\overline{Q}_0$

H = hög signal
L = låg signal
X = don't care
↑ = klockflank
* = instabilt tillstånd

Recommended operating conditions

<table>
<tr><th colspan="2"></th><th>MIN</th><th>NOM</th><th>MAX</th><th>UNIT</th><th>Förklaring</th></tr>
<tr><td colspan="2">Supply voltage, V_{cc}</td><td>4.75</td><td>5</td><td>5.25</td><td>V</td><td>se 7400</td></tr>
<tr><td colspan="2">High-level output current, I_{OH}</td><td></td><td></td><td>–400</td><td>μA</td><td>se 7400</td></tr>
<tr><td colspan="2">Low-level output current, I_{OL}</td><td></td><td></td><td>16</td><td>mA</td><td>se 7400</td></tr>
<tr><td rowspan="3">Pulse width, t_w</td><td>clock high</td><td>30</td><td></td><td></td><td rowspan="3">ns</td><td rowspan="3">pulsbredd</td></tr>
<tr><td>clock low</td><td>37</td><td></td><td></td></tr>
<tr><td>preset or clear low</td><td>30</td><td></td><td></td></tr>
<tr><td colspan="2">Input setup time, t_{su}</td><td>20↑</td><td></td><td></td><td>ns</td><td>den tid data måste ligga stabilt på en ingång innan positiva klockflanken kommer</td></tr>
<tr><td colspan="2">Input hold time, t_h</td><td>5↑</td><td></td><td></td><td>ns</td><td>den tid data måste ligga kvar på en ingång efter det att positiva klockflanken kommit</td></tr>
<tr><td colspan="2">Operating free-air temperature, T_A</td><td>0</td><td></td><td>70</td><td>°C</td><td>se 7400</td></tr>
</table>

Electrical charecteristics over recommended operating free-air temperature range

		MIN	NOM	MAX	UNIT	Förklaring
High-level input voltage, V_{IH}		2				se 7400
Low-level input voltage, V_{IL}				0.8	V	se 7400
Input clamp voltage, V_{IK}				–1.5	V	se 7400
High-level output voltage, V_{OH}		2.4	3.4		V	se 7400
Low-level output voltage, V_{OL}			0.2	0.4	V	se 7400
Input current at maximum input voltage, I_I				1	mA	se 7400
High-level input current, I_{IH}	D			40	μA	se 7400
	clear			120		
	preset			80		
	clock			80		
Low-level input current, I_{IL}	D			–1.6	mA	se 7400
	clear			–3.2		
	preset			–1.6		
	clock			–3.2		
Short-curcuit output current, I_{OS}		–18		–57	mA	se 7400
Supply current, ICC (average per flip-flop)			8.5	15	mA	se 7400

Fotnot: alla strömmar räknas negativa om de flyter ut från kretsen, positva om de flyter in i kretsen.

Switching characteristics

	FROM (INPUT)	TO (OUTPUT)	MIN	TYP	MAX	UNIT	Förklaring
f_{max}			15	25		MHz	klockfrekvens
t_{PLH}	preset	Q			25	ns	se 7400
t_{PHL}		$\overline{Q}$			40		
t_{PLH}	clear	$\overline{Q}$			25	ns	se 7400
t_{PHL}		Q			40		
t_{PLH}	clock	Q or $\overline{Q}$		14	25	ns	se 7400
t_{PHL}				20	40		

Appendix 4. ISO (ASCII)-kod

b_7					0	0	0	0	1	1	1	1
b_6					0	0	1	1	0	0	1	1
b_5					0	1	0	1	0	1	0	1
b_4	b_3	b_2	b_1		0	1	2	3	4	5	6	7
0	0	0	0	0	NUL[5]	DLE[1]	SP[5]	0	@	P	´	p
0	0	0	1	1	SOH[1]	[2]	!	1	A	Q	a	q
0	0	1	0	2	STX[1]	[2]	"	2	B	R	b	r
0	0	1	1	3	ETX[1]	[2]	£	3	C	S	c	s
0	1	0	0	4	EOT[1]	[2]	$	4	D	T	d	t
0	1	0	1	5	ENQ[1]	NAK[1]	%	5	E	U	e	u
0	1	1	0	6	ACK[1]	SYN[1]	&	6	F	V	f	v
0	1	1	1	7	BEL[1]	ETB[1]	´	7	G	W	g	w
1	0	0	0	8	BS[3]	CAN[5]	(	8	H	X	h	x
1	0	0	1	9	HT[3]	EM[5]	)	9	I	Y	i	y
1	0	1	0	10	LF[3]	SUB[5]	*	:	J	Z	j	z
1	0	1	1	11	VT[3]	ESC	+	;	K	Ä	k	ä
1	1	0	0	12	FF[3]	FS[4]	,	<	L	Ö	l	ö
1	1	0	1	13	CR[3]	GS[4]	-	=	M	Å	m	å
1	1	1	0	14	SO[5]	RS[4]	.	>	N	^	n	–
1	1	1	1	15	SI[5]	US[4]	/	?	O	_	o	DEL[5]

Förklaringar

1) Transmissionskontroll

SOH	Start of heading
STX	Start of text
ETX	End of text
ENQ	Enquiry
ACK	Acknowledge
DLE	Data link escape
NAK	Negative acknowledge
SYN	Synchronous idle
ETB	End of transmission block

2) Kontroll av terminalapparatur

3) Formatbestämning

BS	Backspace
HT	Horizontal tabulation
LF	Line feed
VT	Vertical tabulation
FF	Form feed
CR	Carrige return

4) Informationsuppdelning

FS	File Separator
GS	Group Separator
RS	Record Separator
US	Unit Separator

5) Övrigt

NUL	Null
SO	Shift-out
SI	Shift-in
CAN	Cancel
EM	End of Medium
SUB	Substitute
ESC	Escape
SP	Space
DEL	Delete

Index

Studentlitteraturs utgivning – ett urval 9708

Digital- och Datorteknik

Bengtsson, Lennart. Digitala system.

Danielsson, P-E & Bengtsson, L. Digital teknik.*

Cedervall, M & Lindh, G. Digitalteknik.

Dagermo, Per. Datorteknik med inriktning mot 68HC11.

de Sousa Pires, Jorge. Electronics Handbook.

Eklund, Sven. Avancerad datorarkitektur. Mikroprocessorer och parallella datorsystem.

Gustavsson, Anders. Praktisk digitalteknik.

Hemert, Lars-Hugo. Digitala kretsar.

Johannesson, Rolf. Digitalteknik.*

Johansson, Sverker. Datorns tekniska uppbyggnad.

Körnefors, Rune. Mikrodatorer bit för bit.

Lindh, L & Sjöholm, S. VHDL för konstruktion.

Petersson, Gunnar. Optisk datalagring.

Roos, Olof. Grundläggande datorteknik.

Vasell, Jesper. VHDL. En introduktion.

* *arbetsbok finnes*

Elteknik och Elektronik

Benda, Sten. Elektroniska apparater. Minimikrav för industrin inom EU och EFTA.

Benda, Sten. Störningsfri elektronik.

Benda, Sten. Interference-free electronics.

Borgström, Stig m fl. Electricitetslära med tillämpningar.

de Sousa Pires, Jorge. Electronics Handbook.

Haag, Bengt. Industriell systemteknik. Ellära, elektronik och automation.

Hedberg, Rune. Mättekniska system.

Gustavsson, Anders. Praktisk analogteknik. Mätteknik, komponenter och strömförsörjning.

Gustavsson, Anders. Praktisk analogteknik. Förstärkare, filter, oscillatorer.

Gustavsson, Anders. Praktisk analogteknik. Tillämpningar.

Gustavsson, Anders. Praktisk analogteknik. Lösningar.

Gustavsson, Anders. Praktisk elkunskap.

Jeppsson, Kjell. Halvledarteknik.*

ELFA. ELFA-boken. Fakta om elektronik.

Lindahl, Per-Erik. Elkraftteknik.*

Molin, Bengt. Simulering med PSpice och Schematics.

Sjöholm, S & Lindh, L. VHDL för konstruktion.

Thorborg, Kjeld. Power Electronics.

Vasell, Jesper. VHDL. En introduktion.

Åkerlind, Ulla. Elsäkerhet.

* *arbetsbok finnes*

Tele- och Datakommunikation

Ahlin, L & Zander, J. Principles of Wireless Communication.
Ahlin, Lars m fl. Mobil radiokommunikation.
Andersson, Christer m fl. Handboken i tele- och datakommunikation.
Claesson, Ingvar m fl. Analoga kretsar och signaler.*
Emanuelsson, Alf. Signaler och kretsar.
Enstedt, Evert. TV-teknikens grundläggande principer.
Ericsson–Telia. Att förstå telekommunikation 1.
Ericsson–Telia. Att förstå telekommunikation 2.
Ericsson–Telia. Understanding telecommunications 1.
Ericsson–Telia. Understanding telecommunications 2.
Johannesson, Rolf. Informationsteori. Grundvalen för telekommunikation.
Körner, Ulf. Köteori och tillförlitlighetsteori.
Karlsson, Gunnar. Modern telekommunikation.
Lundqvist, Hans. Datakommunikation. Från V.24 via OSI till X.25.
Lundqvist, Hans. Nätverk med Novell NetWare och Internet.
Röjne, Mats. Satellit-TV.
Saarelainen, Kari. Lokala nät.
Svärdström, Anders. Modulation och teleteknik.
Svärdström, Anders. Tillämpad signalanalys.
Tell, Robert m fl. Fiberoptisk kommunikationsteknik.
van Tilborg, Henk. Error-correcting Codes. A first course.

** arbetsbok finnes*